农田涝灾预测评估与排水调控技术

王少丽　许迪　陈皓锐　陶园 等　著

中国水利水电出版社
www.waterpub.com.cn
·北京·

内 容 提 要

本书依据作者承担的国家科技支撑项目课题编著而成。全书共分 10 章，第 1 章从涝灾风险评估、农田除涝排水工程技术、农田除涝排水管理 3 个方面阐述了国内外研究进展；第 2 章分析了农田涝灾形成机制及影响因素；第 3 章和第 4 章在农田涝灾风险评估指标体系及基于 OpenFLUID 平台的涝灾模型构建基础上，评估了不同暴雨条件下各种人类措施对涝灾形成和发展的影响及减灾对策；第 5 章和第 6 章基于试验和模拟阐述了暗管排水技术及其结构改进对排水性能的影响，以及暗管排水流量的理论计算方法；第 7～9 章探讨了明暗组合、稻田滞涝及沟塘组合 3 种除涝减灾排水技术模式；第 10 章评价了农田排水再利用对水土环境的影响及其再利用工程模式。

图书在版编目（CIP）数据

农田涝灾预测评估与排水调控技术 / 王少丽等著
. -- 北京：中国水利水电出版社，2018.8
ISBN 978-7-5170-6764-1

Ⅰ．①农… Ⅱ．①王… Ⅲ．①农田－除涝 Ⅳ.
①TV87

中国版本图书馆CIP数据核字(2018)第197395号

书　　　名	**农田涝灾预测评估与排水调控技术** NONGTIAN LAOZAI YUCE PINGGU JI PAISHUI TIAOKONG JISHU	
作　　　者	王少丽　许迪　陈皓锐　陶园　等著	
出版发行	中国水利水电出版社 （北京市海淀区玉渊潭南路 1 号 D 座　100038） 网址：www.waterpub.com.cn E-mail：sales@waterpub.com.cn 电话：（010）68367658（营销中心）	
经　　　售	北京科水图书销售中心（零售） 电话：（010）88383994、63202643、68545874 全国各地新华书店和相关出版物销售网点	
排　　　版	中国水利水电出版社微机排版中心	
印　　　刷	北京虎彩文化传播有限公司	
规　　　格	184mm×260mm　16 开本　17.75 印张　421 千字	
版　　　次	2018 年 8 月第 1 版　2018 年 8 月第 1 次印刷	
印　　　数	001—500 册	
定　　　价	**80.00 元**	

前言

QIANYAN

我国幅员辽阔，地形复杂，大陆型季风气候特点显著。由于降水的季节分布极不均匀，导致春季易旱、夏秋易涝，局地或区域旱涝灾害几乎连年出现。随着中国城乡社会经济快速发展，人类活动干扰加剧，全球气候变化致使极端天气事件频现，涝灾的突发性、随机性和异常性凸显，应对涝灾的复杂性与难度更为突出，现有农田排涝工程体系已不能适应新的形势和特点。一方面土地利用状况变化极大改变了涝灾情势；另一方面河湖围垦以及水土流失引起的河湖淤积等，致使作为涝渍水容泄区的河湖水位抬升，改变了农田涝灾形成的边界条件。此外，短历时、强降雨发生频率的增加，导致超标准致灾暴雨的强度和发生频率相应增加。为此，针对以上特点和特征，探索具有区域特色的农田高效排水技术体系，降低农田涝灾风险和减轻灾害损失具有十分重要的意义。

自 2011 年起，我们承担了"十二五"国家科技支撑计划项目课题"灌区农田除涝抗旱减灾关键技术（2012BAD08B04）"和"灌溉多水源开发利用技术与方法（2011BAD25B01）"以及国家自然科学基金项目"灌区排水资源利用适宜性评价理论与方法（51279212）"等，对农田涝灾风险综合评价与预测模拟方法、农田除涝降渍暗管排水理论与技术、农田除涝组合排水技术、农田排水再利用技术等开展了较为系统的研究，集成上述项目研究成果，特撰写本专著。

研究取得 5 个主要创新成果：一是建立了平原排区复杂地貌条件下的空间离散和水流方向识别方法，开发了融合人类活动干预和涝区水循环多过程水流运动的涝灾预测模拟系统；二是提出了一种改进暗管排水工程结构型式，探索了相关的农田除涝降渍机制、防淤堵滤层结构以及排水能力计算方法，构建了明暗组合农田除涝工程模式设计及其经济效益评估方法；三是系统总结了稳定流和非稳定流状态下的地下排水计算理论，包括常用的无积水条件下的稳定流和非稳定流沟管排水理论计算公式以及积水条件下的常规暗管排水理论计算公式及相关计算数据要求，对不同排水理论公式计算的结果与观测数据进行了对比分析；四是提出了沟塘组合农田除涝工程模式及其设计方法，量化了稻田滞涝减灾蓄水调控下不同节灌模式和不同年型的灌排需求和可调节雨量；五是提出了农田排水资源灌溉再利用的适宜性内涵，构建了排水资源灌溉再利用适宜性评价的指标体系和综合评价模型，构建了排水资源灌溉再利用下的适宜工程模式。

本书按章节分工执笔撰写，由王少丽、许迪统稿。负责参与各章撰写人员如下：

第1章：王少丽、许迪、陈皓锐、焦平金

第2章：陶园、王少丽、许迪

第3章：陈皓锐、管孝艳

第4章：陈皓锐、金银龙、彭振阳

第5章：陶园、许迪、王少丽

第6章：王少丽、瞿兴业、陶园

第7章：王少丽、陶园、管孝艳、许迪

第8章：焦平金、许迪

第9章：王少丽、陈皓锐、王传娟、许迪

第10章：王少丽、许迪、刘大刚

在试验研究和数据收集过程中，得到江苏高邮市水务局、安徽省（水利部淮委）水利科学研究院、湖北省漳河水库管理局、宁夏农林科学院等单位的大力支持与帮助；中国水利水电科学研究院硕士研究生陈至和杨丽慧、博士研究生米博宇，武汉大学硕士研究生韩卫光、本科生农安科和贺进年等参加了部分试验与研究工作，本研究成果凝聚着他们的心血与智慧，在此一并感谢。

由于时间仓促，水平有限，文中可能存在疏漏和不当之处，敬请读者批评指正，不吝赐教。

作者

2018年5月

目 录
MULU

前言

第1章 绪论 ··· 1
1.1 农田涝灾预测评估 ··· 2
1.2 农田除涝减灾排水工程技术与方法 ································· 7
1.3 农田排水管理 ·· 12
1.4 主要研究内容 ·· 16
参考文献 ·· 18

第2章 农田涝灾形成机制及影响因素 ································ 25
2.1 农田涝灾及其分布状况 ·· 25
2.2 农田涝灾影响机制 ··· 27
2.3 农田除涝减灾措施 ··· 33
2.4 小结 ··· 36
参考文献 ·· 36

第3章 农田涝灾风险综合评价模型及其应用 ····················· 39
3.1 农田涝灾风险综合评价指标体系 ·································· 39
3.2 农田涝灾风险综合评价模型 ·· 43
3.3 农田涝灾风险综合评价模型应用 ·································· 44
3.4 小结 ··· 66
参考文献 ·· 67

第4章 农田涝灾预测模拟系统及其应用 ···························· 68
4.1 系统需求分析和总体架构 ··· 68
4.2 模块计算方法与耦合关系 ··· 71
4.3 系统开发与处理流程 ·· 82
4.4 系统特性与功能 ·· 85
4.5 农田涝灾预测模拟系统应用 ·· 89
4.6 农田涝灾预测评估方法比较 ·· 106
4.7 小结 ··· 108
参考文献 ·· 108

第5章　暗管排水技术及其结构改进的性能评估 ···················· 110

　　5.1　地下排水形式与暗管排水技术 ···························· 110

　　5.2　改进暗管排水性能的室内试验 ···························· 112

　　5.3　改进暗管排水性能的田间试验 ···························· 119

　　5.4　改进暗管排水性能的数值模拟 ···························· 123

　　5.5　改进暗管排水防淤堵试验 ······························ 133

　　5.6　小结 ··· 141

　　参考文献 ··· 142

第6章　农田沟管地下排水理论计算 ···························· 144

　　6.1　地下排水计算理论与公式 ······························ 144

　　6.2　无积水下沟管地下排水计算 ···························· 147

　　6.3　积水下常规暗管排水计算 ······························ 151

　　6.4　积水下改进暗管排水计算 ······························ 152

　　6.5　暗管排水理论公式计算结果对比与试验验证 ················ 157

　　6.6　小结 ··· 162

　　参考文献 ··· 163

第7章　明暗组合排水工程设计与效益评估 ······················ 165

　　7.1　明暗组合排水工程布设方式 ···························· 165

　　7.2　明暗组合排水工程设计方法 ···························· 168

　　7.3　明暗组合排水工程经济效益评估 ························ 172

　　7.4　明暗组合排水工程施工技术 ···························· 184

　　7.5　小结 ··· 189

　　参考文献 ··· 190

第8章　农田沟塘组合除涝排水工程技术与方法 ·················· 192

　　8.1　农田沟塘组合除涝排水工程技术构建 ···················· 192

　　8.2　地表排水估算方法 ·································· 193

　　8.3　农田沟塘组合除涝排水工程设计方法 ···················· 201

　　8.4　农田沟塘组合除涝排水工程效果评价 ···················· 204

　　8.5　小结 ··· 207

　　参考文献 ··· 207

第9章　稻田滞涝减灾水量调控技术与方法 ······················ 211

　　9.1　田间水量平衡试验与分析 ······························ 211

　　9.2　稻田水量平衡模型 ·································· 224

　　9.3　稻田水量调蓄能力 ·································· 226

　　9.4　灌区水量调蓄能力 ·································· 233

　　9.5　小结 ··· 235

参考文献 ……………………………………………………………………………… 235

第10章 农田排水灌溉再利用水土环境评价及工程模式 ………………… 237

10.1 农田排水特点及灌溉再利用现状 …………………………………… 237

10.2 农田排水水质特征及灌溉再利用水土环境效应 …………………… 238

10.3 农田排水灌溉再利用指标体系构建及评价方法 …………………… 250

10.4 农田排水灌溉再利用工程运行模式 ………………………………… 266

10.5 农田排水灌溉再利用泵站工程经济评价 …………………………… 269

10.6 小结 …………………………………………………………………… 273

参考文献 ……………………………………………………………………… 273

第1章 绪 论

我国是世界上涝灾频繁而又严重的国家之一，因其发生频率高、分布范围广、灾害程度重、经济损失大而成为主要的自然灾害。2000年以来，受全球气候变化影响，水资源时空分布不均更趋明显，涝灾的突发性、异常性以及不可预见性日显突出，致使局部地区强暴雨事件呈突发、多发、并发的趋势。据统计，2006—2013年由涝灾导致的农作物受灾面积平均约为1100万 hm²，且2013年由涝灾导致的粮食减产达到282亿 kg（国家防汛抗旱总指挥部等，2006—2013）。在空间分布上，我国农田涝灾频发区和易涝区多分布于中东部和东南部地区，特别是在大江大河的中下游以及东南沿海地区，这些地方人口密集，社会经济发展水平较高，一旦发生涝灾，带来的损失尤为巨大（王少丽等，2014）。在时间分布上，涝灾发生的时期多与雨期同步，主要集中在5—10月，由于与主要作物的生长期相一致，使得涝灾对作物正常生长产生较大影响。

农田排水工程作为除涝减灾的水利基础设施，在改善我国农业生产基本条件、提高农业综合生产能力、增加主要农产品有效供给以及增加农民收入等方面发挥了重要作用。中华人民共和国成立以来，我国投入大量人力、物力，相继开展了以水利建设为核心的农田基本建设，以明沟排水为主要措施，形成了一套比较完整的以干、支、斗、农等各级沟道构成的除涝治渍排水工程体系。截止2014年，我国农田排水面积约2300万 hm²（ICID，2014；中华人民共和国水利部，2015），占耕地面积的17%，农田涝渍防御能力有了很大提高，对农业生产发展和人民生活改善起到了重要作用。但受传统观念束缚，习惯上重灌轻排的思想依然存在，对农田除涝治渍工作还没有引起足够的重视。现有排水工程中存在着诸多隐患，沟坡的坍塌、淤积、破损和沟上筑坝等状况多处出现，有的农民受经济利益驱动将排水沟填平后用于耕种（赵晓宇等，2016），导致灌排体系失衡，遇连续暴雨或长历时连阴雨侵袭时，农田涝渍灾害仍然在所难免且程度更为严重。

随着城市化进程加剧，耕地资源短缺愈趋严峻。截至2015年，我国耕地面积1.35亿 hm²，年内净减少耕地面积6.6万 hm²（中华人民共和国国土资源部，2015），以不足世界10%的耕地面积养活全球近20%人口，这对农田灌溉与排水工程提出了更高的要求。2000年以来，以治渍和改碱为目的的暗管排水技术发展迅速，已成为国内外专家学者的研究热点。暗管排水具有不占用耕地的显著优势，有利于治渍改碱、控制地下水位、改善根区土壤环境、提高作物产量等（Ghumman等，2010；Jung等，2010；Darzi-Naftchali等，2014）。荷兰25%的陆地面积低于海平面，65%的陆地易受洪涝灾害影响，现已在7.5万 hm²的原始土地和1.5万 hm²的新垦土地中铺设了暗管排水系统（Nijland等，2005）；芬兰的暗管排水面积已由1944年占耕地面积的5%增加到2007年的58%（Saikkonen等，2014）；法国的涝渍面积占耕地面积31%，有超过50万 hm²

耕地受到高地下水位影响长期受到涝渍威胁,暗管排水已在控制地下水位上起到重要作用(Valipour,2014)。2000 年以来,暗管排水技术在我国也得到推广应用,但发展速度和规模与上述国家相比还有很大差距,在地势低平、排水不畅的涝渍田及易受盐渍化影响地区具有很大发展潜力。

随着工业化和城镇化的快速发展以及全球气候变化影响加剧,我国面临的农田涝灾风险持续增长,增强防灾减灾能力越来越迫切。为了维持农业可持续发展,一方面要提高农田除涝减灾的标准;另一方面还要改善传统的治理技术与管理模式。在人口增长和粮食需求以及涝灾风险加大的双重压力下,有效提高农业抗灾减灾能力,进一步研发农田除涝减灾技术与方法,满足现阶段和未来我国农田除涝减灾需求,具有十分重要的现实意义和科学价值。

1.1 农田涝灾预测评估

涝灾预测评估是农田涝灾防御的基础性工作。在定量预测评价农田涝灾风险基础上,分析不同地区农田涝灾发生的演变规律,探索涝灾防御的应对技术与措施,对降低农田涝灾风险和减轻灾害损失具有重要意义。

1.1.1 基于评价指标体系的农田涝灾风险评估

基于评价指标体系开展农田涝灾风险评估的前提,首先是选择适宜的指标因子构建评价指标体系,其次是进行等级划分或指标量化并确定各评价指标对风险影响的权重,最后是选择适当的数学方法开展农田涝灾风险评估。指标因子的选择主要基于对涝灾形成机制的分析结果,早期,人们普遍将环境作为致灾因子或灾体(Burton 等,1978),侧重于根据致灾因子强度的阈值刻画灾害等级,而忽略了承灾体的脆弱性以及承灾体与致灾因子间相互作用所形成的风险。随着研究的不断深入,人们不再一味仅关注致灾因子或孕灾环境的研究,对灾害的社会属性也逐渐引起普遍关注(Hewitt,1998),即关注致灾因子作用的对象及其活动所在的社会与各种资源的集合,此外,承灾体(人类社会)对致灾因子表现出的脆弱性也受到人们的极大关注,对自然灾害风险的评估已由基于致灾因子的成灾机理分析或统计分析发展为与社会经济条件分析紧密结合的评估方式。自 20 世纪 90 年代起,灾害风险研究逐渐由脆弱性研究转变为基于灾害系统的风险研究。灾害系统理论认为灾害是孕灾环境、致灾因子与脆弱性相互作用的结果。在此基础上,已经形成了较为公认的灾害风险机制,即在一定区域内的灾害风险是由危险性、暴露性、脆弱性 3 个因素相互作用形成的(葛全胜等,2008)。考虑到区域抗灾能力对灾害风险亦有影响,张继权等(2007)将上述 3 个因素的灾害风险机制扩展至 4 个因素,即危险性、暴露性、脆弱性和抗灾能力,目前在大多数灾害风险研究中都会考虑 3 因素或 4 因素。

评价指标体系多为三层结构组成,第一层和第二层指标已基本统一,即第一层指标为危险性、暴露性、脆弱性和抗灾能力,其中危险性对应的第二层指标主要为气象(降雨)、地形(高程)、地貌(河湖网络)、下垫面(植被、土壤等);暴露性和脆弱性对应的第二层指标主要包括人口（密度、脆弱性人口数等）、农业（种植面积、作物受涝响应等）和经济（GDP、工厂等）和环境（湿地面积等）；抗灾能力对应的第二层指标包括抗灾能力、救灾能力和恢复能力。对于第三层指标的选择，有学者提出了选择原则（闻珺，2007；尹占娥，2009），但其仅具有宏观指导意义，难以判别所选的指标及其表达形式的有效性，指标选择的有效性多是通过专家评判方法予以确定，这导致第三层指标的选择具有一定的主观性。

评价指标的量化分为绝对数、相对数和等级划分3种方式，其中绝对数和相对数的确定较为简单，可直接根据获取的原始资料得到，而等级划分则需在原始资料基础上做一定处理后才可得到，通常是根据指标序列的分布规律或进行专题调研确定。Jiang等（2009）将标准差作为等级划分的间隔，将最大三日降雨量、暴雨时间、排水密度等指标线性地划分为5个等级；李旭（2008）对广州市的DEM数据进行高程相对标准差计算，从而根据标准差均值和方差将地形因子分为三级；邹强等（2012）基于国家、行业及地方颁布的有关标准或文件，结合研究区的自然地理、水文气象、社会经济及其对涝灾影响的实际情况与特点，确定了评价指标的分级标准。李喜仓等（2012）和莫建飞等（2012）利用降雨序列的不同百分位数对暴雨强度进行了分级量化，对量化后的指标进行了标准化处理以使指标间具有可比性。常用的标准化处理方法包括归一化和极值标准化，不同的评价指标对涝灾风险的作用方向可能不同，根据指标值与涝灾风险相关性质可分为正相关指标或负相关指标，对于不同性质的相关指标可采用不同的标准化处理方法。

综合评价数学模型是开展涝灾评估的核心。从数学变换角度看，各评价对象是由其所属的各个指标组成的高维空间点，涝灾评价模型是一种从高维空间向低维空间的映射。目前的涝灾风险评估中常采用的数学模型包括特尔菲法、主成分分析法、层次分析法、模糊综合评价、人工神经网络等。此外，一些新的数学模型如投影寻踪、支持向量机、资料包络分析及多种数学方法的集成模型如模糊层次法、自适应神经模糊推理系统、分形模糊集评价等也逐渐被广泛应用于涝灾风险评估。

1.1.2 涝灾风险评估数学模型

统计性和经验性模型是最为简单的数学模型，一般不具有机理性，仅适用于资料缺乏地区的简单涝灾分析，缺点是模型训练对采用的资料具有极大的依赖性，这使得此类模型不具有移植性和通用性。概念性或具有一定物理基础的分布式水文模型在涝灾风险评估中的应用已日趋广泛。对于过境的洪水灾害，一般采用浅水波运动方程模拟洪水在地表和河道中的演进过程（Bhuiyan and Dutta，2012）；对于当地降雨导致的涝灾，需要模拟的物理过程相对较多，如降雨截留、蒸散发、土壤水和地下水运动、地表产流、地表汇流、河道汇流等。在以往的流域水文模型中，汇流计算多采用水文学方法，如等流时线、单位线法和马斯京根法等，这些方法对集水区的划分方式有一定依赖性，只能提供集水区出口断面处的洪涝过程，不能详细提供洪水要素的实时变化状况。为了避免上述缺陷，人们将水文模型与河道水力模型进行联合或耦合，进而加强了河道和沟道中水流运动的模拟精度，这些模型包括 HEC-HMS 和 HEC-HRS（Gül 等，2010）、MIKE SHE（Thompson，

2004)、SWMM 和 MIKE11（Danish Hydraulic institute Inc，2005），或者直接在模型坡面汇流和河道汇流计算过程中全部采用水动力学运动方程（Dushmanta，2006）。

灌区水分循环是区域水循环的一种子类型。由于受灌排沟塘改造、土地平整、作物种植、道路建设等复杂下垫面条件变化的影响，灌区内的蒸发蒸腾、入渗补给、产汇流等水分循环过程已发生了较大改变，农田、沟渠、塘堰、河湖之间地表水、土壤水和地下水的交换更加频繁，使得灌区水分循环过程与自然流域水分循环过程产生了显著差异。考虑到灌区所具有的上述特性，基于自然流域水分运动规律的水文模型在灌区的适应性条件被重新审视，构建和研发灌区水分循环模型日益受到人们的重视。

构建灌区水分循环模型主要有 3 种方式：一是在原有流域水文模型基础上，针对灌区水分循环特征进行某些水循环过程的改进，如 Carluer 和 Marsily（2004）在 TO-POG 模型基础上考虑到人工沟道影响而研发了 ANTHROPOG 模型，Zheng 等（2010）改进了 SWAT 模型中灌区沟渠的产汇流过程、灌区子流域和水文响应单元的划分以及作物实际蒸散发量的计算方法等，进而模拟自然-人工混合条件下的灌区水文循环过程，Xie 等（2011）通过修改 SWAT 模型中的灌排过程、稻田蒸散发计算方法并联合应用作物模型，使得该模型能够很好地模拟稻田灌排管理的应用效果和作物产量；二是在田间水文模型基础上进行扩展后将其用于区域尺度，如 Fernandez 等（2006）通过排水沟汇流模型和田间排水模型 DRAINMOD 的结合，提出一个集总参数的流域尺度排水模型，Chen 等（2004）提出了分散分布的水箱模型概念，描述稻田、旱田和沟渠同时存在的产汇流特征，并采用堰槽水力模型连接水流模拟区域地表径流；三是研发适合于灌区水分循环特征的分布式排水模型，如赵勇等（2007）基于二元水循环理论研发了适宜宁夏平原地区的分布式水文模型，考虑了灌区水分循环构成中的各个环节。

1.1.3 不同承载体的受涝响应规律

不同承灾体的种类、不同受灾时间和受灾程度均会导致不同的灾害损失结果。承载体受涝响应规律的表达形式为灾损曲线，或称为易损性模型，相应的构建方法是在假设承灾体遭受淹没水深、淹没时间等条件相同时破坏程度相似基础上，通过调研或试验数据开展建模，给出水体变量与损失率之间的关系表达式（Berning，2000）。对住宅、建筑物、商业、工业等承载体而言，多是通过实地调查获得其灾损曲线。农业上的承载体主要是作物，不同生育阶段对淹水深度及淹水历时的响应敏感程度存在着差异。当田间涝水超过某一淹水深度或淹水历时超过某一数值时，则会对作物生长发育、最终产量乃至品质产生较大的影响。国内外学者通过小尺度的田间淹水试验获得了不同作物在不同暴雨强度、淹水深度、淹水历时等环境下的产量响应函数以及涝渍胁迫下的作物水分生产函数，从而为区域农田涝灾风险评估脆弱性曲线的构建奠定了基础。Gibert 等（2008）通过田间试验分析了不同淹水深度对甘蔗产量的影响；谢彦等（2011）通过赣江流域实地普查获得了早稻和中稻在不同熟期、不同淹水历时、不同淹水深度和不同淹水水质下的产量差异状况；殷剑敏等（2009）根据江西、湖南、湖北等地进行的洪涝试验分析了不同洪涝程度对早稻产量及产量结构因素的影响。我国《灌溉与排水工程设计规范》（GB 50288—99）中规定设计暴雨历时和排除时间分别为：

旱作区 1~3d 设计暴雨从作物受淹 1~3d 排至田面无积水；水稻区 1~3d 设计暴雨 3~5d 排至耐淹水深。除经济损失外，生态环境作为新的承载体也开始受到关注，洪涝灾害对自然生态和环境的影响日益引起人们重视。

1.1.4 环境变化对涝灾风险的影响

以全球气候变暖为主要特征的气候变化导致陆-海、陆-气与海-气环流间的相互作用发生了变化，进而影响到各种自然灾害发生，尤其是与气候变化密切相关的洪涝灾害。气候变化对涝灾风险的影响不仅表现在改变了致灾因子的发生频率、强度、空间范围及其持续时间等，还可能通过影响人类活动从而改变孕灾环境，如下垫面、湿地面积、江河湖泊分布等。此外，气候变化也会对承载体脆弱性产生影响，如持续的升温可能导致作物生长规律发生改变，致使作物对灾害的响应更为脆弱。人类活动不仅会影响灾害的孕灾环境、承载体暴露性和抗灾能力，还可能使得致灾因子发生变化，如城市化导致的热岛效应影响了局地小气候，改变了降雨规律。

IPCC（2007）第 4 次评估报告指出，到 21 世纪 80 年代，海平面上升将导致比目前多出几百万的人口遭受洪涝之害，其中亚洲和非洲人口稠密的低洼大三角洲地区受影响人口数量最多，而小岛屿则会更加脆弱。海平面上升可能导致风暴潮、海水入侵和排水不畅，从而增大了涝灾风险。Purvis 等（2008）基于 IPCC 第 3 次评估报告中的海平面上升值，分析了不同重现期潮汐情况下海平面上升对英格兰西南部塞文河河口沿岸土地的淹没情况，发现海平面的上升将极大增加洪水淹没面积。海平面上升一方面是因海面的绝对升高；另一方面也可能是因地面沉陷所致的海面相对升高。Alvarado - Aguilar 等（2012）分析了这两种情况综合作用下的海平面上升对西班牙地中海沿岸埃布罗河三角洲洪涝灾害程度的影响，发现按现有地面沉降速度发展下去，预计到 2100 年，相对海平面升高 0.5m（低方案）、0.7m（中方案）、0.9m（高方案）下的淹没面积分别为 45%、53% 和 61%。

随着人类影响自然能力的增强，人类活动正深刻影响着涝灾风险形成机制。城市是受人类活动影响最为强烈的地区，城市化通过植被砍伐、土壤夯实、开沟排水、下垫面改变等途径，改变了地表用地类型的景观结构和植被特征，破坏了原有的水文系统结构，影响了现有的地表产汇流机制和水分循环过程（Ayed 等，2010；Adélia 等，2011；Levavas - seur 等，2012）。不透水面格局趋向积聚，林地格局趋向分散，使得植被缓解径流的能力降低。河流人工化特征明显，河网直线化和硬化使得河流的调蓄功能下降，增加了涝灾发生的可能性。沟道加速了地表径流、避开了地表障碍物，影响到地表和地下水间的交换，改变了径流和排水的迁移路径。蓄洪区能够分蓄超额洪水，可以改变洪涝灾害发生的时空特征，而蓄洪区的不当发展则会削弱抗御洪涝灾害的能力，增加抗灾成本（Vorogushyn 等，2012）。此外，堤防、圩区治理和外河水面率变化等人类活动对涝灾的影响也引起广泛的关注。

全球极端气候频发使得人们开始关注极端气候条件下的灾害风险评估。IPCC（1995）第 2 次评估报告中指出开展极端事件变化研究的重要意义，并试图回答"气候是否更加容易变化或更加极端化"这一难题。2006 年在莫斯科召开的水文气象安全问题国际会议，围绕极端气候和气象水文事件的影响、预测评估、预警以及对策等方面进行了研讨。2008年，我国启动了国家"十一五"科技支撑计划重点项目"我国主要极端天气气候事件及重大气象灾害的监测、检测和预测关键技术研究"。2009年，中国气象学会年会组织了以"气候系统变化与极端天气气候事件科学关系"为主题的会议，针对主要极端气候事件及重大气候灾变的监测、预测和应对集中展开了讨论。2012年，IPCC（2012）发布了《管理极端事件和灾害风险，推进气候变化适应》特别报告，其中包括灾害风险的决定因素、气候极端事件的变化及其对自然环境的影响、极端事件对人类系统和生态系统影响的变化等。

未来环境变化是多因子变化的综合表现，研究多因子组合变化下的涝灾演变机制与规律开始受到重视。Wu 等（2012）根据历史资料分析了降雨变化、下垫面改变和城市排水管网管理对上海内涝风险的影响；Bouwer 等（2010）预测了气候、土地利用和区域经济变化下洪灾损失的改变；Wang 等（2012）模拟了海平面上升、地面沉降和排水管网密度增大作用下的上海未来洪涝灾害风险变化。此外，人们还开展了人工林增加和气候改变、城市化和海平面上升等多重因素引起的径流变化及涝灾风险和管理策略研究（Pavri，2010；Zhang，2011）。

1.1.5　涝灾风险评估的不确定性

在涝灾风险评估过程中，由于受自然发展过程本身的随机性、信息资料的完备程度以及主观认知水平的限制等影响，风险分析成果具有不确定性，有可能出现误差甚至错误，即会出现"风险的风险"。为此，树立"风险的风险"概念，对涝灾风险分析结果进行不确定性分析具有重要的意义。

涝灾风险评估不确定性的来源主要包括：①输入变量的不确定性。致灾因子、孕灾环境的正确表达通常依赖于所收集数据的准确性，而这些数据本身就具有不确定性，此外在分析环境变化对风险评估影响中，未来气候和人类活动变化情景的设定和预测也具有很大的不确定性。②模型结构的不确定性。受认知水平限制，构建的模型结构能否真实反映客观事实还存在疑问，这导致模型结构具有很大的不确定性。③模型参数的不确定性。涝灾风险评估所涉及的诸多模型中含有大量参数，其取值多基于试验数据、历史统计资料、经验数据等，无论采用何种参数取值方式都不可能完全准确刻画参数的实际值在时空上的分布状况，从而导致参数取值的不确定性。

涝灾风险评估过程中的不确定性分析多是针对水文模型的不确定性开展，采用的数学模型主要有参数敏感性分析、蒙特卡洛法、通用似然不确定性估计法、马尔科夫链、卡尔曼滤波、贝叶斯法等，分析的对象主要围绕灾害风险评估中使用的水文模型参数或致灾因子，其基本思路是将不确定性因子利用随机变量、模糊变量或区间变量替代原模型中的确定性变量，通过对风险结果的变化分析不确定性。如 Purvis 等（2008）将未来海平面变化当作随机变量并利用蒙特卡洛法分析其不确定性，发现不考虑海平面上升的不确定性会低估洪涝灾害风险的发生频率；Gaume 等（2010）在估计无测站地区的洪量过程中，利用贝叶斯、马尔科夫链、蒙特卡洛法估计结果的不确定性；Aronica 等（2012）利用水文模型和蒙特卡洛法将降雨处理成不确定性因子，模拟了城市地区洪峰流量、淹水深度等指标的概率分布状况。

1.2　农田除涝减灾排水工程技术与方法

现有农田除涝减灾排水工程技术与方法的研发及应用使得大面积涝渍土壤得以改良，保障了粮食安全。随着全球气候的极端变化，短期内的强降水引起的洪涝灾害、涝渍相随、旱涝交替演变以及人类活动的加剧，都对农田除涝排水工程技术开发提出了新的需求和挑战。

1.2.1　农田除涝排水工程措施

如图 1.1 所示，农田除涝排水工程措施通常可分为水平排水和垂直排水，其中水平排水措施主要包括明沟排水、暗管排水、鼠道排水以及盲沟排水等，而垂直排水措施主要是指竖井排水。明沟排水是最古老也是应用最为广泛的排水措施，具有同时排除地表涝水和地下水的双重作用，缺点是占地面积大、修建在轻质土地区的易于坍塌、维护养护难、不利于机耕和增添田间桥涵建筑物等。随之出现的暗管排水则克服了明沟排水的缺陷，可在节省土地的同时达到治渍改碱、控制地下水位、改善土壤通气性、减少地表侵蚀和营养物流失等目的，已在荷兰、芬兰、美国、日本、埃及、印度等许多国家广泛应用，但在我国的发展则相对滞后。鼠道排水具有类似于暗管排水的功能，但不需使用管材和滤料，故造价低廉，施工比较方便。鼠道的深度一般为 0.4~1m，间距一般为 2~5m，由于其直接与地表连通，具有加快积水排除、降低地下水位明显的效果。盲沟排水主要采用砂砾石、矿渣、树枝、稻壳、秸秆等强透水材料无序填充在矩形排水沟底部，并在上面回填适量表土后构成。近年来，塑料盲沟在地基处理、公路和城市排水系统中得到了较好应用（毛荣华等，2004；李晓莉，2007），但在农田排水中鲜见研究和应用。竖井排水是在田间按一定间距打井，井群抽水时在较大范围内会形成地下水位降落漏斗，降低地下水位的作用明显。竖井排水一般是结合当地灌溉，实现灌排结合，具有灌溉抗旱、控制地下水位、旱涝碱兼治等多种功能，对干旱、涝渍、盐碱灾害并存的北方平原中低产田改造起到重要作用，但竖井排水的建设和运行费用较高，消耗能源较大，且建设中对水文地质条件有较高要求。表 1.1 给出了明沟、暗管和竖井三种单一结构农田排水方式的优缺点。

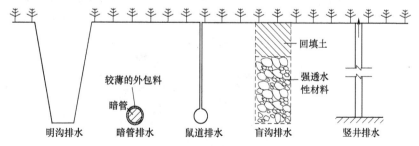

图 1.1　农田除涝不同排水工程措施的示意图

表 1.1		单项排水工程对比分析	
排水方式	明沟排水	暗管排水	竖井排水
技术特点	以快速排除地表积涝水为主，较深明沟可兼有降渍功能	有效排除土壤渍水和降低地下水位	大幅降低地下水位
适宜条件	表土渗透能力弱或短期强降雨易形成地表径流的地区	高地下水位和土壤渗透性较好地区，受涝严重地区可辅助排涝	含水层的水质和出水条件较好的地区
占地和侵蚀	开挖明沟占地面积较大，易引起表土侵蚀	占地面积较少，减少地表排水的土壤侵蚀	占地面积少，可减少地表土壤侵蚀
维护频率	需定期维护，视气候和土壤条件斗农沟维护周期为 1~2 年、支沟为 2~3 年、干沟为 3~5 年	维护频率较低，暗管出口处需定期检查，视出口流量衰减情况及时处理	非灌溉季节定期维护性抽水，水中含沙量突增或水质变咸应及时处理
维护费用	前期投资费用较少，后期维护费用较高	前期投资费用较大，后期维护费用低	前期投资费用较大，后期维护费用低
工程材料	土质不稳定地区需护坡，砌护材料用量较多	常用塑料管材，使用土工布或砂砾石做外包料	常用塑料或混凝土管，机泵配套
配套建筑物	配套建筑物较多	配套建筑物较少	配套建筑物较少

　　农田除涝排水工程系统一般由骨干排水系统和田间排水系统组成。为了适应不同地区的气候和作物特征，田间排水系统可采用明沟收集和输运排水的单一明沟布设方式 ［图 1.2 (a)］、明沟和暗管相结合的明暗组合方式 ［图 1.2 (b)］、排涝浅沟结合竖井的沟井组合方式 ［图 1.2 (c)］ 等。明沟布设方式的施工简单，造价低，但占地多，易塌坡，维护工作量大；暗管布设方式可减少明沟占地面积且不影响农艺活动，因其只有一个出口故

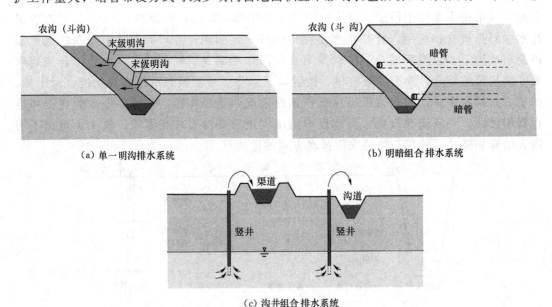

(a) 单一明沟排水系统　　　　　　　　　　(b) 明暗组合排水系统

(c) 沟井组合排水系统

图 1.2　明沟、明暗组合、沟井组合排水方式示意图 ［引自文献 Nijland 等 (2005)］

易于维护，但除涝效果不及单一明沟，且工程投资较大，施工技术要求也较高。明沟暗管组合排水系统利用浅明沟进行除涝或排除地面退泄水，而利用暗管调控地下水位，并通过集水明沟向外输送，达到治渍和改土的目的（详见第 7 章）。明沟竖井组合排水中，竖井承担抽水灌溉，同时降低地下水位，防止土壤渍害和盐碱化发生，明沟承担排除地表水及输送竖井排出水的任务。在干旱季节，通过竖井抽取地下水用于灌溉，解决了农业用水问题，同时又腾空了地下库容，更利于汛期大量存续入渗水量，并使地下水位得到恢复，当地下水位过高时也可通过竖井抽排、明沟输送抽水的方式降低地下水位，竖井排水出水量较大、降低地下水位较快，其与明沟相结合，可以达到地面水、土壤水、地下水的统一调度和控制目的。此外，基于现有除涝排水工程系统发展起来的控制排水技术，一方面可在洪涝灾害发生时按照除涝设计标准在沟道（或暗管）上实行无干扰排水；另一方面在干旱期则通过建造在沟道或暗管上的控制设施进行控制性排水，以减少不必要的水肥流失。

1.2.2 农田除涝排水工程材料及施工工艺

农田除涝排水工程材料包括明沟护坡及建造配套建筑物所需材料、排水暗管的管材、外包料及其配套建筑物等。在防止明沟边坡坍塌的相关技术措施中，除了放缓边坡、草皮护坡、加大底宽或采用复式断面、加强管护等措施外，用于加固边坡的材料有干砌石、砂（土）袋、黏土、透水混凝土板、铅丝石笼、柳桩草把、暗管和透水防沙的土工布等。日本于 1995 年率先开展植被生态混凝土护坡研究，美国及欧洲发达国家自 20 世纪末也相继开展生态混凝土的研发（刘斯风等，2009）。我国的研究起步较晚，目前主要集中在河道边坡护岸、城市景观建设、水污染治理等领域，以蜂窝状混凝土板、植草生态混凝土等作为沟坡材料的农田生态排水沟仅开展了小规模试验示范。

随着材料及施工技术发展，暗管的管材经历了黏土瓦管、陶土管、水泥砂浆管、混凝土管、光滑塑料管，直到现在常用的 PVC、PE 打孔波纹塑料管。波纹塑料管具有重量轻、运输和铺设中损耗小、耐腐蚀、整体性好、施工方便、易保证施工质量等优点，特别适合于采用先进的挖沟铺管机进行施工，铺设效率高。为了改善水流进入暗管的水力条件，并防止细粒土壤进入排水管，在暗管四周铺设外包滤料是暗管排水工程施工过程中的必要环节。常用的暗管外包滤料包括砂砾石滤料、有机物滤料以及合成滤料等，其中级配良好的砂砾石滤料是外包滤料中使用时间最长、技术相对较为完善的形式；有机物滤料主要包括谷壳、秸秆、树枝、木屑、泥炭、玉米芯、椰子纤维等（Framji 等，1987；乔玉成，1994），该形式下的外包滤料在比利时、德国以及荷兰均有成功应用案例；合成滤料最晚发展起来，具有材质轻、厚度薄、用料省，从而价格低廉、易于运输储存、便于机械化施工等特点，在砂石料紧缺的地区，选择合成材料如土工布等作为外包滤料不仅有利于机械化施工，且大大降低了工程造价。

与传统的过滤排水材料相比，土工织物具有产品系列多、性能稳定、质轻、运输施工方便、劳动强度低、工效高、施工质量易保证等优点。土工布作为人工合成外包料预缠绕在波纹塑料暗管上是常见的暗管施工工艺，尤其在流沙等不利条件下易于安装，突出特点是单位长度较轻，从而减少了运输费用。针对土工布外包滤料选择问题，Stuyt 等（2005）

提出了选择土工布的计算方法及其选择标准；EI-Sadany Salem 等（1995）研究发现埃及国产的 4 种土工布均能达到暗管排水的要求；丁昆仑等（2000）开展了宁夏银北灌区暗管排水外包滤料的一维和二维实验研究，提出适宜当地暗管排水需求的无纺土工布规格指标与选择方法；宁夏水利科学研究所（2003）对银北灌区暗管排水土工布外包滤料的应用进行了野外调研，发现土工布与波纹塑料管组成的排水工程系统具有较好的排水效果，可以满足当地的排水要求；Lal 等（2012）对印度哈里亚纳邦地区以合成材料为外包滤料的暗管排水运行 3~6 年后的淤堵情况进行了调查分析，结果表明合成外包滤料具有较好的防淤堵能力，暗管淤堵量很小。

传统的明沟排水工程常采用挖掘机和田间小型开沟机具进行施工，造价低，技术相对较为成熟。暗管排水工程常采用半机械化施工或机械化施工，对施工作业提出了更高要求。20 世纪 60 年代出现了自动开沟铺管机，与常规挖掘机相比，暗管安装速度快，可精确控制埋设深度和坡度，适用于各种合成外包料和土壤条件。随后出现的无沟铺管机是一种自动化程度较高的暗管铺设设备，安装速度快，可精确定位埋管深度和边坡，不破坏土壤和作物，无需回填土壤，缺点是只适用于管径较小的预装外包料的波纹管，且难以在过湿土壤条件下施工铺装，技术优势随埋管深度的增加以及土壤黏性的加重而下降。随着激光控制技术应用到铺管机上，使得暗管铺设的质量和效率得到很大提高（Fouss 和 Fausey，2007），实现了沟道开挖和坡度控制、定位铺管、土壤回填的一体化作业模式。

1.2.3 农田除涝排水工程设计方法

农田除涝排水工程设计是实现排水控制指标的重要环节，其中排水沟（管）的深度与间距又是影响排水效果的主要参数。选取适当的工程设计参数是确保作物正常发育生长的关键所在，这些工程设计参数与排涝（渍）流量密切相关，而排涝（渍）流量（或排水强度）又是确定各级排水沟道断面、暗管布局及沟道上建筑物，以及分析现有排水设施排水能力的主要依据（王少丽等，2014）。通常多采用降深-历时-频率曲线法（Oosterbann，1994；Jiang and Tung，2013）、SCS 经验法（EI-Hames，2012）等计算排涝流量。Wadatkar 等（2007）针对印度排水状况提出了基于降雨频率分析、作物耐淹程度、土壤入渗特性的排水深度计算方法；Skaggs 等（2007）针对美国湿润地区，利用降水量、排水深度、土壤剖面导水系数和有效孔隙度参数组合线性拟合确定最优的设计排水深度。我国一般采用平均排除法或经验法计算单位面积上的设计排涝流量或排涝模数，并以此设计确定排水沟道的断面尺寸。随着气候变化和土地利用方式的改变，相同设计暴雨下可能产生与以往不同的排涝流量，地表产汇流过程发生变化。罗文兵等（2014）基于经验法对湖北省四湖流域螺山排区的研究表明，受下垫面条件改变影响，在 10 年一遇 3 日暴雨的排涝标准下，该区的排涝模数已由 1994 年的 0.38m^3/（s·km^2）上升到 2011 年的 0.46m^3/（s·km^2），约相当于前者条件下 19 年一遇 3 日暴雨的排涝标准；毛慧慧等（2013）在总结海河流域平原区沥涝水特点基础上，对下垫面变化条件下的流域各典型排涝区产流量研究结果表明，1980 年后各典型排涝区在相同降雨条件下的产流量明显减小。

在地下排水工程设计中，通常以排渍模数、地下水降落速率、地下水位控制深度等为依据，采用稳定流或非稳定流排水渗流理论公式或田间排水试验数据确定暗管的埋深和间距，并据此获得排水沟的底部高程和排渍水位。Sieben（1964）提出了以作物生长期内地下水埋深小于30cm的累计值SEW$_{30}$作为排渍标准；Hiler（1969）考虑到作物不同生长阶段对渍害敏感程度的差异，提出了阶段性抑制天数指标SDI；以上述概念为基础，随后出现了类似指标，如SEW$_{50}$、涝渍综合超标水位累积值（SFEW$_{30}$、SFEW$_{50}$）、连续抑制天数指标（CSDI）等。基于连续的涝渍过程，我国学者张蔚榛（1997，1999）、朱建强（2000，2006）、汤广民（1999）、俞双恩（2014）等基于试验的方法分别建立了小麦、大豆、棉花、水稻等作物产量与上述指标的关系。沈荣开等（2001）针对我国南方涝渍相伴相随的特点，以等效淹渍历时为反映涝渍程度的综合指标，开展了多阶段涝渍共同作用下作物水分生产函数的研究。

随着计算机模拟模型的不断发展，开发和利用模型进行排水工程参数优化设计特别是地下排水工程的优化设计已成为趋势。Singh等（2006）利用田间验证的DRAINMOD模型设计暗管排水工程的埋深与间距，指出埋深不变的地下排水量随暗管间距的减少而增加，且作物相对产量在某间距处达到最高；Ebrahimian和Noory（2015）应用HYDRUS-2D模型模拟水田暗管埋深和间距、土壤质地对排水流量的影响，发现随着暗管间距增大而排水率减小，且暗管间距对排水率和地下水位的影响要比暗管埋深大。不管是采用稳定流或非稳定流计算公式进行排水工程设计，都不会影响到基于计算机模型对各种设计条件下排水和作物生长状况的模拟结果，主要影响因素在于最后设定的排水间距和埋深。虽然基于模型的排水工程设计方法已研究较多，但距实际应用仍有一定差距，这主要是由于模型自身需要较多的输入数据，且基层设计人员在使用基于排水理论的模型时还有一定难度。

通常暗管排水工程的功能和作用主要在于控制地下水位，但研究表明其还可减少地表径流，进而影响地表侵蚀及污染物排放过程，尤其是改进型的暗管排水工程（带砾石暗管、砾石鼠道）具有更佳的排水性能。Melesse和Maalim（2013）针对美国Le Sueur流域，采用WEPP模型对不同排水流量和耕作条件下暗管排水对地表侵蚀率的影响进行了模拟评价，结果表明暗管排水影响到地表水入渗，在减少地表径流的同时也影响到土壤侵蚀过程；Filipović等（2014）采用HYDRUS-2D/3D模型模拟了常规暗管排水、带砾石的暗管排水、带砾石的暗管与鼠道相结合下的排水性能，发现常规暗管排水量最小，带砾石的暗管与鼠道相结合的排水方式在强降雨下可减少75%的地表径流量；王少丽等（2001）从我国农田涝渍相伴、连续危害的自然特点出发，基于水量平衡原理，对明暗组合排水下的地面、地下排水模数进行了理论分析探讨，提出基于地下排水工程排除地表水的作用可以减轻地面排水工程的负担，使除涝工程更为经济合理；Sands等（2015）采用DRAINMOD模型模拟了美国明尼苏达南部典型土壤条件下不同暗管埋深和间距组合下的地表径流、暗管排水量和作物产量，以内部收益率作为不同暗管排水组合的效益评价指标，并以地表地下排水量作为环境响应指标，发现减小暗管排水量会增大地表径流量，而增大暗管排水量又会增大地下硝态氮的流失量，提出效益最大、总排水量最小的暗管间距为46m且埋深为1.35m。

1.3 农田排水管理

农田排水被认为是造成农田面源污染的主要来源，但通过采用各种合理的农田排水管理措施，可将农田排水及携带的污染物控制在某种程度内，获得明显的节水减污效应（Strock 等，2010）。此外，对水资源短缺地区，农田排水还可作为重要的水源加以利用。由此可见，合理的农田排水管理对提高农业水资源利用率、保护农田水环境等都具有十分重要的意义。

1.3.1 改进农田除涝排水工程设计

传统的农田除涝排水工程的设计是在考虑工程建造与维护的经济性和施工机械运行的可行性基础上，尽可能地加大排水沟（管）的深度（Schultz 等，2007），但其忽视了对农田水环境的保护。当提高排水工程系统的设计标准时，将增大农田排水量，这必然引起土壤氮、磷、盐分流失量的相应增加。与污染物负荷相关的设计指标是排水强度和排水系统的布置方式，在过量使用化肥下，硝态氮流失量将随着暗管间距减小和埋深增加而加大，与较大埋深和较强排水强度相比，较浅埋深和较低排水强度下的暗管排水量和氮流失量都相对较少（Sands 等，2008）。此外，Smedema（2007）也认为较深排水沟可能引发环境危害，并证实了浅层排水即可满足当前的排涝需求。

由此可见，改进农田除涝排水工程设计与管理可在促进农业生产的同时尽可能避免对水环境产生负面影响。将明沟排水工程设计为复式断面，既可改善沟渠的稳定性、降低渠系水流侵蚀性，又可降低排水沟渠的维护成本，并减少下游泥沙的输出量，而阶梯式平台上种植的植物又能够吸收沟岸冲蚀的氮磷等，在控制排水强度的同时减少了氮磷流失量（Powell 等，2007a；Powell 等，2007b）。Verma 等（2007）提出了双层暗管排水工程设计方法，当地下水位下降到上层排水暗管以下时，将暗管间距增加 1 倍，从而控制了排水强度。对单层非控制排水系统，可在暗管出口处安装控制装置减少排水量。由于排水系统直接接纳农田排水中的污染物，故在工程设计中需避开这些污染物，利用简单的评估模型能够确定不同排水管理措施下的污染物流失路径，并评估在排水设施建成后是否将成为主要污染源，从而确定合理的布置方式（Delgado 等，2010；Kleinman 等，2011）。

1.3.2 农田控制排水措施

控制排水已被许多国家列为治理农田面源污染的最佳管理措施之一，其目的一是尽量减少因无节制的排水带来的水量、肥料流失，并有利于采取相应的措施进行再利用；二是通过减量排水降低所携带的氮磷等养分对受纳水体造成的污染。主要途径是通过设置在排水沟（管）出口处的水位控制装置实现调控排水出流量的目的，也可以在明沟中通过设置低堰达到控制排水的目的（图 1.3），在保持作物生长适宜土壤水分条件的同时减少污染物排放量。

Christen 等（2001）对澳大利亚的地下排水进行总结后指出，大多数排水系统处于过量排水状态，排走的盐分远大于引进的数量，且排水率超过控制水位和涝水需求所需要的合理排水率，虽然这有利于排水区的盐分控制，但大量盐分排到下游会对受纳区的土地和水环境形成威胁，故需采取相应措施合理管理排水系统，以便减少对下游环境的影响。El-Sadek等（2002）提出控制排水不仅可充分利用水源，还可有效改善农田水环境，单从经济角度看，控制排水并不提高排水的经济效益，但从环境角度看，控制排水在减少硝酸盐排放量上作用明显。Wesstrom等（2007）在瑞典西南部开展的控制排水试验表明，控制排水明显减少了排水中的氮磷负荷，氮流失高峰期与排水流量和土壤矿质氮含量的高峰期一致，作物吸氮量每公顷增加了3～14kg，产量增长2%～18%，与自由排水相比提高了氮的使用效率。Stampfli和Madramootoo（2006）的研究表明，控制排水可以减少灌溉用水量，不仅提高了水的利用效率，而且具有投资少和费用低等优点。Willams等（2015）在美国俄亥俄州进行了7年的田间试验，对比了自由排水与控制排水条件下的排水量及其养分浓度，与前者相比，控制排水可减少排水量8%～34%、铵态氮−8%～44%、可溶性磷40%～68%。Kröger等（2008）在明沟上设置了低堰作为控制排水措施，研究表明低堰控制排水条件下，可减少可溶性无机磷、总磷、硝态氮、铵态氮分别为92%、86%、98%和67%。

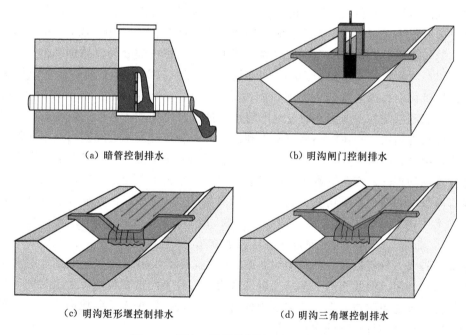

（a）暗管控制排水　　　　　　　　　　　　（b）明沟闸门控制排水

（c）明沟矩形堰控制排水　　　　　　　　　（d）明沟三角堰控制排水

图1.3　明沟、暗管控制排水结构示意图

近年来国内也开始尝试水稻的田间水位控制措施，通过在排水沟上修建拦蓄设施达到抗旱、节水、节肥和减污的目的。罗纨等（2006）在宁夏银南灌区进行的控制排水试验结果表明，将深度为1m的排水农沟控制到0.6m时，整个作物生长期内的农沟地下排水量减少约50%，地下水含盐量增幅仅为3.7%，远低于影响作物生长的临界含盐量；景卫华等（2009）采用DRAINMOD模型模拟后发现采取控制排水后的地下排水量明显减少，排水总量也显著降低，从而有利于区域水质的保护。彭世彰等（2012）在江苏高邮灌区进行了节水灌溉与控制排水相结合的田间试验，结果表明水分生产率显著提高而污染物负荷显著下降，控制排水降低了灌溉需水量，灌排系统相结合具有显著的节水减污效益。此外，利用各种模拟模型（如 RZWQM、DSSAT、DRAINMOD 等）模拟控制排水对作物产量的影响也成为热点。

1.3.3　农田排水污染物沟塘（湿地）削减

农田排水沟渠具有物质传输、过滤或阻隔、物质能量的源或汇等功能，显著影响到农田生态系统中各种物质循环过程。利用农田系统中的沟渠构建线形人工湿地，发挥其非点源污染物的截留、分解、转化等功能，可以有效改善地表水质的效果（Needelman 等，2007）。杨林章等（2005）提出一种由工程和植物组成的生态拦截型沟渠系统，可减缓水流速度，促进所携带的颗粒物沉淀，有利于对沟坡、水体和沟底中逸出的养分实行立体吸收和拦截，农田径流中总氮、总磷去除效果分别达到 48.4％和 40.5％，实现了对农田排出养分的有效控制。吴攀等（2012）在宁夏灵武农场的典型排水支沟内布设了土壤、炉渣、秸秆和锯末 4 种基质处理及铲草和对照处理，研究表明选择适合的基质进行人工布设可以有效地截留农田退水中的污染物。

塘堰或湿地作为一种农田排水的处理方式具有显著的生态和景观效益，尤其是人工湿地的建设运行成本相对较低，在非点源污染防治中已得到广泛应用。Borin 等（2007）进行了 5 年的表面流湿地处理农田排水试验，其中湿地面积占被处理流域面积的 5％，结果表明进入湿地的农田排水总氮中 50％以上可被植物吸收，20％以上被储存在土壤中，少部分通过反硝化损失掉，氮的平均削减能力达到 90％。Smiley 和 Allred（2011）将控制排水、地下灌溉系统和水塘湿地通过地下管道和抽水泵站相连，形成了集灌溉、排水、湿地净化、排水再利用为一体的小型农田水利工程，可有效提高水资源利用效率并控制农业面源污染。结合我国南方平原和浅丘陵区水稻灌区的灌排工程系统特点，借鉴灌溉-排水-湿地综合管理的理念，广西青狮潭灌区以改造农田洼地为人工湿地为主，湖北漳河灌区以开发现有灌溉塘堰净化水质功能为主，形成的灌溉-排水-湿地综合管理系统可以明显地降低稻田排水中的总氮、总磷含量，达到修复农田水环境的目的（Dong 等，2009；Shao 等，2010）。茆智（2009）指出通过在灌区内建立节水灌溉与控制排水、小型湿地、生态沟等组成的防线，可使氮磷污染减少约 2/3，有效提高了农田地表和地下排水的水质，使其能够被回收利用。何元庆等（2012）以珠海市斗门区上洲村典型稻田系统为例，基于现有排灌系统，经适当改建后提出了适应当地情况的生态沟渠型人工湿地构建方法，对稻田排水径流中的污染物具有良好净化效果。

1.3.4　农田排水再利用

农田排水对作物生长具有和灌溉同等重要的作用，没有适当的排水条件和设施就无法保证良好的作物生长环境。此外，不适当的排水在造成农田养分流失和水环境污染的同时还会引起农田地表水、地下水、土壤水的损失。为此，对农田排水进行灌溉再利用，不仅可节水还能实现排水中氮磷等元素的高效再利用。采用农田排水作为灌溉补充水源不仅可提供作物所需的水分和养分，还可对环境产生最小化影响。

干旱半干旱地区的农田排水中往往含有较高盐分，若利用不当可导致作物产量和品质下降，并对环境产生负面影响。王少丽等（2010）基于宁夏银北灌区 3 个排水沟的水质监测数据评价了排水沟的水质污染程度，分析了排水再利用下的土壤盐渍化风险。在地下水浅埋地区，排水再利用应与地下水管理相结合，Ayars 等（2011）在浅层地下微咸水情况下利用 $EC<6dS/m$ 的排水灌溉耐盐苜蓿，发现灌后盐分同时在土壤和地下水中累积，地下水位因排水能力不足而上升。EI-Mowelhi 等（2006）在埃及尼罗河三角洲北部开展了排水再利用研究，总结分析了排水用于灌溉作物 6 个生长季后的效果，指出采用 EC 为 $1.1\sim3.64dS/m$ 的排水进行灌溉，短期内对农业生产和环境没有显著的负面影响，但长期的效应还有待深入研究。

水稻生长耗水量多，但用水效率较低，故循环灌溉是稻田灌溉的重要模式。将稻田排水部分用于再灌溉，不仅可减少氮磷等营养物质的实际排放量，还能使一部分排水中的氮磷被作物吸收利用，而这种过程又提高了氮磷在稻田内的滞留时间，从而提升了田面排水的净化程度（Hama 等，2011）。Feng 等（2004）研究了循环灌溉条件下稻田营养元素的输移转化规律，由于循环利用过程中部分使用了稻田排水，增加了水力停留时间，有助于稻田吸附营养元素，且最终稻田出流的氮磷负荷相对于入流有所减少。Takeda 等（2006）积累了长达 8 年的循环灌溉下稻田的水质和水文监测资料，分析了稻田污染物出流变化的长期规律和净化功能，结果表明该系统对 TP、COD 起到了净化作用，对 TN 的去除效果却不明显，TN 和 COD 的年负荷与来水量有很好的相关性，并得出了 TN、TP、COD 的净出流负荷为零的临界水力停留时间。

农田排水再利用的环境效应与风险评价也是目前研究的重点。Shiratani 等（2004）利用数值模型模拟了排水循环利用对降低污染物负荷的作用，48％循环率下灌溉水与排水的氮负荷相同；Hafeez 等（2008）以最小费用为目标函数，建立了基于塘堰调节农田排水并再利用的稻田区域排水除污成本优化模型；Singh 等（2003）在水稻种植区域内利用塘堰储存调节排水并用于灌溉，开发了灌溉、排水与再利用除污成本的优化模型，结果表明需要保持更大面积的塘堰和排水沟才能去除较高的污染物出流负荷。由此可见，通过适当的灌排管理措施实现农田排水再利用，既可增加水肥利用率又能阻止排水中的氮磷等污染物向地表水体的排放。

在农田排水再利用的工程模式上，Singh 和 Kumar（1997）基于 FAIDS 和 RESBAL 模型模拟研究了区域排水情况，设计了一系列串联的塘堰贮存排水，确定了相应的调度运行方案。Zapata 等（2000）在连续梯田区域采用格田灌溉逐级向下的顺序，将来自上游梯田的灌溉退水排放到下游直接利用，比较了排水再利用模式与传统灌溉模式的效果，发现前者的灌水均匀性和灌溉水利用系数均有所提高。Gotsis 等（2015）采用上游排放水与下游淡水联合利用的方式，以经济效益最大为目标，基于半经验的水分生产函数，研究了不同淡水水价和不同排水水质下的最优排水可利用量。王少丽等（2010）基于宁夏银北灌区农田排水再利用工程模式的调研与经济分析，提出了根据灌溉用水方式、排水沟水循环方式、取水量与输水距离、沟水流量和沟道规模等因素选择工程运行模式的方法。

1.3.5 稻田除涝减灾水量调控

稻田蓄水除涝是其生态系统服务的重要功能之一，主要体现在增加了区域蓄水能力，减轻了洪涝灾害，增加了地下水补给，并具有净化水土、调节微气候、维持生物多样性等特点。多采用水文分析方法开展稻田防洪除涝功能的研究，如绘制水位曲线，采用蒙特卡洛法建立水文模型等，目前的研究主要包括降雨径流模拟、稻田储水能力估算、不同节水模式下的稻田水量调控效果等。为了达到更好的防洪除涝效果，在极端降雨情况下，应将稻田与河流进行联合调度管理。

稻田蓄水除涝减灾功能研究始于 20 世纪 80 年代，Shimura（1982）根据稻田对涝水的调节作用最早提出了稻田的防洪除涝功能，计算得出日本稻田汛期的洪涝水存蓄量高达 8.1 亿 m^3，大大超出现存 2.4 亿 m^3 的水库蓄水能力。Ohnishi 和 Nakanishi（2000）在对比了两个流域的情况后发现，稻田面积较大的流域，其洪峰径流量和径流速率相对较小。Masumoto 等（2006）在区域尺度上评估了稻田的防洪滞涝功能，认为洪涝管理应从单纯的筑坝修堤加速排水转变为除涝与高效用水的结合。黄璜（1997）调查了湖南省境内的稻田，指出从 6 月底至 7 月中旬利用稻田可蓄存 5.34 万 m^3 的水量。Chen 等（2011）利用修正的 Tank 模型对台湾新浦乡试验梯田的 4 次降雨径流过程进行了模拟研究，定量分析了稻田降低和延迟洪峰的功能。Sujono（2010）研究了不同节灌模式下的稻田蓄水除涝效果，结果表明稻田能有效储存降雨并减少涝灾，不同节灌模式可减少涝水 37.2%～55.7%，其中采用栽培技术对降雨存储最为有效，涝水减少高达 55.7%。乔文军等（2004）从农业生产与防洪除涝角度出发，分析了长江中下游平原湖区的稻田用水管理，由于长江汛期与水稻生长发育期重合，故充分利用降雨、因地制宜的调节田间水层，既能保障水稻产量，又有利于长江堤防安全。尽管推广水稻节水灌溉模式在促进稻田蓄水滞涝功能上具有一定的生态意义，但相关研究偏少，未引起足够重视。

1.4 主要研究内容

综上所述，随着城乡社会经济快速发展，人类活动干扰频繁，农田涝灾防御的复杂性与难度更加突出，对增强防灾减灾能力的要求越来越迫切。由于农田涝灾致灾因子的不确定性、孕灾环境的复杂性和承灾体的脆弱性，目前在农田涝灾预测与防御研究过程中还有不少问题需要深入研究，包括：①随着气候和土地利用条件的变化，导致农田降雨、入渗、蒸发、产汇流等过程发生较大变化，需要研究变化环境下的农田涝灾演变规律，构建灌排条件下大尺度涝水预测和灾害损失评估模型，探讨灌溉渠系、排水沟网对灌区水文特性的影响和调节机制；②受自然-人工复合系统的变化，农田涝灾风险越来越高，受灾损失也呈上升趋势，排涝工程技术模式还比较单一，在排水工程材料特别是暗管外包料方面还没有统一的标准，研究现代化排涝技术及具有区域特色的农田排涝组合工程技术模式，建立有效的农田排涝工程技术评估方法，提升传统的治理技术水平与管理模式势在必行；③随着社会经济的发展和科学技术的进步，农田排涝的理念和内涵都有了新的发展，重视农田排水资源的高效利用，构建排水资源循环灌溉再利用和除涝抗旱相结合的农田排水管理模式，既保证作物生长适宜的土壤水分条件，又可减少养分的流失量，提高水肥资源利用效率。为此本书分为 10 章，涉及的主要研究内容如下：

第 2 章首先描述我国易受农田涝灾影响的主要地区及其分布状况，其次分析农田涝灾形成机制及其自然和人为影响因素,最后阐述农田除涝减灾措施。

第 3 章在综合考虑影响农田涝灾风险影响因素的基础上,首先选择 9 个评估指标构成农田涝灾风险评估指标体系,利用层次分析法确定各指标的影响权重,采用综合评价法建立农田涝灾综合风险度,其次通过江苏高邮市运东地区相关数据对模型进行检验,分析不同梅雨强度、滞涝水面率、排水河道密度和泵站抽排能力下的农田涝灾风险分布及变化特征,最后提出区域涝灾应对策略。

第 4 章从影响作物受涝减产的水文机制出发,首先构建包含多尺度物理过程的涝灾分布式水动力学模拟模型,并融合灵活的前处理模块,开发相应的农田涝灾预测模拟系统;其次利用高邮市某个圩垸实测数据对该系统进行检验,最后根据模拟结果,分析环境改变条件(不同暴雨、斗沟规模、外排条件、排涝能力、闸泵调度规则)下的农田涝灾减产空间变化分布及其特征。

第 5 章首先对常规暗管排水及改进型暗管排水的室内外性能进行分析,其次采用率定验证后的 HYDRUS 模型模拟分析两种暗管排水技术在除涝、降渍、减少地表径流等性能上的差异,最后基于常规暗管排水外包滤料选择方法,确定适用于其结构性能改进的反滤体级配准则,提出合理的防淤堵布局方式。

第 6 章首先概述稳定流和非稳定流状态下的地下排水理论计算方法和常用计算公式,其次介绍无积水下的沟管排水理论计算公式和积水下的常规暗排排水量计算公式,进一步推导获得积水下的改进暗排排水量计算方法,并对不同排水理论公式的计算结果与试验观测数据进行对比分析。

第 7 章首先基于地表和地下排水模数分析及水量蓄排关系分析,提出明暗组合排水工程设计方法,揭示暗管在除涝排水中的重要作用,其次采用地表排涝系数间接反映暗排除涝作用的设计方法,基于按降渍要求确定的间距以及给定的地表排涝系数,采用经济净现值和经济效益费用比指标,分析田间末级排水方式分别为明沟排水、常规暗排以及改进暗排与明沟结合的组合排水工程的经济效益,最后,针对半机械化和机械化暗管施工方式,提出相应的施工质量保证技术方法。

第 8 章在综述现有地表排水估算方法基础上,首先针对现有 SCS 模型预测排水量精度不足的缺陷,基于潜在初损和有效降雨影响系数形成有效影响雨量的递推关系,将前期产流条件概化成前期日降雨量与降雨初损的函数,对 SCS 模型改进完善,其次针对沟塘组合排水工程有别于传统技术的特点,提出适用农业小流域的农田沟塘组合除涝排水工程技术设计方法,最后对淮北平原低洼区沟塘组合工程除涝排水效果开展分析评价。

第 9 章以江苏省高邮灌区为典型研究区域,首先基于田间水平衡试验监测与数据收集,分析当地的降雨变化特征、水稻生育期的降雨和蒸腾量变化规律以及不同尺度排水量的变化特征,其次根据水量平衡原理构建稻田水量平衡模型,进行参数率定验证,最后应用该模型计算不同频率年、不同灌溉模式及不同土地利用下的稻田调蓄水量,分析不同灌水模式下的稻田雨水利用率及节水效果,给出不同频率年和节水模式下的灌排管理准则。

第 10 章首先简述农田排水的特点及灌溉再利用现状,评价不同类型区排水水质变化特征及灌溉再利用风险，其次基于系统性、简洁性、可操作性等原则，从排水水质、作物特性、土壤特性、水文气象、灌排措施等五方面入手，构建农田排水灌溉再利用评价指标体系，基于模糊模式识别方法构建农田排水灌溉再利用适宜性评价模型并进行验证，最后依据宁夏银北灌区排水灌溉再利用调研成果和评价分析，对排水灌溉再利用适宜工程模式进行探讨和经济评价。

参 考 文 献

[1] Adélia N N, António C de A, Celeste O A C. Impacts of land use and cover type on runoff and soil erosion in a marginal area of Portugal [J]. Applied Geography, 2011, 31 (2)：687 – 699.

[2] Alvarado – Aguilar D, Jimenez J A, Nicholls R J. Flood hazard and damage assessment in the Ebro Delta (NW Mediterranean) to relative sea level rise [J]. Natural Hazards, 2012, 62 (3)：1301 – 1321.

[3] Aronica G T, Franza F, Bates P D, et al. Probabilistic evaluation of flood hazard in urban areas using Monte Carlo simulation [J]. Hydrological Processes, 2012, 26 (26)：3962 – 3972.

[4] Ayars J E, Soppe R W, Shouse P. Alfalfa production using saline drainage water [J]. Irrigation and Drainage, 2011, 60 (1)：123 – 135.

[5] Ayed G M, Mohammad A A. The impact of vegetative cover type on runoff and soil erosion under different land uses [J]. Catena, 2010, 81 (2)：97 – 103.

[6] Berning C, Viljoen M F, Duplessis L A. Loss function for sugar – cane: depth and duration of inundation as determinates of extent of flood damage [J]. Water SA, 2000, 26 (4)：527 – 530.

[7] Bhuiyan M J A N, Dutta D. Analysis of flood vulnerability and assessment of the impacts in coastal zones of Bangladesh due to potential sea – level rise [J]. Natural Hazards, 2012, 61 (2)：729 – 743.

[8] Borin M, Tocchetto D. Five year water and nitrogen balance for a constructed surface flow wetland treating agricultural drainage waters [J]. Science of the Total Environment, 2007, 380 (1 – 3)：38 – 47.

[9] Bouwer L M, Bubeck P, Aerts J C J H. Changes in future flood risk due to climate and development in a Dutch polder area [J]. Global Environmental Change, 2010, 20 (3)：463 – 471.

[10] Burto I, Kates R W, White G F. The Environment as Hazard [M]. First Edition, New York：The Guilford Press, 1978.

[11] Carluer N, Marsily G D. Assessment and modelling of the influence of man – made networks on the hydrology of a small watershed: implications for fast flow components. Water quality and landscape management [J]. Journal of Hydrology, 2004, 285 (1 – 4)：76 – 95.

[12] Chen R S, Yang K H. Terraced paddy field rainfall – runoff mechanism and simulation using a revised tank model [J]. Paddy Water Environment, 2011, 9 (2)：237 – 247.

[13] Chen R S, Pi L C. Diffusive tank model application in rainfall – runoff analysis of upland fields in Taiwan [J]. Agricultural Water Management, 2004, 70 (1)：39 – 50.

[14] Chow V T, Maidment D R, Mays L W. Applied Hydrology [M]. McGraw – Hill, New York, 1988.

[15] Christen E W, Skehan D. Design and management of subsurface horizontal drainage to reduce salt

loads [J]. Journal of Irrigation and Drainage Engineering, 2001, 127 (3) : 148 – 155.

[16] Darzi – Naftchali A, Shahnazari A. Influence of subsurface drainage on the productivity of poorly drained paddy fields [J]. European Journal of Agronomy, 2014, 56 (3): 1 – 8.

[17] Delgado J A, Gross C M, Lal H, et al. A new GIS nitrogen trading tool concept for conservation and reduction of reactive nitrogen losses to the environment [J]. Advances in Agronomy, 2010, 105 (3): 117 –171.

[18] Dong Bin, Mao Zhi, Brown L, et al. Irrigation ponds: Possibility and potentials for the treatment of drainage water from paddy fields in Zhanghe irrigation system [J]. Science in China Series E: Technological Sciences, 2009, 52 (11): 3320 – 3327.

[19] Dutta D, Herath S, Musiake K. An application of a flood risk analysis system for impact analysis of a flood control plain in a river basin [J]. Hydrological Processes, 2006, 20 (6): 1365 – 1384.

[20] Ebrahimian H, Noory H. Modeling paddy field subsurface drainage using HYDRUS – 2D [J]. Paddy and Water Environment, 2015, 13 (4): 477 – 485.

[21] EI – Hames A S. An empirical method for peak discharge prediction in ungauged arid and semi – arid region catchments based on morphological parameters and SCS curve number [J]. Journal of Hydrology, 2012, 456/457: 94 – 100.

[22] EI – Mowelhi N M, Abo S M S, Barbary S M, et al. Agronomic aspects and environmental impact of reusing marginal water in irrigation: a case study from Egypt [J]. Water Science & Technology, 2006, 53 (9): 229 – 237.

[23] El – Sadany Salem H, DierickX W, Willardson L S, et al. Laboratory evaluation of locally made synthetic envelopes for subsurface drainage in Egypt [J]. Agricultural Water Management, 1995, 27 (3): 351 –363.

[24] El –Sadek A, Feyen J, Ragab R. Simulation of nitrogen balance of maize field under different drainage strategies using the DRAINMOD – N model [J]. Irrigation and Drainage, 2002, 51 (1): 61 – 75.

[25] Feng Y W, Yoshinagab I, Shiratani E, et al. Characteristics and behavior of nutrients in a paddy field area equipped with a recycling irrigation system [J]. Agriculture Water Management, 2004, 68 (1): 47 – 60.

[26] Fernandez G P, Chescheir G M, Skaggs R W, et al. DRAINMOD – GIS: A lumped parameter water shed scale drainage and water quality model [J]. Agricultural Water Management, 2006, 81 (1 – 2): 77 – 97.

[27] Filipović V, Mallmann F J K, Coquet Y, et al. Numerical simulation of water flow in tile and mole drainage systems [J]. Agricultural Water Management, 2014, 146: 105 – 114.

[28] Fouss J L, Fausey N R. Research and development of laser – beam automatic grade – control system on high – speed subsurface drainage equipment [J]. Transactions of the ASABE, 2007, 50 (5): 1663 – 1667.

[29] Framji K K, Garg B C, Kaushish S P. Design practices for covered drains in an agricultural land drainage system [M]. New Delhi: ICID, 1987.

[30] Gaume E, Gaal L, Viglione A, et al. Bayesian MCMC approach to regional flood frequency analyses involving extraordinary flood events at ungauged sites [J]. Journal of Hydrology, 2010, 394 (1 – 2): 101 – 117.

[31] Ghumman A R, Ghazaw Y M, Niazi M F, et al. Impact assessment of subsurface drainage on waterlogged and saline lands [J]. Environmental Monitoring and Assessment, 2010, 172 (1): 189 – 197.

[32]   Gilbert R A, Rainbolt C R, Morris D R, et al. Sugarcane growth and yield responses to a 3 - month summer flood [J]. Agricultural Water Management, 2008, 95 (3): 283 - 291.

[33]   Gotsis D, Giakoumakis S, Alexakis D. Drainage water use options for a regional irrigation system [J]. Proceedings of the Institution of Civil Engineers - Water management, 2015, 168 (1): 29 - 36.

[34]   Gül G O, Harmancioglu N, Gül A. A combined hydrologic and hydraulic modeling approach for testing efficiency of structural flood control measures [J]. Natural Hazards, 2010, 54 (2): 245 - 260.

[35]   Hafeez M M, Bouman B A M, Giesen N V D, et al. Water reuse and cost - benefit of pumping at different spatial levels in a rice irrigation system in UPRIIS, Philippines [J]. Physics and Chemistry of the Earth, Parts A/B/C, 2008, 33 (1): 115 - 126.

[36]   Hama T, Nakamura K, Kawashima S, et al. Effects of cyclic irrigation on water and nitrogen mass balances in a paddy field [J]. Ecological Engineering, 2011, 37 (10): 1563 - 1566.

[37]   Hewitt K. Excluded perspectives in the social construction of disaster. In E. L. Quarantelli (Ed.), What is a disaster? Perspectives on the question [J]. New York: Routledge, 1998: 75 - 91.

[38]   Hiler E A. Quantitative evaluation of crop - drainage requirements [J]. Transactions of ASAE, 1969, 12: 499 - 505.

[39]   International Commission on Irrigation and Drainage (ICID). Word drained area [R]. New Delhi, 2014.

[40]   IPCC. Climate Change 2007: Synthesis Report. Contribution of Working Groups Ⅰ, Ⅱ and Ⅲ to the Fourth Assessment Report of the Intergovernmental Panel on Climate Change [R]. Geneva, Switzerland, 2007.

[41]   IPCC. Managing the risks of extreme events and disasters to advance climate change adaptation. A special report of working groups Ⅰ and Ⅱ of the intergovernmental panel on climate change [R]. Cambridge: Cambridge University Press, 2012.

[42]   Jiang Peishi, Tung Y K. Establishing rainfall depth - duration - frequency relationships at daily rain gauge stations in Hong Kong [J]. Journal of Hydrology, 2013, 504 (1): 80 - 93.

[43]   Jiang Weiguo, Deng Lei, Chen Luyao, et al. Risk assessment and validation of flood disaster based on fuzzy mathematics [J]. Progress in Natural Science, 2009, 19 (10): 1419 - 1425.

[44]   Jung K Y, Yun E S, Park K D, et al. Effect of subsurface drainage for multiple land use in sloping paddy fields. In: 19th Congress of Soil Science, Soil Solutions for a Changing World, Brisbane, Australia, 2010.

[45]   Kleinman P J A, Sharpley A N, McDowell R W, et al. Managing agricultural phosphorus for water quality protection: principles for progress [J]. Plant and Soil, 2011, 349 (1 - 2): 1 - 14.

[46]   Kröger R, Cooper C M, Moore M T. A preliminary study of an alternative controlled drainage strategy in surface drainage ditches: Low - grade weirs [J]. Agricultural Water Management, 2008, 95 (6): 678 - 684.

[47]   Lal M, Arora V K, Gupta S K. Performance of geo - synthetic filter materials as drain envelope in land reclamation in haryana [J]. Journal of Agricultural Engineering, 2012, 49 (4): 14 - 19.

[48]   Levavasseur F, Bailly J S, Lagacherie P, et al. Simulating the effects of spatial configurations of agricultural ditch drainage networks on surface runoff from agricultural catchments [J]. Hydrological Processes, 2012, 26 (22): 3393 - 3404.

[49]   Masumoto T, Yoshida T, Kubota T. An index for evaluating the flood - prevention function of paddies [J]. Paddy and Water Environment, 2006, 4 (4): 205 - 210.

[50]   Melesse A M, Maalim F K. Modelling the impacts of subsurface drainage on surface runoff and sediment yield in the Le Sueur Watershed, Minnesota [J]. Hydrological Sciences Journal, 2013, 58 (3):

570 - 586.

[51] Needelman B A, Kleinman P J A, Strock J S, et al. Improved management of agricultural drainage ditches for water quality protection: An overview [J]. Journal of Soil and Water Conservation, 2007, 62 (4): 171 - 178.

[52] Nishimura N. Environment conservation functions of agriculture [J]. Farm Japan, 1991, 25 (6): 20 - 25.

[53] Nijland H J, Croon F W, Ritzema H P. Subsurface Drainage Practices - Guidelines for the implementation, operation and maintenance of subsurface pipe drainage systems [M]. Wageningen: ILRI Publication no. 60, 2005.

[54] Ohnishi R, Nakanishi N. The water conservation function and appropriate management of agricultural land [J]. Rural and Environmental Engineering, 2000, 8 (1): 36 - 47.

[55] Oosterbann R J. Frequency and regression analysis. In: Ritzema H P, (Ed.). Drainage principles and applications. Institute for Land Reclamation and Improvement, Wageningen, 1994: 175 - 223.

[56] Pavri F. Urban expansion and sea - level rise related flood vulnerability for Mumbai (Bombay), India using remotely sensed data [J]. Geotechnologies and the Environment, 2010, 2 (1): 31 - 49.

[57] Powell G E, Ward A D, Mecklenburg D E, et al. Two - stage channel systems: Part 1, a practical approach for sizing agricultural ditches [J]. Journal of Soil and Water Conservation, 2007, 62 (4): 277 - 286.

[58] Powell G E, Ward A D, Mecklenburg D E, et al. Two - stage channel systems: Part 2, case studies [J]. Journal of Soil and Water Conservation, 2007, 62 (4): 286 - 296.

[59] Purvis M J, Paul D Bates, Hayes C M. A probabilistic methodology to estimate future coastal flood risk due to sea level rise [J]. Coastal Engineering, 2008, 55 (12): 1062 - 1073.

[60] Saikkonen L, Herzon I, Ollikainen M, et al. Socially optimal drainage system and agricultural biodiversity: A case study for Finnish landscape [J]. Journal of Environmental Management, 2014, 146: 84 - 93.

[61] Sands G R, Busman L M, Rugger W E, et al. The Effects of subsurface drainage depth and intensity on nitrate load in a cold climate [J]. Transactions of the ASABE, 2008, 51 (3): 937 - 946.

[62] Sands G R, Canelon D, Talbot M. Developing optimum subsurface drainage design procedures [J]. Acta Agriculturae Scandinavica. Section B, Soil and Plant Science, 2015, 65 (1): 121 - 127.

[63] Schultz B, Zimmer D, Vlotman W F. Drainage under increasing and changing requirements [J]. Irrigation and Drainage, 2007, 56 (S1): S3 - S22.

[64] Shao Xiaohou, Qiu Jin, Hu Xiujun, et al. Preliminary study of the WRSIS concept at the paddy - upland crops rotation area in southern China. 9th International Drainage Symposium held jointly with CIGR and CSBE/SCGAB Proceedings, 2010.

[65] Shimura H. Evaluation on flood control function of paddy fields and upland crop farms [J]. Journal of the Society of Irrigation, Drainage and Reclamation Engineering, 1982, 50: 25 - 29.

[66] Shiratani E, Yoshinaga I, Feng Y, et al. Scenario analysis for reduction of effluent load from an agricultural area by recycling the run - off water [J]. Water Science and Technology, 2004, 49 (3): 55 - 62.

[67] Singh J, Kumar R. Drainage disposal and reuse simulation in canal irrigated areas in Haryana [J]. Irrigation and Drainage Systems, 1997, 12 (1): 1 - 22.

[68] Singh R K, Eisaka S, Ikuo Y, et al. Optimisation models for reduction of effluent load from paddy field by recycling use of water [C]. Proc. of Diffuse Pollution Conference, Dubling, 2003.

[69] Singh R, Helmers M J, Qi Zhiming. Calibration and validation of DRAINMOD to design subsur-

face drainage systems for Iowa's tile landscapes [J]. Agricultural Water Management, 2006, 85 (3): 221 - 232.

[70] Skaggs R W. Criteria for calculating drain spacing and depth [J]. Transactions of the ASABE, 2007, 50 (5): 1657 - 1662.

[71] Smedema L K. Revisiting currently applied pipe drain depths for waterlogging and salinity control of irrigated land in the semi arid zone [J]. Irrigation and Drainage, 2007, 56 (4): 379 - 387.

[72] Smiley P C, and Allred B J. Differences in aquatic communities between wetlands created by an agricultural water recycling system [J]. Wetlands Ecology and Management, 2011, 19 (6): 1 - 11.

[73] Stampfli N, Madramootoo C A. Water table management: A technology for achieving more crop per crop [J]. Irrigation and Drainage Systems, 2006, 20 (1): 267 - 282.

[74] Strock J S, Dell C J, Schmidt J P. Managing natural processes in drainage ditches for nonpoint source nitrogen control [J]. Journal of Soil and Water Conservation, 2007, 62 (4): 188 - 196.

[75] Stuyt L C P M, Dierickx W, Beltrán J M. Materials for subsurface land drainage systems [M]. Rome, Italy: Food and Agriculture Organization of the United Nations, 2005.

[76] Sujono J. Flood reduction function of paddy rice fields under different water saving irrigation techniques [J]. Journal of Water Resource & Protection, 2010, 2 (6): 555 - 559.

[77] Takeda I, Fukushima A. Long - term changes in pollutant load outflows and purification function in a paddy field watershed using a circular irrigation system [J]. Water Research, 2006, 40 (3): 569 - 578.

[78] Valipour M. Drainage, waterlogging, and salinity [J]. Archives of Agronomy and Soil Science, 2014, 60 (12): 1625 - 1640.

[79] Verma A K, Gupta S K, Singh K K, et al. Design of bi - level drainage systems: An analytical solution using inversion theorem [J]. Journal of Agricultural Engineering, 2007, 44 (4): 31 - 37.

[80] Wang Jun, Gao Wei, Xu Shiyuan, et al. Evaluation of the combined risk of sea level rise, land subsidence, and storm surges on the coastal areas of Shanghai, China [J]. Climatic Change, 2012, 115 (3): 537 - 558.

[81] Wadatkar S B, Patle G T, Deshmukh M M, et al. Agricultural land drainage coefficient rainfall analysis approach [J]. New Agriculturist, 2007, 18: 123 - 127.

[82] Wesstrom I, Messing I. Effects of controlled drainage on N and P losses and N dynamics in a loamy sand with spring crops [J]. Agricultural Water Management, 2007, 87 (3): 229 - 240.

[83] Williams M R, King K W, Fausey N R. Drainage water management effects on tile discharge and water quality [J]. Agricultural Water Management, 2015, 148: 43 - 51.

[84] Wu Xiaodan, Yu Dapeng, Chen Zhongyuan, et al. An evaluation of the impacts of land surface modification, storm sewer development, and rainfall variation on waterlogging risk in Shanghai [J]. Natural Hazards, 2012, 63 (2): 305 - 323.

[85] Xie Xianhong, Cui Yuanlai. Development and test of SWAT for modeling hydrological processes in irrigation districts with paddy rice [J]. Journal of Hydrology, 2011, 396 (1 - 2): 61 - 71.

[86] Zapata N, Playan E, Faci J M. Water reuse in sequential basin irrigation [J]. Journal of Irrigation and Drainage Engineering, 2000, 126 (6): 362 - 370.

[87] Zhang L, Zhao F F, Chen Y, et al. Estimating effects of plantation expansion and climate variability on streamflow for catchments in Australia [J]. Water Resources Research, 2011, 47 (12): W12539.

[88] Zheng Jie, Li Guangyong, Han Zhenzhong, et al. Hydrological cycle simulation of an irrigation district based on a SWAT model [J]. Mathematical and Computer Modelling, 2010, 51 (11 - 12): 1312 - 1318.

[89]　鲍子云，仝炳伟，张占明. 宁夏引黄灌区暗管排水工程外包料应用效果分析 [J]. 灌溉排水学报，2007 (5)：47－50.

[90]　丁昆仑，余玲，董锋，等. 宁夏银北排水项目暗管排水外包滤料试验研究 [J]. 灌溉排水，2000，19 (3)：8－11.

[91]　葛全胜，邹铭，郑景云. 中国自然灾害风险综合评估初步研究 [M]. 北京：科学出版社，2008.

[92]　国家防汛抗旱指挥部，中华人民共和国水利部. 中国水旱灾害公报 [M]. 北京：中国水利水电出版社，2006－2013.

[93]　何元庆，魏建兵，胡远安，等. 珠三角典型稻田生态沟渠型人工湿地的非点源污染削减功能 [J]. 生态学杂志，2012，31 (2)：156－160.

[94]　黄璜. 湖南境内隐形水库与水库的集雨功能 [J]. 湖南农业大学学报，1997，23 (6)：499－503.

[95]　景卫华，罗纨，温季，等. 农田控制排水与补充灌溉对作物产量和排水量影响的模拟分析 [J]. 水利学报，2009，40 (9)：118－124.

[96]　李喜仓，白美兰，杨晶，等. 基于 GIS 技术的内蒙古地区暴雨洪涝灾害风险区划及评估研究 [J]. 干旱区资源与环境，2012，26 (7)：71－77.

[97]　李晓莉. 塑料盲沟在城市快速路中的应用 [J]. 中国市政工程，2007 (5)：45－56.

[98]　李旭. 广州市洪水灾害风险评价 [D]. 广州：广州大学，2008.

[99]　刘斯风，刘黎，余新洲，等. 植被型生态混凝土的研究现状及趋势 [J]. 三峡大学学报（自然科学版），2009，31 (3)：52－55.

[100]　罗纨，贾忠华，方树星，等. 灌区稻田控制排水对排水量及盐分影响的试验研究 [J]. 水利学报，2006，37 (5)：608－612.

[101]　罗文兵，王修贵，罗强，等. 四湖流域下垫面改变对排涝模数的影响 [J]. 水科学进展，2014，25 (2)：275－281.

[102]　毛慧慧，张建中，张翙. 海河流域典型排涝区排涝模数修订的必要性研究 [J]. 海河水利，2013 (4)：24－26.

[103]　毛荣华，吴廷楹，吴婷婷. 塑料盲沟在高速公路桥面排水中的应用 [J]. 江西建材，2004 (3)：7－8.

[104]　茆智. 构建节水防污型生态灌区 [J]. 中国水利，2009 (19)：28.

[105]　莫建飞，陆甲，李艳兰，等. 基于 GIS 的广西农业暴雨洪涝灾害风险评估 [J]. 灾害学，2012，27 (1)：38－43.

[106]　乔文军，朱建强. 长江中下游平原湖区汛期稻田水管理 [J]. 湖北农学院学报，2004，24 (3)：210－215.

[107]　乔玉成. 南方地区改造渍害田排水技术指南 [M]. 武汉：湖北科学技术出版社，1994.

[108]　沈荣开，王修贵，张瑜芳. 涝渍兼治农田排水标准的研究 [J]. 水利学报，2001 (12)：36－39.

[109]　汤广民. 以涝渍连续抑制天数为指标的排水标准试验研究 [J]. 水利学报，1999 (4)：26－30.

[110]　王少丽，王修贵，瞿兴业，等. 灌区沟水再利用泵站工程经济评价与结构模式探讨 [J]. 农业工程学报，2010，26 (7)：66－70.

[111]　王少丽，许迪，陈皓锐，等. 农田除涝排水技术与管理研究综述 [J]. 排灌机械工程学报，2014，32 (4)：343－349.

[112]　王少丽，许迪，方树星，等. 宁夏银北灌区农田排水再利用水质风险评价 [J]. 干旱地区农业研究，2010，28 (3)：43－47.

[113]　闻珺. 洪水灾害风险分析与评价研究 [D]. 南京：河海大学，2007.

[114]　吴攀，张志山，黄磊，等. 人工布设基质对农田排水沟水质的影响 [J]. 中国生态农业学报，2012，20 (5)：70－76.

[115]　谢彦，张茂文，刘许生，等. 洪涝对旱、种稻生产的影响调查与研究结果简报 [J]. 中国农学通报，2011，27 (9)：281－286.

[116] 谢云霞，王文圣. 城市洪涝易损性评价的分形模糊集对评价模型 [J]. 深圳大学学报（理工版），2012，29（1）：12 - 17.

[117] 杨林章，周小平，王建国，等. 用于农田非点源污染控制的生态拦截型沟渠系统及其效果 [J]. 生态学杂志，2005，24（11）：1371 - 1374.

[118] 殷剑敏，孔萍，李迎春，等. 我国南方早稻洪涝灾害指标试验研究 [J]. 自然灾害学报，2009，18（4）：1 - 5.

[119] 尹占娥. 城市自然灾害风险评估与实证研究 [D]. 上海：华东师范大学，2009.

[120] 俞双恩，郭杰，陈军，等. 探索涝渍连续抑制天数指标作为水稻排水标准的试验 [J]. 水科学进展，2014，25（2）：282 - 287.

[121] 张蔚榛，张瑜芳，沈荣开. 小麦受渍抑制天数指标的探讨 [J]. 武汉水利电力大学学报，1997（5）：2 - 6.

[122] 张蔚榛，张瑜芳. 渍害田地下排水设计指标的研究 [J]. 水科学进展，1999（3）：304 - 310.

[123] 张继权，李宁. 主要气象灾害风险评价与管理的数量化方法及其应用 [M]. 北京：北京师范大学出版社，2007.

[124] 赵晓宇，张凤荣，李超. 华北低平原农田排水沟平填及洪涝灾害风险分析 [J]. 农业工程学报，2016，32（7）：145 - 151.

[125] 赵勇，张金萍，裴源生. 宁夏平原区分布式水循环模拟研究 [J]. 水利学报，2007，38（4）：498 - 505.

[126] 邹强，周建中，周超，等. 基于可变模糊集理论的洪水灾害风险分析 [J]. 农业工程学报，2012，28（5）：126 - 132.

[127] 中华人民共和国国土资源部. 2015 中国国土资源公报. http：//www. mlr. gov. cn/zwgk/tjxx/，2016 - 04 - 21.

[128] 中华人民共和国水利部. 中国水利统计年鉴 [M]. 北京：中国水利水电出版社，2015.

[129] 朱建强，李靖. 多个涝渍过程连续作用对棉花的影响 [J]. 灌溉排水学报，2006，25（3）：70 - 74.

[130] 朱建强，欧光华，张文英，等. 涝渍对大豆、棉花产量的影响研究 [J]. 湖北农业科学，2000（4）：25 - 27.

第 2 章　农田涝灾形成机制及影响因素

由于全球气候变化和人类活动对环境的剧烈干扰，我国农田涝灾现象频繁发生，对农业生产造成重大损失。为此，阐述我国受农田涝灾影响的主要地区，对涝灾防御具有重要作用。此外，农田涝灾是在诸多因素共同影响作用下发生和发展的，其形成机制较为复杂，分析农田涝灾形成机制及主要影响因素可为涝灾治理及排涝规划制定提供科学依据。

本章首先描述我国易受农田涝灾影响的主要地区及其分布状况，其次分析农田涝灾形成机制及自然和人为影响因素，最后阐述农田除涝减灾措施。

2.1　农田涝灾及其分布状况

农田涝灾一般是指因降雨过多或受沥水、上游洪水侵袭，河道排水能力降低、排水动力不足或受大江大河洪水、海潮顶托，不能及时向外排泄，从而造成农田地表积水、农作物减产而形成的灾害。积水深度过大、时间过长，会形成作物根部供氧不足，根系呼吸困难，并产生乙醇等有毒有害物质，从而影响作物生长，甚至造成作物死亡。对农田积水使作物受淹产生危害来说，又有内涝和外洪之分。农田积水来自本地区的降雨，如灌排系统内部或圩区内河控制范围内的降雨径流所造成的灾害称为内涝，即一般概念中的涝灾；因江、河、湖、库水位猛涨，堤坝漫溢或溃决，使客水入境淹没作物而造成的灾害则为外洪，即一般概念的洪灾。洪涝并存，则危害尤其严重。涝灾除受外江（湖）洪水位制约外，还受局部降雨量、除涝能力和积水时间长短等因素的制约，洪灾则主要受外江（湖）洪水位高低和堤防防护能力的影响，因此涝灾比洪灾更为复杂而且频繁，由于洪灾和涝灾往往同时或连续发生在同一地区，通常统称为洪涝灾害。

农田涝灾包括涝渍灾害和涝碱灾害，我国北方通常为涝碱相随，南方则为涝渍相伴。北方气候干旱，土壤蒸发强度大，雨涝或灌溉使地下水位升高，盐分向土壤表层聚集形成盐渍化土地。南方降雨频繁，当雨涝发生在排水不良的易涝易渍农田时，农田先受涝，待地表水排除后，由于地下水回降过慢而受渍，导致作物根层土壤水分过多而产生水气比例失调、土壤环境恶化、影响农作物正常生长。据 2016 年统计，全国 31 省（自治区、直辖市）均发生不同程度的洪涝灾害，由涝灾导致的农作物受灾面积为 944.3 万 hm^2，粮食减产达到 248 亿 kg（国家防汛抗旱指挥部等，2017），其中湖北省和安徽省作物受灾面积分别为 175.8 万 hm^2 和 110.9 万 hm^2，占全国受灾总面积的 30.3%（图 2.1），粮食减产分别为 101 亿 kg 和 40 亿 kg，共占全国减产总量的 56.9%（图 2.2）。

我国易受涝渍影响的地区主要分布于大江大河两岸以及下游冲积平原区、湖泊周围低洼地、沿海地区以及山区、丘陵区的谷地，沿海地区还常受到风暴潮威胁，其中淮河流域的淮北平原、里下河网地区、长江流域的江汉平原以及东北部的三江平原均是典型的易涝

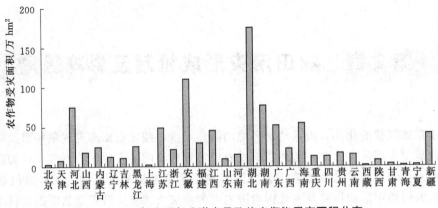

图 2.1　2016 年全国各省涝灾导致的农作物受灾面积分布

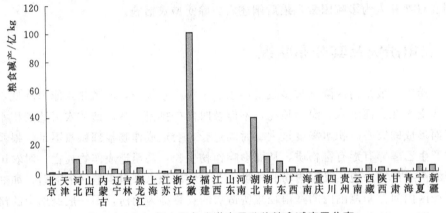

图 2.2　2016 年全国各省涝灾导致的粮食减产量分布

易渍地区。2006—2016 年间，农作物受灾面积平均值超过 50 万 hm^2 的省份主要有湖北省、湖南省、黑龙江省、安徽省、广东省、山东省、江西省、广西壮族自治区和江苏省（国家防汛抗旱指挥部等，2007—2017），受农田涝灾影响的主要区域分布（图 2.3）与我国易受涝渍影响的地区分布大致相同。

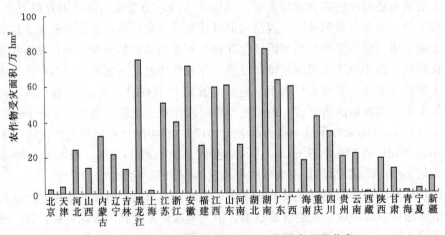

图 2.3　2006—2016 年全国各省农作物受灾面积分布

2.2 农田涝灾影响机制

农田涝灾是自然因素与人为因素非线性叠加的结果，涝灾自然致灾因子包括降雨、地形地貌、土壤特性等，人为致灾因子包括城市化进程加快、植被破坏、水面率下降、种植结构调整、不当灌排方式、农业生产方式转变等。随着人类文明的进步及社会经济的发展，包括土地利用、水利工程建设等人类活动也改变了涝灾的发生、发展环境，农田涝灾发生已不再是远古时代大自然客观规律单纯作用的结果，人类对自然干预的不断增强，致使人为因素对涝灾的影响亦不断加大。

2.2.1 形成机制

图 2.4 给出农田涝灾的形成过程，农田涝灾形成的最主要影响因子是降水量过多或降雨强度过大，通常强降雨或异常降雨是在一定天气气候条件下形成的，而气候的变化会受到人类活动的干扰。近年来，我国极端降雨发生的概率呈上升趋势。关颖慧（2015）评估了长江流域极端气候的变化特征，指出 1960—2012 年期间，尽管总降雨量未发生显著变化，但极端降雨量、极端强降雨量、最大一天降雨量、连续五天最大降雨量均呈现显著增加趋势，尤其在长江中下游地区的增幅最为明显。王胜等

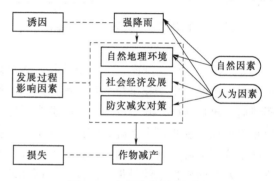

图 2.4 农田涝灾形成机制

（2012）分析了 1961—2008 年间淮河流域 117 个气象站的降雨资料，发现淮河流域主汛期内极端降雨事件总体表现出增加趋势，且 2003 年以后的增加趋势更为显著。贺振等（2014）对黄河流域 76 个气象站 1960—2012 年的降雨资料进行了分析，指出黄河流域的极端降雨量在该流域的西部和北部以及西安周边地区呈不断增加趋势，极端降雨频率在西部和北部也呈增加态势。仅 2016 年，我国就发生了 51 次强降雨过程，其中长江发生了 1998 年以来的最大洪水、太湖发生了流域性特大洪水，海河流域发生罕见暴雨洪水，淮河、西江发生超警戒洪水，此外，中小河流的洪水也呈多发频发态势（杨卫忠等，2017）。

在涝灾的形成和发展过程中又受到了自然环境和社会环境的影响，其中自然环境包括地形地貌条件、下垫面条件、土壤条件、地下水位条件以及水系连通情况等，而社会环境则包括社会经济发展水平、人类面对潜在或现实的涝灾威胁时采取回避、适应或防御的对策等。在涝灾成灾机理研究中，最为重要的基础工作是揭示涝水的产汇流过程与机理，而各自然环境和社会环境因素对涝水的产汇流过程有重要影响。

农田涝灾最主要的承灾对象为农作物，农田涝灾使得土壤孔隙中的空气含量降低，影响作物根系呼吸功能，导致作物减产、烂根，甚至死亡。

2.2.2 自然因素

涝既是一种自然现象，又与人类活动密切相关，是在一定的地理、资源、环境、人口及社会条件下发生和发展的，也就是说在一定的自然驱动力和人为驱动力共同作用下不断演变而成。影响农田涝灾形成的自然因素主要包括高强度降雨以及自然地理环境（图 2.5）。

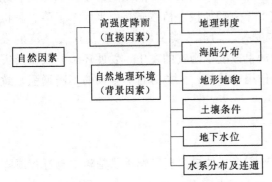

图 2.5　自然因素对农田涝灾影响组成

2.2.2.1 高强度降雨

高强度降雨是形成农田涝灾的最直接因素。受夏季风气候影响，我国由南到北、由东向西会出现 5 个降雨集中期，期间的高强度降雨较为集中，分别是华南前汛期降雨、江淮初夏梅雨期降雨、北方盛夏期降雨、东部沿海台风降雨和华西秋季降雨时期（彭广等，2003）。华南地区主要包括广东、广西、福建、湖南、江西南部和海南等地，这些地区每年受夏季风的影响最早但结束的时间最晚，雨季和汛期最长，前汛期受西风带环流影响，易产生高强度降雨，24h 降雨量时常出现 $200\sim400mm$，这间接说明了珠江流域涝灾主要集中在 5—7 月的原因。每年初夏时期，在长江中下游、淮河流域地区，会形成降雨非常集中的特殊连阴雨天气。江淮初夏梅雨期降雨具有范围广、持续时间长、暴雨过程频繁等特点，虽然降雨强度不是特别大，却是涝灾发生的最集中时期，梅雨期的时间以及降雨量的大小均对于长江流域和黄河流域的水旱灾害有很大影响，梅雨期长、降雨量大易导致洪涝灾害，而梅雨期短、降雨量小又易形成干旱灾害。受梅雨期降雨影响，淮河流域重大洪涝灾害一般集中于 6—8 月。通常当江淮梅雨结束后，我国主要降雨会进一步北移，进入北方盛夏降雨期，华北、东北和西南地区进入一年中降雨最集中的时期，许多特大暴雨洪涝灾害多发生于这一时期，该时期的降雨特点主要是雨强大，但雨区分布范围相对较小。台风降雨是造成我国沿海地区洪涝灾害的重要因素，沿海地区登陆的台风大多集中于 7—9 月，很多特大暴雨都由台风所致，台风深入内地也会产生特大暴雨，造成洪涝灾害。每年 9—10月，夏季风南撤时，西南地区会出现第二个降雨集中期，降雨范围大、持续时间长，也会引起秋季暴雨。

2.2.2.2 自然地理环境

自然地理环境是形成农田涝灾的背景因素，涵盖了地理纬度、海陆分布、地形地貌条件、下垫面条件、土壤条件、地下水位条件以及水系分布及连通情况等。

（1）地理纬度及海陆分布。我国面积辽阔，地理纬度跨度大，海陆分布对比强，自北向南跨越寒温带、中温带、暖温带、亚热带、热带和赤道带共 6 个气候带，气候要素的南北分布差异较大，降雨量呈现出南多北少的分布特点，东部地区濒临太平洋，盛行海陆气团交替影响的季风气候，该区域内发生涝灾的频率较高，而西部地区深入欧亚大陆腹地，属于干燥的大陆性气候，涝灾发生频率相对较低。

（2）地形及地势。我国地势西高东低，由西向东可划分为3级阶梯，其中的第3阶梯为涝灾多发带，其位于大兴安岭、太行山、巫山以及云贵高原一线以东直至滨海地区，此范围内的平原面积辽阔、地势平坦、水流缓慢、排水不畅，极易形成涝灾，尤其是位于七大河流域的中下游平原是主要的涝灾区域。例如位于长江流域中游的江汉平原，背靠大洪山、东连大别山和鄂东南丘陵、西邻鄂西山地，形成了三面隆起、中间平坦低洼的格局，海拔一般在40m以下，是易涝分布最集中的地区，位于江汉平原腹地的四湖流域是最为低洼的地区，由一系列河间洼地组成，是非常具有代表性的涝渍分布区。又如淮河流域平原面积广阔、地势低平，沿河湖地面高程大多低于常遇洪水位，常出现涝灾，该流域内低洼易涝区占总耕地面积50%以上，重点平原洼地集中在沿淮地区、淮北平原地区、淮南支流地区、里下河地区、白宝湖地区、南四湖地区、坏苍郯新地区、分洪河道沿线以及行蓄洪区洼地等（王九大，2008）。

（3）土壤条件。土壤条件也是形成涝灾的影响因素之一，土壤渗透性能越好，渗入土壤中的降雨越多，产生的地表径流就越少，形成涝灾的概率越低，反之易于形成涝灾。以江汉平原为例，该地区的土壤类型以潮土为主，含水岩相由砂、亚砂土、黏土交互组成，且黏土分布面积约占平原面积一半，土壤透水性能有限，降雨后易形成积水。对淮北平原来说，其广泛覆盖着不同厚度的第四纪上更新统河湖相沉积物，以砂姜黑土为代表，土壤质地黏重致密，黏粒矿物组成以蒙脱石为主，黑土层蒙脱石含量在50%～60%，耕作层也达40%以上，具有遇水膨胀和遇旱收缩的特性，降雨后由于土壤透水性差，易产生地表积水，尤其在缺乏田间排水情况下，极易形成涝灾（李燕等，2012）。此外，涝灾也会导致土壤向更不利于排涝的方向发生质变，并最终形成恶性循环。

（4）地下水位条件。土壤可以容蓄部分降雨，蓄存的水量不但取决于土壤条件，还受地下水位条件影响。一些地区之所以发生涝灾并非因为土壤条件不好，而是由于持续的降雨导致地下水位不断上升，使得土壤所能容蓄的水分不断下降，形成蓄满产流，最终导致涝灾。对南方地区，汛期通常是地下水位较高时期，在江汉平原湖区每100mm降水一般可使地下水位上升90～100cm，而四湖流域有约43%的土地面积，地下水埋深小于60cm（朱建强，2007），发生大降雨后极易导致地下水位上升至地表，形成积水进而发生涝灾。此外，较高的地下水位还会导致土壤特性恶化，如土壤沼泽化、潜育化、盐碱化等，这进一步加剧了农田涝灾发生。以陕西渭南灌区为例，其主要依赖灌溉满足作物生长需求，这导致地下水位逐年升高，与上世纪70—80年代相比，该地区地下水位上升了3～7m，不但造成土壤次生盐碱化，还增加了受涝概率，尤其遇到强秋霖天气形成的长时间连续降雨后，更易引发部分低洼地区的涝灾。

（5）水系分布及连通性。水系分布及连通情况对降雨调蓄以及涝水排除都具有重要影响。以里下河腹地为例，为了抵御洪水及挡潮，1950年后加固了洪泽湖大堤，开挖了灌溉总渠，加固了里运河堤防，对通扬公路沿线进行了水系封闭，阻挡通南地区高地洪水入境，致使里下河腹地成为一个相对独立且封闭的水系，由于河湖的连通性被分割，加之河网结构复杂且密度总体处于较高水平，致使区域内的自排能力减弱，而抽排又受到外河水位严重限制，使得涝水难以排泄，进而加剧了涝灾发生。

2.2.3　人为因素

虽然现阶段内人类活动在防灾减灾方面起到了积极作用，但在人类认识涝灾过程中，仍存在着许多增加涝灾发生概率的活动及现象。人为因素的致灾作用主要包括森林过度采伐、植被破坏、城市化进程加剧、围湖造田、湿地退化、农田种植结构不合理调整、排水除涝工程管护不当等。

（1）森林植被破坏。水文调节功能是森林与水相互作用后产生的综合功能，其体现在调节气候、涵养水源、保持水土等方面，是森林生态系统服务功能的重要组成（曹云等，2006）。森林植被对降雨的截留作用主要表现在林冠层的截留和凋落物层的截留。在茂密森林中，林冠层对次降雨的截留量可达 10～20mm，且年截留量与年降雨量以及年内降雨次数有关，可达到年降雨量的 15%～45%，甚至更高（王爱娟等，2009）。一般情况下，凋落物的持水能力是其干重的 2～5 倍，刘广全等（2002）分析了黄河流域秦岭锐齿栎林、龄油松林、华山松林凋落物对降雨的蓄存作用，三种林地凋落物层的蓄留量均值为 45mm，占同期降雨 4.5%。赵鸿雁等（2001）提出黄土高原人工油松林枯枝落叶降雨截留率为 12.5%。此外，凋落物层的分解会增加土壤的有机质含量，改善土壤理化性质，提高土壤孔隙率，增大土壤渗透性能，有利于减少地表径流及水土流失（赵鸿雁等，2003）。20 世纪 50 年代以来，我国人口快速增长，为了满足食物和木材需求，多地大规模开荒扩种，森林滥伐、滥垦、滥牧现象普遍，20 世纪 80 年代后森林覆盖率虽有所增加，但许多天然森林被改造为人工林和经济林，这增加了林地经济效益，但森林的调控降雨能力趋于下降，森林资源主导的生态环境恶化趋势并未得到有效遏制。

（2）城镇化建设加剧。随着我国经济迅速发展，城镇化进展不断加快，硬化地面不断增加，大部分降雨落地后经过地面汇流进入地下排水管网，地面汇流时间明显缩短，导致河道洪水峰值增大且出现时间提前。肖君健等（2014）分析了感潮河网地区城镇化对排涝模数的影响，表明 2003—2012 年间大岗排区城镇化面积占有率由 9.69% 提高到 24.25%，在 20 年一遇同等排涝标准下，排涝模数由 1.77m³/(s·km²) 提高到 2.81m³/(s·km²)，当排涝模数均为 1.77m³/(s·km²) 时，2003 年能满足 20 年一遇排涝标准，而 2012 年只能满足约 15 年一遇标准，城镇化降低了排区的排涝标准。秦莉俐等（2005）讨论了城镇化对径流的长期影响，指出随着城镇化发展，径流深度和径流系数均显著增加。陈云霞等（2007）分析了城镇化下浙东沿海鄞东南地区河网水系的变化情况，指出城镇化改变了河网的形态及结构，城镇化水平越高的地区，其河网密度与河网水面率的降幅越大，河网遭受的破坏也越大，河网结构则越简单，天然河网潜在的调蓄能力大为削弱，河道行洪排涝功能降低，加剧了涝灾威胁。此外，"热岛效应"会使城镇散发的热量不断向上空抬升，导致空气层结构不稳定，在一定程度上将增大降雨频次以及各种降雨强度等级的降雨概率。

（3）水土流失严重。我国是世界上水土流失严重的国家之一，约占全世界水土流失面积的 14.2%，1950—2005 年全国土壤流失量年均约为 45 亿 t，水土流失区的土壤流失速度远高于土壤形成速度（李智广等，2008）。森林植被破坏及城镇化建设中的重开发、轻保护的现象均会引发严重的水土流失。以长江流域为例，由于开发建设和城镇化引起的水土流失面积每年达到 1200km²，年新增水土流失量约 1.5 亿 t（冯浩等，2010）。水土流失导致土层变薄、土地砂砾化和石化面积扩大，使得土壤蓄满产流的历时变短，减少了土壤蓄存水量，改变了地表水和地下水资源的分配，河流上游的土壤蓄水库容减小还会增大下游的洪峰流量。此外，水土流失还会增加水流的泥沙携带量，使得河床抬高，沟道、河道和水库淤积严重，而水库淤积则导致防洪库容大幅减少，防洪能力下降，水库防洪标准降低，直接威胁着广大人民群众的生命和财产安全。如官厅水库的累积淤积达 6.5 亿 m^3，占原设计总库容的 29%，使得永定河库区的调节库容大大减少，20 世纪 80 年代初，官厅水库的防洪标准已由原设计的千年一遇降到 370 年一遇。1986 年将水库大坝加高到 492m，虽增大了防洪库容，但仍难以满足设计标准，严重威胁北京和天津等地的防洪安全（刘孝盈等，2011）。

（4）湖泊、湿地、沟塘等面积缩减。湖泊、湿地可被视为调节河流水位的蓄水库，对洪水具有重要的调蓄作用。湖泊调蓄能力与其湖面面积密切相关，每增加 $1km^2$ 湖面，湖泊调蓄水量平均增大 163 万 m^3（饶恩明等，2014）。自 20 世纪 60 年代大规模围垦造田以来，湖泊的数量逐年减少且面积不断萎缩，调蓄功能难以发挥作用，直至 1998 年大水后，随着退田还湖的实施，部分湖泊的调蓄能力得到一定恢复。基于全国湖泊调查数据，近几十年来，我国湖泊（>$1.0km^2$）数量减少 243 个，其中因围垦消失的湖泊 101 个，约占消失总量 42%，且都分布在东部平原湖区，其中安徽省 10 个、河北省 8 个、湖北省 55 个、湖南省 9 个、江苏省 8 个、上海市 1 个、浙江省 2 个（马荣华，2011）。1978—2008 年间，我国内陆和滨海自然湿地总面积持续减少，减少面积达到 11.28 万 km^2，人工湿地有所增加，约增加了 1.19 万 km^2，但仅占减少面积的 10% 左右（宫宁，2015）。

（5）种植结构变化。种植结构会影响降雨产汇流过程，不同的作物对降雨的拦截作用、蒸发蒸腾下的土壤水分再分配过程、土壤渗透性的影响有所差别，还会影响到地表容蓄水量、行洪路径等。与旱作物相比，水稻具有更好的耐淹性能，且稻田对洪水具有一定的滞留拦蓄作用，可减小降雨径流系数，利于削减洪峰流量，减轻沟道及河道排涝负担。Ohnishi 和 Nakanishi（2010）指出具有较大稻田面积流域内的洪峰流量和径流速率更小；Wu 等（2001）对稻田、荒地、旱地三种土地利用类型进行了长期径流模拟，稻田的排水量仅为旱地的一半，约占降雨量 27%，且田埂越高，削峰效果越好。向平安等（2005）以湖南稻田为研究对象，指出若考虑稻田 6—7 月中旬可蓄 20cm 深水层，即可形成 53 亿 m^3 的巨大隐形水库，可见稻田对蓄水除涝起到显著作用。近 30 年来，我国水稻种植区内有超过 50% 地区水稻种植面积出现缩减态势，主要分布于珠江三角洲、福建、浙江、上海以及江苏南部，这些地区经济发达，涝灾导致的损失也比较大。水稻种植面积的缩减会导致农田降雨调蓄能力变小，沟道及河道排涝负担增加，更易产生内涝。

（6）排水工程管护不当。农田除涝排水工程作为重要的水利基础设施，对控制农田涝渍盐碱危害、保障农业生产可持续发展和粮食安全具有重要意义。但传统的重灌轻排思想依然存在，特别是北方地区降雨少、气候干燥，人们对洪涝灾害的防范意识较为淡薄，对农田排水系统建设和管理的投入不足，沟坡坍塌、淤积、破损问题严重，部分地区甚至出现填沟造地、在沟道上筑坝蓄水等现象，这严重影响农田除涝排水功能的发挥，加剧了涝灾发生。此外，重灌轻排还导致灌排体系失衡，若遭遇连续暴雨或长时期连阴雨侵袭，农田内涝灾害在所难免，且危害更加严重（王友贞等，2008）。以淮北平原为例，该地排水沟断面的设计标准为 5 年一遇，但由于沟道淤积（图 2.6）、排水控制或连接建筑物损毁、末级排水沟被填平（图 2.7）等导致各级排水沟的实际排涝能力大都未达到 3 年一遇标准。产生这些不利因素的原因，一是该地历史上曾出现连续干旱年份，致使农民除涝排水意识松懈，出现田间毛沟被填平种地或为了便于机械通过而临时隔断农沟的现象；二是地方水务管理机构也缺乏维护排水工程的意识。

图 2.6　沟道系统严重淤积　　　　　　　　图 2.7　末级排水沟填平

近年来，受全球气候变化的影响，局部地区强降雨事件呈突发、多发、并发趋势，加之农田除涝排水工程管护不善，北方农田受降雨影响产生内涝时有出现。如陕西渭北地区，由于长期重灌轻排，引起地下水升高，各级沟道长时间没有清淤维护，淤积严重，排涝能力显著下降，遇到秋季持续强降雨即会形成低洼内涝灾害。2010 年 8—9 月，该地区连续遭受强降雨，临渭区 14 个乡镇的农田积水面积达 0.727 万 hm²，受灾面积超过 2 万 hm²，其中绝收面积 0.2 万 hm²，减产面积 1.8 万 hm²，直接经济损失 1.1 亿元以上（白鹏翔，2011）。自 2003 年以来陕西交口灌区发生 3 次较为严重的内涝灾害，其中 2011 年 9—10 月，农田积水面积达 2 万 hm²，受灾面积超过 4.7 万 hm²（姜渭玲等，2012）。内蒙古河套灌区地处黄河流域上游末端，降雨少，蒸发强烈，灌区支、斗沟及以下级别的排水沟道淤积严重，个别地方填平排干沟复垦、种树；扬水站均建于上世纪 60—70 年代，泵站附属设施配套不完善，处于带病运行状态，总排干出口段运行多年，泥沙淤积严重，虽进行过局部清淤，但大部分一直未能彻底清理底泥，造成灌区排水不畅。2012 年，内蒙古自治区持续普降大到暴雨，集中强降雨引发严重洪涝灾害，上百万亩良田被积水覆盖，大量农作物被淹（图 2.8），造成直接经济损失超过 44 亿元。自 2012 年 11 月起，河套灌区的排水改造工程全面展开，据内蒙古河套灌区管理总局发布的数据显示，截止 2015 年年底，累计完成沟道清淤 9687 条，当年全灌区入乌梁素海排水量 6.49 亿 m³、排盐量 111 万 t，分别比正常年份同期增加 36.9％ 和 15.2％，粮食增产 2.25 亿 kg。为了加快乌梁素海综合治理，彻底打通灌区排水通道，2017 年河套灌区管理总局筹措资金 7000 余万元，启动实施了总排干出口段整治。

汛期是我国农田涝灾发生的关键时期，排水工程维护不当是致灾的主要原因之一。加快灌区农田排水系统建设是预防农田涝灾发生的根本对策，为了提高农田防灾减灾能力，减小涝灾危害，必须建立农田排水工程管护长效机制，保证农田排水工程安全稳定运行。

图 2.8 内蒙古河套灌区 2012 年遭遇严重内涝

2.3 农田除涝减灾措施

人类活动对减少农田涝灾发生概率以及减轻灾害损失作出了贡献，这主要体现在建设排水除涝工程以及实施非工程减灾措施方面（图 2.9）。除涝工程措施指一切用于涝灾防治的水利工程，包括兴建水库、塘坝调蓄洪水；开挖排水沟道，健全排水系统；留湖蓄涝，疏浚圩区排水沟，建设机电排水站等。非工程措施包括洪涝灾害水情监测和预警预报、除涝工程系统的合理调度等。农田除涝减灾应以水利技术措施为先导，结合农业、林业等技术措施进行综合治理，并加强工程管理，提高运行调度的水平。

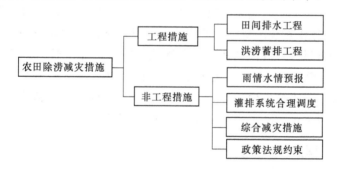

图 2.9 农田除涝减灾措施

2.3.1 建设排水除涝工程

治洪是除涝的前提，在洪涝并存的地方，需按照洪涝分治、防治结合、因地制宜、综合治理的原则，增强抵御外水侵袭能力，整治骨干排洪排涝河道，扩大洪涝水的出路，巩固堤防与水库大坝。建立完善的农田排水除涝工程可以有效降低涝灾形成概率，减轻或消除农田受内涝的影响。结合我国各地现有的除涝排水工程系统组成及结构形式，图 2.10 给出除涝排水工程系统示意图（汪志农，2009）。通过建立干、支、斗、农等 4 级沟道以及田间内部固定或临时毛沟、腰沟、墒沟等工程，可以有效地减少田间积水，迅速排除田间涝水。视各地的技术经济条件及涝渍灾害、土壤质地等条件，可因地制宜地采用明沟排水、暗管排水、竖井排水、鼠道排水等措施。对于单靠自流外排和内湖滞涝仍不能免除涝灾威胁的地区，则需通过修建水闸及排涝站抽排区域内涝水来缓解涝灾。此外，还需建立人工容泄区增大区域调蓄能力、减轻灾害威胁。截至 2015 年，我国已建成 5 级以上江河堤防 29.14 万 km，保护耕地 4080 万 hm²；超过 5m³/s 的水闸 103964 座，其中排（退）水闸 18800 座、挡潮闸 5364 座，节制闸 54687 座，建设各类水库 97988 座，总库容 8581 亿 m³，全国除涝面积 2271 万 hm²，水土流失治理面积 11555 万 hm²，较大程度地减轻了洪涝灾害。

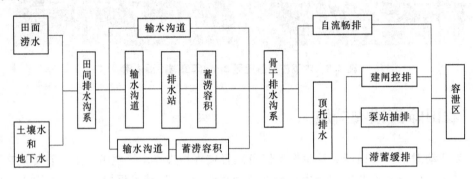

图 2.10　除涝排水工程系统

以淮河流域皖北和沂沭泗地区为例，1950 年淮河洪水洪泽湖以上沿淮干流决口 10 余处，皖北 35 个县市中有 30 个县市成灾，重灾面积 150 万 hm²，轻灾面积 61 万 hm²；2007 年淮河洪水造成淮河流域四省农作物洪涝受灾面积 250 万 hm²，成灾面积 159 万 hm²，安徽省受灾面积 133 万 hm²，成灾面积 98 万 hm²。与此相比，2007 年淮河干流主要控制站最大 30d、60d 还原洪量和洪量重现期均较大，但其灾情却明显更小，可见治淮工程的减灾作用和效益十分显著。沂沭泗地区是我国重要的粮、棉、油生产基地，1957 年 7 月 6—26 日，该水系出现了 7 次暴雨，受灾土地面积 164 万 hm²，出现大面积淹水。基于沂沭泗水系规划工况，未来如发生 1957 年洪水，整个区域的洪涝灾情将有根本性改善，可减少淹没面积 150 万 hm²，减灾效益巨大（姜健俊，2016）。

2.3.2　实施非工程减灾措施

随着社会和科技发展，人类对涝灾有了更加深刻的认识。除工程措施外，采用非工程措施也是减轻农田涝灾的重要手段，具有费省效宏的特点，包括水文情报预报、合理调度方案制定、农业结构调整、相关政策及法律法规约束等方面。

2.3.2.1　建立水情监测预报系统

水文情报预报是防灾减灾最重要的非工程措施。随着计算机、通信、网络、遥感、地理信息系统等现代信息技术在水情预报中的推广应用，以及水文预报理论与方法的不断发展，我国水情报汛站网、水情信息采集与数据传输、水文预报模型、水文情报预报业务系统开发等都取得了较大进展（梁家志等，2006），通过降雨量、水位等水文要素数据的自动采集、处理、存储和预报，为流域的防洪除涝管理提供了帮助。截至 2015 年年底，全国共有向县级以上防汛指挥部门报送水文信息的各类水文测站 45863 处，发布预报的各类水文测站 1247 处，配置有水利卫星小站 426 个，其他卫星设施

1535 套，便携式卫星小站 47 套，无线宽带接入终端 1921 个，集群通信终端 1222 个（中华人民共和国水利部，2016）。李哲等（2013）基于地面观测的雨量及流量信息，采用分布式水文模型 GHBM（Geomorphology - based Hydrological Model）对长江三峡洪水过程及洪水总量进行了模拟和预报。李荣等（2000）建立了能够反映水流运动基本特征的神经网络模型，并用于河网水情模拟及预测。葛徽衍等（2010）综合运用和集成大气探测、气象预报预警、计算机、水文、信息化处理等现代化技术，开展渭河流域致洪降雨和暴雨预报预警，根据雨情、水情和预报预警信息，预估河流洪峰、水位、流速、流量及水势涨落情况。

2.3.2.2 实施灌排工程联合调度

提高灌排工程的联合调度及运行管理水平是减轻涝灾危害的有效途径。汛前结合灌溉用水，预降沟河水位，提高土地容蓄雨水的能力，相应减少地面径流量，尤其是在遭遇强降雨情况下，能够减轻地面积水对作物的危害；汛期根据雨情和涝情的发展变化，适时采取灵活有效的调度运行方案。如广州番禺区和增城区地处珠江三角洲地区，地势低平，河网交错，受外江潮汐影响强烈，排涝过程是先利用河涌将涝水排入外河，再经外河排入外江。在排水过程中，充分利用潮汐特点进行闸门调度是排涝的关键。当发生涝渍灾害时，利用落潮期外江低水位打开闸门进行预排水，当需要灌溉时，利用当天两次涨潮进行灌溉，如遭遇外江上游来水造成水位长期不能降落时，就要配合闸门进行泵站抽排。2003年淮河流域发生洪水时，在国家防总和淮河防总统一指挥下进行了科学调度，相关做法包括：制定预案、超前谋划；考虑行洪效果及削峰效果情况下启用行洪区；提前运用茨淮新河和怀洪新河分洪，加大淮河中游排泄能力；灵活调度充分发挥水库的滞洪错峰作用（纪冰，2004）。周祖昊等（2000）将神经网络方法用于平原圩区除涝排水系统实时调度中，以四湖流域为研究对象开展除涝调度分析。孙勇等（2007）对里下河腹地除涝排水系统调度进行了分析，指出采用调整预降河湖水位的措施可有效地减少滞涝区分洪损失，减轻河网地区防汛压力。丁瑞勇等（2015）针对八里河流域地形特点，建议在洪涝水调度上采取分区排水、高水高排、低水低排、沿湖低洼地调整种植结构等措施。秦昊等（2017）整合长江防洪信息、洪水预报以及洪水调度等资源，建立了长江洪水预报调度系统，实现了自动预报计算、交互式调度、水雨情监视、防洪形式分析等功能。

2.3.2.3 综合减灾措施

以水利工程措施为主，农业技术措施为辅，达到涝灾的综合治理。调整农业布局和合理利用水土资源，在低洼易涝区，选种耐淹或喜水的耐涝作物，以增强农田抗涝能力；平整土地，消除易产生积水的局部洼地，或将排水困难、修建排水工程代价过高的局部洼地划做蓄涝养殖区；合理施肥，改善土壤结构，增强表土入渗能力；采用生物排水措施，扩大排水除涝作用。

2.3.2.4 加强政策法规约束

改革开放以来，水利政策法规建设也取得了显著成绩。国家相继颁布了《水法》《水土保持法》《河道管理条例》等一系列重要法律法规，各省、自治区、直辖市也分别制定了若干重要法规，通过约束不合理的行为达到减小涝灾风险的目的。如《水法》中包含禁止围湖造地、禁止围垦河道以及采取有效措施保护植被，植树种草，涵养水源，防治水土流失和水体污染，改善生态环境等条款；《河道管理条例》中要求禁止损毁堤防、护岸、闸坝等水工程建筑物和防汛设施、水文监测和测量设施、河岸地质监测设施以及通信照明等设施，在河道管理范围内，禁止修建围堤、阻水渠道、阻水道路。此外，加强水利法制宣传、增强全民水利法制观念，对于防灾减灾也具有重要作用。

2.4 小结

在对我国易受农田涝灾影响的主要地区及其分布状况进行描述基础上，分析阐述了农田涝灾形成机制及其自然和人为影响因素，取得的主要结论如下：

（1）我国易受农田涝渍影响的地区主要分布在大江大河两岸以及下游冲积平原、湖泊周围低洼地区，农田涝灾给农业生产造成重大损失，2006—2016 年，农作物受灾面积超过 50 万 hm² 的省份包括湖北、湖南、黑龙江、安徽、广东、山东、江西、广西和江苏。

（2）农田涝灾在一定的自然和人为驱动力共同作用下不断演变而成，异常的气候条件以及人类不合理的干预活动均增加了农田涝灾形成的概率，认真思考，总结经验，发挥人为因素的能动作用，有助于消除或减轻致灾效应，增大减灾作用。

（3）除涝减灾措施包括工程和非工程措施，农田除涝减灾应以水利工程措施为先导，结合农业、林业等技术措施进行综合治理，并应建立除涝排水工程管护长效机制，保证农田排水工程安全稳定运行。

参 考 文 献

［1］ Ohnishi R，Nakanishi N. The water conservation function and appropriate management of agricultural land ［J］. Rural and Environmental Engineering，2010 (39)：36 - 47.

［2］ Wu R S，Sue W R，Chien C B，et al. A simulation model for investigating the effects of rice paddy fields on the runoff system ［J］. Mathematical and Computer Modelling An International Journal，2001，33 (6)：649 - 658.

［3］ 曹云，欧阳志云，郑华，等. 森林生态系统的水文调节功能及生态学机制研究进展 ［J］. 生态环境学报，2006，15 (6)：1360 - 1365.

［4］ 陈云霞，许有鹏，付维军. 浙东沿海城镇化对河网水系的影响 ［J］. 水科学进展，2007，18 (1)：68 - 73.

［5］ 丁瑞勇，程志远，夏广义，等. 八里河洼地涝灾治理及洪涝水调度方案研究 ［J］. 安徽水利水电职业技术学院学报，2015，15 (1)：30 - 32.

［6］ 冯浩，董勤各，王文佳，等. 水土流失对长江流域洪灾的影响分析 ［J］. 中国水土保持，2010 (10)：2 - 4.

［7］ 葛徽衍，张永红. 渭河流域气象防汛减灾体系建设与应用 ［C］. 中国气象学会年会，2010.

［8］ 关颖慧. 长江流域极端气候变化及其未来趋势预测 ［D］. 杨凌：西北农林科技大学，2015.

［9］ 宫宁. 近三十年中国湿地变化及其驱动力分析 ［D］. 泰安：山东农业大学，2015.

[10] 国家防汛抗旱指挥部,中华人民共和国水利部.中国水旱灾害公报 [M].北京:中国水利水电出版社,2007-2017.

[11] 贺振,贺俊平.1960—2012年黄河流域极端降水时空变化 [J].资源科学,2014,36 (3):490-501.

[12] 纪冰.2003年淮河洪水调度及灾后思考 [J].灾害学,2004,19 (1):54-57.

[13] 姜健俊.治淮工程防洪减灾效益分析 [J].治淮,2016 (2):14-15.

[14] 梁家志,刘志雨.中国水文情报预报的现状及展望 [J].水文,2006,26 (3):57-59.

[15] 李荣,李义天,曹志芳.河网水情预报的神经网络模型及应用 [J].应用基础与工程科学学报,2000,8 (2):179-186.

[16] 刘广全,王浩,秦大庸,等.黄河流域秦岭主要林分凋落物的水文生态功能 [J].自然资源学报,2002,17 (1):55-61.

[17] 刘权,王忠静,张文哲.气象卫星遥感技术在暴雨预报中的应用研究 [J].水文,2005,25 (2):1-3.

[18] 刘孝盈,吴保生,于琪洋,等.水库淤积影响及对策研究 [J].泥沙研究,2011 (6):37-40.

[19] 李燕,夏广义.淮河中游易涝洼地涝灾特性及成因研究 [J].水利水电技术,2012,43 (6):93-96.

[20] 李哲,杨大文,田富强.基于地面雨情信息的长江三峡区间洪水预报研究 [J].水力发电学报,2013,32 (1):44-49.

[21] 李智广,曹炜,刘秉正,等.我国水土流失状况与发展趋势研究 [J].中国水土保持科学,2008,6 (1):57-62.

[22] 马荣华,杨桂山,段洪涛,等.中国湖泊的数量、面积与空间分布 [J].中国科学:地球科学,2011,41 (3):394-401.

[23] 彭广,刘立成.洪涝 [M].北京:气象出版社,2003.

[24] 秦昊,陈瑜彬.长江洪水预报调度系统建设及应用 [J].人民长江,2017,48 (4):16-21.

[25] 秦莉俐,陈云霞,许有鹏.城镇化对径流的长期影响研究 [J].南京大学学报 (自然科学),2005,41 (3):279-285.

[26] 饶恩明,肖燚,欧阳志云.中国湖库洪水调蓄功能评价 [J].自然资源学报,2014,29 (8):1356-1365.

[27] 孙勇,张国华,姜俊红.里下河腹部地区除涝排水系统优化调度研究 [J].灌溉排水学报,2007,26 (5):22-26.

[28] 王爱娟,章文波.林冠截留降雨研究综述 [J].水土保持研究,2009,16 (4):55-59.

[29] 王九大.淮河流域重点平原洼地涝灾综合治理对策研究 [J].水利经济,2008,26 (6):51-54.

[30] 王少丽,许迪,陈皓锐,等.农田除涝排水技术研究综述 [J].排灌机械工程学报,2014 (4):343-349.

[31] 王胜,田红,徐敏,等.1961—2008年淮河流域主汛期极端降水事件分析 [J].气象科技,2012,40 (1):87-91.

[32] 汪志农.灌溉排水工程学 (第二版) [M].北京:中国农业出版社,2010.

[33] 向平安,黄璜,燕惠民,等.湖南洞庭湖区水稻生产的环境成本评估 [J].应用生态学报,2005,16 (11):2187-2193.

[34] 肖君健,罗强,王修贵,等.感潮河网地区城镇化对排涝模数的影响分析 [J].农业工程学报,2014,30 (13):247-255.

[35] 杨卫忠,张葆蔚,符日明.2016年洪涝灾情综述 [J].中国防汛抗旱,2017 (1):26-29.

[36] 赵鸿雁,吴钦孝,从怀军.黄土高原人工油松林枯枝落叶截留动态研究 [J].自然资源学报,2001,16 (4):381-385.

[37] 赵鸿雁,吴钦孝,刘国彬.黄土高原人工油松林枯枝落叶层的水土保持功能研究 [J].林业科学,

2003，39（1）：168 - 172.

[38]　周祖昊，郭宗楼．平原圩区除涝排水系统实时调度中的神经网络方法研究 [J].水利学报，2000（7）：1 - 6.

[39]　朱建强．易涝易渍农田排水应用基础研究 [M].北京：科学出版社，2007.

第3章 农田涝灾风险综合评价模型及其应用

农田积水深度和积水历时超过作物耐淹标准是导致作物受涝减产的直接原因，但田间积水深度动态变化过程往往难以直接大面积准确获取，而影响农田积水深度变化的因素如降雨、排涝能力、土地利用、沟道和河道规模等，通过相关部门获取资料相对较为容易。因此，从灾害风险的角度，构建农田受涝的直接和间接影响因素集，并通过降维数学模型和权重计算方法来评估农田涝灾风险，成为一种可行的涝灾风险简单快速评估思路。

本章在综合考虑影响农田涝灾风险的影响因素基础上，首先选择9个评估指标构成农田涝灾风险评估指标体系，利用层次分析法确定各指标的影响权重，采用综合评价法建立农田涝灾综合风险度；其次通过江苏高邮市运东地区相关数据对模型进行检验，分析不同梅雨强度、滞涝水面率、排水河道密度和泵站抽排能力下的农田涝灾风险分布及变化特征，最后提出区域涝灾应对策略。

3.1 农田涝灾风险综合评价指标体系

农田涝灾风险的影响因素众多，涉及降雨、地形地貌、下垫面、排水能力等多个方面，农田涝灾风险综合评价指标体系应在全面分析上述影响因素的基础上进行合理选择，本节在评价指标选取原则的指导下，确定农田涝灾风险综合评价指标体系，并介绍各指标的计算方法。

3.1.1 评价指标选取原则

由于农田涝灾的复杂性，使得涝灾风险评价成为一个复杂问题。为了得到农田涝灾风险评价指标体系能全面地反映涝灾风险的本质特征，则必须做到科学、合理且符合实际情况。为此，在评价指标选取时，须遵循以下原则：

（1）客观性与准确性：应能综合反映致灾因子、孕灾环境、承载体脆弱性和防灾减灾能力，并客观、准确地评价涝灾发生区域的风险。

（2）代表性与普适性：在不同区域应具有广泛的代表性，便于评估结果的相互比较，为科学决策提供依据。

（3）适用性与可获取性：不仅要适用，且较易获取。

（4）结构性与系统性：能体现结构性、层次性和系统性，便于实现从定性到定量的转变。

（5）综合性与可操作性：应全面、综合反映农田涝灾的易损性，同时避免不切实际、不太相关的指标，避免指标体系过于庞大，难以分析和操作。

（6）接受性：应为有关部门所接受，并尽量与国家统计部门的指标相一致。

3.1.2 评价指标体系构建

3.1.2.1 评价指标体系构建方法

由于影响农田涝灾风险的因素众多，彼此之间的关系复杂，建立具有科学性、综合性及实用性的综合评价指标体系是复杂困难的工作，具体步骤如下。

（1）指标初步拟定：拟定综合评价指标体系时，首先对农田涝灾系统作深入系统分析。从分析各评价因素的逻辑关系入手，对评价方案作条理清晰、层次分明的系统分析。从整体最优原则出发，以局部服从整体、宏观与微观结合、长远与近期结合的思路，综合多种因素，确定评价方案的总目标。对总目标按其构成要素间的逻辑关系进行分解，形成完整的综合评价指标体系。

（2）指标筛选：初步拟出综合评价指标体系后，应进一步征询有关专家意见，对该体系进行筛选、修改和完善，以最终确定指标体系。筛选指标时，既要综合考虑各项原则，又要加以区别对待。一方面要综合考虑评价指标的综合性、代表性、可操作性等，不能仅由某一原则决定指标的取舍；另一方面，由于原则各具特殊性及目前认识上的差距，对各原则的衡量方法和精度不能强求一致。

3.1.2.2 涝灾风险评价指标体系建立

基于农田涝灾风险内涵和影响因素的分析结果，选择9个指标建立农田涝灾风险综合评价指标体系，由准则层（A）、因素层（B）和指标层（C）构成如图3.1所示。

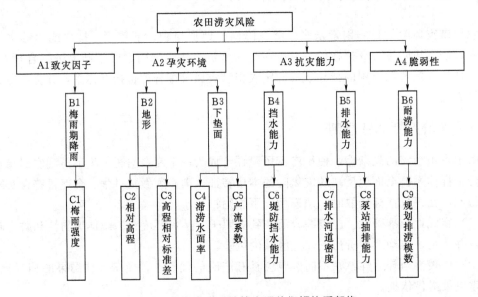

图 3.1 农田涝灾风险综合评价指标体系架构

准则层由致灾因子、孕灾环境、抗灾能力和脆弱性4个指标组成，其中致灾因子主要通过梅雨强度描述；孕灾环境通过区域地形状况和下垫面条件综合反映；抗灾能力通过外排能力和内排能力综合考虑；脆弱性主要通过区域耐涝能力反映。综合考虑上述风险评价的各个要素和环节，选择9个指标进行涝灾风险评价：

（1）梅雨强度：其与计算年份的梅雨量、梅雨期暴雨日数、梅雨期长度、多年平均梅雨量、多年平均梅雨期暴雨日数、多年平均梅雨期长度等有关，该值越大，涝灾风险越大（田心如等，2005）：

$$\lambda = \frac{L}{\overline{L}} + \frac{P/L}{\overline{P}/\overline{L}} + \frac{D}{\overline{D}} \qquad (3.1)$$

式中：λ 为梅雨强度综合指数，可根据历年梅雨期逐日雨量计算得到；L、P 和 D 分别为当年梅雨期长度、梅雨量、梅雨期暴雨日数，d、mm 和 d；$\overline{L}$、$\overline{P}$ 和 $\overline{D}$ 分别为多年平均梅雨期长度、梅雨量、梅雨期暴雨日数，d、mm 和 d。

（2）相对高程：计算小区高程与研究区低点的高程差与最低点高程间的比值，该值越大，表示相对地势越高，涝灾风险越小，按照下式计算：

$$e_i = \frac{E_i - E_m}{E_m} \qquad (3.2)$$

式中：e_i 为第 i 个计算小区的相对高程；E_i 为第 i 个计算小区的平均高程，m；E_m 为区域最低点的高程，m。

（3）高程相对标准差：反映计算小区的地形起伏程度，该值越大，涝灾风险越小。可利用 ArcGIS 软件工具箱（toolbox）空间分析工具条中的分区统计功能，直接统计得到各计算小区的高程相对标准差。

（4）滞涝水面率：计算小区内外水面面积占总面积比例，反映计算小区调蓄涝水的能力，该值越大，涝灾风险越小，按照下式计算：

$$\sigma_i = \frac{A_{\text{inner},i} + A'_{\text{out},i} - A'_{\text{out淤},i}}{A_i} \qquad (3.3)$$

式中：σ_i 为第 i 个计算小区的滞涝水面率；$A_{\text{inner},i}$ 为第 i 个计算小区的内部水面面积，km^2；$A'_{\text{out},i}$ 为第 i 个计算小区的临近水面面积，km^2；$A'_{\text{out淤},i}$ 为第 i 个计算小区的临近水面中淤积面积，km^2；A_i 为第 i 个计算小区的面积，km^2。

（5）产流系数：反映计算小区形成径流的能力，将计算小区土地利用分为水面、城镇、旱地、非耕地和水田，分别计算不同土地利用下的产流系数，然后按照面积加权得到各计算小区的综合产流系数，该值越大，产流能力越强，涝灾风险越大。

根据水量平衡原理，水面产流量 R_1 等于时段内降雨量与蒸发量之差：

$$R_1 = P - C_E E_p \qquad (3.4)$$

式中：P 为降雨量，mm；E_p 为蒸发皿蒸发量，mm；C_E 为蒸发皿折算系数，以 E-601 蒸发器日蒸发量观测值为基准。

水田产流需考虑水稻生长需水要求，基于作物生长期的需水过程及水稻田耐淹水深值，逐日进行水量调节计算，推求水田产流量 R_2：

$$H_2 = H_1 + P - \tau C_E E_p - F \qquad (3.5)$$

当 $H_2 > H_p$ 时：

$$R_2 = H_2 - H_p \qquad (3.6)$$

当 $H_2 < H_p$ 时：

$$R_2 = 0 \qquad (3.7)$$

式中：H_1 和 H_2 分别为每天初、末水稻田的水深，mm；τ 为水稻各生长期的需水系数；

H_p 为各生长期水稻耐淹水深，mm；F 为水稻田日渗透量，mm。

采用蓄满产流模型计算非耕地产流量 R_3（刘晶晶，2008）：

$$EE=C_k E \frac{W_0}{W_M} \tag{3.8}$$

$$W_{MM}=W_M(1+B) \tag{3.9}$$

$$A=W_{MM}\times\left[1-\left(1-\frac{W_0}{W_M}\right)^{\frac{1}{1+B}}\right] \tag{3.10}$$

当 $P-EE\leqslant0$ 时：

$$R_3=0 \tag{3.11}$$

当 $P-EE+A<W_{MM}$ 时：

$$R_3=P-EE-(W_M-W_0)+W_M\times\left(1-\frac{P-EE+A}{W_{MM}}\right)^{(1+B)} \tag{3.12}$$

否则，

$$R_3=P-EE-(W_M-W_0) \tag{3.13}$$

式中：C_k 为陆地蒸发折算系数，暂定为 1；W_0 为初始时刻土壤含水量，mm；EE 为旱地蒸发量，mm；W_{MM} 为蓄水容量曲线上的最大值；B 为蓄水容量曲线指数；W_M 为包气带田间持水量，mm；A 为含水量为 W_0 时对应的蓄水容量曲线纵坐标值。

同非耕地产流相似，旱地产流量 R_4 也采用蓄满产流模型计算。与非耕地相比，由于旱地种植了农作物，故土壤需维持一定湿润，过一段时间需要灌溉。可在非耕地产流计算公式基础上作一定修正，其中时段末土壤含水量可表示为：

$$W=W_0+P-EE-R_3 \tag{3.14}$$

当 $W_W<W<W_M$ 时，产流不修正，

$$R_4=R_3 \tag{3.15}$$

否则，

$$R_4=R_3+W-W_W \tag{3.16}$$

式中：R_4 为调整后的旱地产流量，mm；W 为时段末的土壤含水量，mm。

城镇、道路等不透水区域产流 R_5 的计算为径流系数与降雨乘积。

当 $P-EE>0$ 时：

$$R_5=\alpha(P-EE) \tag{3.17}$$

否则不产流，此时

$$R_5=0 \tag{3.18}$$

式中：α 为径流系数。

（6）堤防挡水能力：梅雨期外江水位过高、堤防未达到设计标准、挡水能力不足是造成内涝的重要因素之一，通过计算不同计算小区堤防实际高度占规划高度的比值可反映其外排能力，该值越大，外排能力越强，涝灾风险越小，采用下式计算：

$$\eta_i=\frac{H_{i,实}}{H_{i,规}} \tag{3.19}$$

式中：η_i 为第 i 个计算小区堤防挡水能力；$H_{i,实}$ 为第 i 个计算小区的实际堤防高度，m；$H_{i,规}$ 为第 i 个计算小区的规划堤防高度，m。

（7）排水河道密度：反映内排能力，是圩垸内部线状河道的实际容积与圩垸总面积之比，该值越大，内排能力越强，涝灾风险越小，采用下式计算：

$$\rho_i = \frac{V_{\text{inner},i} - V_{\text{inner淤},i}}{A_i} \tag{3.20}$$

式中：ρ_i 为第 i 个计算小区的排水河道密度；$V_{\text{inner},i}$ 为第 i 个计算小区的内部河道容积，m^3；$V_{\text{inner淤},i}$ 为第 i 个计算小区的内部河道淤积容积，m^3；A_i 为第 i 个计算小区的面积，m^3。

（8）泵站抽排能力：反映内排能力，是圩垸抽排泵站实际排涝能力（抽排流量）与规划排涝能力的比值，该值越大，内排能力越强，涝灾风险越小，采用下式计算：

$$\mu_i = \frac{Q_{i,\text{实}}}{Q_{i,\text{规}}} \tag{3.21}$$

式中：μ_i 为第 i 个计算小区的泵站抽排能力；$Q_{i,\text{实}}$ 为第 i 个计算小区抽排泵站的实际抽排流量，m^3/s；$Q_{i,\text{规}}$ 为第 i 个计算小区抽排泵站的规划抽排流量，m^3/s。

（9）规划排涝模数：反映圩垸的耐涝能力，考虑圩垸内部受涝能力的大小，该值越大，涝灾风险相对越大

$$M = \frac{0.0116(R_t - \sigma \Delta Z)}{T} \tag{3.22}$$

式中：M 为设计排涝模数，$\text{m}^3/(\text{s} \cdot \text{km}^2)$；$T$ 为排涝历时，d；R_t 为 t 日暴雨产生的涝水径流，mm；σ 为计算小区的水面率；ΔZ 为圩垸内沟塘预降水深，m，常取 0.5m。

在不同产流系数下，对应不同的水面率，可以计算得到相应的排涝模数。为了保证及时腾空圩内调蓄库容，预防下次暴雨洪涝，沟塘调蓄洪水量在 3d 内需全部排出，圩垸内河道恢复到雨前水位，按此要求计算各圩垸的最小排涝模数。

3.2　农田涝灾风险综合评价模型

农田涝灾风险评价模型构建的过程，本质上是将多维的农田涝灾评价指标体系映射到单维农田涝灾风险的降维过程，因此用于降维的数学方法可用于进行风险评价，如神经网络、多元线性回归、主成分分析等，本节介绍的农田涝灾风险综合评价模型是一种多元回归模型，在利用层次分析法计算各评价指标对农田涝灾风险的影响权重基础上，通过构建线性回归方程，从而计算农田涝灾风险综合评价值。

3.2.1　涝灾风险综合评价方法

对农田涝灾风险综合评价指标的原始值进行标准化处理：

$$\overline{X_n} = \frac{X_n - X_{n,\min}}{X_{n,\max} - X_{n,\min}} \tag{3.23}$$

式中：$\overline{X_n}$ 为第 n 个指标的标准化值；X_n 为第 n 个指标的原始值；$X_{n,\min}$ 和 $X_{n,\max}$ 为第 n 个指标原始值的最小值和最大值。

采用加权综合评价方法确定涝灾风险，具体计算公式如下：

$$S = \sum_{n=1}^{9} (w_n \overline{X_n}) \tag{3.24}$$

式中：S 为涝灾风险度；w_n 为第 n 个指标值对涝灾风险度的影响权重。

将涝灾风险分为高风险、低风险和无风险 3 个级别。其中梅雨强度综合指数为 4.5 时计算的涝灾风险度（0.545）为高风险的下限；梅雨强度指数为 3.5 时计算的涝灾风险度（0.487）为低风险的下限；涝灾风险度小于 0.487 为无风险。当发生低风险时，意味着涝灾处于可控状态，一般不产生灾害损失或损失较小，而发生高风险时，涝灾处于不可控状态，灾情损失明显。

3.2.2 指标权重确定方法

权重是指标本身物理属性的客观反映，决定着某指标在整个指标体系中的重要程度，反映各影响因素对农田涝灾风险的重要程度，合理准确的指标权重直接影响评价结果的可靠性。层次分析法（Analytic Hierarchy Process，简称 AHP 法）是一种较好的权重分析方法，它能把复杂的决策问题层次化，并引导决策者通过一系列对比评判得到各方案或措施在某准则下的相对重要程度，通过层次递进关系归结为最底层指标相对于最高层的相对重要性权值或相对优劣次序的总排序问题，进而开展评价、选择和决策等，该法对专家主观判断做进一步数学处理，是一种定量分析和定性分析相结合的有效方法，详见第 10 章。

3.3 农田涝灾风险综合评价模型应用

选择江苏高邮市运东地区作为研究区，以圩垸作为基本的评价单元，在搜集研究区气象、水文、排涝工程、土地利用等基础数据的基础上，对构建的农田涝灾风险综合评价模型进行检验，并模拟不同梅雨年型条件下，堤防挡水能力、滞涝水面率、排水河道密度、泵站抽排能力等各种涝灾应对情景下的涝灾风险分布。

3.3.1 自然条件与工程现状

3.3.1.1 自然条件

高邮市位于江苏省中部（图 3.2），地理位置为东经 119°13′～119°50′、北纬 32°38′～33°05′，市域范围南北长 50.04km，东西宽 57.65km，总面积 1962.58km²，水域面积约占 40%，年均气温 15℃ 左右，年均气压 1016mb，年均日照 1931h，年均相对湿度 67%，无霜期 217d，年均降雨 1030mm。受季风气候影响，降水量的季节性变化明显，冬季雨水稀少，夏季雨水集中，约占全年 50% 左右。京杭大运河将全市地域划分成东西两部分，东部属里下河平原，西部为低丘平岗地貌。高邮湖为江苏第三大湖泊，淮河水经高邮湖南流入江。高邮市运东地区位于里下河地区西部，属里下河浅注平原地貌，地面高程一般在 1～5m，总面积 1250.63km²，占高邮市总面积的 63.72%，占里下河腹地面积的 10.67%。

高邮市运东地区地势低洼，湖荡众多，河流沟渠密布，地形具有南北高、中间低、西部高、东部低的特点，地面坡度约万分之一。区域水网由淤溪河、关河、南澄子河、北澄子河、东平河、横泾河、六安河、新六安河、二里大沟、子婴河及临川河等东西向骨干河道，澄潼河、人字河、大卢河、第三沟、第二沟、第一沟、大港河、张叶沟、小泾沟、龙狮沟及长林沟等南北向骨干河道构成纵横交错的水网格局（图 3.3）。

图 3.2　高邮市运东区位置图

图 3.3　高邮市水系分布图

3.3.1.2　历史洪涝灾情

高邮在 1591—1948 年间，共发生 127 次大水灾和 28 次严重旱灾，平均两三年一小灾，七八年一大灾。高邮经受了 1931 年、1954 年、1991 年和 2003 年的大水以及 1953 年、1978 年和 1994 年干旱等特大灾情。

高邮市里下河地区洪涝灾害主要有梅雨型和台风型两种。其中梅雨型洪水多发生在6、7月间，梅雨的特点是降雨范围广、雨量大、雨期长，一般梅雨期23～24d、梅雨量225mm。梅雨量年际变化较大，最多为多年平均4倍左右，最少仅仅为多年平均1/8左右。例如1991年梅雨量高达872mm，为多年平均的3.9倍左右。当梅雨量超过多年平均2倍以上时，里下河地区易发生洪水，如1954年、1991年和2003年洪涝灾害都是由梅雨造成的，高邮湖历史最高洪水位9.38m（1954年）、9.22m（1991年）、9.52m（2003年）也是由梅雨所造成的。

台风是高邮市主要的灾害性天气之一，当台风登陆过境并伴有强暴雨发生时，往往形成台风暴雨型洪水。台风暴雨特点是相对降雨范围小，历时短，但暴雨强度大、破坏力强，是区域性洪水的主要原因之一，但一般不会引发流域性洪涝灾害。

3.3.1.3 防洪排涝工程现状

里下河腹部地区呈碟形盆地状，中间低，四周高，低洼圩区洪涝水受河道比降影响，河道水流自流入海流速不大，导致退水缓慢。当连续降雨发生后，水位迅速上涨围困圩区，往往造成严重洪涝灾害。一般情况下，里下河腹部地区涝水大部分通过沿海射阳河、

图3.4 里下河地区的圩垸分布图

黄沙港、新洋港、斗龙港自排，部分涝水通过湖荡及滞涝圩区滞蓄；同时视水、雨情变化，可调度开启江都、高港、宝应以及通榆河沿线等泵站抽排。经多年治理，里下河腹部地区现已初步形成"上抽、中滞、下排"的防洪排涝工程体系。近期"上抽"能力有较大提高，但"中滞""下排"能力受湖荡开发利用、入海港道淤积等因素影响有所减弱。

高邮市运东里下河地区现有非滞涝圩口64个，圩堤长度1838.06km，保护总面积1153.83km²（图3.4）。高邮市圩外骨干排水河道35条，其中有自由水面的湖荡面积3km²。根据相关规划，高邮市滞涝区面积77.24km²，其中荡滩滞涝面积23.13km²，圩区滞涝面积54.11km²。高邮市运东地区现有圩口闸884座，建有固定排涝泵站634座，排涝总动力

28802kW，排涝流量712.94m³/s。

3.3.1.4 防洪排涝问题

高邮市防洪减灾能力建设发展不平衡，整体水平亟待提高。具体表现在以下方面：

（1）运河两堤标准不足，险工患段多：运河西堤作为里下河地区的第一道防洪屏障，规划境内长44km，虽经过多年治理，特别是2003年汛后对26.5km老西堤进行了加固，防御能力有了明显提高，但全线堤防尚未加固达标，距抵御入江水道行洪流量12000m³/s、高邮湖9.5m水位标准仍存在许多问题。此外，运河东堤除存在堤顶高程普遍不足（设计堤高为12m）的问题外，隐患段较多、堤脚不稳、堤坡滑移、堤身裂缝等不

安全因素依然存在。

（2）湖区行洪道行洪不畅，行洪工程老化失修：一是新民滩行洪断面偏小、束水严重；二是湖区暗滩挑流阻水严重；三是新民滩低洼滩面和滩头尾桐柴草丛生，影响行洪；四是高邮湖控制线漫水闸，"七座漫水闸"除湖滨漫水闸外，其余 6 座已鉴定为Ⅳ类闸，存在严重安全隐患；五是高邮湖水域圈堤、围网等人为设障；六是保麦圩和关头圩违章加高达 9m 左右，850m 宽的水面不能正常泄洪。

（3）防洪排涝工程基础薄弱，调蓄功能下降：区域圩口小、数量多，加之圩区排涝动力不够且大部分建筑物建设年代久远、标准低，建筑物工程带病运行，排涝泵站的效率下降，造成实际排涝能力降低。次高地区域长期以来依靠自排，不重视防洪排涝工程建设，圩堤低，挡无闸、排无机的现象突出。长期的围垦开发使里下河湖荡迅速减少，调蓄功能基本丧失，虽然建成了滞涝圩口，但不能做到主动及时滞蓄涝水。

（4）城市防洪排水体系不健全，与城市建设不同步：城区位于京杭大运河东侧，依赖于运河东堤挡御淮河洪水，防御流域洪水有一定基础，但标准较低。而对里下河地区涝水的防御，因城区内外水系相连无节制，城乡不分，高低不分，没有形成独立的挡排体系。且城区河道两侧堤防标准普遍不高，特别是部分居民较密集的地区几乎处于不设防状态，主要通过内部排涝河向外河自排排水，外河水位较高的时候，不能满足排水要求；现状排涝标准仅为 3～5 年一遇，随着城区的发展，城市化建设过程中不透水面积增大，现有泵站不能满足排涝要求。

（5）非工程措施未得到有效运行：一是水政监察力量薄弱，难以执法到位，河道清障不力，人为侵占仍然发生；二是水利工程运行机制乏力，管理单位运转困难，维修经费缺乏，工程带病运行，工程效益难以发挥。

3.3.1.5 数据资料搜集

研究所需数据包括逐日降雨、土地利用分布、地面高程分布图、圩垸分布、河道水系分布、滞涝水面分布、圩垸堤防高度及其分布、历史涝灾数据、行政区划图、河道淤积状况、抽排泵站流量及其分布等（表 3.1）。

表 3.1 基础数据表

编号	数据	内容	来源
1	降雨	高邮站 1954 年 5 月至 2015 年 12 月逐日降雨量	高邮市气象局，中国科学数据共享网
2	土地利用分布	高邮市各个圩垸土地利用分布	高邮市水务局
3	地面高程分布	高邮市数字高程模型，分辨率 30m	Aster GDEM 数据，中科院遥感所
4	圩垸分布	高邮市现状圩垸分布	高邮市水务局
5	河道水系分布	高邮市骨干和乡镇河道水系分布	
6	滞涝水面分布	高邮市规划和现状滞涝水面分布	
7	圩垸堤防高度及其分布	高邮市各圩垸规划和堤防高度及其分布状况	
8	历史涝灾数据	高邮市历年因涝受灾状况	

编号	数 据	内 容	来 源
9	行政区划图	高邮市乡镇分布	
10	河道淤积状况	高邮市骨干和乡镇河道淤积状况	
11	抽排泵站流量及其分布	高邮市抽排泵站流量及其分布	高邮市水务局
12	蒸发皿折算系数	不同月份蒸发皿折算系数	
13	水层规则和需水系数	不同生育期的稻田水层控制数值和需水系数	

3.3.2 指标权重值计算

3.3.2.1 层次单排序及一致性检验

采用调查问卷形式，邀请专家对不同层次进行重要性评分并构建判断矩阵。第一层对致灾因子、孕灾环境、抗灾能力和脆弱性 4 个指标两两判断打分，判断其对农田涝灾风险影响大小的相对重要程度（表 3.2）。

表 3.2 涝灾风险判断相对程度表

项目	致灾因子	孕灾环境	抗灾能力	承载体脆弱性
致灾因子	1	3	1	9
孕灾环境	1/3	1	1/3	7
抗灾能力	1	3	1	9
承载体脆弱性	1/9	1/7	1/9	1

表 3.3 孕灾环境判断矩阵

项目	地形	下垫面
地形	1	1/7
下垫面	7	1

第二层次分两类进行判断矩阵构建。第一类对地形、下垫面进行两两判断打分，判断其相对重要程度（表3.3）。第二类对内排能力和外排能力进行两两判断打分，判断其相对重要程度，结果表明两者同等重要。

第三个层次分三类进行判断矩阵构建。第一类针对相对高程、高程相对标准差进行两两判断打分，判断其相对重要程度，结果表明两者同等重要。第二类针对滞涝水面率和土地利用（产流系数）进行两两判断打分，判断其相对重要程度如表 3.4 所示。第三类针对排水河道实际容积比和泵站抽排能力进行两两判断打分，判断其相对重要程度，结果表明两者同等重要。

表 3.4 下垫面因子判断矩阵

项 目	滞涝水面率	土地利用（产流能力）
滞涝水面率	1	3
土地利用（产流能力）	1/3	1

3.3.2.2 层次总排序

基于专家打分结果，按照 AHP 权重计算方法，得到层次总排序结果（表 3.5 和图 3.5）。从表 3.5 可知，对高邮市里下河地区而言，致灾因子和抗灾能力是影响农田涝灾风险的主要因素，其次是孕灾环境，而承载体脆弱性的影响最小。各指标对农田涝灾风险的贡献从大到小依次为：梅雨期降雨量＞堤防挡水能力＞滞涝水面率＞排水河道密度/泵站抽排能力＞土地利用（产流系数）＞承载体脆弱性＞相对高程/高程相对标准差。

表 3.5　　　　　　　　　　各评价指标最终权重计算结果

各准则层对应目标层权重	各因素对应准则层权重	各指标对应因素层权重	各指标对应准则层权重	各指标对总目标的权重
致灾因子 0.3982	梅雨期降雨 1	梅雨强度综合指数 1	1	0.3982
孕灾环境 0.1675	地形 0.1239	相对高程 0.5	0.0620	0.010
		高程相对标准差 0.5	0.0620	0.010
	下垫面条件 0.8761	滞涝水面率 0.7509	0.6579	0.1102
		土地利用（产流系数）0.2491	0.2182	0.0366
抗灾能力 0.3982	外排能力 0.5	堤防挡水能力 1	0.5	0.1991
	内排能力 0.5	排水河道密度 0.5	0.25	0.100
		泵站抽排能力 0.5	0.25	0.100
脆弱性 0.0361	承载体脆弱性 1	规划排涝模数 1	1	0.0361

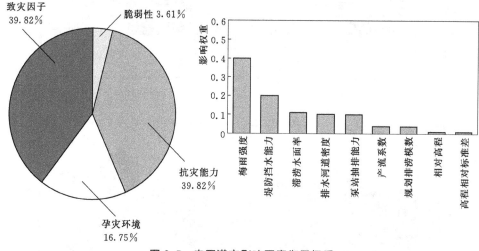

图 3.5　农田涝灾影响因素作用权重

　　如图 3.5 所示，从影响因素的权重排序结果可以看出，导致高邮市里下河地区涝灾风险的主要因素是降雨，其次是圩垸堤防高度有限，由于担心涝水外排会导致内涝转为溃堤洪灾，从而引发更严重的灾情，使得该区域有涝不能排。此外，城镇化使得土地利用状况发生改变，圩垸内部水面率有所降低，圩外的滞涝圩也没有进行正常维护和清理，使得总体的滞涝水面率未达到规划水平。泵站工程老化，难以达到规划水平以及排水河道不同程度淤积也削弱了区域排水能力，提高了区域涝灾风险。

3.3.3　模型检验和现状风险评估

3.3.3.1　模型检验

　　各指标值及权重确定后，按照综合风险度计算方法及风险等级划分标准，确定里下河地区现状条件下不同年份各圩垸的综合风险度及其风险等级。选择 1954 年、1991 年、2003 年 3 个典型大涝年份以及两倍梅雨期（典型年 1987 年）即发生涝灾的实际情况对涝灾风险等级进行检验。如图 3.6 所示 1991 年、1954 年、2003 年和 1987 年里下河地区涝灾风险识别结果。

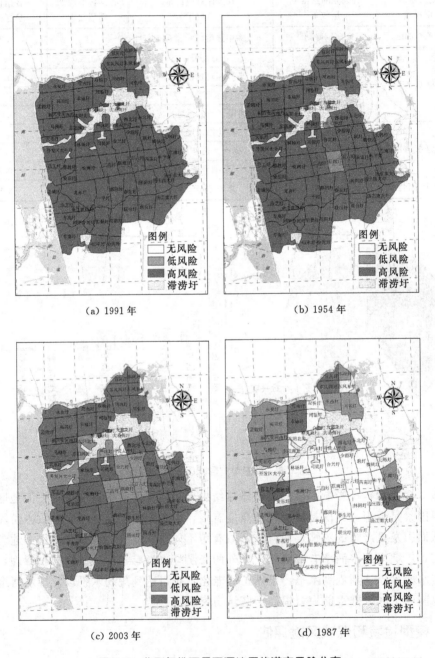

(a) 1991 年   (b) 1954 年

(c) 2003 年   (d) 1987 年

图 3.6　典型年份下里下河地区的涝灾风险分布

从图 3.6 可以看出,1991 年和 1954 年整个区域基本都处于涝灾高风险状态,平均涝灾风险度分别为 0.755 和 0.616,远高于涝灾高风险度等级的下限(0.545)。1991 年的涝灾为历次灾害之最,7.2 万 hm² 农田全部受淹,3 万 hm² 农田绝收,而 1954 年受灾农田高达 6.1 万 hm²。这两个年份皆为普遍性涝灾状况,与计算结果基本吻合。2003 年整个区域的平均涝灾风险度为 0.589,总体上仍处于涝灾高风险状态,但涝情较 1954 年有所降低,而 1987 年的梅雨期雨量为多年平均梅雨期雨量的 2 倍左右,虽然部分圩垸无涝灾风险,但西部和北部的部分圩垸却出现涝灾高风险和低风险,整个区域的平均涝灾风险度为 0.495,略高于涝灾低风险等级的下限,区域整体处于低风险下限状态。

表 3.6 给出模型识别的涝灾风险结果与历史记载的情况进行比较。可以看出,1954—2012 年共 59 年中,除 1965 年、1979 年、1982 年、1986 年、1988 年、1999 年和 2011 年共 7 年的涝灾风险模型识别结果与实际情况不一致外,而其他年份却基本一致,模型对涝灾风险识别准确率达到 88%。在涝灾高风险识别上,模型共识别到 4 个年份,分别为 1954 年、1991 年、2003 年和 2011 年,除 2011 年的识别结果有误外,其他年份与历史记载一致,高风险识别准确率达到 80%。建立的农田涝灾风险综合评价模型的模拟结果是可信的。

表 3.6 模型识别的涝灾风险结果与历史记载情况对比

年份	历史记载	模型识别结果		年份	历史记载	模型识别结果	
		区域平均综合风险度	风险级别			区域平均综合风险度	风险级别
1954	大涝	0.616	高风险	1969	涝	0.492	低风险
1955	旱	0.406	无风险	1970	正常	0.462	无风险
1956	涝	0.537	低风险	1971	旱	0.414	无风险
1957	涝	0.543	低风险	1972	涝	0.522	低风险
1958	旱	0.411	无风险	1973	旱	0.360	无风险
1959	旱	0.427	无风险	1974	涝	0.537	低风险
1960	旱	0.447	无风险	1975	涝	0.514	低风险
1961	旱	0.396	无风险	1976	旱	0.485	无风险
1962	正常	0.477	无风险	1977	旱	0.408	无风险
1963	正常	0.379	无风险	1978	旱	0.364	无风险
1964	旱	0.362	无风险	1979	涝	0.444	无风险
1965	旱	0.531	低风险	1980	涝	0.531	低风险
1966	旱	0.359	无风险	1981	正常	0.409	无风险
1967	旱	0.367	无风险	1982	涝	0.454	无风险
1968	旱	0.485	无风险	1983	涝	0.509	低风险

年份	历史记载	模型识别结果		年份	历史记载	模型识别结果	
		区域平均综合风险度	风险级别			区域平均综合风险度	风险级别
1984	正常	0.370	无风险	1999	涝	0.401	无风险
1985	旱	0.374	无风险	2000	旱	0.453	无风险
1986	正常	0.539	低风险	2001	旱	0.398	无风险
1987	涝	0.495	低风险	2002	旱	0.356	无风险
1988	旱	0.495	低风险	2003	大涝	0.589	高风险
1989	正常	0.383	无风险	2004	涝	0.407	无风险
1990	旱	0.379	无风险	2005	正常	0.467	无风险
1991	大涝	0.755	高风险	2006	正常	0.459	无风险
1992	旱	0.399	无风险	2007	涝	0.514	低风险
1993	正常	0.485	无风险	2008	正常	0.464	无风险
1994	旱	0.364	无风险	2009	正常	0.443	无风险
1995	旱	0.376	无风险	2010	正常	0.396	无风险
1996	涝	0.495	低风险	2011	正常	0.567	高风险
1997	旱	0.438	无风险	2012	正常	0.446	无风险
1998	涝	0.532	低风险				

3.3.3.2 现状涝灾风险分析

将 1954—2012 年历年梅雨强度综合指数进行排频，选择 3 年一遇（1976 年）、5 年一遇（1972 年）、10 年一遇（1957 年）和 20 年一遇（2003 年）4 种典型梅雨年份进行农田涝灾风险评估。从图 3.7 可以看出，西部和北部是涝灾风险易发区，主要原因是该区离整个区域的排水出口三阳河距离相对较远，再加之抗灾能力（堤防高度、抽排泵站流量等）相对较弱，滞涝水面相对较小导致。当遭遇 5 年一遇梅雨强度时，大部分区域都会出现涝灾风险状态，而当遭遇 20 年一遇梅雨强度时，则基本处于涝灾高风险状态。

表 3.7 给出不同年型下的农田涝灾风险影响结果。当遭遇 3 年一遇梅雨强度时，虽然整个区域总体上处于无风险状态，但仍有 36.78% 的面积处于风险中；当遭遇 5 年一遇和 10 年一遇梅雨强度时，整个区域总体上处于低风险状态，且高风险圩垸的面积逐渐扩大，尤其是后者将近 40% 的面积处于涝灾高风险中，且区域总体上即将跨入涝灾高风险状况；当遭遇 20 年一遇梅雨强度时，近九成区域处于高风险状态。在现有排涝工程条件下，里下河地区基本只能抵御 3 年一遇的梅雨年型，当遭遇 3 年一遇至 10 年一遇梅雨年型时即出现局部涝灾状况，但总体上仍处于可控状态，而当遭遇 20 年一遇梅雨年型时，涝灾情况非常严重，受灾程度基本等同于历史灾情中的 2003 年状况。

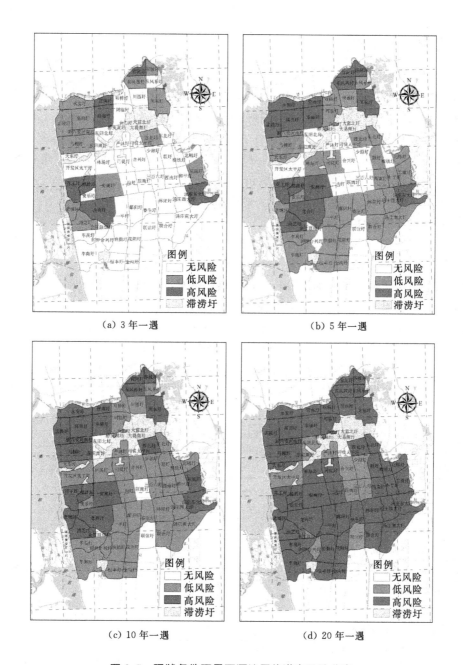

（a）3 年一遇   （b）5 年一遇

（c）10 年一遇   （d）20 年一遇

图 3.7　现状条件下里下河地区的涝灾风险分布

表 3.7　　　　　　　　遭遇不同梅雨强度时的农田涝灾风险

项　　目	3 年一遇		5 年一遇		10 年一遇		20 年一遇	
	低风险	高风险	低风险	高风险	低风险	高风险	低风险	高风险
区域平均综合风险度	0.485		0.530		0.543		0.589	
圩垸个数	13	7	33	15	36	20	11	50
面积占比/%	24.27	12.51	53.31	28.41	57.28	37.12	15.08	84.37

3.3.4 涝灾风险应对策略分析

3.3.4.1 方案设置

根据以上分析结果，对农田涝灾风险影响较大的因素依次为梅雨期降雨量＞堤防挡水能力＞滞涝水面率＞排水河道密度/泵站抽排能力＞土地利用（产流系数）＞承载体脆弱性＞相对高程/高程相对标准差。为此，在农田涝灾风险应对方案中，考虑堤防挡水能力、滞涝水面率、排水河道密度、泵站抽排能力等进行改变和调整，并同时考虑遭遇不同梅雨年型时的涝灾风险，考虑的各种抗灾措施包括以下几方面。

（1）选取 3 年一遇、5 年一遇、10 年一遇和 20 年一遇 4 种梅雨年型。

（2）将各圩垸的堤防提高到规划高度。

（3）将圩垸内部水面率提高到 20%，同时开展圩垸周边滞涝区治理，使滞涝圩面积达到规划水平，由此使得产流系数和规划排涝模数改变。

（4）通过清淤工程，提高河道容积，从而提高排水河道密度。

（5）将各圩垸泵站抽排流量扩大到规划水平。

将上述措施组合，形成实施单个措施的抗灾方案 4 套，2 种措施的方案 6 套，3 种措施的方案 4 套，4 种措施的方案 1 套，所有措施组合的方案 15 套（表 3.8）。

表 3.8 除涝抗灾方案设置

方案编号	抗灾措施	梅雨年型
1-1	圩内水面率统一提高到 20%，圩垸外部滞涝圩垸进行治理，达到规划标准，由此提高滞涝水面率指标，同时考虑圩内水面率改变引发的产流系数指标和规划排涝模数指标相应改变	分别遭遇 3 年一遇、5 年一遇、10 年一遇和 20 年一遇梅雨年型
1-2	圩垸内外河道进行清淤，使排水河道容积增大，由此提高排水河道密度指标	
1-3	将各个圩垸的泵站抽排流量扩大到规划水平，由此提高泵站抽排能力指标	
1-4	将各个圩垸堤防提高到规划高度，由此提高各个圩垸堤防挡水能力指标	
2-1	滞涝水面率提高＋清淤工程	
2-2	滞涝水面率提高＋泵站抽排流量扩大	
2-3	滞涝水面率提高＋堤防增高	
2-4	清淤工程＋泵站抽排流量扩大	
2-5	清淤工程＋堤防增高	
2-6	泵站抽排流量扩大＋堤防增高	
3-1	滞涝水面率提高＋清淤工程＋泵站抽排流量扩大	
3-2	滞涝水面率提高＋清淤工程＋堤防增高	
3-3	滞涝水面率提高＋泵站抽排流量扩大＋堤防增高	
3-4	清淤工程＋泵站抽排流量扩大＋堤防增高	
4	滞涝水面率提高＋清淤工程＋泵站抽排流量扩大＋堤防增高	

3.3.4.2 主要方案涝灾风险分析

（1）当仅提高滞涝水面率（方案 1-1）时，里下河地区遭遇不同梅雨年型时的涝灾风险分布如图 3.8 所示。可以看出，随着梅雨强度增大，西部和北部最先开始发生涝灾风险。表 3.9 给出不同梅雨年型时涝灾风险影响结果。当遭遇 3 年一遇梅雨时，整个区域总体上处于无风险状态，处于风险状态的面积占比不到 27%，产生高风险的圩垸只有 2 个；遭遇 5 年一遇和 10 年一遇梅雨时，整个区域总体上处于低风险状态，遭遇高风险的圩垸个数迅速升高，处于风险中的面积占比最高达 77% 左右；遭遇 20 年一遇梅雨时，整个区域

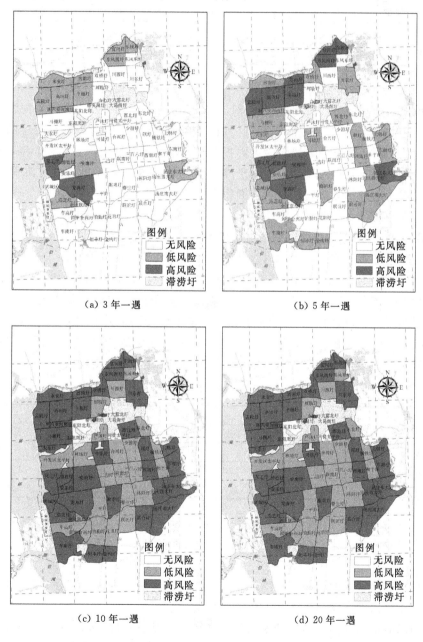

（a）3 年一遇　　　　　　　　　　　　　（b）5 年一遇

（c）10 年一遇　　　　　　　　　　　　　（d）20 年一遇

图 3.8　方案 1-1 下里下河地区的涝灾风险分布

总体上处于高风险状态，92％以上的圩垸个数处于风险状态中，面积占比高达98％，其中高风险圩垸达61％以上。

表 3.9   方案 1-1 下遭遇不同梅雨强度时的涝灾风险

项　目	3 年一遇		5 年一遇		10 年一遇		20 年一遇	
	低风险	高风险	低风险	高风险	低风险	高风险	低风险	高风险
区域平均综合风险度	0.466		0.511		0.524		0.570	
圩垸个数	13	2	24	12	30	15	23	36
面积占比/％	21.10	5.50	38.88	22.23	50.13	26.60	36.91	61.11

　　与不采取措施相比，在分别遭遇 3 年一遇、5 年一遇、10 年一遇和 20 年一遇梅雨年型时，高风险面积占比分别降低 56％、21.8％、28.3％和 27.6％，总风险面积占比分别降低 27.7％、25.2％、18.7％和 1.44％。由此可见，仅采用提高滞涝水面率的措施，对降低 3 年一遇梅雨年型下的高风险涝灾面积效果较好，对降低 3 年一遇和 5 年一遇梅雨年型下的总风险面积效果相对较好，但对于降低 20 年一遇梅雨年型的总风险面积效果甚微，但也在一定程度上有效降低了其高风险面积占比。

　　(2) 当仅提高圩堤高度（方案 1-4）时，里下河地区遭遇不同梅雨年型时的涝灾风险分布见图 3.9，而表 3.10 给出不同梅雨年型时涝灾风险影响结果。当遭遇 3 年一遇梅雨年型时，整个区域总体上处于无风险状态，没有圩垸处于高风险状态，处于低风险状态的面积占比仅为 11.64％；当遭遇 5 年一遇和 10 年一遇梅雨年型时，整个区域总体上处于低风险状态，遭遇高风险的圩垸个数有所增加，处于风险中的面积占比最高达 77％左右；当遭遇 20 年一遇梅雨年型时，整个区域总体上处于高风险状态，92％以上的圩垸个数处于风险状态中，面积占比高达 97％，其中高风险圩垸达 64％以上。通过提高圩堤高度，在遭遇 10 年一遇梅雨年型时，高风险状态控制较好，不会出现大面积严重涝灾状况。

表 3.10   方案 1-4 下遭遇不同梅雨强度时的涝灾风险

项　目	3 年一遇		5 年一遇		10 年一遇		20 年一遇	
	低风险	高风险	低风险	高风险	低风险	高风险	低风险	高风险
区域平均综合风险度	0.449		0.494		0.507		0.553	
圩垸个数	8	0	32	2	37	7	25	34
面积占比/％	11.64	0	60.52	3.71	67.04	10.30	32.70	64.23

　　与不采取措施相比，在分别遭遇 3 年一遇、5 年一遇、10 年一遇和 20 年一遇的梅雨年型时，高风险面积占比分别降低 100％、86.9％、72.3％和 23.9％，总风险面积占比分别降低 68.3％、21.4％、18.1％和 3.1％。由此可见，仅采用提高圩堤高度的措施，可大幅减少出现高风险圩垸的面积，对降低总风险面积也有一定效果，但在遭遇 20 年一遇梅雨年型时，该区出现涝灾高风险情况仍较为严重。

　　(3) 当同时提高滞涝水面率和实施清淤工程（方案 2-1）时，里下河地区遭遇不同梅雨年型时的涝灾风险分布见图 3.10，而表 3.11 给出不同梅雨年型时涝灾风险影响结果。当遭遇 3 年一遇梅雨年型，整个区域总体上处于无风险状态，仅有 2 个圩垸处于高风

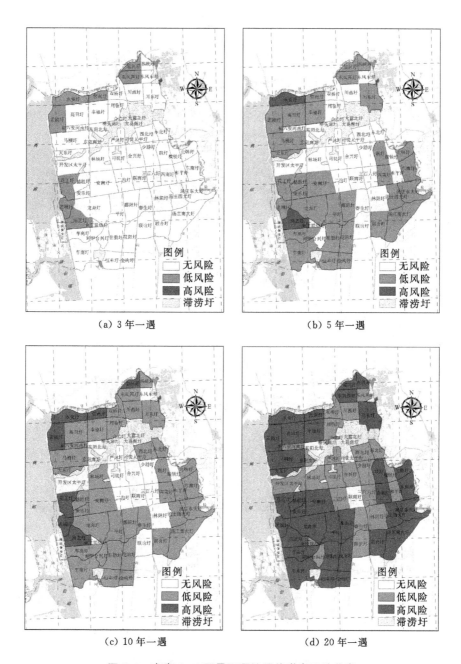

(a) 3 年一遇   (b) 5 年一遇

(c) 10 年一遇   (d) 20 年一遇

图 3.9　方案 1－4 下里下河地区的涝灾风险分布

险状态,处于风险状态的面积占比为 26% 左右;当遭遇 5 年一遇和 10 年一遇梅雨年型时,整个区域总体上处于低风险状态,遭遇高风险的圩垸个数大幅增加,处于风险中的面积占比最高达 72% 左右;当遭遇 20 年一遇梅雨年型时,整个区域总体上处于高风险状态,92% 以上的圩垸个数处于风险状态中,面积占比高达 98%,其中高风险圩垸达 59% 以上。

与不采取措施相比,在分别遭遇 3 年一遇、5 年一遇、10 年一遇和 20 年一遇的梅雨年型时,高风险面积占比分别降低 56%、21.8%、30.1% 和 29.5%,总风险面积占比分

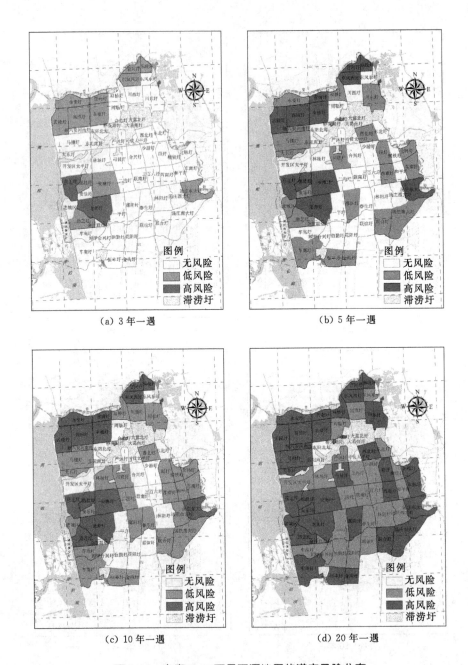

（a）3 年一遇　　　　　　　　　（b）5 年一遇

（c）10 年一遇　　　　　　　　　（d）20 年一遇

图 3.10　方案 2－1 下里下河地区的涝灾风险分布

别降低 29.5％、27.3％、24.3％和 1.4％。由此可见，同时采用提高滞涝水面率和实施清淤工程的措施，可有效减少出现高风险圩垸的面积，在遭遇 10 年一遇以下梅雨年型时也能在不同程度上降低总的风险面积。

（4）当同时提高滞涝水面率和圩堤高度（方案 2－3）时，里下河地区遭遇不同梅雨年型时的涝灾风险分布如图 3.11 所示，而表 3.12 给出不同梅雨年型时涝灾风险影响结果。

表 3.11　　　　　　　　　　　方案 2-1 下遭遇不同梅雨强度时的涝灾风险

项　目	3 年一遇		5 年一遇		10 年一遇		20 年一遇	
	低风险	高风险	低风险	高风险	低风险	高风险	低风险	高风险
区域平均综合风险度	0.464		0.509		0.522		0.568	
圩垸个数	12	2	23	12	29	14	24	35
面积占比/%	20.44	5.50	37.22	22.23	46.01	25.94	38.56	59.46

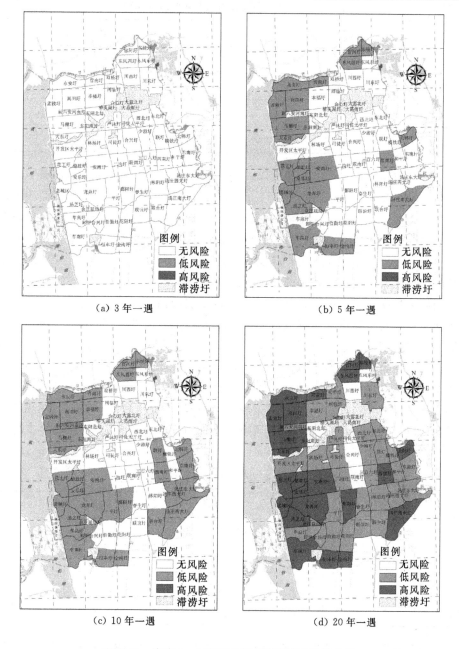

（a）3 年一遇　　　　　　　　　　　（b）5 年一遇

（c）10 年一遇　　　　　　　　　　　（d）20 年一遇

图 3.11　方案 2-3 下里下河地区的涝灾风险分布

当遭遇 3 年一遇和 5 年一遇梅雨年型，整个区域总体上处于无风险状态，没有圩垸处于高风险中，仅不到 40％的圩垸面积在 5 年一遇梅雨年型时处于低风险状态；当遭遇 10 年一遇梅雨年型时，整个区域总体上处于低风险状态，仍然没有遭遇高风险的圩垸；当遭遇 20 年一遇梅雨年型时，整个区域总体上处于高风险状态，84％以上的圩垸个数处于风险状态中，面积占比达 92.1％，其中高风险圩垸达 42％左右。

表 3.12   方案 2-3 下遭遇不同梅雨强度时的涝灾风险

项　　目	3 年一遇		5 年一遇		10 年一遇		20 年一遇	
	低风险	高风险	低风险	高风险	低风险	高风险	低风险	高风险
区域平均综合风险度	0.429		0.475		0.488		0.534	
圩垸个数	0	0	22	0	32	0	31	23
面积占比/％			39.68		58.12		50.25	41.85

与不采取措施相比，在分别遭遇 3 年一遇、5 年一遇、10 年一遇和 20 年一遇的梅雨年型时，高风险面积占比分别降低 100％、100％、100％和 50.4％，总风险面积占比分别降低 100％、51.5％、38.4％和 7.4％。由此可见，同时采用提高滞涝水面率和圩堤高度的措施，可彻底消除 10 年一遇以下梅雨年型的高风险，对削减 20 年一遇梅雨年型下的高风险圩垸面积占比效果也较为突出，降低总风险面积的成效也较好，但在遭遇 20 年一遇梅雨年型时，该区域会出现大范围的涝灾风险状况。

（5）当同时提高滞涝水面率、泵站抽排流量及实施清淤工程（方案 3-1）时，里下河地区遭遇不同梅雨年型时的涝灾风险分布见图 3.12，而表 3.13 给出不同梅雨年型时涝灾风险影响结果。当遭遇 3 年一遇梅雨年型，整个区域总体上处于无风险状态，仅有 1 个圩垸处于高风险状态，处于风险状态的面积占比为 19.41％；当遭遇 5 年一遇和 10 年一遇梅雨年型时，整个区域总体上处于低风险状态，遭遇高风险的圩垸个数有所增加，处于风险中的面积占比最高达 57％左右；当遭遇 20 年一遇梅雨年型时，整个区域总体上处于高风险状态，92％以上的圩垸个数处于风险状态中，面积占比高达 98％，其中高风险圩垸达 46％左右。

表 3.13   方案 3-1 下遭遇不同梅雨强度时的涝灾风险

项　　目	3 年一遇		5 年一遇		10 年一遇		20 年一遇	
	低风险	高风险	低风险	高风险	低风险	高风险	低风险	高风险
区域平均综合风险度	0.450		0.495		0.508		0.554	
圩垸个数	9	1	20	6	24	10	33	26
面积占比/％	15.71	3.70	33.31	12.63	37.92	19.41	52.08	45.94

与不采取措施相比，在分别遭遇 3 年一遇、5 年一遇、10 年一遇和 20 年一遇的梅雨年型时，高风险面积占比分别降低 70.4％、55.5％、47.7％和 45.6％，总风险面积占比

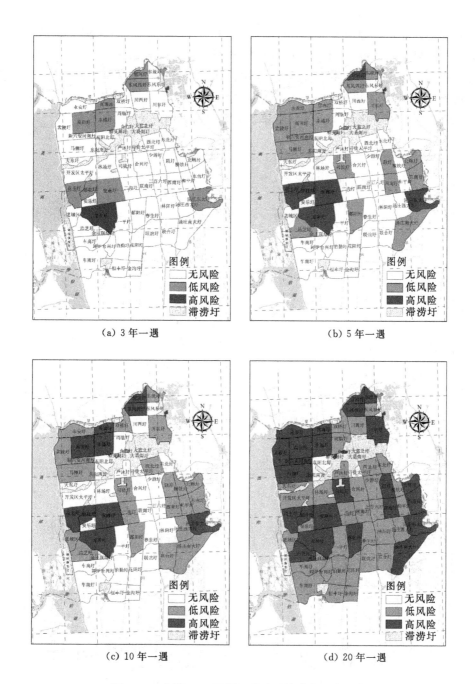

（a）3 年一遇　　　　　　　　　　　（b）5 年一遇

（c）10 年一遇　　　　　　　　　　（d）20 年一遇

图 3.12　方案 3-1 下里下河地区的涝灾风险分布

分别降低 47.2%、43.8%、39.3% 和 1.4%。由此可见，同时采用提高滞涝水面率、泵站抽排流量及实施清淤工程的措施，可大幅减少出现高风险圩垸的面积，在遭遇 10 年一遇以下梅雨年型时也能在不同程度上降低总的风险面积，但对减少 20 年一遇梅雨年型时的总涝灾风险面积却效果甚微。

（6）当同时提高滞涝水面率、泵站抽排流量和圩堤高度（方案 3-3）时，里下河地区遭遇不同梅雨年型时的涝灾风险分布如图 3.13 所示，而表 3.14 给出不同梅雨年型时涝灾风险影响结果。当遭遇 10 年一遇以下梅雨年型，整个区域总体上处于无风险状态，没有圩垸处于高风险中，仅有不到 44％的圩垸面积在 10 年一遇梅雨年型时处于低风险状态；当遭遇 20 年一遇梅雨年型时，整个区域总体上处于低风险状态，81％以上的圩垸个数处于风险中，面积占比达 89.5％，其中高风险圩垸达 10％左右。

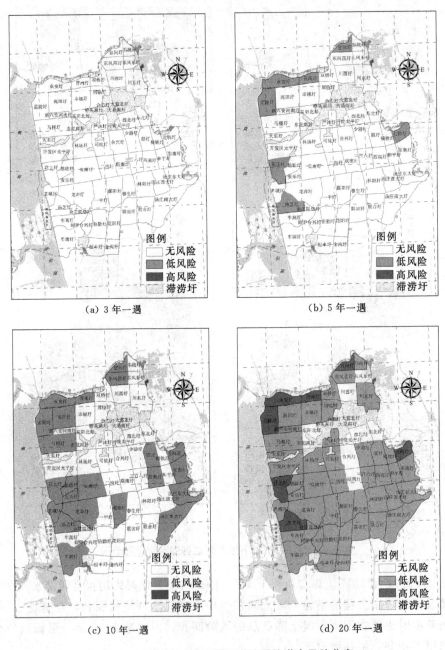

图 3.13　方案 3-3 下里下河地区的涝灾风险分布

表 3.14　　　　　　方案 3-3 下遭遇不同梅雨强度时的涝灾风险

项　目	3 年一遇		5 年一遇		10 年一遇		20 年一遇	
	低风险	高风险	低风险	高风险	低风险	高风险	低风险	高风险
区域平均综合风险度	0.416		0.461		0.474		0.520	
圩垸个数	0	0	7	0	22	0	45	7
面积占比/%	0	0	10.29	0	43.12	0	79.23	10.29

与不采取措施相比,在分别遭遇 3 年一遇、5 年一遇、10 年一遇和 20 年一遇的梅雨年型时,高风险面积占比分别降低 100%、100%、100% 和 87.8%,总风险面积占比分别降低 100%、87.4%、54.3% 和 9.9%。由此可见,同时采用提高滞涝水面率、泵站抽排流量和圩堤高度的措施,基本上可消除 20 年一遇以下梅雨年型的高风险,降低总风险面积的成效也较好,但在遭遇 20 年一遇梅雨年型时,该区域会出现大范围涝灾风险,但高风险面积在 10% 以内,受灾情况大大缓解。

（7）当实施清淤工程且同时提高滞涝水面率、泵站抽排流量和圩堤高度（方案 4）时,里下河地区遭遇不同梅雨年型时的涝灾风险分布见图 3.14,而表 3.15 给出不同梅雨年型时涝灾风险影响结果。当遭遇 10 年一遇以下梅雨年型,整个区域总体上处于无风险状态,没有圩垸处于高风险中,仅有不到 35% 的圩垸面积在 10 年一遇梅雨年型时处于低风险状态;当遭遇 20 年一遇梅雨年型时,整个区域总体上处于低风险状态,79% 以上的圩垸个数处于风险状态中,面积占比达 88.09%,其中高风险圩垸达 9% 左右。

表 3.15　　　　　　方案 4 下遭遇不同梅雨强度时的涝灾风险

项　目	3 年一遇		5 年一遇		10 年一遇		20 年一遇	
	低风险	高风险	低风险	高风险	低风险	高风险	低风险	高风险
区域平均综合风险度	0.414		0.459		0.472		0.518	
圩垸个数	0	0	6	0	17	0	45	6
面积占比/%	0	0	9.24	0	34.94	0	78.85	9.24

与不采取措施相比,在分别遭遇 3 年一遇、5 年一遇、10 年一遇和 20 年一遇梅雨年型时,高风险面积占比分别降低 100%、100%、100% 和 89.1%,总风险面积占比分别降低 100%、88.7%、62.9% 和 11.4%。由此可见,实施清淤工程并同时采用提高滞涝水面率、泵站抽排流量和圩堤高度的措施,基本上可消除 20 年一遇以下梅雨年型的高风险,且降低总风险面积的成效也较好,但在遭遇 20 年一遇梅雨年型时,该区域会出现大范围涝灾风险状况,但高风险面积在 10% 以内,受灾情况将大大缓解。

3.3.4.3　涝灾风险应对推荐方案

将以上各种方案对农田涝灾风险的削减效果进行对比分析后（表 3.16）,可得到适宜里下河地区涝灾风险应对的推荐方案。若采取 1 种措施,则推荐方案 1-4,即将各圩垸堤防提高到规划高度,由此提升各圩垸堤防的挡水能力,该方案下遭遇 10 年一遇

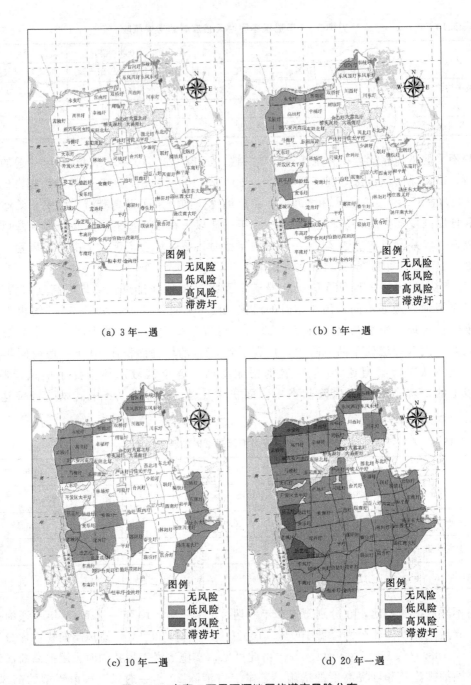

（a）3 年一遇

（b）5 年一遇

（c）10 年一遇

（d）20 年一遇

图 3.14　方案 4 下里下河地区的涝灾风险分布

梅雨年型时，高风险状态控制较好，不会出现大面积严重涝灾状况。若采取 2 种措施，则推荐方案 2-3，即同时提高滞涝水面率并增加堤防高度，该方案下可彻底消除 10 年一遇以下梅雨年型的高风险，对削减 20 年一遇梅雨年型下的高风险圩垸面积占比效果也较为突出，但在遭遇 20 年一遇梅雨年型时，仍会出现大范围涝灾风险状况。若采取 3 种措施，则推荐方案 3-3，即同时提高滞涝水面率、泵站抽排流量和堤防高度，该方

表3.16 不同方案下涝灾风险面积占比削减情况（与现状条件比较）

单位：%

方案编号	方案说明	3年一遇		5年一遇		10年一遇		20年一遇		平均值	
		高风险面积	风险总面积	高风险面积	风险总面积	高风险面积	风险总面积	高风险面积	风险总面积	高风险面积	风险总面积
1-1	仅提高滞涝水面率	-56.04	-27.66	-21.75	-25.23	-28.34	-18.71	-27.56	-1.44	-33.42	-18.26
1-2	仅实施清淤工程	-17.19	-1.77	0	0	-2.69	-0.36	-3.13	0	-5.75	-0.53
1-3	仅扩大泵站抽排流量	-56.04	-10.93	-33.02	-11.42	-11.77	-2.44	-11.06	0	-27.97	-6.20
1-4	仅提高圩堤高度	-100.00	-68.34	-86.94	-21.41	-72.25	-18.06	-23.87	-3.13	-70.77	-27.74
2-1	滞涝水面率提高+清淤工程	-56.04	-29.45	-21.75	-27.25	-30.12	-24.29	-29.52	-1.44	-34.36	-20.61
2-2	滞涝水面率提高+泵站抽排流量扩大	-56.04	-47.21	-48.15	-43.79	-47.71	-31.41	-45.55	-1.44	-49.36	-30.96
2-3	滞涝水面率提高+堤防增高	-100.00	-100.00	-100.00	-51.45	-100.00	-38.43	-50.40	-7.39	-87.60	-49.32
2-4	清淤工程+泵站抽排流量扩大	-56.04	-10.93	-33.02	-13.31	-11.77	-4.42	-16.03	0	-29.22	-7.17
2-5	清淤工程+堤防增高	-100.00	-68.34	-86.94	-26.11	-72.25	-22.12	-28.42	-3.57	-71.90	-30.04
2-6	泵站抽排流量扩大+堤防增高	-100.00	-100.00	-100.00	-44.76	-100.00	-31.95	-42.84	-4.94	-85.71	-45.41
3-1	滞涝水面率提高+清淤工程+泵站抽排流量扩大	-70.42	-47.21	-55.54	-43.79	-47.71	-39.26	-45.55	-1.44	-54.81	-32.93
3-2	滞涝水面率提高+清淤工程+堤防增高	-100.00	-100.00	-100.00	-55.88	-100.00	-44.22	-57.26	-8.82	-89.32	-52.23
3-3	滞涝水面率提高+泵站抽排流量扩大+堤防增高	-100.00	-100.00	-100.00	-87.41	-100.00	-54.32	-87.80	-9.98	-96.95	-62.93
3-4	清淤工程+泵站抽排流量扩大+堤防增高	-100.00	-100.00	-100.00	-53.81	-100.00	-34.76	-55.26	-4.94	-88.82	-48.38
4	滞涝水面率提高+清淤工程+泵站抽排流量扩大+堤防增高	-100.00	-100.00	-100.00	-88.70	-100.00	-62.98	-89.05	-11.41	-97.26	-65.77

案下可基本保证 10 年一遇梅雨年型不会出现重大涝灾，在遭遇 20 年一遇梅雨年型时，严重受灾面积比例控制在 10% 左右。若采取 4 种措施，则推荐方案 4，其与方案 3-3 相比，两者间差异较小，原因主要是圩垸内外河道淤积情况相对较轻，淤积容积占河道总容积比例只有 9% 左右，实施清淤工程后，河道密度指标变化不大，进而对涝灾风险产生作用较小。

3.4 小结

基于农田涝灾风险综合评估指标体系和评价方法对区域农田涝灾风险进行了评估，构建了农田涝灾风险综合评估方法和框架体系，定量评估了农田受涝风险指数，并以江苏省高邮市里下河地区为例，预测了不同气候和人类活动下的农田涝灾风险状况，提出了区域农田涝灾风险防治对策，取得的主要结论如下：

（1）建立的农田涝灾风险综合评价指标体系由目标层、准则层、因素层和指标层构成。目标层为区域农田涝灾综合风险；准则层由致灾因子、孕灾环境、抗灾能力和脆弱性 4 个指标组成。共选择梅雨强度、相对高程、高程相对标准差、滞涝水面率、产流系数、堤防挡水能力、排水河道密度、泵站抽排能力和规划排涝模数等 9 个指标进行农田涝灾风险评价。

（2）采用 AHP 主观权重赋权法确定各个指标的权重，其中致灾因子和抗灾能力是影响农田涝灾风险的主要因素，其次是孕灾环境，而承载体脆弱性的影响最小。各评价指标对农田涝灾风险的贡献从大到小依次为：梅雨期降雨量＞堤防挡水能力＞滞涝水面率＞排水河道密度/泵站抽排能力＞土地利用（产流系数）＞承载体脆弱性＞相对高程/高程相对标准差。

（3）将农田涝灾风险分为高风险、低风险和无风险 3 个级别，梅雨强度综合指数 4.5 下得到的涝灾综合风险度（0.545）为高风险临界下限，3.5 下得到的涝灾综合风险度（0.487）为低风险下限，当综合风险度小于 0.4865 时无风险。低风险意味着涝灾处于可控状态，一般不产生灾情损失或损失较小，高风险则表明涝灾处于不可控状态，出现明显的灾情损失。

（4）除 1965 年、1979 年、1982 年、1986 年、1988 年、1999 年和 2011 年共 7 年的涝灾风险模型识别结果与实际不一致外，其他年份的识别结果均与历史记载一致，涝灾风险识别准确率达到 88.1%；对涝灾高风险识别而言，除 2011 年的识别结果有误外，其他年份的识别结果与历史记载一致，高风险识别准确率达到 80%。

（5）当遭遇 3 年一遇梅雨强度时，整个区域虽总体处于无风险状态，但仍有 36.8% 面积处于风险中；当遭遇 5 年一遇和 10 年一遇梅雨强度时，整个区域总体处于低风险状态，但 10 年一遇梅雨强度下近 40% 面积处于涝灾高风险中；当遭遇 20 年一遇梅雨强度时，近九成区域处于高风险状态，涝灾极为严重。在现状排涝工程条件下，里下河地区只能抵御 3 年一遇梅雨年型，3 年一遇至 10 年一遇梅雨年型下会出现局部涝灾状况，20 年一遇梅雨年型下的灾情非常严重。

（6）采用同时提高滞涝水面率、泵站抽排流量和堤防高度的综合防灾措施方案 3-3，可以基本消除 20 年一遇以下梅雨年型的高风险，虽然区域内出现大范围的涝灾风险状况，但高风险的面积控制在 10％以内，受灾情况大为缓解。

参 考 文 献

［1］ 刘晶晶．里下河地区产流模型研究［D］．南京：河海大学，2008.
［2］ 田心如，姜爱军，高苹，等．江苏省典型年梅雨洪涝灾害对比分析［J］．自然灾害学报，2005，14（5）：8－13.

第4章　农田涝灾预测模拟系统及其应用

由于农田涝灾受到多种物理过程和人类活动的影响，其变化规律呈现出显著的多影响因素、多物理过程和多时空尺度特征，且各影响因素、物理过程和时空尺度相互作用和制约，使得农田涝灾的形成机制和演变规律呈高度非线性。数值模拟模型是揭示这种影响机制和规律的有效工具，但现有的中大尺度模型多是针对自然流域开发，无法完整和准确地刻画农业区复杂的人类活动影响，需要针对自然-人类二元影响下的地貌和水分运动特征，构建农田涝灾预测模拟系统，有效揭示各种应对措施条件下的农田涝灾减产响应规律。

本章从影响作物受涝减产的水文机制出发，首先构建包含多尺度物理过程的涝灾分布式水动力学模拟模型，并融合灵活的前处理模块，开发相应的农田涝灾预测模拟系统，其次利用高邮市某圩垸实测数据对该系统进行检验，最后根据模拟结果，分析环境改变条件（不同暴雨、斗沟规模、外排条件、排涝能力、闸泵调度规则）下的农田涝灾减产空间变化分布及其特征。

4.1　系统需求分析和总体架构

系统的需求分析是农田涝灾预测模拟系统开发的前提，本节从空间离散、物理过程模拟和模型系统结构3个方面，分析农田涝灾预测模拟系统的总体需求，提出模拟系统的总体框架和模块构成，确定各个模块之间的逻辑耦合关系。

4.1.1　需求分析

农田涝灾形成受降雨、蒸散发、土壤水分入渗、产汇流、地下水流动等多个过程的综合影响，由于作物种植、灌溉排水、蓄引提、闸泵调控等人工措施的干预，灌区水文过程表现出与自然流域的极大差异，这对农田涝灾预测模拟系统的构建提出了新的要求。

4.1.1.1　空间离散

人工沟塘和田埂等形成了密布的局地小地貌条件，这使得农田排水路径具有一定的人为性，即沿田块-沟塘-河湖路径逐渐汇流直至到达区域排水出口。人工影响下的农田排水过程无论水流路径还是在水系梯度上，都与自然流域的汇流过程存在显著差异，但目前大多数水文模型都是针对自然流域开发的，在地貌空间离散和水流方向判别上极大地依赖数字高程模型（DEM）的数据精度。由于灌区内沟道和田块众多，尺寸相对较小，受分辨率限制，DEM模型仅能分辨出较大河流水系，对沟道和田块难以细致刻画，造成识别的排水网络失真，不能反映由多级沟道组成的复杂排水系统，使得涝水通过沟道逐级排入河道的过程被刻画成直接通过田块排入河道的坡面汇流过程，严重影响汇流时间和过程的准确模拟，并对田间积水过程的量化和涝灾的准确评估产生不利影响。

虽然现在已有部分模型可根据河流水系分布及高程数据，在 DEM 模型基础上对河网所在位置高程进行强制性修正，以期使得识别的水系网络更符合真实情况，但需通过反复尝试集水面积阈值才能获得相对满意效果，过程较为繁琐、耗时且欠缺一定灵活性。因此，基于 DEM 模型进行地貌空间离散和水流方向识别仍具有较大局限性。此外，虽然与灌区河沟分布、田块分布、田间排水点分布有关的矢量数据较易获取，但并未在地貌空间离散和水流方向识别中被充分利用。如何针对人工-自然综合作用下形成的地貌条件，利用易于获取的灌区数据得到以田块、河沟为基本单元的空间离散结果，建立田块—田块、田块—河沟、河沟—河沟的水力联系模式，从而确定排水路径，成为构建农田涝灾预测模拟系统的首要任务。

4.1.1.2 物理过程

受作物种植、河沟调蓄、闸泵控制、排水方式、外排条件、城镇化、田埂拦蓄等人类活动影响，农田涝灾过程的模拟需考虑产流、土壤水分运动、地下水分运动、河道汇流等过程的复杂综合影响。在产流方面，需区别对待农田、城镇居工地、塘堰水库等土地利用情况，农田或塘堰产流还需考虑田埂（塘堰）拦蓄和下游沟道水位顶托的影响；在汇流方面，需考虑下游河（沟）水位的顶托以及水闸、涵洞、泵站、跌水等建筑物对水流运动过程的影响；在土壤水分运动方面，需考虑土壤水分入渗、根系吸水以及饱和—非饱和土壤水分交换过程；在地下水分运动方面，需考虑地下排水和侧向流动以及与非饱和土壤间的交换过程。

当模拟上述人类活动影响下的灌区水文循环过程（图 4.1）并预测农田涝灾程度时，无论是从大尺度水文模型还是从田间尺度水文模型上发展而成的灌区水文模型，都或多或少存在着不足：①产流过程中没有考虑田埂蓄水影响；②土壤水分运动较为简化，没有考虑根系吸水影响、积水—大气边界频繁转换下的入渗以及饱和—非饱和水量交换过程；③地下水分运动过程较为简化，没有考虑地下水与河沟水量间的交换，无法直接反映沟道规模和布局对地下排水影响；④采用水文学方法确定河道汇流，无法考虑下游水位顶托对汇流影响；⑤没有考虑闸泵等水工建筑物对河道汇流的影响；⑥无法考虑不同土地利用（塘堰、居工地）和种植结构带来的影响；⑦缺少受涝下作物减产的模拟；⑧各个物理过程模拟模块之间的逻辑连接关系无法可视化，结构的透明化和模块化程度有待进一步提

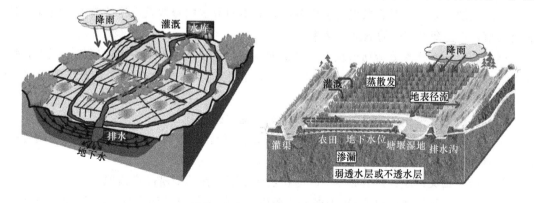

图 4.1 受人类活动影响下的灌区水文循环过程示意图

高，从而有助于用户更好地建模。充分考虑人类活动影响下的灌区水文过程并获得不同措施下的受涝状况，是构建农田涝灾预测模拟系统所需满足的基本条件。

4.1.1.3 系统需求

综上所述，构建农田涝灾预测模拟系统需满足 4 个要求：

（1）在地貌空间离散上，既可根据 DEM 栅格数据划分模拟单元，也可依据沟渠分布、田块边界等矢量数据划分模拟单元。

（2）在水流方向识别上，既可根据 DEM 判断水流方向，也可依据田块、河沟之间的空间拓扑关系（相邻、相交等），甚至直接采取人工方式给定单元间的水流方向和水力连接关系。

（3）在水文过程模拟上，考虑到作物生长、田埂拦蓄、非饱和水分运动、地下排水、河道汇流、闸泵调度、下游水位顶托等在灌区较为常见，故应能分析降雨、排水规则、田埂高度、沟道规模和间距、闸泵调度规则、排涝工程能力和外排条件等差异对作物受涝的影响。

（4）在模型结构构建上，改进模块化的组织结构，加强对模块逻辑关系、单元水力连接关系等的可视化展示，完善模拟结果的显示形式及友好型界面，使用户更好理解和使用构建的模拟系统软件。

4.1.2 总体架构

如图 4.2 所示，构建的农田涝灾预测模拟系统从逻辑上可划分为地貌空间离散和水流方向判别、水文过程模拟、涝灾损失模拟、模拟结果输出共 4 部分，其中地貌空间离散和水流方向判别是运行该系统的前提，水文过程和涝灾损失模拟是运行该系统的基础，模拟结果输出是运行该系统的最终结果，各部分之间均以模块化形式相互嵌套，其中包含的 8 个模块的功能如下：

（1）地貌空间离散和水流方向判别模块：根据 DEM/地貌空间拓扑关系/人工方式进行面状（SU）和线状（RS）单元的地貌空间离散和水流方向判别。

（2）降雨模块：考虑降雨的空间分区，对不同分区的降雨数据按模拟的时间步长进行插值，产生每个 SU 的降雨速率。

（3）蒸散发模块：对蒸散发的空间分区，对不同分区的蒸散发数据按模拟的时间步长进行插值，产生每个 SU 的蒸散发速率。

（4）产流和土壤水分运动模块：计算田埂/塘埂/无埂条件和下游水位顶托情况下，每个 SU 的产流、非饱和带土壤水分运动、饱和-非饱和土壤水分交换、地下水侧向排水过程。

（5）田块汇流模块：计算每个 SU 的坡面汇流过程。

（6）河沟汇流模块：计算上游来水、下游顶托条件和闸/涵/泵/跌水等建筑物调控情况下，每个 RS 的汇流过程。

（7）涝灾损失模块：计算每个 SU 的积水变动下的作物受涝减产情况。

（8）输出结果模块：以 CSV 表格形式输出指定的模拟单元和变量；以 GDAL 格式输出指定变量和指定时刻所有单元的空间分布图；以 KMZ 格式输出所有单元指定变量的空

间分布动态变化过程，该格式可借助时间指针在 Google Earth 中运行；以 KMZ 格式输出所有单元指定变量的空间分布，该格式可在 Google Earth 中调用；以 GNUPLOT 格式输出用户指定的模拟单元和变量过程变化图；以 DOT 格式输出指定模拟单元和变量的文本信息，该格式文件可导入 Graphviz 软件中，被转换成 PDF/SVG/PNG/PostScript 等格式。

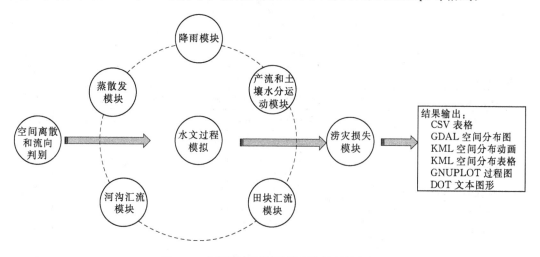

图 4.2　农田涝灾预测模拟系统的总体架构

4.2　模块计算方法与耦合关系

农田涝灾的形成涉及降雨、作物耗水、地表产流、地下产流、坡面和河道汇流、闸泵调度以及作物受涝减产等物理过程，各个物理过程在不同尺度上互相影响，形成了复杂的农田水文非线性系统，本节首先介绍系统前处理方式，并详细给出农田涝灾预测模拟系统各物理过程模拟模块的计算方法和耦合关系。

4.2.1　地貌空间离散和水流方向判别模块

基于开源地理信息系统，法国土壤-农业-水文交互过程研究实验室（LISAH，2012）开发出 15 个与空间信息处理有关的功能类（表 4.1）。从中可以看出，必用的功能类只有 6 个，其中 m.network 使输入的线状物符合空间等级关系，以便后续处理能被水文模型识别；m.seg 主要对输入的各种数据进行叠加形成模拟单元；m.extractlineseg 主要从叠加后的面状数据中提取线状模拟单元；m.toporeach 和 m.toposu 主要确定线状和面状单元的水流方向；m.definput 主要将地貌空间离散和水流方向判别结果输出为能被水文模型识别的 domain.fluidx 文件，用于储存空间离散拓扑关系、流向判别结果以及各单元的空间属性。

在构建农田涝灾预测模拟系统中，直接对这些功能类进行组装，形成地貌空间离散与水流方向判别模块。这主要包括 4 个步骤：首先对导入的信息数据进行空间处理；其次对各种空间数据进行叠加，形成模拟单元，再确定各模拟单元的水流方向；最后将形成的空间离散和水流方向数据输出为水流文件，以便供水文模型调用。

表 4.1 与空间信息处理有关的功能类型

名称	步骤	功　能	备注
m. network	空间地理信息处理	核实输入的线状河流矢量数据连接关系是否正确，确保多个线状物的交汇点、连接关系符合逻辑	必用
m. sbw		根据 DEM 和水文网络划分子流域	选用
m. dispolyg		将面积小于某一临界值的面状物融合至相邻面状物	选用
m. disline		将长度小于某一临界值的线状物融合至相邻线状物	选用
m. segline		分离线状矢量	选用
m. douglas		对面状矢量边界进行平滑处理（只针对锯齿状边界）	选用
m. snaplp		对线状和面状矢量进行拓扑处理，确保两者间隔在某一临界范围内	选用
m. seg	模拟单元生成	对多个矢量数据进行叠加，形成新的面状数据	必用
m. colseg		将某一矢量数据中的单个列属性数据添加至另一矢量数据的列属性	选用
m. dispolygseg		对叠加后形成的矢量数据进行处理，将面积小于某一临界值的面状单元融合至相邻面状单元	选用
m. sliverpolygseg		对叠加后形成的矢量数据进行处理，将碎片化的面状单元与相邻面状单元进行融合	选用
m. extractlineseg		从叠加后形成的面状数据中提取出线状单元	必用
m. topreach	流向判别文件生成	根据 DEM 或者人工方式确定线状单元水流方向	必用
m. toposu		根据 DEM 或者人工方式确定面状单元水流方向	必用
m. definput		生成水文模型所能识别的 xml 或 fluidx 格式水流运动基础数据	必用

4.2.1.1 空间地理信息处理

针对导入的土壤分布、DEM、土地利用、沟渠河湖分布等空间信息数据，进行核实空间网络关系、生成空间数据、修改空间数据等三类处理。核实空间网络关系主要是基于 m. network 消除线状物之间的空隙和多余回路，确保线状物连接符合逻辑关系。生成空间数据主要是基于 m. sbw 形成子流域，若用户只有 DEM 数据，可采用该函数直接根据 DEM 数据确定子流域边界（与传统方法类似），若用户只有田块边界分布数据，也可通过该函数直接将其认定为子流域边界参与后续处理，且子流域边界的生成数据可在后续步骤中与土壤、土地利用等数据进行叠加形成面状模拟单元。修改空间数据涉及的函数较多，分别是数据融合（m. dispolyg 和 m. disline）、数据分离（m. segline）、数据平滑（m. douglas）和拓扑分析（m. snaplp）。

4.2.1.2 空间数据叠加

空间数据叠加处理包含 3 个步骤。首先利用 m. seg 对不同来源的空间数据信息进行叠加形成初步的模拟单元，与传统的叠加过程不同，m. seg 能同时对多个线状和面状空间信息进行一次性叠加，输出结果是一个同时包含线状和面状属性的初步性模拟单元集合，据此可利用 m. colseg 将某些输入矢量数据中的单个列属性数据添加至输出矢量数据的列属性字段中。其次对初步形成的模拟单元集合进行清理形成最终模拟单元集合，由于叠加形成的初步模拟单元集合可能会存在一些瑕疵，比如模拟单元过细或形成一些碎片化的单元，可执行 m. dispolygseg 和 m. sliverpolygseg 对其清理，最终形成较为理想的模拟单集合。最后是利用 m.extractlineseg 将模拟单元集合中的线状单元和面状单元进行分离，为不同属性模拟单元水流方向确定提供基础。

4.2.1.3　模拟单元水流方向确定

分别采用 m.toporeach 和 m.toposu 对线状和面状单元进行水流方向确定。水流方向判别既可基于 DEM 确定，也可采用人工确定水流方向出口（针对线状单元）或绘制水流箭头图层（针对面状单元）的方式确定。在水流方向确定同时，计算相邻单元距离、坡度等空间信息，以便为后续水文模型汇流计算提供基本的空间属性参数。这两个模块都提供了非常丰富的可选参数和计算方式供选择，如 m.toposu 在计算模拟单元地表高程时，既可采用单元几何中心网格的 DEM 作为整个模拟单元的平均高程，也可利用单元几何中心及其邻近的 8 个网格的 DEM 平均值作为整个模拟单元的平均高程，还可使用整个模拟单元覆盖的所有网格的 DEM 平均值作为整个模拟单元的平均高程，此外，在利用 DEM 搜寻水流下游单元时，模块提供了坡度最大和高差最大两种方式供选择，且坡度和高差计算也有不同方式供选择。

4.2.1.4　水流基础数据文件输出

执行 m.definput 可将地貌空间离散和水流方向判别结果输出为可供后续水文模型识别的水流文件。面状单元输出文件的属性数据包括模拟单元编号、面积、与下游单元之间的地面坡度、下游单元属性、下游单元编号、距下游单元形心的距离、水流运动等级（水流运动过程中的汇流层次）等，线状单元输出文件的属性数据则包括模拟单元编号、上下游节点编号、下游线状单元编号、单元长度、单元坡度、水流运动等级等。

4.2.2　降雨和蒸散发模块

可直接调用用户给定的降雨数据，当给定的降雨时段与模拟时段不一致时，可采用线性插值方式获得模拟时段的降雨数据。

基于气象数据，采用彭曼-蒙蒂斯（Penman - Monteith）公式计算逐日参考作物腾发量，然后根据作物系数获得逐日潜在腾发量。

$$ET_o = \frac{0.408\Delta(R_n - G) + \gamma \dfrac{900}{T + 273} U_2 (e_s - e_a)}{\Delta + \gamma(1 + 0.34 U_2)} \tag{4.1}$$

$$ET_p = K_c ET_o \tag{4.2}$$

式中：ET_o 和 ET_p 分别为参考作物腾发量和作物潜在腾发量，mm；R_n 为净辐射，MJ/（m² · d），可根据净短波 R_{ns} 减去净长波辐射 R_{nl} 计算；T 为平均气温，℃；U_2 为距地面 2m 高处的风速，m/s；e_s 和 e_a 分别为饱和水汽压和实际水汽压，kPa；Δ 为饱和水汽压—温度曲线上的斜率，kPa/℃；γ 为温度计常数，kPa/℃；K_c 为作物系数。

直接采用蒸发皿逐日观测数据与蒸发皿折算系数相乘方式获得水面蒸发。在逐日蒸散发计算基础上，根据蒸散发逐时分配比例，将不同土地利用方式下的逐日蒸散发量分配至逐小时量，然后采用线性插值将逐小时量进一步细化为模拟时段的蒸散发量。

4.2.3　产流和土壤水分运动模块

当降雨发生后，地面积水深度随之增加，一部分积水通过入渗进入土壤，一部分通过水面蒸发进入大气。若积水面高于田埂，会产生地表排水。进入土壤的水分除供给作物根系吸水外，多余水量会逐层下渗补给地下水。在排水条件下，若田间地下水位高于沟中水位，则向排水沟渗流，产生地下排水（图4.3）。

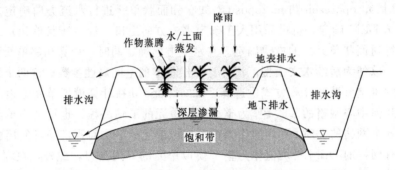

图 4.3 单个田块水分运动过程示意图

采用地表蓄水层水量平衡方程描述地面积水层变化：

$$\frac{\partial H}{\partial t} = p - E - i - r \tag{4.3}$$

式中：H 为地面积水深度，cm；p 为降雨强度，cm/h；E 为水面/陆面蒸发速率，cm/h；i 为地表入渗速率，cm/h；r 为地表排水速率，cm/h；t 为时间，h。

地表入渗速率 i 和地表排水速率 r 被计算如下：

$$i = -K(h)\frac{\partial h}{\partial t} + K(h) \tag{4.4}$$

$$\int r \mathrm{d}t = \max[H - \max(H_{\max}, 100H_r - 100H_S), 0] \tag{4.5}$$

式中：K 为土壤非饱和导水率，cm/h；h 是土壤负压，cm；$H_{\max}$ 为最大蓄水深度，cm，对于田块为田埂高度，对于塘堰为塘埂高度，对于居工地，则为 0；H_r 为下游沟道水位，m；H_S 为面状单元的高程，m。

式（4.5）考虑了田埂拦蓄和下游沟道水位顶托对产流的影响，即以面状单元的最大蓄水深度和下游沟道水位高出田面高度两者中的较大值作为产流控制指标，田面积水深度大于该控制指标形成地表产流，否则不产流。

侧向排水和根系吸水条件下的饱和—非饱和土壤水分运动方程，采用如下方程进行描述：

$$\frac{\partial \theta(h)}{\partial t} = \frac{\partial}{\partial z}\Big[K(h)\frac{\partial h}{\partial z}\Big] + \frac{\partial K(h)}{\partial z} - \frac{\partial T}{\partial z} - \frac{\partial \Gamma}{\partial z} \tag{4.6}$$

式中：t 为时间，h；θ 为土壤含水率，cm^3/cm^3；z 为土层深度，cm；Γ 为地下排水速率，cm/h；T 为作物蒸腾速率，cm/h。

van Genunchten（1980）将土壤水分特征曲线与 Mualem（1976）提出的非饱和导水率函数形式相结合得到土壤水力特性参数 $\theta(h)$ 和 $K(h)$ 表示式如下：

$$\frac{\theta(h) - \theta_r}{\theta_s - \theta_r} = S = \begin{cases} [1 + |\alpha h|^n]^{-(1-1/n)} & (h < 0) \\ 1 & (h \geqslant 0) \end{cases} \tag{4.7}$$

$$K(h)=\begin{cases} K_s S^l \left[1-(1-S^{\frac{1}{m}})^m\right]^2 & (h<0) \\ K_s & (h\geqslant 0) \end{cases} \tag{4.8}$$

式中：θ_s 为土壤饱和含水率，$\mathrm{cm}^3/\mathrm{cm}^3$；$\theta_r$ 为土壤残余含水率，$\mathrm{cm}^3/\mathrm{cm}^3$；$S$ 是饱和度；α、n 和 m 分别为经验参数，其中 $m=1-1/n$；l 为形状系数，取为 0.5；K_s 为土壤饱和导水率，$\mathrm{cm/h}$。

当地表无积水时，地下排水速率采用 Hooghoudt 公式计算，否则，采用如下公式（瞿兴业，2011）计算：

$$\Gamma=\frac{K_s(H_D-H_T+H)}{\Phi L} \tag{4.9}$$

$$\Phi=\frac{1}{\pi}\mathrm{arth}\sqrt{1-\frac{\mathrm{tn}^2\left(K_1\dfrac{B}{2d_e},\overline{k}\right)}{\mathrm{tn}^2\left(K_1\dfrac{a}{2d_e},\overline{k}\right)}} \tag{4.10}$$

$$B=\sqrt{\frac{8}{\pi}(b_0 H_T+m H_T^2)} \tag{4.11}$$

式中：H_D 为排水沟深度，m；H_T 为排水沟中水深，m；Φ 渗流抗阻系数；L 为排水沟（管）道间距，m；K_1 为振幅为 $\pi/2$、模数为 $\overline{k_1}$ 的第一类完全椭圆积分，可查表求得；$\overline{k}$ 为模数，可查表求得；a 为明沟两侧无积水防护带宽度，m；tn 为椭圆正切函数；B 为水面等效宽度；b_0 为沟道底宽，m；m 为沟道边坡。

采用中心差分格式在时间和空间上对式（4.6）进行离散，时间步长 Δt。将模拟区域划分为 n 个土层，顶部和底部土层厚度为 $\Delta z/2$，其余 $n-2$ 个土层厚度均为 Δz。式（4.6）与式（4.3）联立求解时，上边界条件可根据式（4.12）切换：

$$\begin{cases} h(0,t)=H & (H>0) \\ -K(h)\dfrac{\partial h}{\partial t}+K(h)\bigg|_{z=0}=p-E-r & (H=0) \end{cases} \tag{4.12}$$

本模块在计算时，首先根据上一时刻土壤表层水势和积水深度分别试算入渗率和地表产流量，其次根据地表蓄水层水量平衡方程得到试算的田面积水深度，并以此为依据确定土壤水分运动方程的上边界完成求解，最后根据土壤水分运动方程计算结果更新试算的入渗率、田面积水深度和地表产流量并迭代直至收敛，输出下一时刻的积水深度和各层土壤水压等变量。

4.2.4 田块汇流模块

假定地表产流形成于各面状单元的形心，而要形成面状单元出口处的地表排水量还要经过田块汇流过程（图 4.4），采用扩散波方程计算面状单元的产流量从其形心到边界处的推进过程。

$$\frac{\partial Q_{SU}}{\partial t}=-C\frac{\partial Q_{SU}}{\partial x}+D\frac{\partial^2 Q_{SU}}{\partial x^2} \tag{4.13}$$

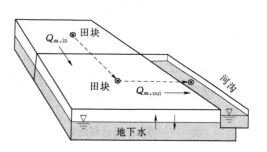

图 4.4　田块汇流过程示意图

式中：Q_{SU} 为面状单元出口处的地表排水量，m³/s；t 为时间，s；C 为波速；D 为扩散系数；x 为沿扩散方向的距离，m。

利用 Hayami 分析方法对式（4.13）进行改变：

$$Q_{SU}(t) = \frac{d}{2\,(\pi D)^{1/2}}\, \mathrm{e}^{\frac{Cd}{2D}} \int_0^t H(t-\tau)A\,\frac{\mathrm{e}^{\frac{Cd}{4D}\left(\frac{d}{C\tau}+\frac{C\tau}{d}\right)}}{\tau^{\frac{3}{2}}}\mathrm{d}\tau \tag{4.14}$$

$$C = C_u\sqrt{\frac{\beta}{\beta_m}\frac{n_m}{n}} \tag{4.15}$$

$$D = D_u\frac{\beta}{\beta_m}\frac{n_m}{n} \tag{4.16}$$

式中：d 为计算单元和下游单元形心距离，m；τ 为核函数的动态步长；A 为计算单元面积，m²；C_u 为所有面状单元的平均波速；D_u 为所有面状单元的平均扩散系数；β 为计算单元的地表坡度；β_m 为所有面状单元的平均地表坡度；n 为计算单元的地表糙率；n_m 为所有面状单元的平均地表糙率。

4.2.5 河沟汇流模块

当地表产流和地下排水进入河沟后，沿各级河沟逐级汇流直至排出区域出口处（图4.5），泵站、水闸、跌水、涵管等各类建筑物都会对水流运动过程产生扰动，采用一维圣维南方程计算河道汇流。

$$\frac{\partial A}{\partial t}+\frac{\partial Q}{\partial x}=q_l \tag{4.17}$$

$$\frac{\partial Q}{\partial t}+\frac{\partial uQ}{\partial x}+gA\,\frac{\partial Z}{\partial x}+\frac{g\,n^2Q\,|Q|}{A\,R^{4/3}}=0 \tag{4.18}$$

式中：A 为过流断面面积，m²；Q 为过流流量，m³/s；q_l 为旁侧入流在单位长度上的流量，m³/(s·m)；u 为过流断面平均流速，m/s；g 为重力加速度，m/s²；Z 为水位高度，m；n 为糙率；R 为水力半径，m。

以交错网格方式将河沟离散成若干断面（图4.6），其中竖线标志的断面存储面积、水位等标量信息，称作标量断面，断面号记作大写字符 I；圆圈标志的断面存储流量、流速等矢量信息，称作矢量断面，断面号记作小写字符 i。除进出口位置两类断面重合外，其他矢量断面均位于相邻两个标量断面的中心。

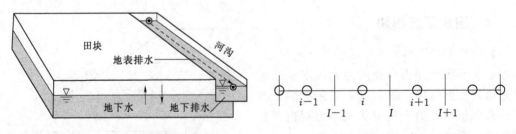

图 4.5　河沟汇流过程示意图　　　　　图 4.6　河沟空间离散示意图

采用有限差分法对式（4.17）和式（4.18）进行离散：

$$\frac{A_I^t - A_I^{t-1}}{\Delta t} + \frac{Q_{i+1}^t - Q_i^t}{\Delta x} = q_l \tag{4.19}$$

$$\frac{Q_i^t - Q_i^{t-1}}{\Delta t} + \frac{(uQ)_i^{t-1} - (uQ)_{i-1}^{t-1}}{\Delta x} + g A_i^{t-1} \frac{Z_I^{t-1} - Z_{I-1}^{t-1}}{\Delta x} + \frac{g n^2 Q_i^* |Q_i^{t-1}|}{A_i^{t-1} R_i^{t-1 \, 4/3}} = 0 \tag{4.20}$$

转化后得到

$$A_I^t = A_I^{t-1} + \Delta t \left(q_l - \frac{Q_{i+1}^t - Q_i^t}{\Delta x} \right) \tag{4.21}$$

$$Q_i^t = \frac{Q_i^{t-1} + \Delta t \left[-\dfrac{(uQ)_i^{t-1} - (uQ)_{i-1}^{t-1}}{\Delta x} - g A_i^{t-1} \dfrac{Z_I^{t-1} - Z_{I-1}^{t-1}}{\Delta x} - \dfrac{g n^2 Q_i^{t-1} |Q_i^{t-1}|}{2 A_i^{t-1} R_i^{t-1 \, 4/3}} \right]}{1 + \dfrac{g n^2 |Q_i^{t-1}|}{2 A_i^{t-1} R_i^{t-1 \, 4/3}}} \tag{4.22}$$

式中：t 为时间；I 为标量断面；i 为矢量断面。

对式（4.21）中对流项采用迎风格式求解，假定流速方向从左至右，当流速反向时，需将 $\left[(uQ)_i^{t-1} - (uQ)_{i-1}^{t-1} \right]$ 替换为 $\left[(uQ)_{i+1}^{t-1} - (uQ)_i^{t-1} \right]$，式（4.21）中的 $Q_i^* = (Q_i + Q_i^{t-1})/2$。

对单一河沟求解上述方程时，应先根据上一时刻的已知值及进口边界条件，从上游到下游求解式（4.22），得到下一时刻 Q 后，再据此以及出口边界条件从下游到上游求解式（4.21），得到下一时刻 A，随后根据 Q、A 和其他物理量之间关系计算其他物理量，获得下一时刻各物理量，完成一个时间步长的计算。当时间前移时，重复上述计算步骤，直至完成计算。

对复杂排水系统求解上述方程时，过程有所调整，先将河沟系统分解为多个彼此相连的单一河沟单元，各单元内的计算模型一致，只在连接点处交换边界信息。根据上一时刻已知值，从末级河沟的上游开始向下游计算各单元的式（4.22），得到下一时刻 Q，再据此以及出口边界条件从下游向上游求解式（4.21），得到下一时刻 A，随后根据 Q、A 和其他物理量之间的关系计算其他物理量，获得下一时刻各物理量，完成一个时间步长内的计算。整个计算流程为：①创建河沟对象，设置各河沟的基本参数，建立河沟支架的连接关系；②初始化各河沟对象，设定初始条件；③从最上游河沟开始依次往下游计算各河沟的式（4.22），每个河沟开始计算的条件是上游所有河沟都已完成计算；④从最下游河沟开始依次往上游计算各河沟的式（4.21），每个河沟开始计算的条件是下游所有河沟都已完成计算；⑤更新边界条件，反复执行③和④，直至达到计算时间终点，结束计算。

河沟汇流模块提供多种边界组合，主要分为无建筑物和有建筑物两类。当无建筑物时，河沟内水流自然流动。若进口上游无河沟连接，则需设置其进口水位或者流量边界，若出口下游无河沟连接，则需给定出口的水位边界或流量边界。当进出口连接有上下游河沟时，进口边界为流量边界，流量值通过上游相连河沟的出口流量累加得到（流量的计算从上游到下游），出口边界为水位边界，水位值通过下游相连河沟的进口水位获取（水位的计算从下游到上游）。

当有建筑物时，边界处以建筑物过流量作为控制。

（1）跌水：若上下游河沟连接处有跌坎，用式（4.23）判断是否出现跌水。

$$\frac{A_k^3}{B_k} = \frac{\alpha Q_k^2}{g} \tag{4.23}$$

式中：A_k 为临界面积，m^2；B_k 为临界水面宽，m；α 取为 1；g 为重力加速度，$\mathrm{m/s}^2$；Q_k 为临界水深对应的流量，m^3/s。

根据临界流量获得出现跌水的临界水深，若下游水位低于出口临界水位，判断出现跌水，取临界水位作为计算河段的出口水位边界，否则，取其下游河段进口水位作为计算河段出口水位边界。

（2）水闸：若计算河段出口处有闸门，则采用闸孔出流或者宽顶堰流公式计算过闸流量，然后将计算河段出口水位边界改为流量边界。为此，先需要判断水流状态为闸孔出流还是堰流：

$$\begin{cases} \dfrac{e}{H_0} \leqslant 0.65 & （闸孔出流）\\[2mm] \dfrac{e}{H_0} > 0.65 & （堰流）\end{cases} \tag{4.24}$$

式中：e 为闸门开启高度，m；H_0 为闸前水深，m。

若为堰流，按照下式计算过闸流量：

$$Q_{闸} = \begin{cases} \varepsilon m B \sqrt{2g} H_0^{3/2} & \left(\dfrac{H_s}{H_0} < 0.8\right)\\[3mm] \sigma_s \varepsilon m B \sqrt{2g \Delta Z} H_s & \left(\dfrac{H_s}{H_0} \geqslant 0.8\right)\end{cases} \tag{4.25}$$

若为闸孔出流，按照下式计算过闸流量：

$$Q_{闸} = \begin{cases} \varepsilon \mu_0 B e \sqrt{2g \Delta Z} & (H_s \leqslant h_c')\\[2mm] \varepsilon \sigma_s \mu_0 B e \sqrt{2g \Delta Z} & (H_s > h_c')\end{cases} \tag{4.26}$$

$$\sigma_s = 2.5 \Delta Z / H_0 \tag{4.27}$$

$$\mu_0 = 0.6 - 0.18 e / H_0 \tag{4.28}$$

式中：$Q_{闸}$ 为过闸流量，m^3/s；m 为堰流自由出流流量系数，取 $0.32 \sim 0.385$；ε 为侧收缩系数，可根据闸孔净宽和上游沟渠宽度的比值查表求得；σ_s 为淹没系数，取 $0.5 \sim 1$；B 为闸门宽度，m；H_s 为闸后水深，m；μ_0 为闸孔出流的流量系数；h_c' 为闸后收缩水深；ΔZ 为闸前后水头差，m。

当下游总水头大于上游总水头时，会出现负流量，即形成倒灌，相应地可将闸上下游倒过来计算。闸门启闭有两种控制方式，一是用户直接给定开启闸门时间；二是由外江水位控制，当超过用户给定的警戒水位时，闸门关闭，过闸流量为 0，而当低于警戒水位时，闸门开启。

（3）泵站：若计算河段出口处有泵站，则将泵站的抽排流量作为出口流量，此时计算河段出口处水位边界改为流量边界。泵站启闭有两种控制方式，一是用户直接给定启闭时间；二是由闸前水位控制，当高于用户给定的警戒水位时，泵站开启，而当低于警戒水位时，泵站关闭，抽排流量为 0。

（4）涵管：若计算河道出口处有涵管，则将计算的过涵流量作为边界，此时计算河段出口处水位边界改为流量边界，过涵流量按以下公式计算，当下游总水头大于上游总水头时，流量为负，出现倒灌。

$$Q_{涵} = \mu_n A \sqrt{2g \Delta Z} \tag{4.29}$$

式中：μ_n 为管嘴流量系数，考虑无收缩出口，取 $\mu_n = 0.82$；A 为涵管面积，m^2；ΔZ 为涵洞上下游水头差，m。

（5）闸泵组合：闸泵启闭可形成多种组合。当由人工给定闸泵开关时间时，可根据用户设定的时间随意组合，闸内外警戒水位控制的自动组合方式如下：

1）暴雨来临前，外江和内江水位都未达到警戒水位，闸门开启，泵站停用。

2）暴雨来临后，外江水位超过警戒水位，闸门排水不畅，自动关闸，防止倒灌，若闸前水位未达到警戒水位，则泵站仍然处于停用状态，若超过警戒水位，泵站开启。

3）当闸前水位降低到警戒水位以下时，泵站自动关闭，以便节省电力，若外江水位仍然超过其警戒水位，则闸门仍然处于关闭状态。

4）当外江水位逐渐消退低于其警戒水位时，闸门开启，泵站关闭。

5）若将闸前警戒水位赋值为无限大，则泵站永远不会开启，这适合单闸控制情况。

6）为了避免闸泵在警戒水位附近自动频繁启闭，可将警戒水位设定为警戒区间，由该区间的上下限值，确定闸泵启闭。

4.2.6 涝灾损失模块

作物受涝水分生产函数反映了产量与不同生育阶段受涝特征因子（受涝时长、受涝阶段、淹水深度）间的关系。静态水稻受淹水分生产函数只能描述某一时段内的平均积水深和受淹时间与作物减产之间的关系，而无法刻画积水动态变化下的作物受涝减产情况（图4.7）。为此，熊玉江（2016）基于江苏水稻受淹减产率试验研究和实地调研数据，总结提出动水位条件下水稻不同生育期受涝减产过程函数如下：

$$Y_{(H,T)} = \begin{cases} 0 & (H \leqslant H_c) \\ a \left(\dfrac{H}{H_R} \right)^b T^c & (H_R > H > H_c) \\ a T^c & (H \geqslant H_R) \end{cases} \tag{4.30}$$

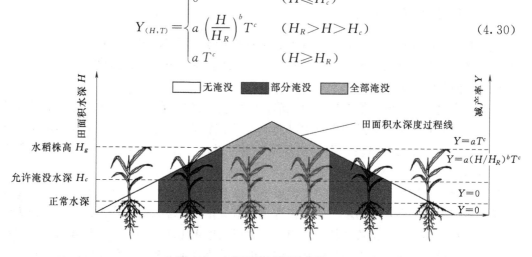

图 4.7 水稻受涝过程示意图

$$Y_{T+1}=Y_T+\Delta Y_T \quad (T=1,2,\cdots,N) \tag{4.31}$$

$$\Delta Y_T=\frac{Y_{(H_T,T+1)}-Y_{(H_T,T)}+Y_{(H_{T+1},T+1)}-Y_{(H_{T+1},T)}}{2} \tag{4.32}$$

式中：Y 为减产率，%；H 为受淹水深，m；T 为累积受淹日数，d；H_c 为受淹临界水深，返青期为 0.03m，分蘖期为 0.06m，拔节孕穗期为 0.20m，抽穗开花期为 0.30m（凌振宇，2008）；H_R 为株高，m；a、b、c 为模型参数，根据表 4.2 取值。

表 4.2　　　　　　　　　　　江苏省水稻受涝减产模型参数

生育期	a	b	c
分蘖期	2.738	4.385	1.462
孕穗期	36.909	2.084	0.437
抽穗开花期	48.038	3.407	0.300

涝灾损失模块的计算过程：①利用产流和土壤水分运动模块获得田块积水深度变化过程，并计算每天的积水深度平均值；②根据表 4.3 判断模拟期第 1 天处于哪个生育期，并按照式（4.30）计算其减产率；③从模拟期第 2 天开始，每天的累积减产率在前一天累积减产率基础上增加 ΔY，采用式（4.32）和式（4.30）计算；④输出每天的涝灾累积减产率。

表 4.3　　　　　　　　　　　江苏省水稻生育期划分

生育阶段	返青期	分蘖期	拔节孕穗期	抽穗开花期	乳熟期	黄熟期
起止日期	6.14～6.20	6.21～7.22	7.23～8.17	8.18～9.2	9.3～9.17	9.18～10.8
天数	7	32	26	16	15	21

4.2.7　各模块耦合关系

地貌空间离散和水流方向判别模块是开展农田涝灾预测模拟的基础，该模块获得的单元离散结果、单元间水流方向关系和各单元的空间属性将被其他各模块调用。此外，其他各模块之间的耦合关系主要基于水文过程得到。

降雨模块和蒸散发模块产生的面状单元降雨量/蒸散发量将输出给产流和土壤水分运动模块。产流和土壤水分运动模块输出的地表积水深度、超过受涝临界水深的起始和终止时刻将提供给涝灾损失模块，用于判断作物是否受涝（受涝标准包括积水深度和积水时间）。此外，地下排水量直接输入到河沟汇流模块中，作为河沟上游来流量，参与河沟汇流计算；地表产流量将先供给田块汇流模块，以形成地表排水量，并根据田块和沟道连接关系决定下一步走向：若田块下游连接沟道，地表排水量输入到河沟汇流模块，作为河沟上游来流量，参与河沟汇流计算；若田块下游仍然连接田块，地表排水量输入到产流和土壤水分运动模块，用于下游田块计算。河沟汇流模块输出的河沟中间水深将反向输入到产流和土壤水分运动模块中，用于考虑沟道水位顶托对田块产流的影响。河沟汇流模块产生的沟道出口流量、水深和水位将作为结果输出。各模块输出的变量及其用途见表4.4，各模块之间的耦合关系如图4.8所示。

表4.4 各模块输出变量及其用途

模 块	输出变量	用 途
地貌空间离散和水流方向判别	单元离散结果	各个计算模块
	流向关系	各个计算模块
	单元空间属性	各个计算模块
降雨	面状单元上的降雨强度	产流和土壤水分运动模块
蒸散发	面状单元上的蒸散速率	产流和土壤水分运动模块
产流和土壤水分运动	面状单元的地表产流	田块汇流模块
	面状单元地下排水量	河沟汇流模块
	面状单元积水深度	涝灾损失模块
	受涝起始时刻	涝灾损失模块
	受涝终止时刻	涝灾损失模块
田块汇流模块	面状单元地表排水量	河沟汇流模块或产流和土壤水分运动模块
河沟汇流模块	河沟中间水深	产流和土壤水分运动模块
	河沟出口流量	输出结果
	河沟出口水深	输出结果
	河沟出口水位	输出结果
涝灾损失模块	田块减产率	输出结果

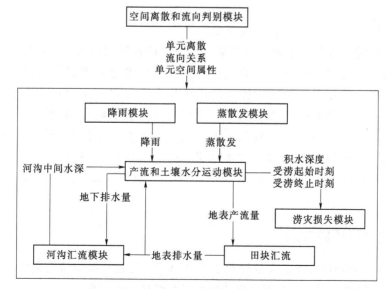

图4.8 各模块之间的耦合关系

4.3 系统开发与处理流程

模拟系统的开发平台较多，较为常见的有 ERSI 公司的 ArcGIS 二次开发平台 Arcgis Engine 等，法国土壤-农业-水文交互过程研究实验室（LISAH）基于开源地理信息系统 GRASS，构建了一个专门针对农业区复杂地貌条件水和物质流动的开发平台 OpenFLU-ID，并配套了诸多时空和数据管理 API 供开发者直接调用。农田涝灾预测模拟系统选择该平台进行开发构建，本节介绍了该平台的基本情况、编译环境配置、二次开发规则和计算处理流程，从而帮助读者更好地理解农田涝灾预测模拟系统模块的耦合和运行方式。

4.3.1 系统开发平台

基于 OpenFLUID 平台开发农田涝灾预测模拟系统，该开发平台是一个针对复杂地貌的开源平台，由法国土壤—农业—水文交互过程研究实验室（LISAH）构建，主要功能是对不同的模块进行组织和管理。开发者只要按照 OpenFLUID 二次开发规则进行模块编写，定义好各模块间的耦合接口并进行封装，就可调入 OpenFLUID 平台中进行耦合计算。2013 年以前，LISAH 主要是在 Linux 系统下致力于 OpenFLUID 平台的底层代码开发，之后开始 OpenFLUID 平台界面开发，并于 2014 年 7 月发布了兼容 Windows 系统的版本。OpenFLUID 平台的最新版本为 2017 年 5 月 4 日发布的 2.1.4 版。

构建的农田涝灾预测系统是基于 2015 年 10 月 10 日发布的 2.1.0 版本开发而成，基于 C++语言编写，并利用 Cmake 封装不同功能的模块，OpenFLUID 平台支持 3 种方式进行模块的编写和封装：

（1）对 2.1.0 以前的版本，OpenFLUID 平台提供了一个开发插件嵌入到 Eclipse 中。

（2）对 2.1.0 及以后版本，OpenFLUID 平台提供了专有编译工具（OpenFLUID - Devstudio）。

（3）模块开发者可直接在 Qt 中进行编译。

如图 4.9 所示，各模块被编译和封装后，将以插件形式调入农田涝灾预测模拟系统平台中进行耦合和计算，OpenFLUID 提供时间和空间管理应用程序接口（API），控制整个模拟系统的计算流程。除了地貌空间离散和水流方向判别模块作为前处理外，其他模块被分为计算模块和输出模块两类。计算模块是根据特定的计算方法，完成某一特定的数值或者逻辑计算，输入来自各模块的私有参数、空间单元属性、调用的外部文件数据以及其他计算模块的模拟变量结果，同时输出新的模拟变量。输出模块是根据计算模块的模拟变量，将整个模拟的结果以合适的形式输出，包括图表、动画等，也可以由用户自行开发。

4.3.2 模块编译环境配置

考虑到 Qt 具有面向对象的特点以及丰富的 API，构建的农田涝灾预测模拟系统采用 Qt5.5.1 版本进行模块编译，在开发模块前需进行编译环境配置：

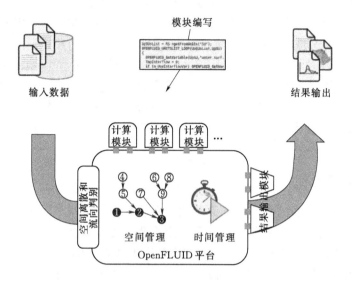

图 4.9　系统平台框架

（1）安装 Cmake（用于模块封装），让程序配置好环境变量。

（2）安装 Qt for windows with MinGW（用于模块编译），选择完全安装模式。

（3）安装 Doxygen（用于代码注释文档的管理），让程序配置好环境变量。

（4）安装 Support libraries（OpenFLUID 支持库）到 C：\ OpenFLUID – buildsupport（默认），添加环境变量 SUPPORT _ DIR 到安装目录。

（5）下载 Boost 库（C＋＋的支持库），并放入 SUPPORT _ DIR 中。

（6）下载 OpenFLUID 平台源码。

（7）打开 Qt 设置编译后的模块存放路径：载入项目，打开源码目录的 cmakelists. txt 文件，选择一个目录存放编译后的文件，并在 cmake 运行参数中填入 .. － G "MinGW Makefiles" – DCMAKE _ PREFIX _ PATH＝C：\ OpenFLUID – buildsupport。

（8）在系统的环境变量 Path 中添加项目以"；"分隔。

（9）开始模块的开发编译。

4.3.3　模块二次开发规则

一个完整的模块代码应该包含模块声明和模块计算两个部分：

（1）模块声明。每个模块通过声明部分可以确定其所需要的变量/私有参数/空间属性/外部文件、插入模块的事件过程、产生或者更新的变量、时间步长和涉及空间单元。此外，还能提供模块的作者、版本、描述等信息，且不同模块之间可根据声明信息确定彼此之间的耦合关系和连接变量。

（2）模块计算。模块计算部分可细分为如下过程：①私有参数读取 InitParams（）：读取模块私有参数数据；②外部文件和空间属性读取 prepareData（）：读取模块所需的外部文件数据和空间属性数据；③一致性检查 check Consistency（）：模块的一致性检查；

④模型初始化 initializeRun（）：模型变量的初始化；⑤模拟运行 runStep（）：以给定的时间索引进行模块计算，并调用其他模块变量，产生新的变量；⑥模拟结束 finalizeRun（）：进行临时对象和文件清理工作，输出结果文件。

模块计算部分的执行过程参见图 4.10（Fabre，2015），除 runStep（）外，其他过程只执行一次。为了构建模块方便，OpenFLUID 平台提供了很多 API 供模块开发者直接调用，其主要分为 4 类：①Openfluid：：core：用于数据类和结构处理；②Openfluid：：base：用于基本操作处理；③Openfluid：：ware：用于插件处理；④Openfluid：：tools：用于数据处理。

4.3.4　计算处理流程

农田涝灾预测模拟系统中的处理流程就是在读取所有空间单元属性/参数/变量基础上，基于规定的时间顺序，将所有空间单元里发生的水文现象或者涝灾损失联系起来，进行连续耦合计算过程。首先调用地貌空间离散和水流方向判别模块进行空间单元划分和空间属性赋值，同时对水流方向进行判别，确定各单元之间的"from to"关系（图 4.11）。

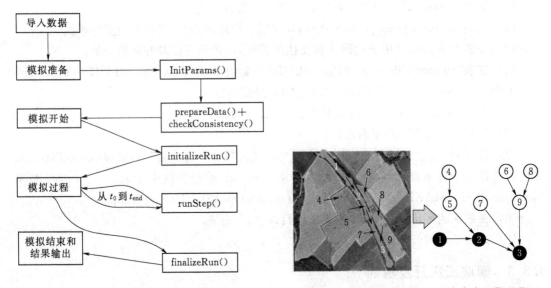

图 4.10　模块计算部分的执行过程　　　图 4.11　空间单元划分和水流方向判别示例

随后按照时间顺序并遵循图 4.12 所示的处理流程，对各计算模块进行处理。各计算模块先接受来自其内部的私有参数赋值、各单元的空间属性参数赋值和外部文件参数赋值并进行模型初始化。待模块正式运行后，将根据各模块之间的耦合关系，将耦合变量值计算结果传递给相关的模块，参与计算并产生新变量。模拟结束后，将各计算模块的计算结果传递给结果输出模块，以便展示模拟结果。

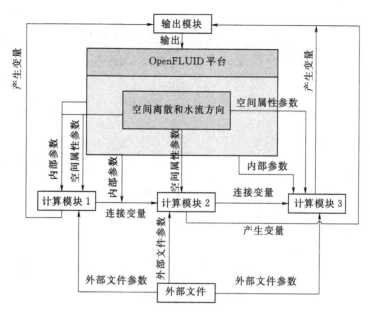

图 4.12　系统处理流程

4.4　系统特性与功能

在介绍系统界面的基础上，详细给出系统运行所需要的输入数据和参数，并介绍了系统能够输出的各种变量以及系统的功能和特征，从而更好地帮助用户了解和使用开发的农田涝灾预测模拟系统。

4.4.1　系统界面设置

（1）欢迎界面。用户可在系统欢迎界面（图 4.13）上进行工程创建，也可打开最近的工程和已有的工程。

（2）主界面。主界面（图 4.14）包括菜单栏、工具栏、信息栏和操作栏。

（3）菜单和工具栏。工程菜单可打开已有的工程、创建新工程等；编辑菜单可设置界面颜色显示方案和保存路径等信息；开发菜单可调用平台开发工具；模拟器菜单可进行模拟配置；扩展模块菜单主要包括空间分布图导入和处理以及地貌单元离散和流向判别。

（4）信息栏。信息栏包括两部分，上部主要给出工程的保存路径、调用的模块数量、时空离散信息等；下部主要给出警告和错误信息。

（5）操作栏。操作栏分为模块、空间单元联系、空间数据集、系统输出、模拟配置和输出浏览等部分：

1）模块操作栏：用于各模块私有参数的设置和模型耦合关系显示，给出各模块功能、产生和需要的变量、参数、外部文件等说明信息和使用方法。

2）空间单元联系栏：用于展示面状和线状单元空间属性、水流连接关系（可以选择

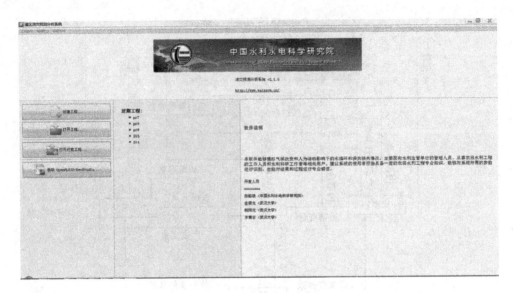

图 4.13　系统欢迎界面

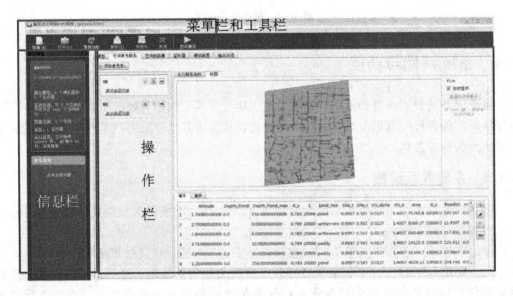

图 4.14　系统主界面

以列表或者图形的显示方式），用户在该栏下可对单元配色方案进行修改，添加和修改空间属性，还可添加和删除某个单元。

　　3）空间数据集操作栏：可以添加空间数据图层并进行单元离散，适合单元较少、由人工方式给定所有单元水流方向情况。

　　4）系统输出操作栏：用于调用不同格式的输出模块，设置需要输出的变量和单元，该栏目右边部分还提供了输出模块的设置说明。

　　5）模拟配置栏：用于设置模拟起始和终止时刻以及模拟时间步长等信息，还可对模拟过程中的内存进行管理。

6）输出浏览栏：用于展示输出文件。

4.4.2 系统输入数据与参数

（1）基础图件数据。

基础图件数据主要用于地貌空间离散和水流方向判别，主要包括：河沟分布（.shp）、土地利用分布（.shp）、土壤分布（.shp）、人工指定水流方向（.shp，非必需）、地面高程（DEM，非必须）、排水总出口位置分布（.shp）。

（2）模块私有参数。

1）降雨模块：降雨临界值，当降雨速率小于该值时，可忽略不计。

2）蒸散发模块：蒸散发临界值，当蒸散发速率小于该值时，可忽略不计。

3）产流和土壤水分运动模块：模拟土层厚度、土壤分层数、最小时间步长、最大时间步长、每个时间步长的最大迭代次数、允许迭代误差。

4）田块汇流模块：Hayami 核函数最大动态步长、所有面状单元扩散波的平均传递速度和平均扩散系数。

5）河沟汇流模块：进出口边界河道编号、进出口河道边界类型（水位或流量）、河道模块计算时间步长、允许迭代误差、闸泵启闭控制方式（警戒水位控制或人工给定时间控制）、河道模块初始化方式（选择河沟水位或河沟水深进行初始化）、河沟模块预热时间步数。

（3）空间属性数据。

1）面状单元（田块、塘堰、居工地等）：各面状单元的最大蓄水深度（田埂高度、塘埂高度）、对应的排水沟间距、排水沟底到不透水层的距离、单元高程、初始积水深度、土地利用名称、地面糙率、地表坡度、与下游单元的形心距离和面积（这 3 个空间属性参数不需用户给定，可由空间离散和流向判别模块提供）、土壤饱和含水量、土壤残余含水量、土壤饱和导水率、VG 模型参数 α 和 n、土壤饱和水平渗透系数与垂向渗透系数倍比。

2）线状单元（河、沟）：各条河沟的边坡、初始水位或水深、底面宽度、底部高程、糙率、断面离散数、底坡、长度（长度不需要用户给定，可由空间离散和流向判别模块提供）。

（4）外部文件数据。

1）降雨模块：降雨分区文件（.txt）和降雨数据文件（.txt）。降雨分区文件需指定每个面状单元需要调用的降雨数据文件名称，若有多个降雨分区，则相应准备多个降雨数据文件，提供各分区降雨随时间变化过程。

2）蒸散发模块：蒸散发分区文件（.txt）和蒸散发数据文件（.txt）。蒸散发分区文件需指定每个面状单元需要调用的蒸散发数据文件名称，若有多个蒸散发分区，则相应准备多个蒸散发数据文件，提供各分区蒸散发随时间变化过程。

3）产流和土壤水分运动模块：土壤初始含水量分区文件（.txt）和土壤初始含水量剖面数据文件（.txt）。土壤初始含水量分区文件需指定每个面状单元需要调用的土壤初始含水量剖面数据文件名称，若有多个分区，则需准备多个数据文件，提供各分区土壤剖面含水量随时间变化过程。

4）河沟汇流模块：河道进口边界水位或流量过程数据文件（.txt，根据进口边界类型确定）、河道出口边界水位或流量过程数据文件（.txt，根据出口边界类型确定）、涵管数据信息文件（.txt，给出涵管所在的河沟编号和涵管直径）、闸泵数据信息文件（.txt，给出闸泵所在河沟编号、闸门宽度、闸门开度、泵抽排流量，闸前警戒水位和外江警戒水位）。

（5）事件数据。

当闸泵启闭方式选择人工给定时间时，需要用户给出闸泵开关时间。

（6）系统模拟配置。

1）模拟时段配置：给定模拟起始和终止时间。

2）模拟时间步长配置：给定不同模块数据交换的通信时间。

3）输出配置：指定输出单元编号、输出变量名称、输出格式、输出文件保存位置等。

4.4.3　系统输出变量与结果

（1）面状单元：降雨强度、蒸散发速率、累积减产率（只针对作物单元）、地表积水深度、地下排水量、地表产流量、地表排水量。

（2）线状单元：出口水位、出口水深、出口流量。

在时间过程上，可根据用户需要，输出不同时间间隔的变量过程；在空间过程上，既可输出所有单元的上述所有变量的模拟结果，也可只输出由用户指定的部分单元和部分变量。

4.4.4　系统功能与特点

（1）灵活的地貌空间离散和水流方向判别方式。系统提供了3种空间离散和流向判别方式：基于DEM栅格数据的自动处理方式；基于河沟和田块边界分布以及人工水流箭头矢量数据的自动处理方式；全手动方式。第1种方式与大多数水文模型的处理方式相同，第2种方式是本系统特色，可基于较易获取的河沟和田块边界分布数据并结合高程信息和局部水流的人工修正箭头进行自动处理，第3种方式适合单元数量较少状况，可由用户手动对各个单元进行编码从而确定其水流方向。

（2）适合人类活动影响强烈区域的水文循环过程模拟和农田涝灾预测。系统以田块、塘堰、斗沟、河段等实际地貌为基础单元，较为充分地考虑了影响灌区水文循环过程和涝灾产生的各种因素，如田埂、土地利用和种植结构、闸泵涵等建筑物、下游水位顶托、地下排水、作物生长和受涝减产、地表-土壤-地下水交换等，分布式地模拟预测田埂高度、排水控制规则、沟道规模、闸泵调度规则、泵站抽排能力、外排条件等人类活动干预下的涝灾减产情况。

（3）组织模块化和结构透明化。系统采用模块化组织方式对各模块进行单独开发封装，模块间通过接口互相调用并耦合计算，彼此之间的逻辑关系和连接变量能够可视化，离散的空间单元之间的水力连接关系能够可视化，模块化组织方式和透明化结构有助于用户对系统的理解和使用。

（4）输入形式简单方便。系统采用数据批量导入和窗口手工输入结合的方式建模，基础图件和空间属性数据可在 ArcGIS 中备好后直接导入，外部文件以文档格式备好后可以批处理方式调入使用，需要用户手动输入的只有少量的模块私有参数和模型时间配置，大部分数据均采用批处理自动导入，极大节省了用户的建模时间。

（5）输出格式丰富且扩展性强。系统能够输出表格、地图、文档、动画、折线图等多种形式，且可将结果扩展至其他软件做进一步处理。

4.5 农田涝灾预测模拟系统应用

为了对开发的农田涝灾预测模拟系统进行检验，选择江苏高邮灌区一个相对封闭的小流域作为研究区，利用构建的模型模拟研究区水分运动情况，并与实测的河道水位进行对比，确定模型参数。在此基础上，设置不同暴雨频率、沟道规模、外排条件、泵站抽排能力和闸泵调度规则情景，模拟预测不同自然和人类活动条件下研究区的作物受涝减产分布规律。

4.5.1 区域概况与数据资料搜集

如图 4.15 所示，在江苏高邮灌区选择一个相对封闭的小流域作为研究区，控制面积 2027.3hm²，南部边界为南关干渠，东西边界分别为南关干渠的三支渠和六支渠，北部边界为北澄子河。研究区总体呈现西南高、东北低的地貌条件（图 4.16），农田排水首先通过东西方向的斗沟汇入中市河、蒋马河等骨干河道，然后从南向北汇入北澄子河中，再由西往东流出。

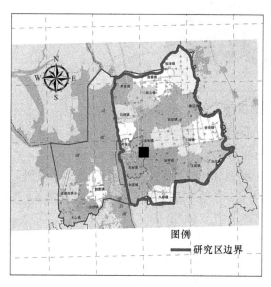
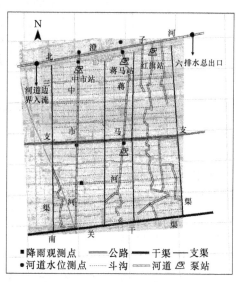

图 4.15 研究区灌排工程平面示意图

由于研究区内河道比降较小，自排时流速缓慢，加之外河水位顶托，导致排水不畅，故设有 4 座排涝泵站（表 4.5），此外，各条斗沟与骨干河道连接处一般设有涵洞。

表 4.5   研 究 区 闸 泵 工 程

站　　名	建 筑 物	规　　模
中市站	泵站	$4m^3/s$
	闸门	$3m \times 3m$
蒋马站	泵站	$4m^3/s$
	闸门	$3m \times 3m$
和平站	泵站	$2m^3/s$
	闸门	$3m \times 3m$
红旗站	泵站	$1m^3/s$
	闸门	$1.5m \times 1.5m$

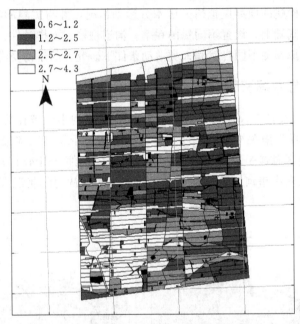

图 4.16　研究区地貌及地面高程分布图（单位：m）

于 2013 年 8 月在区内布置 1 个降雨观测点和 6 个河道水位测点，其中中市河和蒋马河中部各 1 个，中市河和蒋马河末端的排水闸前后各 1 个。采用 Hobo Onset RG3 - M 雨量筒进行降雨量监测，输出逐时降雨数据，采用 HOBO U20 型自动水位记录仪观测河道水位，分辨率 1cm，监测频率为 1h 一次，设置 14 个地下水位人工观测点，每隔 5d 观测一次。

从位于研究区附近 6km 的高邮气象站获得逐日气象数据，包括最高、最低平均气温、相对湿度、风速、日照时数和大气压，用于计算逐日参考作物腾发量，通过监测获得其日间逐时分配比例。从高邮市水务局获得区域内河沟分布、河沟断面尺寸、底部高程和纵坡、涵管分布和直径、河道的闸泵调度、土地利用分布、历史降雨和北澄子河水位数据、不透水层位置、不同土层土壤颗粒分布等数据资料。从相关文献搜集水稻不同生育阶段的作物系数（石艳芬等，2013）、株高生长规律（王振昌等，2016）、河道和地面糙率（高邮市水务局等，2009）等信息，并通过实地调研获得了田埂高度、典型塘堰水深、排水斗沟间距等数据。

4.5.2 模拟系统构建

（1）地貌空间离散和水流方向判别。以斗沟控制区域和土地利用叠加后的独立区域为初始面状模拟单元，以河道和斗沟为最小的初始线状模拟单元。在对初始面状单元和线状单元进行空间拓扑检查基础上，形成了农田涝灾预测模拟系统的两类模拟单元，根据各 SU 和 RS 单元的空间相邻关系以及单元的高程数据，对水流方向进行自动判别，对判别结果进行统一检查，对其中部分错误的水流方向进行修改，并以人工制定水流箭头方式重新给出正确的水流方向（图 4.17）。

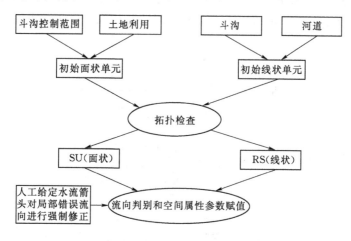

图 4.17 地貌空间离散和水流方向判别流程

根据空间离散方法和流程，将研究区划分为 368 个 RS 和 1073 个 SU，其中水田、塘堰、居工地的 SU 分别为 566、365 和 142 个，各模拟单元都有明确的上下游连接单元和空间属性参数。将每个 SU 单元在垂向上进一步分为 10 层，最大土层模拟深度 1.5m，在每个 RS 单元的水流方向上，根据河段长度进一步划分为若干个计算断面，对于小于 15m 的河段，按照每米一个断面划分，对于 15～50m 的河段，平均划分为 15 个断面，对于 50～200m 的河段，平均划分为 20 个断面，对于 200～500m 的河段，平均划分为 25 个断面，对于大于 500m 的河段，平均划分为 30 个断面，368 个 RS 总计分为 8921 个计算断面。

（2）时间离散。河道汇流模块的时间步长设定为 0.1s；产流和土壤水分运动模块中采用变时间步长方式，最小时间步长设定为 0.01h，最大时间步长设定为 0.05h，每个时间步长最大迭代次数为 100 次；田块汇流模块中 Hayami 核函数的最大动态步长设定为 100；不同模块之间计算数据交换的通信时间设定为 60s。此外，在降雨和蒸散发模块中，首先将逐时输入数据插值为逐分钟数据，参与其他模块的数据交换，并将得到的地表积水深度数据转换成逐日平均值传递给涝灾损失模块进行减产率计算。

（3）定解条件。上边界条件为逐时降雨和蒸散发数据，下边界条件为模拟的最大土层深度 1.5m，由于该深度土层在水稻生育期一直处于饱和状态，故可忽略饱和带水分的垂向交换，而将下边界处理成隔水边界。水平边界为外河（北澄子河）进出口处实测的水位边界。

初始条件包括面状单元初始积水深度、河沟初始水位、面状单元土壤剖面含水量分布。其中田块和居工地初始积水深度设定为 0，塘堰为 1.5m。采用实测的水位数据率定和检验河沟初始水位，在模拟期利用河道汇流模块自带的预热功能，基于外河水位数据模拟获得研究区的连续水面线，并赋值给各河沟作为初始条件。面状单元土壤剖面含水量初始分布根据地下水位实测数据确定，利用产流和土壤水分运动模块预热得到相应稳定含水量剖面作为初始条件。

4.5.3　模拟系统率定验证与参数确定

选择决定系数 R^2、效率系数 NSE（又称纳什系数）、相对误差 RE、平均残差比例 $MREF$ 和分散均方根比例 $RMSEF$ 5 个指标，对构建的农田涝灾预测模拟系统估值精度进行评价：

$$R^2 = \frac{\left[\sum_{i=1}^{n}(S_i - \overline{S})(O_i - \overline{O})\right]^2}{\sum_{i=1}^{n}(S_i - \overline{S})^2 \sum_{i=1}^{n}(O_i - \overline{O})^2} \tag{4.33}$$

$$NSE = 1 - \frac{\sum_{i=1}^{n}(S_i - O_i)^2}{\sum_{i=1}^{n}(O_i - \overline{O})^2} \tag{4.34}$$

$$RE = \frac{\sum_{i=1}^{n}(S_i - O_i)}{\sum_{i=1}^{n} O_i} \times 100\% \tag{4.35}$$

$$MREF = \frac{\sum_{i=1}^{n}|S_i - O_i|}{n \Delta O} \tag{4.36}$$

$$RMSEF = \frac{\sqrt{\sum_{i=1}^{n}(S_i - O_i)^2/n}}{\Delta O} \tag{4.37}$$

式中：S_i 为模拟值；O_i 为观测值；$\overline{S}$ 为模拟值的平均值；$\overline{O}$ 为实测值的平均值；ΔO 为观测值的最大值与最小值之差；n 为观测值数量。NSE 的取值范围为（$-\infty$，1），该值越大说明模拟效果越好。

根据 R^2、RE 和 NSE 的值域变化范围差异，可将模拟效果分为优、良、中和差共 4 个等级（表 4.6）。

4.5.3.1　模拟系统率定

采用 2014 年 8 月 13—17 日期间中市河和蒋马河中部和出口的水位实测数据对建立的模拟系统进行率定。本时段累积降雨量 133.8mm，24h 最大降雨量 108.8mm，最大雨强 18.4mm/h，主要降雨量集中在 8 月 13 日和 14 日。在本次降雨过程中，所有排涝闸门处于开启状态，而所有泵站均处于关闭状态。

表 4.6 模 拟 效 果 评 价 标 准

评价标准	R^2	$RE/\%$	NSE
优	≥0.95	−5～5	1～0.8
良	0.94～0.8	−10～−5 或 5～10	0.79～0.6
中	0.79～0.7	−20～−10 或 10～20	0.59～0.4
差	<0.70	>20 或 <−20	<0.40

图 4.18 给出中市河和蒋马河中部和出口的水位模拟值与实测结果的对比情况。可以看出，模拟的和实测的水位变化趋势有较好一致性，即降雨后水位急剧上升，而停止后，受外河水位顶托影响，水位消退过程较为缓慢。如图 4.19 所示，水位模拟值和实测值的散点图较为均布在 1:1 线附近，回归系数为 0.97～1.03，且相关系数较高。

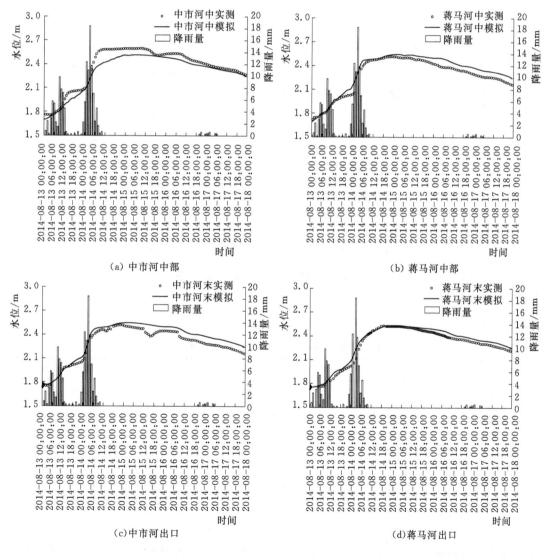

(a) 中市河中部   (b) 蒋马河中部

(c) 中市河出口   (d) 蒋马河出口

图 4.18 模拟系统率定期间河道水位模拟值与实测结果的对比

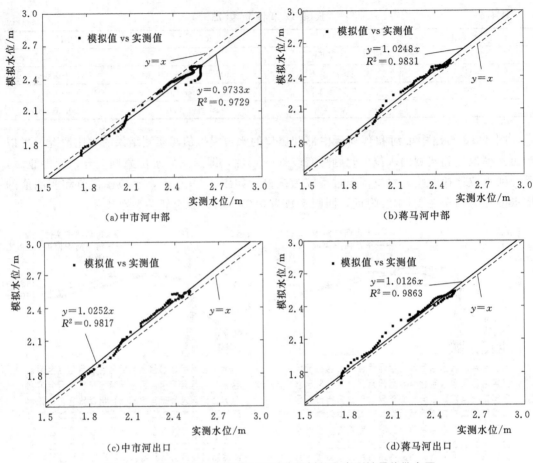

图 4.19   模拟系统率定期间河道水位模拟值和实测结果的散点图

表 4.7 给出用于评价模拟系统估值精度的指标值计算结果。其中河道水位的模拟误差较小，RE 值在 3% 以内，NSE 值在 0.9 以上，$MREF$ 值和 $RMSEF$ 值都小于 10%，具有较好的模拟效果。

表 4.7   模拟系统率定期间模拟效果的评价指标值

评价指标	中市河中部	蒋马河中部	中市河出口	蒋马河出口
R^2	0.97	0.98	0.98	0.99
RE/%	−2.62	2.47	2.48	1.31
NSE	0.91	0.92	0.91	0.97
$MREF$/%	7.32	7.52	7.56	4.32
$RMSEF$/%	8.82	8.40	8.53	5.13

4.5.3.2   模拟结果验证

采用 2015 年 8 月 9—19 日期间中市河和蒋马河的实测水位对建立的模拟系统进行验证。本时段降雨累积量 327.6mm，24h 累积最大降雨量 269.2mm，最大雨强47.4mm/h。在这次降雨过程中，雨量集中、强度大，一日降雨相当于高邮市百年一遇标准，部分泵站开机排水，排涝工程具体调度情况见表4.8。

表 4.8　　　　　　　　**模拟系统验证期间研究区闸泵工程调度信息**

站名	建筑物	开启时间/(年-月-日　时：分)	关闭时间/(年-月-日　时：分)
中市站	闸门		2015-08-11　5：00
	泵站	2015-08-11　5：00	2015-08-14　18：00
蒋马站	闸门		2015-08-11　5：00
	泵站	2015-08-11　9：00	2015-08-13　16：00
红旗站	闸门		2015-08-11　5：00
	泵站	2015-08-11　8：00	2015-08-11　20：00
		2015-08-12　8：00	2015-08-12　20：00
		2015-08-13　8：00	2015-08-13　20：00

图 4.20 给出中市河和蒋马河中部和出口的水位模拟值与实测结果的对比情况。可以

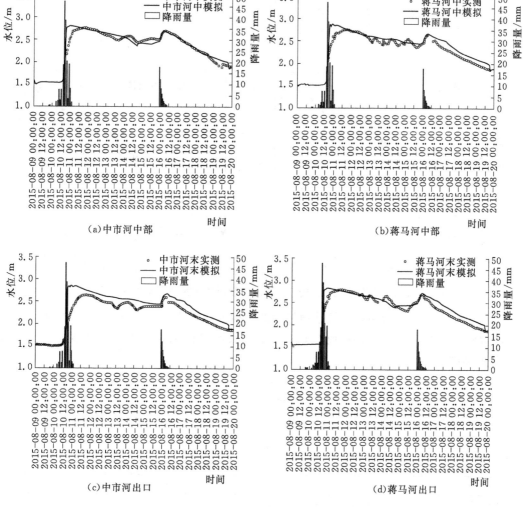

图 4.20　模拟系统验证期间河道的水位模拟值与实测结果的对比

95

看出，模拟的水位过程对两次降雨均产生响应，除中市河出口外，其他三处的模拟峰值与实测值较为接近，模拟的退水过程也与实测结果较为吻合，部分位置处在两次降雨间歇期出现的实测水位波动可能是因为泵站实际开关要比搜集的时间更为频繁，致使模拟的水位过程并没体现出该波动过程。图 4.21 也证明了河道水位模拟值的准确性，模拟值和实测结果散点图都分布在 1:1 线附近，回归系数在 1~1.06 之间，且相关系数较高。

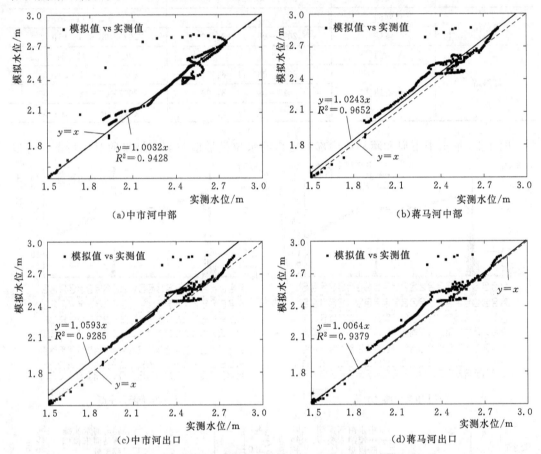

图 4.21　模拟系统验证期间河道水位模拟值和实测结果的散点图

表 4.9 给出用于评价模拟系统估值精度的指标值计算结果。其中河道水位的模拟误差较小，RE 值在 6% 以内，NSE 值在 0.9 以上，$MREF$ 值和 $RMSEF$ 值都小于 15%，具有较好的模拟效果。

表 4.9　模拟系统验证期间模拟效果的评价指标值

评价指标	中市河中部	蒋马河中部	中市河出口	蒋马河出口
R^2	0.94	0.97	0.93	0.94
RE/%	−0.43	−2.48	−5.84	−0.91
NSE	0.95	0.94	0.78	0.94
$MREF$/%	4.3	5.06	11.07	5.9
$RMSEF$/%	7.66	7.27	14.77	7.51

4.5.3.3　模拟系统参数确定

对模拟系统的参数率定和模拟系统的结果验证进行综合评价后，构建的农田涝灾预测模拟系统中所采用的主要参数取值见表 4.10。

表 4.10　　　　　　　　　模拟系统中采用的主要参数取值

参　　　　数	取　　　值
降雨临界值/(cm/h)	0.000005
蒸散发临界值/(cm/h)	0.000005
地表平均波速/(m/s)	0.045
地表平均扩散系数/(m²/s)	500
土壤饱和含水率/(cm³/cm³)	0.503
土壤残余含水率/(cm³/cm³)	0.0997
土壤饱和导水率/(cm/h)	0.789
VG 模型参数 α	0.0127
VG 模型参数 n	1.4007
土壤饱和水平渗透系数与垂向渗透系数倍比	30
地表糙率	0.025
河道糙率	0.025
田埂高度/m	0.1
塘埂高度/m	1.8
堰流自由出流系数	0.362
堰流淹没系数	0.25
管嘴流量系数	0.82

4.5.4　农田涝灾方案设置

当暴雨发生后，田面积水过程受降雨和下游河道水位顶托的双重影响将持续数日，即便降雨停止后，较慢的河道水位消退过程也会导致涝灾发生。为此，从作物受涝最不利情况出发并参考《高邮市防洪排涝规划》报告以及高邮市防洪排涝标准（抵御 20 年一遇暴雨），选择 1%、2% 和 5% 3 种频率（100 年一遇、50 年一遇、20 年一遇）下 7 日暴雨进行农田涝灾方案计算，为了充分考虑河道水位的影响，计算时段定为 15 天。此外，参考《高邮市防洪排涝规划》得到 1 日、3 日和 7 日暴雨频率曲线图及其相关参数（图 4.22），并选择 1991 年 7 月 5—11 日期间作为典型暴雨过程，依据暴雨频率曲线图和不同频率 7 日暴雨量，利用同频率缩放法求得不同频率的设计暴雨过程（图 4.23）。

在人类活动措施上，结合研究区实际情况，考虑斗沟深挖、外河水位降低、泵站排涝能力增大、闸泵调度规则改变 4 个方面。斗沟深挖分别为现状和深沟两种情况；外河水位分别为常水位和低水位两种情况。当外河处于低水位时，若不改变关闸警戒水位，则可能导致闸门长期处于开启状态，致使泵站无法抽排（此时即便内河已经达到抽排警戒水位，泵站也无法启用）。为了保证抽排条件的一致性，将关闸警戒水位（外河水位）调至与内

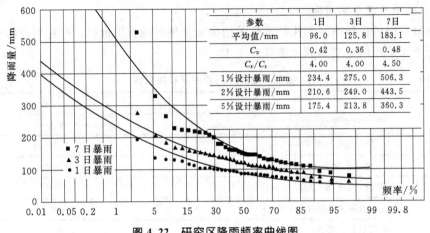

参数	1日	3日	7日
平均值/mm	96.0	125.8	183.1
C_v	0.42	0.36	0.48
C_s/C_s	4.00	4.00	4.50
1%设计暴雨/mm	234.4	275.0	506.3
2%设计暴雨/mm	210.6	249.0	443.5
5%设计暴雨/mm	175.4	213.8	360.3

图 4.22　研究区降雨频率曲线图

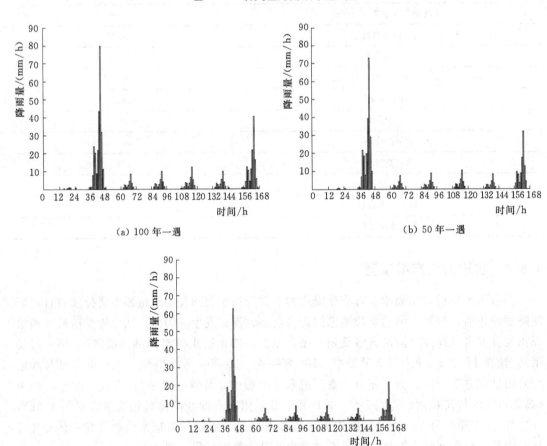

(a) 100 年一遇　　　　　　　　　　　(b) 50 年一遇

(c) 20 年一遇

图 4.23　研究区不同频率设计暴雨过程

河警戒水位一致，即外河水位达到 2.3m 就关闭闸门并开启泵站。此外，泵站排涝能力为现状和加大两种情况；闸泵调度规则为现状和低水位开泵两种情况。设置的农田涝灾方案详细说明见表 4.11。

表 4.11　　　　　　　　　　　　农田涝灾方案详细说明

编号	说明	暴雨频率/%	斗沟深度/m	外河水位/m	泵站抽排流量/(m³/s)	闸泵调度规则/m
S1	遭遇不同暴雨	5	现状（1.3）	常水位（雨前初始水位1.5）	现状（中市站和蒋马站为4，红旗站为1）	现状（内河水位高于2.3开泵，外河水位高于2.5关闸）
S2		2				
S3		1				
S4	斗沟深度改变	5	加深（2.0）	常水位（雨前初始水位1.5）	现状（中市站和蒋马站为4，红旗站为1）	现状（内河水位高于2.3开泵，外河水位高于2.5关闸）
S5		2				
S6		1				
S7	外排条件改变	5	现状（1.3）	低水位（雨前初始水位1）	现状（中市站和蒋马站为4，红旗站为1）	改变（内河水位高于2.3开泵，外河水位高于2.3关闸）
S8		2				
S9		1				
S10	排涝能力改变	5	现状（1.3）	常水位（雨前初始水位1.5）	加大（中市站和蒋马站增加到6，红旗站增加到2）	现状（内河水位高于2.3开泵，外河水位高于2.5关闸）
S11		2				
S12		1				
S13	闸泵调度规则改变	5	现状（1.3）	常水位（雨前初始水位1.5）	现状（中市站和蒋马站为4，红旗站为1）	低水位开泵（内河水位高于1.5开泵，外河水位高于2.5关闸）
S14		2				
S15		1				

在对设置的研究区农田涝灾方案（表 4.11）进行模拟预测中，需要输入完整的外河（北澄子河）水位动态变化过程作为边界条件，而不同频率暴雨条件所对应的外河水位变化过程差别较大，实际中又很难搜集到相关的数据信息。为此，先根据研究区历史数据构建了外河水位涨水和退水曲线与降雨和初始水位之间的关系，再直接采用其获得不同频率暴雨下的外河常水位和低水位过程（图 4.24）。

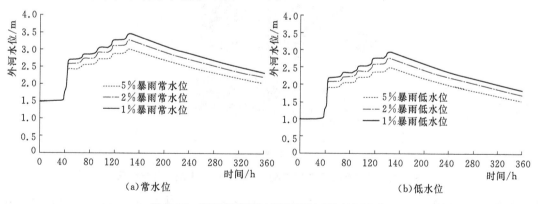

图 4.24　不同频率设计暴雨所对应的外河水位

4.5.5　农田涝灾模拟预测结果分析

基于构建的农田涝灾预测模拟系统对以上设置的农田涝灾方案（表 4.11）进行模拟计算，预测获得不同频率暴雨和人类活动措施下研究区内水稻作物的受涝减产情况。

4.5.5.1　现状条件不同频率暴雨

图 4.25 给出不同频率下 7 日暴雨时，研究区农田涝灾减产分布情况。受灾田块首先

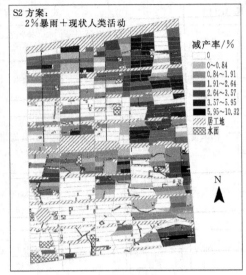

(a)20 年一遇　　　　　　　　　　　　　　　(b)50 年一遇

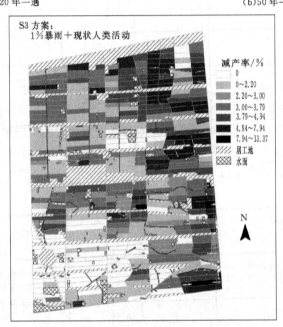

(c)100 年一遇

图 4.25　不同频率下 7 日暴雨研究区农田涝灾减产分布情况

出现在区内地势低洼的东北部，并随着暴雨强度增大，向东部和西北部扩展。当遭遇 20
年一遇 7 日暴雨时，受灾田块 62 个，占田块总数 10.9%，受灾面积 168.4hm²，占稻田
总面积 10.5%，最大减产率 4.1%；当遭遇 50 年一遇 7 日暴雨时，受灾田块 290 个，占
田块总数 51.2%，受灾面积 909.2hm²，占稻田总面积的 56.5%，最大减产率 10.32%；
当遭遇百年一遇 7 日暴雨时，受灾田块 463 个，占田块总数 81.8%，受灾面积
1396.9hm²，占稻田总面积 86.87%，最大减产率 13.4%。

　　综上所述，现状条件下研究区基本能抵御 20 年一遇暴雨，此时受涝面积 10% 左右，

最大减产率不超过5%；50年一遇暴雨下超过一半水稻面积发生涝灾减产，受涝田块和受灾面积是20年一遇暴雨下的4.68倍和5.4倍，最大减产率是2.54倍；遭遇100年一遇暴雨时，除地势较高的西南部外，出现大面积受涝现象，受涝田块分别是20年和50年一遇暴雨下的7.47倍和1.6倍，受涝面积分别是8.29倍和4.44倍，最大减产率分别是2.82倍和1.54倍。

4.5.5.2 加深斗沟

图4.26给出斗沟深度增至2m时不同频率下7日暴雨研究区农田涝灾减产分布情况。

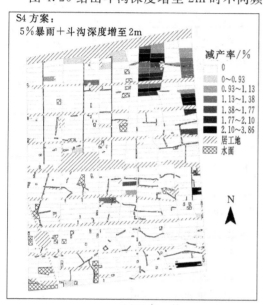

(a)20年一遇

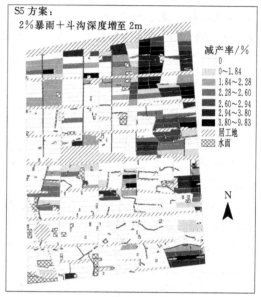

(b)50年一遇

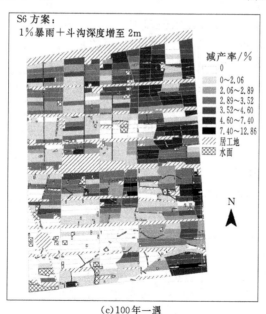

(c)100年一遇

图4.26 斗沟深度增至2m时不同频率下7日暴雨研究区农田涝灾减产分布情况

当遭遇 20 年一遇 7 日暴雨时，受灾田块 53 个，占田块总数 9.4%，受灾面积 143.6hm²，占稻田总面积 8.9%，最大减产率 3.9%；当遭遇 50 年一遇 7 日暴雨时，受灾田块 240 个，占田块总数 42.4%，受灾面积 762.73hm²，占稻田总面积 47.4%，最大减产率 9.8%；当遭遇 100 年一遇 7 日暴雨时，受灾田块 443 个，占田块总数 78.3%，受灾面积 1342.3hm²，占稻田总面积 83.5%，最大减产率 12.9%。

综上所述，与现状条件相比，20 年一遇暴雨下的受灾田块减少 14.5%，受灾面积减少 14.7%，最大减产率降低 5.2%；50 年一遇暴雨下分别减少或降低 17.2%、16.1% 和 4.8%；100 年一遇暴雨下分别减少或降低 4.3%、3.9% 和 3.8%。由此可见，加深斗沟的减灾效果随暴雨强度的增加呈现出先大后小的趋势。这是由于斗沟加深后，沟道水位涨落幅度变得缓慢，其对上游的顶托作用变小，地势相对较高的田块不再受涝。但遇到更大的暴雨时，现有泵站的排涝能力将无法控制水位低于 2.3m，深沟中的高水位持续时间将足以造成大部分田块受涝，农田减灾效果相对下降。

4.5.5.3　降低外河水位

图 4.27 给出外河水位降低 0.5m 时不同频率下 7 日暴雨研究区农田涝灾减产分布情况。当遭遇 20 年一遇 7 日暴雨时，受灾田块 7 个，占田块总数 1.2%，受灾面积 22.11hm²，占稻田总面积 1.4%，最大减产率 1.4%；当遭遇 50 年一遇 7 日暴雨时，受灾田块 243 个，占田块总数 42.9%，受灾面积 785.4hm²，占稻田总面积 48.8%，最大减产率 6.1%；当遭遇 100 年一遇 7 日暴雨时，受灾田块 422 个，占田块总数 74.6%，受灾面积 1277.8hm²，占稻田总面积 79.5%，最大减产率 9.6%。

综上所述，与现状条件相比，20 年一遇暴雨下的受灾田块减少 88.7%，受灾面积减少 86.9%，最大减产率降低 66.6%；50 年一遇暴雨下分别减少或降低 16.2%、13.6% 和 40.6%；100 年一遇暴雨下分别减少或降低 8.9%、8.5% 和 28.1%。由此可见，降低外河水位对缓解涝灾非常明显，对研究区内的排水顶托效果减弱，地表和地下排水过程更为通畅，农田积水深度和时间都会减少。但需要注意的是，当降低外河水位后，要及时调整闸门的启闭策略。若仍采用原来的闸门启闭模式，可能会导致闸门很难达到关闭条件，在内河水位相对较高且内外河水位差较小时，将导致泵站无法启动而只能依靠自排，且内河水位增高将会壅高淹没更多地势较高的田块，反而增大受灾面积（尽管减产率不一定会增加），故降低外河水位对缓解涝灾的效果是多因素共同作用的结果，需要综合考虑加以应对。

4.5.5.4　增大泵站排涝能力

图 4.28 给出增大泵站抽排流量时不同频率下 7 日暴雨研究区农田涝灾减产分布情况。当遭遇 20 年一遇 7 日暴雨时，受灾情况无变化；当遭遇 50 年一遇 7 日暴雨时，受灾田块 195 个，占田块总数 34.5%，受灾面积 621.2hm²，占稻田总面积 38.6%，最大减产率 7.1%；当遭遇 100 年一遇 7 日暴雨时，受灾田块 399 个，占田块总数 70.5%，受灾面积 1235.9hm²，占稻田总面积 76.9%，最大减产率 11.8%。

综上所述，与现状条件相比，50 年一遇暴雨下的受灾田块减少 32.8%，受灾面积减少 31.7%，最大减产率降低 31.1%；100 年一遇暴雨下分别减少或降低 13.8%、11.5% 和 11.4%。由此可见，加大相同泵站抽排流量下的减灾效果将随着暴雨强度的增加呈现出先

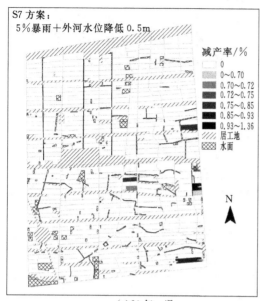

(a)20 年一遇

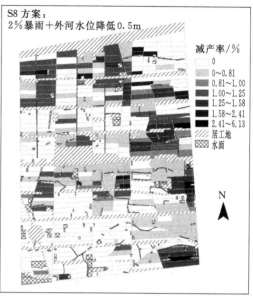

(b)50 年一遇

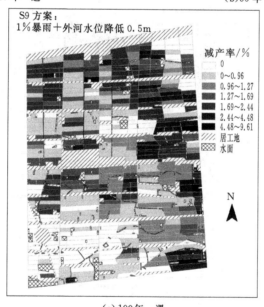

(c)100 年一遇

图 4.27 外河水位降低 0.5m 时不同频率下 7 日暴雨研究区农田涝灾减产分布情况

大后小的趋势。当遭遇 50 年一遇暴雨时,若将中市河泵站现有抽排能力由 $4m^3/s$ 增至 $6m^3/s$ 时,抽排总时间将由 100.5h 减少至 67.4h,这缩短了高水位持续时间,使部分地势较高田块的涝灾得以消除,减灾效果较为明显。但遭遇 100 年一遇暴雨时,加大泵站抽排能力虽仍可使河道最高水位变小并缩短高水位持续时间,但因雨量过大,产生的作用不足以带来较大减灾效果。

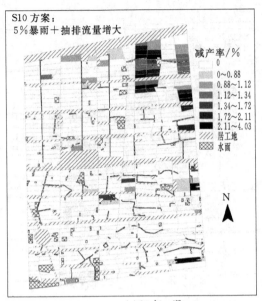

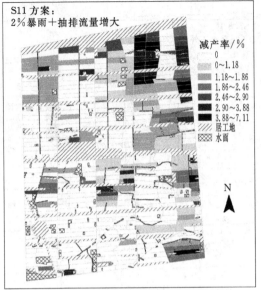

(a)20年一遇   (b)50年一遇

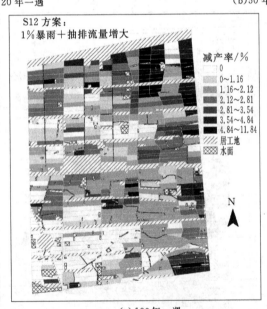

(c)100年一遇

图 4.28　泵站抽排流量增大时不同频率下 7 日暴雨研究区农田涝灾减产分布情况

4.5.5.5　改变闸泵调度规则

　　图 4.29 给出降低泵站启排水位时不同频率下 7 日暴雨研究区农田涝灾减产分布情况。当遭遇 20 年一遇 7 日暴雨时，受灾范围无变化，最大减产率 2.8%；当遭遇 50 年一遇 7 日暴雨时，受灾田块 251 个，占田块总数 44.4%，受灾面积 808.3hm²，占稻田总面积 50.3%，最大减产率 8.9%；当遭遇 100 年一遇 7 日暴雨时，受灾情况无变化。

　　综上所述，与现状条件相比，当泵站启排水位由 2.3m 降至 1.5m 时，这意味着在涨水过程中提前开泵而在退水过程中却推迟关泵。在 20 年一遇暴雨下，由于降雨集中在第

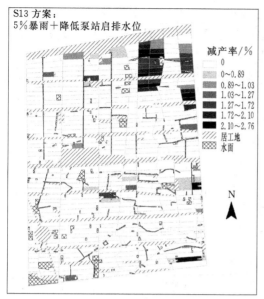

(a)20年一遇

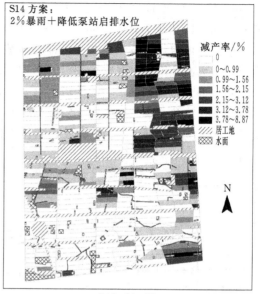

(b)50年一遇

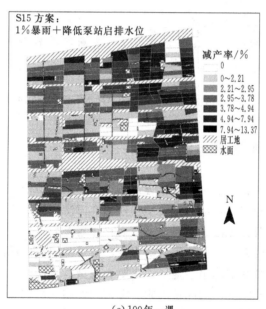

(c)100年一遇

图 4.29　降低泵站启排水位时不同频率下 7 日暴雨研究区农田涝灾减产分布情况

2 天且雨量较大（图 4.23），虽然内河水位抬升超过了启排水位，但外河水位尚未达到关闸水位 2.3m（图 4.24），故泵站无法提前启动，此时调低泵站启排水位对田块排水不产生任何影响。

图 4.30 给出不同暴雨频率下降低泵站启排水位对内河水位的影响，图中的水位过程线分离点代表降低启排水位产生影响的起始点，对 20 年一遇暴雨，该措施产生影响的起始时间为模拟第 4 天的 12∶31，对 50 年一遇暴雨则为模拟第 6 天的 7∶16，对 100 年一遇暴雨则未有任何影响，这表明现有泵站排涝能力下无法将水位抽排至现状启排水位

2.3m。虽在 20 年和 50 年一遇暴雨下降低泵站启排水位产生了一定影响，但主要集中在模拟的第 4 天和第 6 天。20 年一遇暴雨下作物受涝主要从第 3 天开始，此时受涝已经形成，后期降低启排水位只是减少了部分地势低洼田块（低于 2.3m 的田块）的受涝时间，降低了最大减产率，对受灾范围没有影响。50 年一遇暴雨下的受灾面积形成有两个时间节点：一部分地势较低田块的受涝从第 3 天开始，而地势相对较高田块则从第 8 天开始，故降低启排水位影响到第二次受涝范围的形成，受灾面积有所缩小。100 年一遇暴雨下则无论是在受灾范围还是在减产率上，启排水位降低都没产生任何影响。

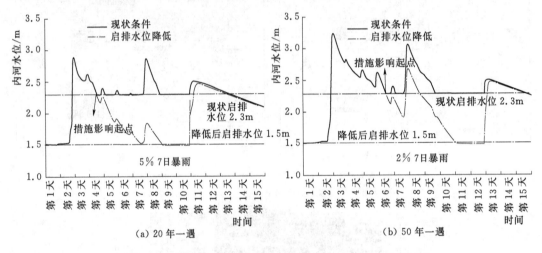

图 4.30   不同暴雨频率下降低泵站启排水位对内河水位的影响

4.6   农田涝灾预测评估方法比较

第 3 章是基于建立的农田涝灾风险综合评估指标体系和评价方法对农田涝灾风险进行评估，而本章则是基于分布式水动力学模型构建的农田涝灾预测模拟系统对设置的农田涝灾方案开展预测评估，两种方法之间在许多方面存在着差异。

（1）技术路线与研究方法。作物受涝的直接因素是田间积水深度和时间超过了受淹标准，而积水深度的变化则受到降雨、地形、土壤、植被、排涝能力等多种自然和人为因素的综合影响，这形成了作物受涝的间接因素。考虑到作物受涝的直接因素难以在大面积范围内准确获取，故基于指标体系的农田涝灾风险评估方法（简称"基于指标方法"）是根据作物受涝形成机制，构建起作物受涝的间接因素集，并建立了间接因素集与作物受涝风险的数学关系，各间接因素与涝灾风险之间的作用机制并未在评估方法建立中予以量化明确，只是简单地采用因素权重大小给出输入对输出的影响强弱。对基于分布式水动力学模型构建的农田涝灾预测模拟系统（简称"基于模拟方法"）而言，是以获取作物受涝的直接因素和减产状况作为目标，将作物受涝的间接因素与直接因素及减产率之间的关系进行了全链条的物理过程揭示和量化，其中包括降雨、入渗、产汇流、耗水、排水等一系列水分运动与转化过程。若将作物受涝过程视作一个系统，则基于指标方法所建立的是针对该系统的"输入-输出"式黑箱模型，而基于模拟方法所构建的则是"输入-过程交互-输出"

式的具有物理基础的模型。

（2）关键技术与建模难度。基于指标方法的关键技术要点在于影响因素指标体系的指标筛选和各个因素作用权重的赋值，筛选指标主要依赖对涝灾风险形成机制的分析结论，作用权重的赋值则有多种方法可供选择。这里采用的层次分析法是一种主观赋值法，为避免权重结果的主观性影响，多采用客观赋权法或者是主客观相结合的方法，但计算相对更为复杂。基于模拟方法的关键技术要点在于构建水分循环过程和涝灾损失过程的诸多数学表达形式，尽管在各物理过程中都存在相对成熟的控制方程，但形式复杂多样，在求解和过程耦合时需进行大量的数值模拟计算，其构建难度和时间成本更大。

（3）数据资料与参数需求。基于指标方法所需要的数据资料包括地形、降雨、河道淤积、土地利用、排涝能力等可从研究区的相关管理部门直接获取，需求量少，获取难度低，而基于模拟方法因涉及的物理过程多和复杂，需要大量的模型输入数据和各种参数，且很多参数如糙率、土壤水分运动参数等需通过野外试验才能获取。

（4）时空分辨率及其差异。基于指标和模拟的两种方法都能给出农田涝灾风险空间分布图，前者下的空间分辨率取决于所获取的区域资料空间分布情况，但管理部门提供的资料是以行政区域为单元进行统计，很难获得末级行政单元的资料，而后者是基于水文特性进行单元划分，模拟单元可精细到一个田块和斗沟，具有很高的空间分辨率。另一方面，在时间分辨率上，基于指标方法所构建的间接因素大部分为区域属性特征，且长期处于稳定状态，相应的农田涝灾风险结果是静态的，即便因某些属性有所改变导致评估结果发生变化，但在时间上相对稳定，而基于模拟方法却可以揭示形成农田涝灾的整个物理过程，评估结果及各影响因素及中间变量的变化过程都可被详细量化，时间分辨率取决于用户对模拟系统进行时间离散的精度。

（5）模拟结果比较。虽然第3章基于指标方法和第4章基于模拟方法所选择的研究区范围大小不一，时空分辨率也不相同，但仍可以通过比较相同情景下的涝灾风险结论判断两者的模拟结果的正确性。当水面率、抽排流量和圩堤高度达到规划水平时，在遭遇20年一遇暴雨条件下，基于指标方法评估后认为整个区域虽然总体上处于低风险状态，但高风险圩垸控制在10％左右。而基于模拟方法模拟后认为研究区基本能抵御20年一遇暴雨，此时受涝减产面积10％左右，最大减产率不超过5％。可见，两种方法获得的受涝面积结论相近，且可以互为补充，基于指标方法虽然无法得到减产的具体数值和动态变化，但可以对风险大小进行预警；基于数值方法虽然无法对未受涝的风险进行直接预警，但可以提供田面积水的动态变化过程，从而为风险预警提供数值计算基础，同时还可以为受涝减产的经济损失评估提供数据依据。

（6）特色特点与适用范围。基于指标方法的主要特色特点是所需数据资料少、计算简单快捷，且能给出区域涝灾风险空间分布状况，适合在缺乏数据资料的条件下，对农田涝灾潜在风险做出大范围、粗尺度、快速简单地评估，对建模者的技术储备要求相对较低。基于模拟方法的主要特色特点在于物理机制明确、过程详细微观，且能给出区域涝灾减产的时空动态分布情况，但建模难度大、计算过程复杂、数据资料需求高，适合在数据资料较为充分的条件下，对农田受涝减产损失进行区域性的详细、微观和动态预测预报，对建模者的技术储备要求较高。

4.7 小结

基于 OpenFLUID 平台开发了农田涝灾预测模拟系统，较为充分地考虑了影响灌区水文过程和涝灾产生的各种因素，并以江苏省高邮市运东地区小流域为例，模拟了不同暴雨强度、斗沟规模、外排条件、抽排能力和泵站调度规则等改变对农田涝灾减产的影响，分析了不同暴雨下各人类活动措施对缓解受灾面积和减产率的作用，取得的主要结论如下：

（1）基于 OpenFLUID 平台、利用 C++语言开发的农田涝灾预测模拟系统由前处理、物理过程模拟和后处理三部分组成，采用模块化组织方式，含有 1 个前处理模块、5 个水文过程计算模块、1 个涝灾损失计算模块和 6 个结果输出模块，适宜于预测区域田块积水消退过程、河道水位流量过程以及作物减产率变化过程，从而合理评估不同气候条件、土地利用状况、田埂高度、沟道规格、泵站抽排能力、外江水位顶托等对区域水文过程和作物减产的影响。

（2）在排水设施均达到设计水平现状条件下，研究区可抵御 20 年一遇暴雨，受灾面积 10%左右，最大减产率不超过 5%；当遭遇 50 年一遇暴雨时，超过一半的水稻面积受涝减产；当遭遇 100 年一遇暴雨时，将出现大面积受涝现象，受灾田块分别是 20 年和 50 年一遇暴雨下的 7.47 倍和 1.6 倍，受灾面积是 8.29 倍和 4.44 倍，最大减产率是 2.82 倍和 1.54 倍。

（3）与现状条件相比，当斗沟由 1.3m 拓深到 2m 时，减灾效果随暴雨强度的增大而先大后小，由低到高不同暴雨下的受灾田块分别减少 14.5%、17.2%和 4.3%，受灾面积分别减少 14.7%、16.1%和 3.9%，最大减产率分别降低 5.2%、4.8%和 3.8%。

（4）与现状条件相比，当外河水位预降 0.5m 时，缓解涝灾的效果明显，排水顶托减弱，由低到高不同暴雨下的受灾田块分别减少 88.7%、16.2%和 8.9%，受灾面积分别减少 86.9%、13.6%和 8.5%，最大减产率分别降低 66.6%、40.6%和 28.1%。

（5）与现状条件相比，加大泵站抽排流量 50%带来的减灾效果随暴雨强度的增大而先大后小，50 年和 100 年一遇暴雨下的受灾田块分别减少 32.8%和 13.8%，受灾面积分别减少 31.7%和 11.5%，最大减产率分别降低 31.1%和 11.4%。

（6）与现状条件相比，当泵站启排水位由 2.3m 降至 1.5m 时，由于降雨集中在第 2 天且雨量较大，虽内河水位抬升超过启排水位，但外河水位尚未达到关闸水位 2.5m，故泵站无法提前启动，改变启排水位对田块排水不产生任何影响，对涝灾缓解的效果并不明显。

参 考 文 献

[1] Fabre J C. Manual for OpenFLUID v2.1.0 [EB/OL]. http：//www.umr‐lisah.fr/openfluid/index.php? page=welc&lang=en，2015.

［2］ Hooghoudt S B. General consideration of the problem of field drainage by parallel drains, ditches, watercourses, and channels ［R］. Publication No. 7 in the series contribution to the knowledge of some physical parameters of the soil. Groningen: Bodemkundig Instituut, 1940.

［3］ Laboratory of Interactions Soil - Agrosystem - Hydrosytem. General Manual Geo - MHYDAS 12. 01 ［EB/OL］. http: //www. umr - lisah. fr/openfluid/index. php? page＝welc＆lang＝en, 2012.

［4］ van Genunchten M Th. A closed - form equation for predicting the hydraulic conductivity of unsaturated soils ［J］. Soil Science Society of America Journal, 1980, 44: 892 - 898.

［5］ Mualem Y. A new model for predicting the hydraulic conductivity of unsaturated porous media ［J］. Water Resources Research, 1976, 12 (3): 513 - 522.

［6］ 凌振宇. 控制排水条件下水稻需水规律及水稻水位生产函数的试验研究 ［D］. 南京: 河海大学, 2008.

［7］ 瞿兴业. 农田排灌渗流计算及其应用 ［M］. 北京: 中国水利水电出版社, 2011.

［8］ 石艳芬, 缴锡云, 罗玉峰, 等. 水稻作物系数与稻田渗漏模型参数的同步估算 ［J］. 水利水电科技进展, 2013, 33 (4): 27 - 30.

［9］ 王振昌, 郭相平, 吴梦洋, 等. 旱涝交替胁迫条件下粳稻株高生长模拟与分析 ［J］. 中国农村水利水电, 2016 (9): 50 - 56.

［10］ 熊玉江. 水稻灌区涝水过程模拟及其除涝工程调度模式研究 ［D］. 南京: 河海大学, 2016.

第5章　暗管排水技术及其结构改进的性能评估

现有农田排水工程抵御涝渍灾害的能力正受到严峻挑战，全球气候变化和耕地资源日益短缺对农田排水的功能和效应提出了新的要求，对现有常规暗管排水结构进行必要改进，获得以农田涝渍兼治为综合目标的改进型暗管排水结构。

本章首先对常规暗管排水及改进型暗管排水的室内外性能进行分析，其次采用率定验证后的 HYDRUS 模型模拟分析两种暗管排水技术在除涝、降渍、减少地表径流等性能上的差异，最后基于常规暗管排水外包滤料选择方法，确定适用于其结构性能改进的反滤体级配准则，提出合理的防淤堵布局方式。

5.1　地下排水形式与暗管排水技术

农田地下排水已有两千余年历史，其在减轻农田涝渍灾害、盐碱地改良方面具有重要作用，通过有效地控制地下水位，调节土壤水分状况，为作物生长创造相对稳定的农田生态环境，促进农业增产。随着城市化进程的加剧，耕地资源短缺问题越来越严峻，不占用耕地的暗管排水具有更好的适应性，其技术特点也符合我国现阶段耕地保护由单一的数量管理向数量、质量和生态三位一体管理转变的原则。本节概述了农田地下排水形式及优缺点，并从结构、暗管布局、施工要求等对暗管排水技术及其性能进行阐述。

5.1.1　地下排水形式

我国常见的农田地下排水形式主要有暗管、鼠道、盲沟、土暗塪等。暗管排水是在地面以下一定深度处埋设渗水管道的工程技术措施，具有降低地下水位、调节土壤水分、改善土壤理化性状、为作物生长创造良好条件的特点，且不占用农田，已被国内外广泛用于农田涝渍和盐碱地的治理。鼠道排水对排除耕作犁底层的滞水和地面残留积水有较好效果，但与地表连通的通道易坍塌，故多用于黏土地区，由鼠道犁开挖形成，成本较小，但运行时间较短限制了其广泛应用。盲沟排水主要是采用砂砾石、矿渣、树枝、稻壳、杂草等强透水材料无序填充在矩形沟底部并回填适量表土后形成，因盲沟中无明显的排水通道，进而增加了水流到排水出口过程中的摩阻力，增大了其被淤堵的可能性，这成为制约盲沟排水发展的最主要因素。土暗塪排水一般是采用特制的狭长土锹开挖深沟后上盖土垡形成，20 世纪 70 年代后期，江苏曾大力推广土暗塪作为地下排水形式，排水面积接近 20 万 hm² (严思诚，1986)，但随后因消耗劳力较多且易发生坍塌和淤塞，现已被其他地下排水形式替代。从应用的广泛性及实践效果综合来看，暗管排水性能要明显优于其他地下排水形式。

5.1.2 暗管排水技术

根据我国农田涝渍和盐碱地的分布状况，南方大部分湿润地区的暗管排水功能主要是加速沥涝排除，迅速降低地下水位，为作物正常生长和适时耕作创造良好的土壤环境条件；西北及北方大部分地区的暗管排水功能主要是通过调控地下水位达到控制土壤表层盐分积累、改善土壤次生盐渍化程度的目标；东北三江平原及黄淮海平原地区的暗管排水功能主要是迅速降低地下水位以减少渍害损失。

现有暗管排水的田间布设方式包括单层暗管和双层暗管，以前者居多（表5.1）。单层暗管排水根据埋深可划分为浅层暗管排水和深层暗管排水。浅层暗管排水具有快速降低地下水位、控制涝渍灾害发生的作用。Muirhead等（1996）对澳大利亚新南威尔士州黏土地区浅层暗管排水工程（管底距地面0.45m）的排水排盐效果进行了试验分析，结果表明浅层暗管排水对该地区春夏季灌溉以及冬季降雨所引起的较高地下水位具有很好的控制作用，缩短了将地下水位降至距田面下0.4m处的时间，有利于根区盐分排除。Okwany等（2016）以孟加拉库尔纳县0.3m埋深和8m间距的浅层暗管排水工程为研究对象，基于地表积水和地下水埋深变化观测分析以及对当地农民耕作行为的调查结果，指出利用浅层暗管排水可减小季风性降雨的危害，减少涝灾损失，有利于增大土壤干燥速率，可将冬季向日葵种植时间提前1.5个月左右。深层暗管排水更多地用于土壤盐分淋洗及盐分管理，对施工的要求较高且难度较大。Wahba等（2006）采用模拟模型的方法对深层和浅层暗管排水的排盐能力进行了对比分析，发现深层暗管排水具有更好的排盐能力。Christen等（2001）对1.8m埋深的深层暗管排水和0.7m埋深的浅层暗管排水工程的排盐能力进行了田间试验分析，结果显示深层暗管排水中的含盐量达到11ds/m左右，总排盐量5867kg/hm²，浅层暗管排水中的相应值较之分别减少约82％和95％。

双层暗管排水通过布设不同埋深的暗管达到更好控制涝渍盐渍、改善排水水质的目的。Hornbuckle等（2007）对澳大利亚马兰比季河灌区的双层暗管排水（上层埋深0.75m、间距3.3m，下层埋深1.8m、间距20m）进行了田间试验分析，结果表明双层暗管排水要比埋深1.8m、间距20m的单层暗管排水具有更好的除涝降渍、迅速减少根区盐分的作用。杜历等（1997）对上层埋深0.6m和下层埋深1.4m且上下层之间交错布置的双层暗管排水进行了盐碱荒地改造试验，结果显示1m土体内的脱盐率为75.4％，冲洗后的盐斑明显消失。尽管双层暗管排水工程的效应显著，但土方开挖量大、作业成本高、施工难度高等限制了其实际应用。

鉴于目前使用的常规单层暗管排水（以下简称"常规暗排"）的排水能力相对较小，难以迅速排除地表涝水，为此，参照借鉴明沟的结构特点，对常规暗排结构进行改进（表5.1），以合理级配的砂砾石或其他强透水材料配合防淤堵措施作为反滤体，采用分层或混合方法从暗管底部向上铺设至田面以下0.3～0.5m，铺设宽度0.2～0.6m，并在反滤体上方回填原土，构建起改进型暗管排水结构（以下简称"改进暗排"）。由于反滤体渗透系数大于田间土壤渗透系数，改进暗排增加了暗管上方土体的渗透性能，可有效提高农田排水能力。当其与控制排水技术结合时，可在雨季加速地表积水消退，减轻旱作物受淹历时，实现稻田控灌控排及雨季涝水的有效排除，同时有效增加了土壤透气性能，已有的研究表明，透气性好的土壤可为作物根系生长提供良好条件，利于有机质分解和速效养分的供应以及粮食产量提高（张建国等，2010）。

表 5.1 暗管排水结构及性能特点对比

性能与特点	浅层暗排	深层暗排	双层暗排	改进暗排
结构				
暗管埋深	浅至 0.3m	1.8～3m		0.8～1.5m
暗管间距	较密	较疏	上密下疏或上下一致	较疏
功能与作用	快速降低表层土壤水分，加快地表水入渗，利于根区土壤排盐	控制地下水位，多用于农田盐分淋洗及盐分管理	有效控制涝渍灾害，有利于改善土壤盐渍化程度及排水水质	有效排除地表积水，降低地下水位，有助于改善盐分控制管理
施工及配套	施工要求低，对配套设施需求较小	施工要求较高，难度较大，对配套设施需求较大	开挖量较大，施工难度高，对配套设施需求大	对反滤体铺设要求较高，对配套设施需求一般

5.2　改进暗管排水性能的室内试验

基于室内土柱模型试验，研究土体饱和地表积水条件、不同地下水埋深条件下不同暗排结构形式的排水能力，揭示地表积水下初始地下水埋深、反滤体宽度、积水层深度、出流方式、土体介质等因素对改进暗排排水性能的影响与规律。

5.2.1　饱和积水下的地下水流动特征

传统观念认为常规暗排的主要功能是控制地下水位。在自由水面无压运动状况下，Hooghoudt 假定地下水流动在暗管附近为辐射流状态，且距离暗管大于 $T/\sqrt{2}$ 处的水流运动符合 Dupuit-Forchheimer 假设，呈水平流动［图 5.1（a）］。图中 T 代表不透水层深度，L 代表暗管间距。地下水埋深较浅的农田，强降雨下极易导致地下水位上升至地表，继而产生积水，出现涝渍，形成地表积水下的有压运动状况。毛昶熙（2003）和瞿兴业（2011）给出了该条件下的地下水运动示意图［图 5.1（b）和（c）］。此时的地下水流运动在靠近地表处以垂向入渗为主，进入土壤一定距离后逐渐由垂向运动转变为朝向暗管的斜向运动，局部水平运动属于二维达西渗流。改进暗排通过设置反滤体有效增加了强透水边界的长度，在一定程度上减少了地下水流的渗径长度，增强了水流汇入速度，同时一部分水通过强透水边界后，将在反滤体内部形成垂向水流进入暗管。

5.2.2　室内排水试验设计与方法

如图 5.2 所示，根据常规暗排和改进暗排结构，以暗管埋深 90cm、反滤体高度

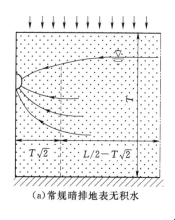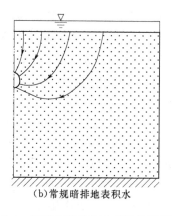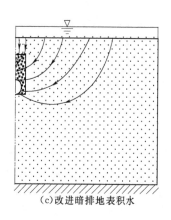

| (a)常规暗排地表无积水 | (b)常规暗排地表积水 | (c)改进暗排地表积水 |

图 5.1　暗排下的地下水流运动示意图

60cm、回填土层厚 30cm、暗管外径 7.5cm 的田间工程为参照，按 1∶6 比例缩小后，设计获得改进暗排的室内排水试验装置结构。该装置的主体部分为内径 18.8cm、外径 20cm、高 100cm 的有机玻璃筒，分三层进行填装，最下部装填厚 10cm 的强透水材料，顶部放置尼龙丝网作为支撑防止上部土体介质流失，中部为厚 60cm 的非更换土体介质，距筒底部 70cm 处放置由光滑铜管制作而成的排水暗管，其内径为 1cm，外径为 1.2cm，开孔率为 1.5%，在暗管外侧包裹滤网布防止淤堵。暗管上方 15cm 土层为可更换的土体介质，当进行常规暗排试验时，上部填装厚 15cm 的土体介质，而在改进暗排试验时，以暗管为对称轴填装高度 10cm、宽度分别为 2cm、4cm、6cm 的反滤体，并在反滤体周边及上部 5cm 厚度充填土体介质。有机玻璃筒

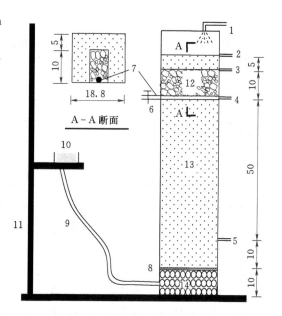

图 5.2　室内排水试验装置结构示意图（单位：cm）

1—进水口；2~5—测压管；6—止水夹；7—排水暗管；8—支撑网；9—连接管；10—平水箱；11—可移动支架；12—反滤体；13—土体介质；14—强透水材料

下部的强透水材料采用直径 5~6mm 的玻璃珠，选用 2~6mm 的混合玻璃珠代替反滤体；土体介质选择 40~70 目（粗砂土介质）和 80~120 目（细砂土介质）的石英砂。在有机玻璃筒壁上共安装 4 个测压管，在紧贴筒壁内侧的测压管口处设置滤网，防止土体介质流失和淤堵，利用平水箱控制不同的地下水埋深。

为了验证室内排水试验装置设计的合理性，采用 HYDRUS - 3D 模型对在长方体和圆柱形装置下得到的常规暗排流量进行了模拟对比分析。圆柱形模型的尺寸与本试验装置相同，即横断面为直径 18.8cm 的圆形，而长方体装置的横断面长度 18.8cm，宽度（暗管间距）可依据渗流面积相等原则折算为 14.77cm，暗管埋深参数也设定相等。采用 van -

Genuchten 模型描述土壤水力特征曲线，土壤水力特性参数选择 Carsel 和 Parrish（1988）给出的砂壤土参数，设定积水层深度 7cm。模拟结果表明圆柱体和长方体装置中的暗管排水量分别为 1.25m/d 和 1.26m/d，二者相差 1‰左右，这说明选择圆柱体装置进行暗管排水试验是有效的，利用渗流面积等效方法计算暗管间距也是合理的。

在室内排水试验中，固定暗管埋设参数，考虑初始地下水埋深、反滤体宽度、积水层深度、出流方式、土体介质等 5 个因素开展完全随机试验，共计 192 组，采用 $Aia-j$ 表示，其中 $A=C$ 和 F 分别表示粗砂和细砂土介质；$i=0$、1、2、3 表示地下水埋深分别为 0（$0h_d$，h_d 为暗管埋深）、30cm（$2h_d$）、55cm（$3.7h_d$）和 75cm（$5h_d$）；$a=f$ 和 s 分别表示自由和淹没出流（淹没深度 h_s 为 4.5cm，即 $0.3h_d$）；$j=0$、2、4、6 表示反滤体宽度分别为 0（常规暗排）以及 2cm、4cm 和 6cm（改进暗排）。考虑到细砂土介质更接近田间实际情况，故研究中以分析细砂土介质为主，以粗砂土介质结果作为对比。相应的试验方案设计见表 5.2。

表 5.2 室内排水完全随机试验方案设计

因　　素	水　　平			
	1	2	3	4
地下水埋深/cm	0	30	55	75
反滤体宽度/cm	0	2	4	6
积水层深度/cm	7	5	3	
出流方式	自由出流	淹没出流		
土体介质	粗砂介质	细砂介质		

在排水试验开展之前，土体介质分层填装，控制一定容重，采用平水箱连接有机玻璃筒底部出水口，由下往上缓慢注水的方式使土体介质饱和。由于砂土介质渗透性较强，暗管排水量较大，故采用水龙头供水、虹吸管调节溢流量的方式维持稳定的积水条件。在每次更换反滤体后，均在维持稳定积水条件下打开排水暗管一段时间，以便消除水流作用对土体介质和反滤体渗透系数的影响，然后关闭排水暗管，打开有机玻璃筒底部的出水口，通过一维达西渗流试验测算筒中装填的土体介质和反滤体的渗透系数。当地下水埋深 $0h_d$ 时，关闭底部出水口，同时开启暗管出水口，观测排水流量。每组排水试验均重复测量 3 次，流量误差控制在 ±5‰以内，取 3 次测量结果的平均值作为排水流量。每次改变地下水埋深时，将平水箱连接有机玻璃筒底部出水口并置于设定高度，土柱内高出设定位置的水将通过平水箱溢流排出，维持足够长的时间使控制水位以上土体中的自由水充分排出，之后在上端注水形成 7cm 的积水层，开启暗管出水口，在积水 10min 后进行相关测量。

表 5.3 给出利用达西定律计算得到的不同装填介质的渗透系数，可以看出相同土体介质中的土体和反滤体渗透系数均相对稳定。粗砂土介质的渗透系数均值 22.28m/d，置于其中的反滤体渗透系数均值 231.44m/d；细砂土介质的渗透系数均值 1.179m/d，置于其中的反滤体渗透系数均值 88.33m/d。粗砂土介质中的反滤体渗透系数与土体介质的渗透系数之比 K_0/K 均值约为 10，而细砂土介质中的 K_0/K 均值约为 78。这表明细砂土介质

的渗透系数变幅相对较小，而粗砂土介质的渗透系数变化略大，但用于分析论证排水量变化规律时还是可行的。

表 5.3 不同装填介质的渗透系数

土体介质	结构	土体介质的渗透系数 $K/(m/d)$	反滤体的渗透系数 $K_0/(m/d)$	K_0/K
粗砂土	C-0	25.31		
	C-2	21.64	242.44	11.2
	C-4	20.78	252.03	12.1
	C-6	21.38	199.84	9.4
细砂土	F-0	1.201		
	F-2	1.106	88.47	80.0
	F-4	1.244	91.84	73.8
	F-6	1.166	84.67	72.6

5.2.3 初始土体完全饱和条件下的暗排排水能力

对地下水埋深较浅的农田，持续降雨维持较短时间即可使得地下水位上升至地表，随后产生地表积水，此时农田土壤处于完全饱和状态。增强暗管排涝能力意味着更多的田面积水形成地下渗流，并由暗管排出，其排涝能力可用暗管排水量反映。表 5.4 给出初始土体完全饱和且地表积水下不同反滤体宽度、积水层深度、出流方式、土体介质试验方案的排水量。

表 5.4 初始土体完全饱和且地表积水下各试验方案的排水量 单位：m/d

土体介质	出流方式	积水层深度/cm	反滤体宽度/cm			
			0	2	4	6
细砂土介质	自由出流	7	1.573	3.587	4.164	4.755
		5	1.411	3.254	3.865	4.472
		3	1.264	2.924	3.438	3.952
	淹没出流	7	1.249	2.737	3.204	3.746
		5	1.130	2.557	2.896	3.313
		3	0.944	2.245	2.529	2.990
粗砂土介质	自由出流	7	32.87	47.89	50.93	54.63
		5	28.59	42.57	45.28	47.91
		3	24.45	38.17	40.60	43.96
	淹没出流	7	21.76	33.64	34.34	35.78
		5	17.41	30.34	31.02	32.32
		3	14.27	26.62	27.74	29.25

5.2.3.1 反滤体宽度对排水量的影响

如图 5.3 所示，对粗砂土和细砂土介质而言，当积水层深度相同且暗管处于自由出流状态时，改进暗排的排水量随反滤体宽度增加呈增大趋势，但增幅逐渐减小。当积水层深度为7cm时，粗砂土介质下，反滤体宽度分别为2cm、4cm和6cm的改进暗排排水量分别为47.89m/d、50.93m/d和54.63m/d，而细砂土介质下的相应值是3.59m/d、4.16m/d和4.76m/d。粗砂土介质下，反滤体宽度分别为2cm、4cm和6cm的改进暗排的排水量要比常规暗排自由出流的排水量32.87m/d分别增大45.7%、54.9%和66.2%。与细砂土质下常规暗排的排水量1.573m/d相比，F0f-2、F0f-4和F0f-6试验方案下的改进暗排的排水量分别增大了128.1%、164.8%和202.4%。

由此可见，对两种土体介质而言，改进暗排的排水量增加效果都很明显，且细砂土介质下的增加百分比大于粗砂土介质，在一定范围内，土体介质的渗透性与反滤体的渗透性之间差别越大，增设反滤体对增大改进暗排的排水量作用越显著。

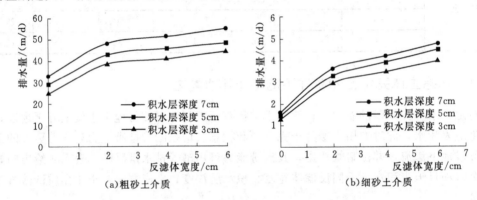

图5.3 自由出流条件下反滤体宽度对暗排的排水量影响

5.2.3.2 积水层深度对排水量的影响

图5.4给出自由出流条件下暗排的排水量随积水层深度变化的趋势。可以看到，在自由出流条件下，无论常规暗排还是改进暗排的排水量均与积水层深度呈线性正相关关系。积水层深度分别为7cm、5cm和3cm时，粗砂土质下常规暗排的排水量分别为32.87m/d、28.59m/d和24.45m/d，细砂土质下的对应值分别为1.573m/d、1.411m/d和1.264m/d，粗砂和细砂土质下积水层深度与暗排排水量的线性相关系数均为1。不同积水层深度下，反滤体宽度与暗排自由出流排水量的关系曲线大致平行，这意味着改进暗排的自由出流排

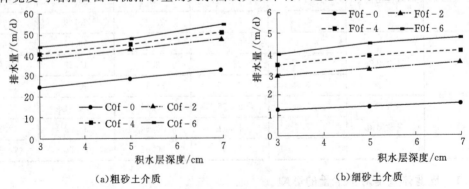

图5.4 自由出流条件下积水层深度对暗排的排水量影响

水量也与作用水头呈正比。若以细砂土介质为例，当积水层深度分别为 7cm、5cm 和 3cm 时，反滤体宽度 2cm 下改进暗排的排水量较常规暗排的相应值分别增大 128.1%、130.7% 和 131.3%；反滤体宽度 4cm 下改进暗排的排水量较常规暗排的相应值分别增大 164.8%、174% 和 171.9%；反滤体宽度 6cm 下改进暗排的排水量较常规暗排的相应值分别增大 202.4%、217% 和 212.6%。由此可见，相同反滤体宽度下改进暗排的排水量较常规暗排的增加值与积水层深度无关。

5.2.3.3 出流方式对排水量的影响

通常情况下淹没出流会减少暗管排水量，故在暗管排水工程设计中应尽量避免淹没出流情况，但当降雨量很大时，农田排涝流量较大，在外排能力较弱或不能及时排水的情况下，暗管排水的出流方式将不可避免地出现淹没出流状态。

从表 5.4 可以看出，无论是粗砂土介质还是细砂土介质，当暗管淹没深度 h_s 为 0.3 倍暗管埋深 h_d 时，暗管排水能力较自由出流下均有明显减少，减少值超过 20%。例如，当积水层深度 7cm 时，与相同参数下常规暗排自由出流的排水量相比，C0s - 0、C0s - 2、C0s - 4 和 C0s - 6 试验处理下排水量分别减少 33.8%、29.8%、32.6% 和 34.5%；F0s - 0、F0s - 2、F0s - 4、F0s - 6 试验处理下排水量分别减少 20.6%、23.7%、23% 和 21.3%。由此可见，在相同土体介质和地表积水条件下，不同结构暗排淹没出流排水量比自由出流排水量减少的百分比大致相等。

暗排淹没出流的排水量随反滤体宽度而变的规律与自由出流相一致：当积水层深度相同时，随着反滤体宽度的增加，暗排排水量逐渐增大，但增幅逐渐减小。由表 5.4 可知，对于细砂土介质，当 $h_s = 0.3h_d$ 且积水层深度为 7cm 时，与常规暗排相比，反滤体宽度分别为 2cm、4cm 和 6cm 下改进暗排的排水量分别增加 119.2%、156.6% 和 200%，当积水层深度为 3cm 时，却分别增加 138%、168% 和 216.8%。将这些增长百分比与自由出流下的结果对比后，可以发现两者之间十分接近，故可初步认定在地表积水且土体饱和状态下，改进暗排的排水量较常规暗排相应值增大的百分比与出流方式似乎无关。当积水层深度分别为 7cm、5cm 和 3cm 时，细砂土介质下暗排淹没出流的排水量较自由出流排水量分别减少 22.1%、23.1% 和 24.8%，这表明随着积水层深度减小，淹没出流较自由出流排水量减少的百分比呈现出增大趋势。

5.2.4 初始土体非饱和条件下的暗排排水能力

在地下水埋深较大且易受洪涝灾害的粮食产区，当强降雨过后，一段时间内的地表持续积水将导致暗管上部土壤呈现为饱和或近似饱和的状态，但下层土壤仍处于非饱和状态，故有必要开展此条件下的暗排排水能力分析。

5.2.4.1 初始地下水埋深对排水量的影响

表 5.5 给出积水层深度为 7cm 且不同初始地下水埋深条件下积水一定时间后的暗管排水量。可以看出，当其他因素均相同时，随着地下水埋深增加，常规暗排和改进暗排的排水量均呈减小趋势。非饱和土体在地表积水入渗过程中，一部分水量通过土体进入地下水，其数量与非饱和土层厚度有关，非饱和土层越厚，进入地下水的水量则越多，导致通过暗管排出的水量越少。

表 5.5　　　　　　　　　　不同初始地下水埋深下的暗排排水量　　　　　　　　　　单位：m/d

土体介质	初始地下水埋深 /cm	反滤体宽度/cm			
		0	2	4	6
细砂土介质	0($0h_d$)	1.573	3.587	4.164	4.755
	30($2h_d$)	1.261	3.114	3.662	4.226
	55($3.7h_d$)	0.722	1.289	1.660	2.030
	75($5h_d$)	0.305	0.950	1.208	1.931
粗砂土介质	0($0h_d$)	32.872	47.888	50.934	54.633
	30($2h_d$)	19.731	27.317	28.298	29.690
	55($3.7h_d$)	9.900	19.612	21.244	22.935
	75($5h_d$)	4.702	14.969	17.417	18.597

对细砂土介质而言，当初始地下水埋深为 30cm 时，地表积水 10min 后的常规暗排排水量为 1.261m/d，约为土体完全饱和下排水量的 4/5，具有一定排水效果，而当初始地下水埋深为 75cm 时，常规暗排的排水量很小，约为土体完全饱和下排水量的 1/5，基本失去排水作用，这说明当地下水埋深达到一定程度后，常规暗排就具有很大的局限性。然而，当反滤体宽度为 2cm 且初始地下水埋深分别为 $0h_d$、$2h_d$、$3.7h_d$ 和 $5h_d$ 时，改进暗排的排水量分别是土体完全饱和下常规暗排排水量的 2.28 倍、1.98 倍、0.75 倍和 0.61 倍，而当反滤体宽度为 6cm 时，改进暗排的排水量分别是土体完全饱和下常规暗排排水量的 3.03 倍、2.69 倍、1.29 倍和 1.23 倍。由此可见，当初始地下水埋深较大时，设置反滤体的改进暗排对排除地表持续积水的作用非常显著。

表 5.5 给出不同暗排的排水量随初始地下水埋深而变的趋势。无论地下水埋深多大，在相同地表积水时间下，改进暗排均能明显提高暗管排水量。对相同土体介质，当初始地下水埋深相同时，随着反滤体宽度增加，暗管排水量有所增大，常规暗排和改进暗排的自由出流排水量随地下水埋深变化的趋势有所不同，但不同反滤体宽度的改进暗排之间具有相同趋势。无论在粗砂还是细砂土介质中，相同积水条件下，常规暗排的排水量随地下水埋深增加呈线性下降趋势，两者具有显著的线性负相关关系，相关系数达到 0.97，然而，改进暗排的排水量随地下水埋深增加不再呈线性趋势，这在不同土质中有所差异（图 5.5）。

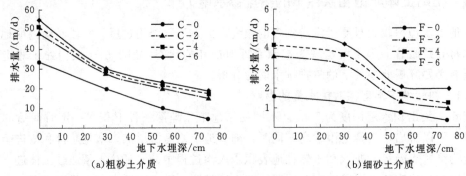

图 5.5　积水层深度 7cm 下初始地下水埋深对自由出流排水量影响

在粗砂土介质中，改进暗排的排水量随地下水埋深变化的趋势分为两个阶段：当地下水埋深小于 30cm 时，随着地下水埋深增大，改进暗排的排水量减小速率大于常规暗排，该阶段内改进暗排对地下水埋深的变化要比常规暗排更为敏感；当地下水埋深大于 30cm 时，地下水埋深对常规暗排排水量的影响要大于改进暗排。然而，在细砂土介质中，该趋势分为 3 个阶段：当地下水埋深小于 30cm 时，由于细砂土介质的渗透系数小，通过非饱和细砂土介质进入地下水中的水量有限，大部分入渗水量需通过暗管排出，这导致该阶段内改进暗排的排水量随地下水埋深变化的趋势与常规暗排大致相同；后两个阶段内则与粗砂土介质中的规律相似。

5.2.4.2 初始地下水埋深对排渗水量比的影响

当地下水位低于暗管埋设高程时，土体通常处于非饱和状态，地表积水入渗水量有一部分将通过暗管排出，而另一部分将绕过暗管下渗补给地下水。在单位时间内暗排排出的水量与下渗补给地下水的水量之比（简称为"排渗水量比"），主要受地下水埋深、反滤体宽度、土体渗透系数等影响，可在一定程度上反映出改进暗排的作用。

图 5.6 给出积水层深度 7cm 下初始地下水埋深对排渗水量比的影响趋势。对相同土体介质中的特定暗排结构而言，较小地下水埋深下的排渗水量比很大，但随着初始地下水埋深不断增大，该比值有所减小，细砂土介质中的排渗水量比下降较快。当初始地下水埋深相同时，地表积水 10min 后，粗砂土介质下常规暗排的排渗水量比仅为细砂土介质下的 1/2 左右，透水性较强的土体介质会明显增加下渗补给地下水的数量，而改进暗排在细砂土介质下的排水效果与粗砂土介质

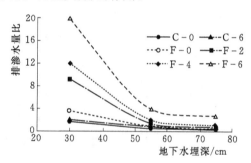

图 5.6 积水层深度 7cm 下初始地下水埋深对排渗水量比影响

差别更大。此外，反滤体宽度对排渗水量比的影响也很大，对细砂土介质，当反滤体宽度分别为 2cm、4cm 和 6cm 时，排渗水量比分别为常规暗排下的 2.5 倍、3 倍和 5.5 倍。由此可见，反滤体宽度越大，改进暗排下的排渗水量比就越大，其排水作用就越强。改进暗排在地下水埋深较大的地区仍可发挥较好的排水除涝作用。

5.3 改进暗管排水性能的田间试验

在安徽省新马桥农水综合试验站开展改进暗排排水性能试验，分析初始地表积水或地下水位近地表条件下的改进暗排排水能力及排水过程，探究田间土壤条件下不同反滤体材料改进暗排的排水特性。

5.3.1 田间排水试验设计与方法

试验站地处淮北平原中部固镇县境内，属暖温带半湿润季风气候区，降雨充沛，年均降雨量 911.3mm，年际变幅大且年内分布不均匀，暴雨及连阴雨多，降雨多集中在

汛期的 6—9 月，雨量约占全年总数的 60%~70%，地下水埋深较浅，极易发生涝渍灾害。

如图 5.7 所示，田间排水试验区布设于该站西北角，考虑不同的反滤体材料及其铺设形式，共布设 5 个宽 18m、长 17m 的试验小区，包括卵石反滤体改进暗排小区、秸秆反滤体改进暗排小区、分层级配砂石反滤体改进暗排小区、混合级配砂石反滤体改进暗排小区以及常规暗排小区。为了防止不同排水试验方案间的水流交互影响，在每个小区内铺设 3 根暗管，暗管间距 6m，暗管长度 17m。暗管采用直径 0.075m 且出厂前预包土工布的打孔波纹塑料管。考虑到当地农田排水的主要任务是除涝降渍，且耕地以旱作为主，故在满足降渍设计要求的前提下，确定暗管埋深为 0.8m。为了便于施工及试验观测，反滤体宽度选取 0.4m、高度选取 0.5m，回填表土厚度选取 0.3m。所有暗管的排水均经由地下管道流入 2 个观测井。观测井主要用于排水量观测及水样采集，两井之间用地下管道联通并经水泵抽排积水。

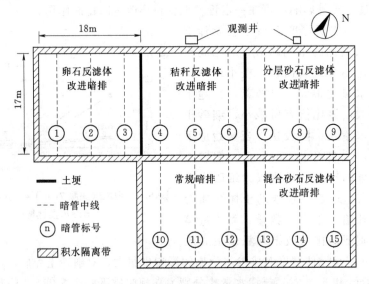

图 5.7　田间排水试验区布设示意图

考虑到土壤渗透系数对暗排排水量的影响远超其他土壤物理参数，故假定各小区内除渗透系数外的土壤物理参数一致。采用环刀取土方式，在室内测定土壤容重、土壤饱和含水量以及残余含水量的平均值分别为 1.45g/cm³、0.44 cm³/cm³ 和 0.05cm³/cm³。由于小区面积较大，采用土壤渗透系数室内测定结果难以反映土壤综合渗透性，故利用双环试验原位测定土壤渗透系数，得到卵石、秸秆、分层、混合和常规暗排小区的土壤渗透系数分别为 0.916m/d、0.916m/d、0.916m/d、0.805m/d 和 0.805m/d。

2015—2016 年在灌溉积水、暴雨积水或暴雨下地下水位接近地表等状况下进行了 6 次排水试验，每次试验前测量地下水埋深以及非饱和区土壤含水量（表 5.6）。在观测井内各暗管出口处设置有水表，精确至 0.001m³。在排水试验过程中，记录不同时刻不同暗排结构下的累计排水量，前期约每 10min 观测 1 次，随着排水时间增加，后期每 1~2h 观测 1 次，当地表积水时，同时测量各小区内的积水深度。

表 5.6　　　　　　　　　　排水试验前的初始地下水埋深及土壤含水量

时间 /(年-月-日)	方法	积水深 /cm	地下水埋深 /cm	非饱和土壤含水量 /(cm³/cm³)
2015 - 08 - 12	灌水产生积水	7/1	0	
2015 - 08 - 13	灌水使地下水位上升	0	25	0.34
2015 - 10 - 18	灌水产生积水	1	0	
2016 - 06 - 05	暴雨使地下水位上升	0	20	0.345
2016 - 06 - 07	暴雨使地下水位上升	0	5	0.38
2016 - 06 - 24	暴雨使地下水位上升	0	5	0.38

5.3.2　地表积水下的排水量

在 2015 年 8 月 12 日的田间排水试验中，测定了积水层深度分别为 7cm 和 1cm 时的各暗排排水量，考虑到 5 个小区的土壤渗透系数之间有所差异，故对单位渗透系数下的暗排排水量进行对比分析。如图 5.8 所示，积水层深度 7cm 时，常规暗排、秸秆改进暗排、卵石改进暗排、分层砂石改进暗排以及混合砂石改进暗排排水量分别为 0.237m/d、0.445m/d、0.450m/d、0.428m/d 和 0.454m/d，这意味着在相同土壤渗透系数和积水层深度下，4 种改进暗排的排水量之间相差不大，均约为常规暗排排水量的 1.9 倍。

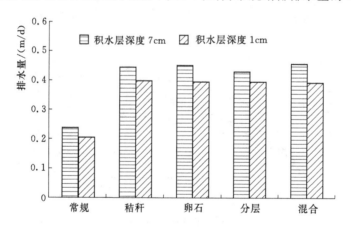

图 5.8　不同地表积水下各暗排形式的排水量对比

5.3.3　地下水位下降过程中的累计排水量

如图 5.9 所示，在单位土壤渗透系数下，改进暗排的累计排水量均大于常规暗排，以 2016 年 6 月 7 日和 24 日初始地下水埋深 5cm 下的排水试验为例，当排水历时达到 600min 时，改进暗排的累计排水量为常规暗排的 1.4～1.9 倍，卵石反滤体改进暗排的累计排水量要大于其他 3 种改进暗排，且初始排水短时间内的累计排水量差别较大，主要原因在于卵石的持水性能较差，开始排水后卵石反滤体范围内的水量被迅速排除。

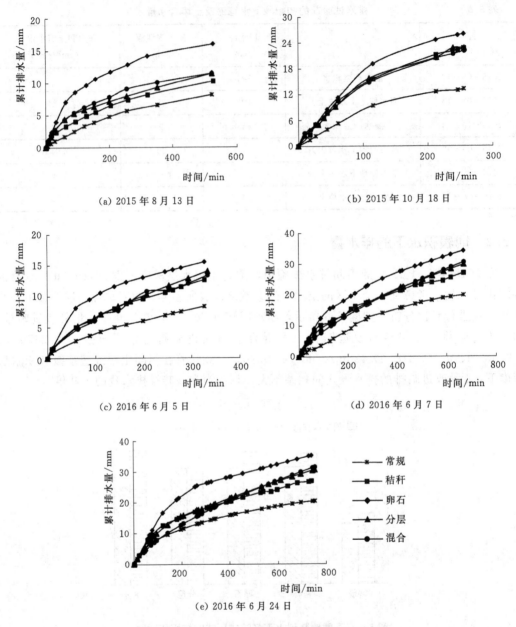

(a) 2015 年 8 月 13 日

(b) 2015 年 10 月 18 日

(c) 2016 年 6 月 5 日

(d) 2016 年 6 月 7 日

(e) 2016 年 6 月 24 日

图 5.9　不同暗排形式下的累计排水量时间过程线

从图 5.9 还可看到,分层砂石反滤体与混合砂石反滤体改进暗排的排水过程相差不大,但对秸秆反滤体改进暗排来说,在 2015 年 8 月 13 日、2016 年 6 月 7 日和 2016 年 6 月 24 日排水试验中,单位渗透系数下的累计排水量时间过程线略低于砂石反滤体改进暗排,而在 2015 年 10 月 18 日、2016 年 6 月 5 日的排水试验中,相同时间下的累计排水量时间过程线却高于或接近砂石反滤体改进暗排。较大秸秆反滤体改进暗排排水量下的田间排水试验均发生在前期较短时间内未进行过排水试验且未发生大降雨的日期,此时秸秆由较干状态变为较湿或饱和状态,而前期排水后的秸秆则已处于较湿或饱和状态一段时间,故两种情况下秸秆的渗透性能和持水性能可能存在一定差别。虽然秸秆相比于砂石滤料易发生变化，秸秆反滤体的排水性能会出现周期性小幅变化，但试验期间秸秆反滤体改进暗排并未出现排水量显著减少的现象。

5.4 改进暗管排水性能的数值模拟

随着计算机技术迅猛发展，基于数值模拟模型描述和解决科学问题的方法被人们普遍采用，数值模拟方法与模型已渗透到暗管排水的机理阐述、工程设计、应用实践及管理评价等方面。采用 HUDRUS 数值模型，首先基于田间排水试验数据对模型性能进行率定验证，其次采用模型分析反滤体渗透系数、反滤体宽度和高度、暗管间距和埋深等关键参数对改进暗排排涝能力的影响，探究地表无积水下改进暗排的降渍性能以及次降雨条件下改进暗排减少地表径流的能力。

5.4.1 数值模拟模型及参数率定验证

较常用的用于暗管排水下的土壤水盐运动及氮磷溶质运移模拟模型包括 DRAIN-MOD、SWAP 和 HYDRUS。DRAINMOD 和 SWAP 模型均难以模拟土壤及溶质的水平分布状况，而 HYDRUS 模型是基于图形交互式界面的模型，可用于模拟饱和及非饱和介质中二维或三维水流、热量以及溶质运移等过程，且对于处理不规则边界以及材料异性等问题具有较好的模拟效果。

以 HYDRUS 模型为数值模拟手段对农田土壤水分、地下排水量、地下水位变化、农田污染物运移以及相关管理等开展研究，Han 等（2015）采用 HYDRUS 模型与作物生长模型相耦合模拟了不同地下水位对棉花生长及其根区水平衡的影响；TEKİN（2002）利用 HYDRUS 模型对分层土壤下的暗管排水问题进行研究，预测分析了暗管排水量和地下水位间的关系；Ebrahimian 等（2015）应用 HYDRUS 模型分析了水田中暗管埋深和间距、表面土质以及裂隙对暗管排水量的影响；Filipović 等（2014）采用 HYDRUS 模型模拟了常规暗管排水、砾石回填暗管排水及其与鼠道排水组合形式在模拟强降雨和实际降雨下的排水能力，分析了 3 种排水形式对地下水位的影响；Salehi 等（2017）指出利用 HYDRUS 模型模拟稻田控制排水氮素损失具有较好的效果。

5.4.1.1 HYDRUS 模型

HYDRUS 模型通过对水流区域进行不规则网格剖分，对不规则水流边界、各向异性的非均质土壤具有很好的模拟效果。其水流控制方程采用修正的 Richards 方程，即嵌入源汇项以考虑作物根系吸水，控制方程采用伽辽金有限元法进行求解。此外，该模型还可以灵活处理各类水流边界。

HYDRUS 模型采用修正的 Richards 方程描述二维饱和及非饱和土壤水流运动，各向同性的土壤水流运动控制方程如下，

$$\frac{\partial \theta(h)}{\partial t} = \frac{\partial}{\partial x_i} \left[K(h) \left(K_{ij}^A \frac{\partial h}{\partial x_j} + K_{iz}^A \right) \right] - S(h) \tag{5.1}$$

式中：h 为压力水头，cm；$\theta(h)$ 为土壤体积含水量函数，cm^3/cm^3；t 为时间，d；$x_i (i=1,2)$ 为空间坐标，cm；$S(h)$ 为作物根系吸水源汇项，1/d；$K(h)$ 为土壤非饱和导水率函数，cm/d；K_{ij}^A 为各向异性导水率张量的无量纲分量。

HYDRUS 模型中用于描述土壤水力特性参数的函数形式包括：van Genuchten（VG）公式、Vogel - Cislerova 公式、Brooks - Corey 公式、Kosugi 公式和 Durner 公式，采用 VG 公式表达土壤 $\theta(h)$ 和 $K(h)$，详见第 4 章 4.2.3 节。

HYDRUS 模型提供了三类独立边界以及三类非独立边界。独立边界中的第一类边界条件为压力水头边界（Dirichlet 边界），如常水头或变水头边界：

$$h(x,z,t)=\Psi(x,z,t) \quad (x,z)\in \Gamma_D \tag{5.2}$$

第二类边界条件为通量边界（Neumann 边界），如常通量边界或变通量边界：

$$-\left[K(h)\left(K_{ij}^A \frac{\partial h}{\partial x_j}+K_{iz}^A \right) \right]n_i=\sigma_1(x,z,t) \quad (x,z)\in \Gamma_N \tag{5.3}$$

第三类边界条件为给定梯度边界：

$$\left(K_{ij}^A \frac{\partial h}{\partial x_j}+K_{iz}^A \right)n_i=\sigma_2(x,z,t) \quad (x,z)\in \Gamma_G \tag{5.4}$$

式中：Γ_D、Γ_N、Γ_G 分别为三类边界的取值范围；Ψ、σ_1、σ_2 均为 x、z、t 的函数，其中 Ψ、σ_1 的单位分别为 cm、cm/d；n_i 为边界 Γ_N、Γ_G 的法向分量。

土壤-大气边界属于非独立边界中的第一类边界条件，其潜在的通量可通过外界条件的设定获得，如地表蒸发量、降雨量以及灌溉量，但实际的通量仍需根据土壤水分条件分析确定。大气边界可随着地表压力水头的变化在通量和水头边界之间自行切换：

$$\left| K(h)\left(K_{ij}^A \frac{\partial h}{\partial x_j}+K_{iz}^A \right)n_i \right| \leqslant E \tag{5.5}$$

$$h_A \leqslant h \leqslant h_S \tag{5.6}$$

在式（5.5）和式（5.6）中，E 为潜在入渗速率或者蒸发速率；h 为地表压力水头；h_A 和 h_S 分别为地表允许的最小和最大压力水头。当地表压力水头 h 小于 h_A 时，地表形成干土层，抑制土壤蒸发，此时模型的上边界由通量边界自动转为压力水头边界；当地表允许的最大压力水头 h_S 设置为正时，上边界为积水边界，此时上边界可形成一定深度的积水层，在该最大压力水头范围内，随着降雨、灌溉、入渗的变化，自动计算实际积水深度。

渗流边界属于非独立边界中的第二类边界条件，由用户设定压力水头临界值，当边界上压力水头超过此值时，开始出现排水，通常设定该值为零。非独立边界中的第三类边界条件主要是考虑排水暗管的作用，当暗管位于土壤饱和区时，暗管可作为压力汇项，其周围的压力水头设定为零，而当暗管位于土壤非饱和区时，暗管被简化为零补给量的节点源汇项，当采用节点代替暗管时，假定赋予该节点修正的渗透系数 $K_{drain}=K_p C_d$，其中 K_p 为暗管临近网格单元处的渗透系数，C_d 为与暗管直径及网格尺寸等相关的修正系数。

5.4.1.2 模型参数率定验证

以安徽省新马桥农水综合试验站排水试验小区获得的 2015 年 8 月 13 日、2015 年 10 月 18 日和 2016 年 6 月 5 日的田间试验数据为依据，对 HYDRUS 模型的参数进行率定，以 2015 年 8 月 12 日（积水）、2016 年 6 月 7 日、2016 年 6 月 24 日的田间排水试验数据，对 HYDRUS 模型的参数进行验证。由于在田间排水试验性能分析中发现分层和混合反滤体的排水过程大致相同，故假定两种反滤体的参数相同。图 5.10 给出基于 HYDRUS 模型的改进暗排建模图，当 K 与 K_0 相同时，可转换为常规暗排，其中 b_0 为反滤体宽度，z_0 为反滤体高度，h_d 表示暗管埋深，L 表示暗管间距，T 为不透水层深度。

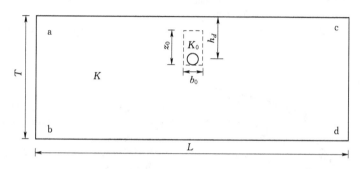

图 5.10 改进暗排下的 HYDRUS 模型模拟示意图

如图 5.10 所示，两侧和底部边界被设置为无流量边界，暗管边界设置为渗流边界，上边界则根据模拟条件差异分别设置为地表积水下的常水头边界、地下水下降下的渗流边界、次降雨下的大气边界。卵石反滤体的水力特性参数参照 Filipović 等（2014）的结果，秸秆反滤体的水力特性参数参照虎胆·吐马尔白等（2009）的结果，砂石反滤体的水力特性参数则综合上述两种情况率定后得到。表 5.7 给出率定的土壤及各反滤体材料的水力特性参数，图 5.11 则给出基于率定参数的累计排水量模拟值与实测值对比情况。

表 5.7 率定的土壤及反滤体材料的水力特性参数

土壤及材料	$\theta_r/(\mathrm{cm}^3/\mathrm{cm}^3)$	$\theta_s/(\mathrm{cm}^3/\mathrm{cm}^3)$	$a/(1/\mathrm{cm})$	n	$K_s/(\mathrm{cm}/\mathrm{d})$	l
土壤（常规、分层、混合小区）	0.05	0.44	0.014	1.8	80.64	0.5
土壤（卵石、秸秆小区）	0.05	0.44	0.014	1.8	91.58	0.5
卵石	0.005	0.42	0.1	2.1	2880	0.5
秸秆	0	0.48	0.018	1.9	993.6	0.5
分层和混合砂石	0.01	0.42	0.016	1.85	2592	0.5

基于上述率定获得的参数值，模拟得到 2015 年 8 月 12 日积水层深度 7cm 下常规暗排、秸秆改进暗排、卵石改进暗排、分层砂石改进暗排以及混合砂石改进暗排的排水量分别为 0.185m/d、0.408m/d、0.418m/d、0.384m/d 和 0.384m/d，与实测值吻合较好（图 5.12）。图 5.13 则给出基于率定参数得到的 2016 年 6 月 7 日和 2016 年 6 月 24 日累计排水量模拟值与排水试验实测值对比情况。

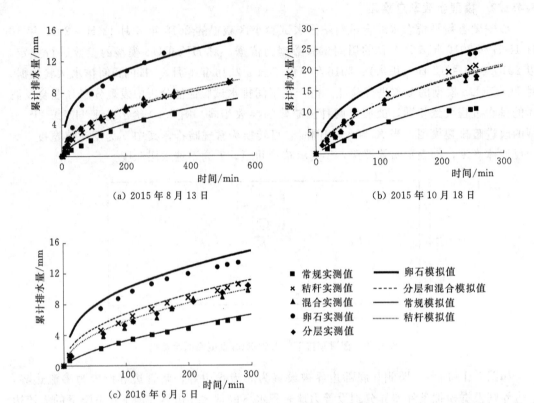

(a) 2015 年 8 月 13 日

(b) 2015 年 10 月 18 日

(c) 2016 年 6 月 5 日

常规实测值	—— 卵石模拟值
× 秸秆实测值	---- 分层和混合模拟值
▲ 混合实测值	—— 常规模拟值
● 卵石实测值	······· 秸杆模拟值
◆ 分层实测值	

图 5.11 率定期累计排水量模拟值与实测值的对比

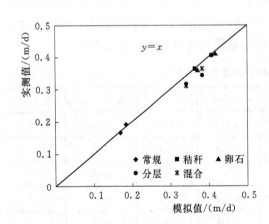

图 5.12 2015 年 8 月 12 日积水下的排水量模拟值与实测值对比

为了定量评估 HYDRUS 模型参数率定和验证期间的数值模拟效果，选取决定系数 R^2、相对误差 RE 和纳什系数 NSE 作为评价指标，详细表达式见第 4 章 4.5.3 节。

表 5.8 给出在 HYDRUS 模型参数率定和验证期间的评价指标情况。对 5 种试验处理而言，常规暗排、秸秆反滤体改进暗排、卵石反滤体改进暗排、分层砂石反滤体改进暗排以及混合砂石反滤体改进暗排 R^2 的范围依次为 0.96～1、0.98～1、0.97～1、0.99 和 0.98～0.99；RE 的范围依次为 -11.2%～11.5%、-6.5%～9.9%、6.6%～8.5%、6.9%～9.9% 和 0.6%～14.1%；NSE 的范围依次为 0.91～0.99、0.93～0.99、0.89～0.98、0.89～0.98 和 0.92～0.99，上述参数分布范围说明了模型参数率定的有效性。

126

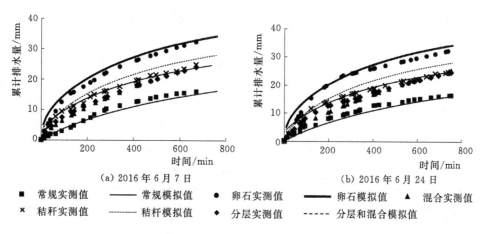

(a) 2016 年 6 月 7 日   (b) 2016 年 6 月 24 日

■ 常规实测值   —— 常规模拟值   ● 卵石实测值   —— 卵石模拟值   ▲ 混合实测值

× 秸秆实测值   ⋯⋯ 秸秆模拟值   ◆ 分层实测值   ---- 分层和混合模拟值

图 5.13　验证期累计排水量模拟值与实测值的对比

表 5.8 　　　　　　　　　　　　　模型参数率定验证统计分析

评价指标	暗排类型	率　　定			验　　证	
		2015 年 8 月 13 日	2015 年 10 月 18 日	2016 年 6 月 5 日	2016 年 6 月 7 日	2016 年 6 月 24 日
决定系数 R^2	常规	0.99	0.96	1.00	0.99	0.99
	秸秆	1.00	0.98	1.00	1.00	0.99
	卵石	0.99	0.97	0.99	1.00	0.98
	分层	0.99	0.99	0.99	0.99	0.99
	混合	0.99	0.99	0.99	0.99	0.98
相对误差 RE /%	常规	9.8	11.5	3.3	−8.8	−11.2
	秸秆	7.5	−4.4	−6.5	9.9	9.5
	卵石	8.5	7.5	9.7	7.7	6.6
	分层	6.9	8.6	9.9	9.9	8.7
	混合	0.6	9.9	14.1	9.0	10.2
纳什系数 NSE	常规	0.99	0.91	0.99	0.98	0.98
	秸秆	0.99	0.96	0.95	0.97	0.93
	卵石	0.98	0.96	0.89	0.96	0.96
	分层	0.95	0.97	0.89	0.98	0.96
	混合	0.99	0.97	0.92	0.98	0.94

5.4.2　地表积水下改进暗排排水性能的影响因素

改进暗排与常规暗排的最大不同之处在于增设了透水性好的反滤体。不同的反滤体材料具有不同的渗透系数，长时间运行下同一反滤体材料的渗透系数也会有所差别，以稻壳为例，当受压从 0 变到 5kPa 时，渗透系数会减少 50% 以上（Ebrahimian，2011），故反滤体的渗透系数对改进暗排的排水能力影响至关重要。此外，反滤体的宽度和高度也直接影响改进暗排的排水量，反滤体范围越大，排水量越大，但成本也越大。为此，在土体饱和且地表积水下，利用 HYDRUS 模型模拟分析反滤体渗透系数、反滤体宽度和高度、暗管埋深和间距对改进暗排排水能力的影响。

参考淮北平原暗排工程中的相关参数，暗管直径设定为 0.075m，选取 $b_0=0.4$m、$z_0=0.7$m、$h_d=0.9625$m、$L=40$m 和 $T=10$m（图 5.10）为暗排工程基础尺寸，仍假定积水层深度为 7cm。土壤和反滤体的水力特性参数分别采用田间卵石小区的土壤率定参数以及卵石和分层小区的反滤体率定参数。改进暗排的排水量取为卵石及砂石反滤体作用下的平均值，不同影响因子下的模拟方案取值见表 5.9。

表 5.9 反滤体渗透系数及暗排尺寸取值表

影响因子	参 数 取 值
反滤体渗透系数	$K_0/K_{0f}=0.03$、0.1、0.3、0.5、0.8、1、1.2、1.5、1.8、2、3
反滤体宽度/m	$b_0=0$、0.1、0.2、0.3、0.4、0.5、0.6
反滤体高度/m	$z_0=0$、0.1、0.2、0.3、0.4、0.5、0.6、0.7
暗管埋深/m	$h_d=0.7625$、0.8625、0.9625、1.0625、1.1625，$z_0=0.5$
暗管间距/m	$L=5$、10、20、30、40、50、60

注 K_{0f} 表示田间试验率定的卵石反滤体渗透系数。

5.4.2.1 反滤体的渗透系数

表 5.10 给出不同反滤体渗透系数下模拟的改进暗排排水量，可以看到，随着反滤体渗透系数增加，改进暗排的排水量呈增大趋势，但增幅逐渐减少。图 5.14 显示出模拟的改进暗排和常规暗排排水量之比随反滤体与土壤渗透系数比值变化的趋势。通常反滤体设计准则中要求反滤体的渗透系数至少应为土壤渗透系数的 10 倍，当 K_0/K 小于 10 时，改进暗排的排水量迅速增大；K_0/K 等于 10 时，改进暗排的排水量约为常规暗排的 2 倍；当 K_0/K 继续增至 30～40 时，改进暗排的排水量仍有明显增幅，约为常规暗排的 2.1 倍；当超过 30～40 后，改进暗排的排水量增幅很小。换句话说，这表明了随着改进暗排的长时间运行，反滤体的渗透系数逐渐减小至土壤渗透系数的 30～40 倍之前，并不影响改进暗排的排水能力，当反滤体渗透系数仅为土壤的 10 倍时，改进暗排的排水能力仍显著大于常规暗排。

表 5.10 不同反滤体渗透系数下模拟的改进暗排排水量

K_0/K_{0f}	K_0/(m/d)	K_0/K	排水量/(mm/d)
0.03	0.916	1.0	37.8
0.1	2.88	3.1	60.0
0.3	8.64	9.4	74.3
0.5	14.40	15.7	77.5
0.8	23.04	25.2	79.0
1.0	28.80	31.4	79.8
1.2	34.56	37.7	80.5
1.5	43.20	47.2	81.0
1.8	51.84	56.6	81.5
2.0	57.60	62.9	82.0
3.0	86.40	94.3	82.6

5.4.2.2 反滤体的宽度和高度

以卵石和分层反滤体改进暗排排水量均值为因变量，从图5.15（a）可以看到，随着反滤体宽度增加，模拟的改进暗排的排水量不断增大，但增幅却减小。当反滤体高度不变时，模拟的改进暗排的排水量与反滤体宽度之间呈现为较好的二次抛物曲线关系，当反滤体宽度由 0 增至 0.2m 时，排水量增加 83%，反滤体宽度为 0.2~0.6m 时，宽度每增大 0.1m，排水量将在之前的基础上再增加约 8%。反滤体高度对模拟的改进暗排的

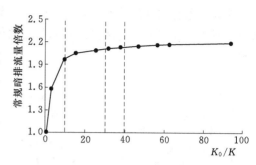

图5.14　反滤体与土壤渗透系数的差别对改进暗排的排水量的影响

排水量的影响与反滤体宽度相同 [图5.15（b）]。相同反滤体宽度下，模拟的改进暗排的排水量与反滤体高度之间也为二次抛物曲线关系，当反滤体高度由 0 增到 0.2m 时，排水量增加 54%，反滤体高度为 0.2~0.7m 时，高度每增大 0.1m，排水量将在之前的基础上再增加约 4%。由此可见，改变反滤体的尺寸将直接影响改进暗排的排水能力，且反滤体尺寸设计还事关造价成本，故设计中应因地制宜、合理考虑投入产出关系，实现优化布局。

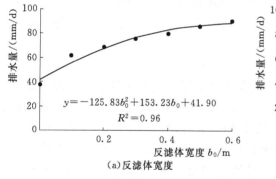
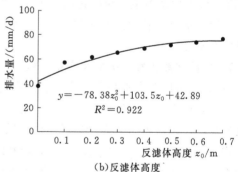

(a)反滤体宽度　　　　　　　　(b)反滤体高度

图5.15　反滤体宽度和高度对改进暗排的排水量的影响

5.4.2.3 暗管的间距和埋深

从图5.16给出的结果可以看出暗管间距对模拟的改进暗排的排水量的影响。随着暗管间距增大，常规暗排和改进暗排的排水量均呈幂函数趋势下降，在相同的暗管间距下，改进暗排的排水量约为常规暗排的 2.1 倍。此外，从图5.16显示的拟合公式可以看到，函数的拟合参数为 −0.98，略大于 −1，基于常规暗排的排水量计算公式，可对产生该现象的原因进行解释，即在其他参数不变的情况下，暗管间距在一定程度上影响了暗排地段的阻抗系数，但在模拟取值范围内，暗管间距对该阻抗系数的影响与暗管间距的影响相比较小，故出现了拟合参数略大于 −1 的情况。若去掉较小暗管间距对应的排水量，则拟合参数接近 −1，间接反映出与较大暗管间距相比，较小暗管间距对暗排阻抗系数的影响更大。

由地表积水下的常规暗排的排水量计算公式可知，暗管埋深主要影响暗管的作用水

头，在其他条件相同的情况下，暗排的排水量与作用水头呈线性关系。从图 5.17 给出的结果可以看出，模拟的改进暗排的排水量与暗管埋深也呈线性正相关，该规律与常规暗排相一致。

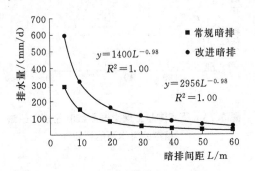

图 5.16 暗管间距对模拟的改进暗排的排水量的影响

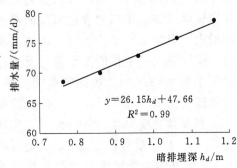

图 5.17 暗管埋深对模拟的改进暗排的排水量的影响

5.4.3 地表无积水下改进暗排的降渍性能

一旦地表积水排除后，暗管排水需承担农田降渍功能，其控制地下水位的能力直接影响作物受渍历时，进而影响作物生长及产量。为此，在初始饱和土壤且地表无积水下，利用 HYDRUS 模型模拟分析改进暗排下距暗管不同距离处的地下水位变化过程以及改进暗排控制地下水位的能力，评估改进暗排在农田降渍上的作用。模型上边界为渗流边界，并忽略短期蒸发影响。

5.4.3.1 排水量及累计排水量变化过程

图 5.18 给出在排水 96h 内模拟的改进暗排和常规暗排的排水量变化过程。随着排水时间增加，地下水位逐渐下降，排水量逐渐减小，改进暗排与常规暗排的排水量间的差值也逐渐减小，但前者始终大于后者。由于反滤体材料的持水能力较小，排水初始阶段在反滤体内的水分将通过暗管排出，并在其范围内形成非饱和区域，致使改进暗排在排水后短期内的排水量很大。随后，随着反滤体附近的土壤重力水被排出，地下水位不断下降，与反滤体接触的水体范围逐渐减少，改进暗排的排水量逐渐接近常规暗排。此外，还可发现改进暗排和常规暗排的排水量随时间变化均呈现幂函数下降趋势，且具有很好的相关性。

图 5.19 给出在排水 96h 内模拟的改进暗排和常规暗排累计排水量变化过程。相应于排水后 6h、12h、24h、48h、72h 和 96h，常规暗排对应时刻的累计排水量分别为 1.5mm、2.6mm、4.6mm、7.8mm、10.5mm 和 12.9mm，改进暗排分别为 3.1mm、4.7mm、7.1mm、11mm、14.1mm 和 16.8mm，后者比前者分别增长 107%、81%、54%、41%、34% 和 30%。由于反滤体材料的持水性能低于土壤，排水后在反滤体范围的水量被迅速排除，使得改进暗排的累计排水量在排水初期与常规暗排间的差别较大。由此可见，改进暗排在控制地下水位能力上明显强于常规暗排，特别是在排水初期尤为显著。

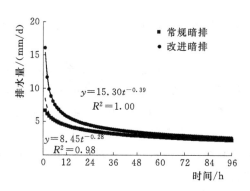

图 5.18 不同暗排形式下模拟的
排水量变化过程

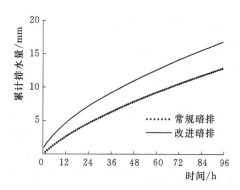

图 5.19 不同暗排形式下模拟的
累计排水量变化过程

5.4.3.2 地下水埋深变化过程

我国农田排水降渍标准为旱作农田在渍害敏感期采用 3～4 天内使地下水位降至田面以下 0.4～0.6m，水稻田在晒田期 3～5 天内使地下水位降至田面以下 0.4～0.6m，选取降低地下水位至田面以下 0.4m 为降渍目标。图 5.20 给出模拟的改进暗排和常规暗排下距离暗管 $L/8$、$L/4$ 和 $L/2$ 处的地下水埋深变化过程。随着排水时间增加，地下水位逐渐下降，改进暗排的排水量逐渐变小，控制地下水位的能力有所减弱，且在距暗管越远的断面处地下水位下降越为缓慢。常规暗排下距离暗管 $L/8$、$L/4$ 和 $L/2$ 处的地下水位降至田面以下 0.4m 分别需要 36h、68h 和 93h，而改进暗排下则分别需要 26h、55h 和 79h，比前者分别节省 10h、13h 和 14h，时间分别缩短 28%、19% 和 15%。由此可见，改进暗排对降低地下水位的时效更高，尤其是在距暗管较近的断面处。

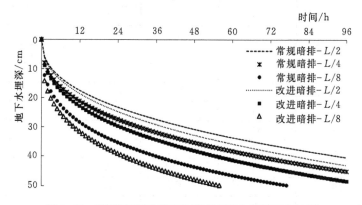

图 5.20 不同暗排形式下模拟的地下水埋深变化过程

5.4.4 次降雨排水下的日水量平衡分析

分析不同日降雨量和初始地下水埋深下不同暗排形式的排水过程以及降雨日水量平衡状况，可以进一步了解改进暗排在减少地表径流和土壤蓄存水量上的能力，为此，利用 HYDRUS 模型模拟分析相关结果。设置日降雨量分别为 25mm、50mm 和 100mm，初始地下水埋深分别为 0、10cm 和 30cm，以田间试验地下水埋深 5cm 和 25cm 下的非饱和土壤含水量分别为 0.38cm³/cm³ 和 0.34cm³/cm³ 为参考，假定模拟地下水埋深 10cm 和

30cm下的非饱和土壤含水量分别为$0.38cm^3/cm^3$和$0.34cm^3/cm^3$，模型上边界为大气边界，假定降雨量均匀分布。

表5.11给出初始地下水埋深分别为0、10cm和30cm且日降雨量分别为25mm、50mm和100mm的情况下无地下排水、常规暗排和改进暗排的日土壤水量平衡情况。总体上，常规暗排和改进暗排均可以明显减少地表径流量。在相同降雨下，随着初始地下水埋深增大，地表径流量和暗管排水量逐渐减小，蓄存于土壤的水量有所增加；在相同初始地下水埋深下，随着降雨量增大，受土壤渗透性制约，入渗水量小幅增加，暗管排水和土壤蓄水量有较小增幅，但地表径流量却显著增加。

表5.11　　　　　　　不同降雨量和初始地下水埋深下的日土壤水量平衡情况

排水形式	地下水埋深 /cm	日降雨量 /mm	入渗量 /mm	地表径流量 /mm	地下排水量 /mm	土壤水量变化 /mm
无地下排水	0	25	0	25	0	0
	0	50	0	50	0	0
	0	100	0	100	0	0
	10	25	14.1	10.9	0	14.1
	10	50	14.1	35.9	0	14.1
	10	100	14.1	85.9	0	14.1
	30	25	25	0	0	25
	30	50	44.7	5.3	0	44.7
	30	100	44.7	55.3	0	44.7
常规暗排	0	25	18.2	6.8	19.8	−1.6
	0	50	22.6	27.4	23.5	−0.8
	0	100	27.2	72.9	27.7	−0.5
	10	25	25	0	10.7	14.3
	10	50	33	17	19.7	13.3
	10	100	39.3	60.7	25.6	13.7
	30	25	25	0	5.7	19.3
	30	50	50	0	9.2	40.8
	30	100	62	38.1	18.8	43.1
改进暗排	0	25	22.9	2.1	24.8	−2
	0	50	26.2	23.8	29.4	−3.2
	0	100	33	67	35.4	−2.4
	10	25	25	0	17.9	7.1
	10	50	36.1	13.9	25.1	11
	10	100	44.2	55.8	32.4	11.8
	30	25	25	0	9.7	15.3
	30	50	50	0	13.4	36.6
	30	100	67.5	32.5	24.8	42.7

注　无地下排水时近似忽略间距较大明沟等排水方式导致的入渗量。

当初始地下水埋深为0时，日降雨量25mm、50mm和100mm下常规暗排的日地表径流量分别为 6.8mm、27.4mm 和 72.9mm，比无地下排水分别减少 73%、45% 和 27%，而改进暗排的日地表径流量分别为 2.1mm、23.7mm 和 67mm，比无地下排水分别减少 92%、53% 和 33%。与常规暗排相比，改进暗排下的地表径流量可分别减少 69%、14% 和 8%。

初始地下水埋深越大，蓄存于土壤中的水量越多，地表径流量减小越明显。当日降雨量为 25mm 时，初始地下水埋深为 10cm 和 30cm 下常规暗排和改进暗排均不产生地表径流，前者的入渗水量中分别有 57% 和 77% 蓄存土壤中，后者则为 28% 和 61%，土壤蓄存水量将导致地下水位上升，且蓄存量越大，则意味着雨停后需要越长的降渍排水时间。当日降雨量为 50mm 时，初始地下水埋深为 10cm 和 30cm 下常规暗排的日累计排水量分别为 19.7mm 和 9.2mm，分别占入渗水量 60% 和 18%，土壤蓄水量分别增加 13.3mm 和 40.8mm，而改进暗排的日累计排水量分别为 25.1mm 和 13.4mm，分别占入渗水量 70% 和 27%，土壤蓄水量分别增加 11mm 和 36.6mm。由此可见，与常规暗排相比，改进暗排增大了排水量，减少了蓄存于土壤中的水量，有效减少了后续降渍时间，降低了农田渍害程度。此外，当初始地下水埋深为 10cm 和 30cm 时，与常规排水相比，改进暗排下的地表径流量可减少 8%~20%。

总体来说，在相同的地下水埋深和降雨条件下，改进暗排在减少地表径流和土壤蓄存水量的能力上均强于常规暗排，更有利于满足农田排水除涝降渍要求，在农田明暗组合排水工程设计中应给予充分考虑。

5.5 改进暗管排水防淤堵试验

暗管淤堵问题是影响暗管排水工程长期安全稳定运行的主要问题之一，也是暗管排水技术应用中亟须解决的问题。简述了常规暗管排水技术的防淤堵措施，考虑分层和混合 2 种反滤体铺设方式、2 种厚度土工布以及 3 种土工布铺设位置，开展改进暗排防淤堵试验，分析反滤体或土工布单一防淤堵措施以及反滤体与土工布相结合的组合防淤堵措施下的排水流量衰减过程、土工布淤堵量和土壤流失量，提出合理防淤堵布局方式及改进暗排砂砾石反滤体规格选择准则。

5.5.1 暗管防淤堵措施简述

常规暗管排水主要以外包滤料作为防淤堵措施，预防和减少土壤随水流进入暗管产生淤堵。除了防淤堵作用外，外包滤料还能够增大暗管周围土体的渗透性能，减少地下水流进入暗管的阻力，防止暗管受到过大土荷载而发生破坏。常用的暗管外包滤料主要包括砂砾石滤料、有机物滤料和合成滤料。砂砾石滤料是使用时间最长、理论研究相对较为完善的形式，有机物滤料主要有谷壳、秸秆、树枝、木屑、泥炭、玉米棒、椰子纤维等，在比利时、德国、荷兰等地均有成功应用案例，合成滤料是最晚发展起来的，具有价格低廉、易于运输储存、便于机械化施工等特点，也是被普遍研究并加以采用的形式之一。

5.5.1.1 暗管淤堵风险及外包滤料选择标准

暗管淤堵主要受土壤质地、土壤粒径分布、土壤颗粒形状和密度以及土壤矿物物质等因素影响，其中土壤质地和土壤粒径分布是判断是否需要铺设外包滤料最为优先考虑的因素。一般情况下，当土壤黏粒含量超过 20%～30% 时，土壤性能比较稳定，暗管淤堵风险相对较小，不必铺设外包滤料。各个国家和地区采用的土壤黏粒含量下限有所不同，如加拿大魁北克地区设定为 20%，荷兰为 25%，埃及和印度为 30%。对砂质非黏性土壤来说，暗管极易发生淤堵，但当土壤不均匀系数超过 15 时，也可认为并无淤堵风险。此外，当土壤的塑性指数超过 12 时，暗管淤堵风险也较小，不易出现淤堵问题（Stuyt 等，2005）。Lennoz-Gratin 等（1993）采用试验方法对引起土壤破坏的水力梯度进行分析研究，描述了不同临界水力梯度和土壤质地所对应的淤堵风险大小，指出当临界水力梯度大于 1.8 时，暗管淤堵并不显著。McAuliffe 等（1986）对新西兰 12 种不同土壤中的暗管淤堵量进行了室内试验分析，指出当水流刚进入暗管时，土壤颗粒最易进入暗管形成淤堵，预包裹措施对减小暗管淤堵风险具有较好作用。选用暗管外包滤料的原则通常为：①反滤性好（保土），在保证透水同时防止土壤颗粒进入暗管；②渗透性强，要求透水性大于土壤介质；③抗淤堵，滤层部位不会因土粒淤塞导致透水不畅。

关于土工布防淤堵机理，大部分学者认为土工布本身并不会起到挡土的作用，只起到催化剂作用。如图 5.21（a）所示，在水流作用下，靠近土工布且粒径较小的土粒被带入土工布并向远离土工布的方向移动，逐渐形成由较粗颗粒组成的架空区。有效的土工布作用可使该架空区上方形成一层天然滤层，进而起到过滤作用，而反滤体主要是利用自身孔隙限制土粒移动。在有效的反滤体作用下［图 5.21（b）］，土粒受水流拖拽作用向反滤体方向移动，细粒可能进入反滤体，但土壤中较粗颗粒会被限制，之后这些被限制的较粗颗粒将形成更小的孔隙限制较细颗粒的移动，最终形成稳定区。

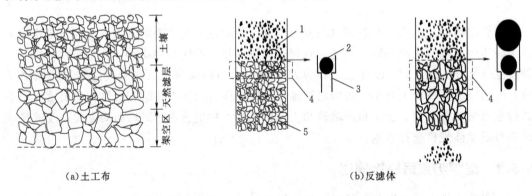

（a）土工布　　　　　　　　　　　　　　　（b）反滤体

图 5.21　土工布和反滤体防淤堵机理示意图

1—土壤；2—土壤颗粒；3—孔隙通道；4—稳定区；5—反滤体

对土工织物外包滤料，在常规反滤条件下，通常采用的保土准则基于两个重要参数：滤料的过滤孔径和被保护土的粒径分布。尤其是组成土体骨架的颗粒粒径，一般要求土工织物应满足 $O_{90} < Bd_{85}$，其中 B 一般可取 1～4，O_{90} 为外包滤料中 90% 的孔径都小于该值的开孔直径，d_{85} 为土壤颗粒中 85% 的粒径都小于该值的颗粒直径。Stuyt 等（2006）指出选择土工布外包滤料的主要控制因素为 O_{90}/d_{90}、渗透系数和土工织物的厚度，其中 O_{90}/d_{90} 是最重要的影响因素，建议其应大于或等于 1.0，且尽量接近可选择范围的上限。

《灌溉与排水工程设计规范》中规定了在滤水防砂性能上应先按 $O_{90}/d_{85}\approx4$ 初选土工织物，再通过试验确定。

对砂砾石外包滤料，常根据土壤质地，在暗管周边铺设厚为 $5\sim10\text{cm}$ 的砂砾石。砂砾石的级配准则在国内外没有统一标准，其反滤层设计主要通过反滤料特征粒径与被保护土体特征粒径的关系加以确定。如太沙基级配准则：在被保护土粒不均匀系数小于 5 时，反滤料特征粒径应满足 $D_{15}\geqslant4d_{15}$（透水准则）和 $D_{15}\leqslant4d_{85}$（保土准则）；美国土壤保护局级配准则：$D_{100}\leqslant38\text{mm}$、$D_{30}\geqslant0.25\text{mm}$ 和 $D_{5}\geqslant0.075\text{mm}$，对细质地土壤，还应满足 $D_{15}<7d_{85}$，但当 $D_{15}>0.6\text{mm}$ 时，则需要满足 $D_{15}>4d_{15}$；美国水道试验站级配准则：$D_{15}<5d_{85}$、$D_{15}\geqslant5d_{15}$（透水准则）和 $D_{50}\leqslant25d_{50}$（保土准则），这些准则均可作为参考。

5.5.1.2 暗管外包滤料防淤堵研究

目前，对合成及砂砾石外包滤料的研究多采用试验方法。Salem 等（1995）研究了埃及自产的较厚外包滤料及较薄土工布产品对暗管排水性能的影响，结果表明较厚外包滤料对暗管排水性能并无不利影响，虽然土壤颗粒在水流运动下发生移动，但其对暗管淤堵仍起到积极作用，且薄土工布与较厚外包滤料相比，淤堵风险相对较大。丁昆仑等（2000）采用一维和二维渗透模型对土工织物外包滤料进行试验研究，分析了 12 种土工织物的透水性，为宁夏银北暗管排水外包滤料选择提供了依据。刘文龙等（2013）对黄河三角洲暗管排水外包滤料选择进行了探讨，基于当地土壤特性，通过理论计算及渗流试验观测，研究了土工布的透水和防淤堵性能，指出土工布外包滤料的厚度不宜过大。Stuyt（1992）通过扫描方法得到暗管淤堵三维图像，对运行 5 年的暗管周围土壤孔隙进行了分析。Lal 等（2012）对印度哈里亚纳邦地区以合成材料为外包滤料的暗管排水工程运行 $3\sim6$ 年后的淤堵状况进行了调查分析，结果显示合成外包滤料具有较好的防淤堵能力，暗管的淤堵量很小。Asghar 等（1995）对巴基斯坦暗管外包滤料防淤堵效果进行了室内试验分析，指出由 ASTM-21（美国材料与试验协会）筛分出的砂石外包滤料要比 ASTM-7 筛分的外包滤料具有更好的表现。Noshadi 等（2015）基于室内试验分析对比了满足美国垦务局（USBR）准则的砂石外包滤料的渗透系数、水力梯度及排水流量等参数，表明砂石外包滤料具有更好的排水性能。鲍子云等（2006）对宁夏引黄灌区暗管排水工程外包滤料的应用效果进行了实地调查，指出有纺布外填砂石滤料防护措施的透水性及防淤堵效果最佳，对不同土壤的适用性更强，并提出了适合该地特定环境下的暗管排水外包滤料形式。

5.5.2 暗管防淤堵试验设计与方法

参考已有暗管防淤堵的试验研究，设计改进暗排防淤堵试验装置，结合工程实践中改进暗排可能出现的反滤体或土工布单一防淤堵措施和反滤体与土工布相结合的组合防淤堵布局方式，制定试验方案。

5.5.2.1 试验装置

根据改进暗排的结构特点，参考联合国粮食与农业组织出版的暗管外包滤料选择指南（El-Sadany 等，1995）以及刘文龙等（2013）研究常规暗排外包滤料所采用的试验装置，设计改进暗排的防淤堵试验装置如图 5.22 所示。该装置的主体结构包括上、下两部分并通过法兰连接。上部为内径 11cm、外径 12cm 和高 40cm 的有机玻璃圆筒，用于放置土样及反滤体；下部为底部呈球形结构的圆柱筒，用于排水和排砂。上下结构间用带孔支撑板分隔，上部设置 5 个测压管，分别距法兰 2cm、10cm、15cm、20cm 和 30cm，下部在距法兰 2cm 处设置 1 个测压管，在紧贴筒壁内侧的测压管口处设置有滤网，防止土壤流失及淤堵影响测压管正常工作。全土方案时的土壤铺设高度为 30cm，分层反滤体方案由下向上铺设 10cm 厚粗颗粒、5cm 厚中颗粒、5cm 厚细颗粒等三层反滤料以及 10cm 厚的土壤，而混合反滤体方案则铺设 20cm 混合反滤料并覆盖 10cm 土壤。此外，上层土工布铺设于土壤与反滤体接触面，下层土工布铺设于法兰处。

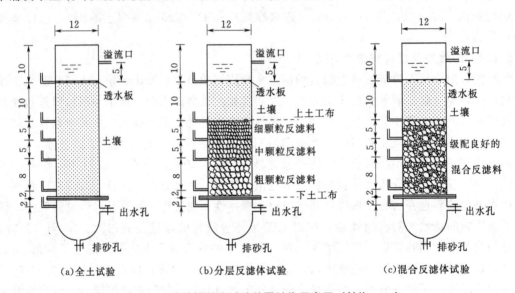

(a) 全土试验　　　　　(b) 分层反滤体试验　　　　　(c) 混合反滤体试验

图 5.22　暗排防淤堵试验装置结构示意图（单位：cm）

5.5.2.2　土壤颗粒分析及反滤体制备

供试土壤来自山东滨海地区，按照联合国粮食与农业组织土壤分类中黏粒（小于 0.002mm）、粉粒（0.002~0.05mm）及砂粒（0.05~1mm）划分标准，经土壤颗粒分析得到该土壤的粘粒、粉粒和砂粒含量分别为 0.04%、66.84% 和 33.12%（图 5.23），黏粒含量远小于暗管不发生淤堵的临界值 20%~30%，且土壤的不均匀系数为 3.9。此外，选用太沙基准则作为分层和混合反滤体规格筛选的标准，综合考虑土壤筛分装置规格配制反滤料，绘制分层和混合反滤体的级配曲线如图 5.23 所示，其中分层反滤体-1、2 和 3 分别代表分层反滤体的细颗粒层、中颗粒层以及粗颗粒层。

5.5.2.3　试验方法及方案设置

试验中分层填装土壤介质，每次装填高度 5cm，并控制一定容重。采用从下向上缓慢注水的供水方式饱和土壤，随后改为自上而下供水，通过溢流口控制稳定的积水层深度，开启出水孔阀门，观测排水量及测压管读数，每组试验持续 1 周左右。在试验期间，持续收集出水孔排水量，并通过相同滤纸过滤。待排水量观测结束后，开启排砂孔，收集淤积在装置底部的土壤，通过相同滤纸过滤后，称量土工布的淤堵量以及滤纸上的土壤流失量。

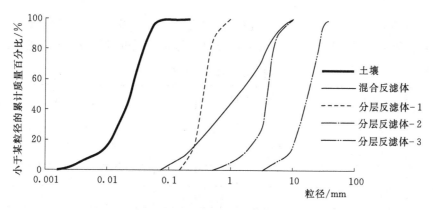

图 5.23 防淤堵试验土壤及反滤体的级配曲线

改进暗排工程实践中可能采取的反滤体铺设形式主要包括分层反滤体和混合反滤体两种情况，其中土工布的布设位置主要有仅暗管周围、仅反滤体上部、仅反滤体周围、暗管周围和反滤体上部、暗管周围和反滤体周围等几种情况（图 5.24）。

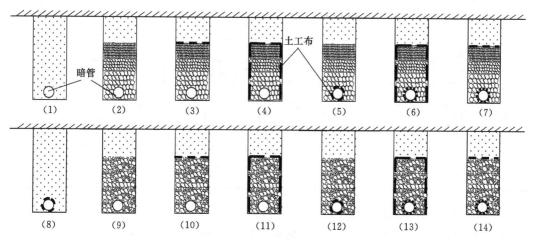

图 5.24 可能出现的暗排防淤堵布局方案

由于试验装置模拟的是一维水流运动，因此在反滤体上部和反滤体周围布设土工布的试验方案相同。以图 5.24 给出的防淤堵布局方案为原型，综合考虑反滤体铺设方式及土工布铺设位置，并根据国内波纹塑料管厂家提供的资料及以往实践经验，选取 A（38g/m²）和 B（75g/m²）两种土工布共进行 17 组试验。在表 5.12 给出的改进暗排下的防淤堵试验方案中，采用 2~3 个字母表示相关参数的组合：第一个字母反映反滤体铺设形式，其中 N、L、M 分别代表全土、分层反滤体和混合反滤体方案；第二个字母表示土工布规格，其中 N、A、B 分别表示无土工布、铺设土工布 A 和铺设土工布 B 方案；第三个字母表示土工布铺设位置，其中 U、D、B 分别表示土工布铺设于反滤体上部与土壤的接触面、暗管周围以及两个位置均铺设，若采用单一防淤堵措施，则第三个字母可省略。

5.5.3 排水流量衰减度分析

随着暗管工程运行，暗管排水流量一定程度上会发生衰减，定义排水流量衰减度为某一时刻暗管的排水流量与初始流量的比值，用以间接反映工程长期运行的有效性，从单一防淤堵措施和组合防淤堵措施2个角度对暗管排水流量衰减度进行分析和预测。

表 5.12　　　　　　　　　　　　　暗排防淤堵试验方案

结构	试验序号	表示方法	与图5.24对照的防淤堵布局方式	无	上A	下A	上下A	上B	下B	上下B
全土	1	NN	(1)	■						
	2	NA	(8)							■
	3	NB	(8)						■	
分层	4	LN	(2)	■						
	5	LAU	(3) 或 (4)		■					
	6	LAD	(5)			■				
	7	LAB	(6) 或 (7)				■			
	8	LBU	(3) 或 (4)					■		
	9	LBD	(5)						■	
	10	LBB	(6) 或 (7)							■
混合	11	MN	(9)	■						
	12	MAU	(10) 或 (11)		■					
	13	MAD	(12)			■				
	14	MAB	(13) 或 (14)				■			
	15	MBU	(10) 或 (11)					■		
	16	MBD	(12)						■	
	17	MBB	(13) 或 (14)							■

5.5.3.1　单一防淤堵措施

图 5.25 给出单一防淤堵措施下排水流量衰减度随时间变化过程，在刚开始排水的短历时内，土壤细颗粒在水流拖拽作用下逐渐下移填充孔隙，土壤颗粒重新分布，土壤不断密实，排水流量逐渐减小。由于土壤颗粒会使土工布发生局部淤堵，故铺设土工布的试验方案 NA 和 NB 的流量衰减程度大于无防淤堵措施的方案 NN。当排水时间达到 150h，NB、NA、LN 及 MN 试验方案下的流量衰减度分别为 0.84、0.79、0.89 和 0.81，均具有较好防淤堵效果，这说明按照太沙基准则选取砂石反滤体规格具有可行性。对铺设土工布的试验方案，NB 的防流量衰减效果比 NA 好。铺设反滤体的试验方案中 LN 的防流量衰减效果要优于 MN，主要原因在于分层反滤体第一层的砂石颗粒粒径和孔隙均偏小，对土壤颗粒下移的限制作用更为明

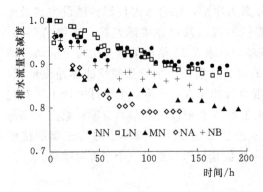

图 5.25　单一防淤堵措施下排水流量衰减度
的时间变化图

显，使其防淤堵效果优于混合反滤体。

5.5.3.2 组合防淤堵措施

组合防淤堵措施的作用效果是反滤体铺设方式、土工布铺设位置、系统的颗粒组成和水力梯度等因素综合作用的结果。图 5.26 给出反滤体和土工布组合防淤堵措施下排水流量衰减度随时间变化过程。在组合防淤堵措施下，反滤体上部与土壤接触面附近处的水力梯度较大，此处铺设较小孔径的土工布 B 易发生土壤细颗粒进入土工布而产生局部淤堵或在土工布表面形成淤塞的现象，从而阻碍水流运动，加速流量衰减进程，如试验方案 LBB、LBU 和 MBU 下的排水流量衰减要明显大于单一反滤体防淤堵方案 LN 和 MN。

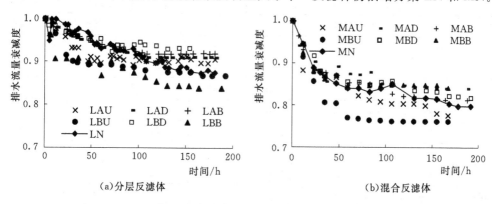

(a)分层反滤体 　　　(b)混合反滤体

图 5.26　组合防淤堵措施下排水流量衰减度的时间变化图

由图 5.26 还可看到，暗管周围包裹土工布的试验方案 LAD、LBD、MAD、MBD 的防流量衰减作用要优于方案 LN 和 MN，主要原因是铺设反滤体后在暗管附近的水力梯度较小，土工布不直接接触土壤，故不易淤堵，同时可对反滤体中细颗粒流失起到防护作用。反滤体与土壤接触位置以及暗管周围均铺设较大孔径土工布的方案 LAB、MAB 与仅在暗管周围包裹土工布的方案 LAD 和 MAD 相比，防流量衰减的优势并不明显，且增加了土工布需求量，从经济角度考虑不建议选用。仅在反滤体与土壤接触位置处铺设较大孔径土工布 A 的方案 LAU 和 MAU 的防流量衰减作用也不及方案 LAD 和 MAD，主要因为后者中的土工布不与土壤直接接触，不易被淤堵或淤塞。此外，与仅在暗管周围铺设土工布（可以铺设前预先制作）相比，在反滤体上部与土壤接触位置处铺设土工布的方案增加了施工质量控制难度。由此可见，无论分层还是混合反滤体，仅在暗管周围铺设土工布即可，且从试验运行结果来看，混合反滤体方案 MAD 和 MBD 以及分层反滤体方案 LAD 和 LBD 均可作为备选方案。

5.5.3.3 排水流量衰减度预测

由于试验中填装的土壤渗透系数有一定差别，故将观测的流量统一修正为相等渗透系数及作用水头下的流量，用于预测不同防淤堵措施下的排水流量衰减度（表 5.13）。可以看到，各方案下的排水流量随时间衰减过程均符合对数曲线关系，决定系数 R^2 均大于 0.7，这与刘文龙等（2013）得到的单一土工布作用下的排水流量衰减规律一致。此外，表 5.13 给出的预测结果表明，混合反滤体下的排水流量衰减要大于分层反滤体，随着时间增加，两者间的差别越明显，当运行 10a 后，前者仅为初始流量的 60% 左右，而后者则超过 70%，二者相差 10%。同时，在暗管周围铺设合理土工布对暗管的长时间安全稳定运行具有一定正面效果，以分层反滤体为例，不铺设土工布的 LN 方案在运行 150h 和 10a 后的流量分别为初始值的 90.1% 和 71.2%，流量减少了 18.9%，而暗管周围铺设土工布的方案 LAD 和 LBD 在排水后 150h 到 10a 间的流量分别减少了 17% 和 8.5%，LBD 方案优于 LAD 方案。

表 5.13 不同防淤堵措施下的排水流量衰减度预测

试验方案	拟合公式	R^2	排水流量衰减度		运行 150h 流量/（cm³/min）	
			150h	10a	预测值	实测值
NN	$y=-0.0217\ln x+1.012$	0.79	0.90	0.77	0.53	0.53
NA	$y=-0.0454\ln x+1.014$	0.90	0.79	0.50	0.42	0.43
NB	$y=-0.0293\ln x+1.010$	0.88	0.86	0.68	0.65	0.63
LN	$y=-0.0296\ln x+1.049$	0.71	0.90	0.71	2.18	2.14
LAU	$y=-0.0229\ln x+1.012$	0.82	0.90	0.75	1.98	2.01
LAD	$y=-0.0267\ln x+1.044$	0.96	0.91	0.74	2.32	2.32
LAB	$y=-0.0239\ln x+1.039$	0.94	0.92	0.77	2.35	2.35
LBU	$y=-0.0236\ln x+0.991$	0.93	0.87	0.72	2.19	2.2
LBD	$y=-0.0134\ln x+1.001$	0.87	0.93	0.85	2.43	2.42
LBB	$y=-0.0282\ln x+0.994$	0.90	0.85	0.67	2.2	2.54
MN	$y=-0.0356\ln x+0.994$	0.94	0.82	0.59	2.07	2.06
MAU	$y=-0.0375\ln x+0.984$	0.96	0.80	0.56	2.05	2.01
MAD	$y=-0.0291\ln x+0.990$	0.93	0.85	0.66	2.18	2.17
MAB	$y=-0.0357\ln x+1.001$	0.95	0.82	0.59	2.12	2.1
MBU	$y=-0.0460\ln x+0.982$	0.94	0.75	0.46	1.92	1.94
MBD	$y=-0.0322\ln x+0.995$	0.94	0.83	0.63	2.08	2.08
MBB	$y=-0.0278\ln x+0.976$	0.94	0.84	0.66	2.16	2.19

铺设反滤体的暗排方案在起到防淤堵作用同时，与土工布最大不同在于极大改善了暗管周围的渗流条件，增大了暗排能力。根据表 5.13 给出的运行 150h 时的排水流量可以看到，全土方案下的排水流量为 0.42~0.65cm³/min，而增设反滤体方案的排水流量则为 1.92~2.54cm³/min，是前者的 3~5 倍。

5.5.4 土工布淤堵量与土壤流失量分析

暗管排水工程的安全稳定运行除考虑排水流量衰减外，还需关注其防淤堵及土壤流失的性能，应根据土工布淤堵量以及土壤颗粒流失量间接反映实际暗管内的淤积和堵塞状况。图 5.27 给出各试验方案下暗管周围土工布和反滤体周围土工布的淤堵量及土壤流失量。总体上，土工布淤堵总量越大，被土工布拦截的土壤则越多，导致土壤流失量越小。对反滤体上部与土壤接触位置处铺设土工布的方案而言，特别是上下均铺设土工布的方案，土工布淤堵总量较大，且远大于土壤流失风险，实际中应避免采用。对未做任何防淤堵处理的全土方案，其土壤流失量为其他方案的 3～5 倍。综合考虑土工布淤堵量及土壤流失量，方案 LN、LAD、LBD、MN、MAD 和 MBD 均表现出良好的防淤堵效果，其中 MAD 方案下的土工布淤堵与土壤流失总量最小。

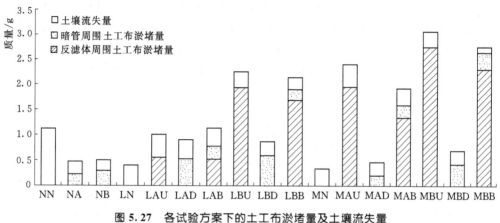

图 5.27　各试验方案下的土工布淤堵量及土壤流失量

5.6　小结

基于室内试验、田间试验以及数值模拟方法，分析了改进暗排的排水性能以及防淤堵措施布局方式，取得的主要结论如下：

（1）室内排水试验结果表明，在土体饱和且地表积水下，常规暗排和改进暗排可以通过加快地表积水的消除，减缓渍涝造成的危害，起到排除涝水的作用，充分肯定暗管排水工程在除涝中的积极作用。改进暗排具有更好的排水能力，尤其在渗透系数较小的细砂土介质中。反滤体宽度 2～6cm 的改进暗排排水量是常规暗排的 2～3 倍，在淹没深度为 0.3 倍暗管埋深条件下，改进暗排排水量仍为常规暗排的 1.7～2.4 倍。在初始地下水埋深 2 倍于暗管埋深下，地表积水一段时间后的常规暗排仍具有一定排水能力，但当 5 倍于暗管埋深时，常规暗排排水量仅为土体饱和下的 1/5，基本失去排水作用，但改进暗排则仍具有土体饱和下常规暗排的 3/5 排水量。

（2）田间排水试验结果表明，在土壤渗透系数相同且地表积水下，卵石、秸秆、分层砂石、混合砂石反滤体改进暗排的排水能力间的差异不大，约为常规暗排的 1.9 倍。即使在地下水位下降过程中，改进暗排的排水能力也明显大于常规暗排，在初始地下水埋深 5cm 下，排水 600min 后，改进暗排的累计排水量约为常规暗排 1.4～1.9 倍。分层与混合砂石反滤体作用下的排水过程基本一致。

（3）田间排水数值模拟分析表明，在土壤饱和且地表积水下，随着反滤体渗透系数增大，改进暗排的排水量逐渐增大，但增幅逐渐减小，当反滤体渗透系数为土壤渗透系数的 10 倍时，排水量约为常规暗排的 2 倍，而当其为土壤渗透系数的 30～40 倍后，排水量增幅很小。改进暗排排水量与反滤体宽度和高度均呈较好的二次抛物线关系，而与暗管的埋深呈线性关系。在土壤饱和且地表无积水下，改进暗排比常规暗排减少降渍历时 14h，约占总历时的 15%。此外，与常规暗排相比，改进暗排下的地表径流量减少 8%～69%，增大了暗管排水量，减少了蓄存于土壤中的水量，降低了农田渍害的程度，更利于实现田间水分管理。

（4）室内防淤堵试验结果分析表明，依据太沙基准则选择的砂砾石反滤体具有一定防淤堵作用，分层和混合反滤体下的排水流量随时间衰减过程呈对数分布形式，且分层反滤体的防流量衰减效果比混合反滤体更好。综合考虑流量衰减、土工布淤堵量和土壤流失量等影响，应优先选择分层反滤体结合暗管周围铺设合理土工布的防淤堵布局方式，若考虑机械化作业，也可采用混合反滤体结合暗管周围铺设合理土工布的布局方式。

参 考 文 献

[1] Asghar M N，Vlotman W F. Evaluation of sieve and permeameter analyses methods for subsurface drain envelope laboratory research in Pakistan [J]. Agricultural Water Management，1995，27 (2)：167 - 180.

[2] Carsel R F，Parrish R S. Developing joint probability distributions of soil water retention characteristics [J]. Water Resources Research，1988，24 (5)：755 - 769.

[3] Christen E，Skehan D. Design and management of subsurface horizontal drainage to reduce salt loads [J]. Journal of Irrigation and Drainage Engineering，2001，127 (3)：148 - 155.

[4] Ebrahimian H，Noory H. Modeling paddy field subsurface drainage using HYDRUS - 2D [J]. Paddy and Water Environment，2015，13 (4)：477 - 485.

[5] Ebrahimian H，Parsinejad M，Liaghat A，et al. Field research on the performance of a rice husk envelope in a subsurface drainage system (case study Behshahr，Iran) [J]. Irrigation and Drainage，2011，60 (2)：216 - 228.

[6] El - Sadany Salem H，DierickX W，Willardson L. S，et al. Laboratory evaluation of locally made synthetic envelopes for subsurface drainage in Egypt [J]. Agricultural Water Management，1995，27 (3)：351 - 363.

[7] Filipović V，Mallmann F J K，Coquet Y，et al. Numerical simulation of water flow in tile and mole drainage systems [J]. Agricultural Water Management，2014 (146)：105 - 114.

[8] Han M，Zhao C，Šimůnek J，et al. Evaluating the impact of groundwater on cotton growth and root zone water balance using Hydrus - 1D coupled with a crop growth model [J]. Agricultural Water Management，2015 (160)：64 - 75.

[9] Hornbuckle J W，Christen E W，Faulkner R D. Evaluating a multi - level subsurface drainage system for improved drainage water quality [J]. Agricultural Water Management，2007，89 (3)：208 - 216.

[10] Lal M，Arora V K，Gupta S K. Performance of geo - synthetic filter materials as drain envelope in land reclamation in haryana [J]. Journal of Agricultural Engineering，2012，49 (4)：14 - 19.

[11] Lennoz - Gratin C，Lesaffre B，Penel M. Diagnosis of mineral clogging hazards in subsurface drainage systems [J]. Irrigation and Drainage Systems，1993，6 (4)：345 - 354.

[12] McAuliffe K W. Laboratory experiments to investigate siltation of pipe drainage systems in New Zealand soils [J]. New Zealand Journal of Agricultural Research，1986，29 (4)：687 - 694.

[13] Muirhead W A，Humphreys E，Jayawardane N S，et al. Shallow subsurface drainage in an irrigated vertisol with a perched water table [J]. Agricultural Water Management，1996，30

(3)：261－282.

[14] Mualem Y. A new model for predicting the hydraulic conductivity of unsaturated porous media [J]. Water Resources Research，1976，12 (3)：513－522.

[15] Noshadi M，Jamaldini M，Sepaskhah A. Investigating the performance of gravel and synthetic envelopes in subsurface drainage [J]. Water and Soil Science，2015，19 (71)：151－162.

[16] Okwany R O，Prathapar S，Bastakoti R C，et al. Shallow Subsurface Drainage for Managing Seasonal Flooding in Ganges Floodplain，Bangladesh [J]. Irrigation and Drainage，2016，65 (5)：712－723.

[17] Salehi A A，Navabian M，Varaki M E，et al. Evaluation of HYDRUS－2D model to simulate the loss of nitrate in subsurface controlled drainage in a physical model scale of paddy fields [J]. Paddy and Water Environment，2017，15 (2)：433－442.

[18] Stuyt L C P M，Dierickx W，Beltrán J M. Materials for subsurface land drainage systems [M]. Rome，Italy：Food and Agriculture Organization of the United Nations，2005.

[19] Stuyt L C P M，Dierickx W. Design and performance of materials for subsurface drainage systems in agriculture [J]. Agricultural Water Management，2006，86 (1－2)：50－59.

[20] Stuyt L C P M. The water acceptance of wrapped subsurface drains [D]. Agricultural University Wageningen，1992.

[21] TEKİN Ö. Simulating water flow to a subsurface drain in a layered soil [J]. Turkish Journal of Agriculture & Forestry，2002 (26)：179－185.

[22] Van Genuchten M Th. A close－form equation for predicting the hydraulic conductivity of unsaturated soil [J]. Soil Science Society of America Journal，1980 (44)：892－898.

[23] Wahba M A S，Christen E W. Modeling subsurface drainage for salt load management in southeastern Australia [J]. Irrigation and Drainage Systems，2006，20 (2)：267－282.

[24] 鲍子云，全炳伟，张占明. 宁夏引黄灌区暗管排水工程外包料应用效果分析 [J]. 灌溉排水学报，2007 (05)：47－50.

[25] 丁昆仑，余玲，董锋，等. 宁夏银北排水项目暗管排水外包滤料试验研究 [J]. 灌溉排水，2000，19 (3)：8－11.

[26] 杜历，周华. 双层暗管排水技术改造盐碱荒地试验 [J]. 中国农村水利水电，1997 (10)：33－34.

[27] 虎胆·吐马尔白，苏里坦. 反演分析土壤-秸秆水分运动参数 [J]. 灌溉排水学报，2009 (1)：68－70.

[28] 刘文龙，罗纨，贾忠华，等. 黄河三角洲暗管排水土工布外包滤料的试验研究 [J]. 农业工程学报，2013，29 (18)：109－116.

[29] 毛昶熙. 渗流计算分析与控制（第2版）[M]. 北京：中国水利水电出版社，2003.

[30] 瞿兴业. 农田排灌渗流计算及其应用 [M]. 北京：中国水利水电出版社，2011.

[31] 严思诚. 农田地下排水 [M]. 水利电力出版社，1986.

[32] 张建国，金斌斌. 土壤与农作 [M]. 河南：黄河水利出版社，2010.

第6章 农田沟管地下排水理论计算

以除涝治渍和改碱为目标的暗管排水技术近年来得到迅速发展，暗管排水效果与暗管工程技术参数密切相关，以排渍模数、地下水降落速率、地下水位控制深度等参数指标为依据，利用稳定流或非稳定流排水渗流理论公式和田间排水试验或模拟计算方法，确定地下排水沟管的各种参数已成为人们关注的问题。

本章首先概述稳定流和非稳定流状态下的地下排水理论计算方法和常用计算公式，其次介绍无积水下的沟管排水理论计算公式和积水下的常规暗排排水量计算公式，进一步推导获得积水下的改进暗排排水量计算方法，并对不同排水理论公式的计算结果与试验观测数据进行对比分析。

6.1 地下排水计算理论与公式

农田排水计算分为稳定流和非稳定流两大类，当排水流量不随时间变化时为稳定流状态，否则为非稳定流状态。事实上，对地下水位的补给量往往随时间发生变化，故沟管的排水量是非恒定的，很少出现稳定流状态，但可将非稳定流的瞬间状态近似当作稳定流看待，为了描述地下水位随时间的变化，常在非稳定流状态下求解问题。由于解答稳定流方程相对简便，要求的参数较少，一般无需土壤给水度、地下水位与流量变化历时等，故在地下排水工程设计中被广泛应用。

地下排水工程设计中通常依据稳定流或非稳定流理论方法，其均以 Dupuit - Forchheimer 假定为基础，不同的是前者的地下水补给量不随时间而变，后者则随时间变化。最早的排水间距计算方法由 Colding（van der Ploeg 等，1999）提出，20 世纪中叶以 Hooghoudt 为代表的稳定流排水沟管间距计算方法相继被提出，并逐渐发展出非稳定流排水计算方法（Wiskow 等，2003）。张蔚榛（1963）和瞿兴业（1962）等也相继提出用于描述稳定流和非稳定流的排水沟管间距计算方法。稳定流计算方法假定地下水补给率均匀稳定，且等于平行排水沟管的排水量，而地下水位保持在一个稳定位置，这在湿润地区极为常见，但在灌溉较为频繁或雨量变化较大的地区，这些假定则难以满足要求，采用非稳定流计算方法更为适用。

在地表无积水条件下，以地下水流运动满足 Dupuit - Forchheimer 假设为前提，即假定流线接近平行的水平线，则可将二维地下水非均匀流简化为一维均匀流或缓变流，只要不透水层接近暗管或明沟底部，该流态假定即可被满足。若不透水层埋深较大，且距离暗管或明沟底部较远，则沟管附近的水流呈辐射状，此时水流运动在一定程度上就偏离了 Dupuit - Forchheimer假定，此时需考虑克服进出部位水流阻抗而产生的局部水头损失，常用的地表无积水下的沟管稳定流排水公式主要包括 Hooghoudt 公式、Ernst 公式、Dagan 公式等。当地表积水时，暗管排水下的水流运动与 Dupuit - Forchheimer 假设有着显著差别，此时的暗管稳定流排水公式主要包括 Kirkham 公式以及前苏联经典的暗管排水计算公式。

非稳定流排水公式可以描述地下水位随时间的变化，通常以防治渍害和盐碱化的控制要求为指标按水位下降过程计算，常用的非稳定流排水公式有 Glover - Dumm 公式、Bouwer - Van Schilfgaarde - Hooghoudt 公式、De Zeeuw - Helllinga 公式等。中国水利水电科学研究院、武汉大学和南京水利科学研究院等单位的学者推出了有蒸发和无蒸发影响以及剖面二维与平面二维运动下的沟管间距计算公式，鉴于本书侧重除涝治渍方面的排水理论计算，涉及与防治盐碱化有关、受蒸发影响的排水计算公式本书不作详细引述。表 6.1 列出常用无蒸发影响下的沟管地下排水计算公式表达形式（Ritzema，2006；Darzi - Naftchally 等，2014）。

表 6.1　　　　　　　常用无蒸发影响下的沟管地下排水计算公式表达形式

状况	作者	计算公式表达形式	备注
稳定流地表无积水	Hooghoudt	$q=\dfrac{8K_b d_e h+4K_t h^2}{L^2}$	
	Ernst	$h=q\left[\dfrac{D_v}{K_t}+\dfrac{L^2}{8(K_t D_t+K_b D_b)}+\dfrac{L}{\pi K_t}\ln\dfrac{\beta D_r}{u}\right]$	沟管位于上部土层（$K_t<K_b$）
		$h=q\left(\dfrac{D_v}{K_t}+\dfrac{L^2}{8K_b D_b}+\dfrac{L}{\pi K_b}\ln\dfrac{D_r}{u}\right)$	沟管位于下部土层（$K_t<K_b$）
	Hooghoudt - Ernst	$L^2+\dfrac{8L}{\pi}D_b\ln\dfrac{aD_b}{u}-\dfrac{8(K_t D_t+K_b D_b)h}{q}=0$	
	Dagan	$h=\dfrac{qL}{4K}\left[\dfrac{L}{2D_0}-\dfrac{2}{\pi}\ln\left(2\cosh\dfrac{\pi r_0}{D_0}-2\right)\right]$	
	Kirkham	$h=\dfrac{qL}{K_t}\dfrac{1}{1-q/K_t}F\left(\dfrac{D_0}{2r_0},\dfrac{L}{D_0}\right)$	
	阿维里扬诺夫-瞿兴业	$q=K\dfrac{H-H_d}{\Phi L}$	Φ 见 6.2.2 节
非稳定流地表无积水	Glover - Dumm	$L=\pi\left(\dfrac{Kd_e t}{\mu\ln(1.16h_0/h_t)}\right)^{\frac{1}{2}}$	
	Integrated Hooghoudt	$L=\left(\dfrac{10Kd_e t}{\mu}\right)^{\frac{1}{2}}\left[\ln\dfrac{h_0(2d_e+h_t)}{h_t(2d_e+h_0)}\right]^{-\frac{1}{2}}$	
	De Zeeuw - Helllinga	$q_t=q_{t-1}\mathrm{e}^{-a\Delta t}+R(1-\mathrm{e}^{-a\Delta t})$ $h_t=h_{t-1}\mathrm{e}^{-a\Delta t}+\dfrac{R}{0.8\mu a}(1-\mathrm{e}^{-a\Delta t})$	
	Van Schilfgaarde	$L=3A\left[\dfrac{K(d_e+h_t)(d_e+h_0)t}{2\mu(h_0-h_t)}\right]^{\frac{1}{2}}$	$A=\left[1-\left(\dfrac{d_e}{d_e+h_0}\right)^2\right]^{\frac{1}{2}}$
	Modified Glover	$L=\left(\dfrac{9Kd_e t}{\mu}\right)^{\frac{1}{2}}\left[\ln\dfrac{h_0(2d_e+h_t)}{h_t(2d_e+h_0)}\right]^{-\frac{1}{2}}$	
	哈默德、瞿兴业	$L=\dfrac{Kt}{\mu\Omega\Phi\ln\dfrac{h_0}{h_t}}$	Φ 见 6.2.2 节
稳定流地表积水	Kirkham	$q=\dfrac{2\pi K(s+h_d-r_0)}{fL}$	f 见 6.3.1 节
	位吉尼可夫、努美罗夫	$q=K\dfrac{H-H_d}{\Phi L}$	Φ 见 6.3.2 节和 6.3.3 节

在表6.1中，L为沟管间距，m；q为沟管单位面积排水量，m/d；K为排水地段含水层的平均渗透系数，m/d；K_t为明沟水位或暗管中心以上排水地段土壤的渗透系数，m/d；K_b为明沟水位或暗管中心以下排水地段土壤的渗透系数，m/d；h为排水地段中部的作用水头，m；d_e为等效深度，m；r_0为常规暗管半径，m；D_0为明沟水位或暗管中心到不透水层的距离，m；u为明沟或暗管湿周，m，对于暗管为半管流的湿周πr_0，对梯形明沟为底宽加两侧水下边坡的长度；h_d为沟中水面或管中心的埋深，m；s为田面积水层深度，m；H为田面积水层的水面高程，m；H_d为淹没出流情况下的暗管周边水头高程（或高水位时沟中水面高程），m；μ为地下水面变化范围内土层的给水度；t为排水时间；h_0和h_t分别为$t=0$和$t=t$时刻排水地段中部地下水位高于沟中水位或高于暗管中心的作用水头，m；R为$t-1$到t期间的入渗补给量，m/d；q_{t-1}、q_t分别为$t-1$、t时刻的排水量，m/d；α为反应系数，等于$\pi^2 K d_e / \mu L^2$，表示排水量对补给变化的响应，1/d；Φ为排水地段的渗流阻抗系数，由地段的各项几何参数确定，其中作用水头通常采用降落过程的平均值计算，并且采用一次下降的时间t；Ω为排水地段内的地下水面线形状校正系数，对于明沟$\Omega=0.7\sim0.8$，对于暗管$\Omega=0.8\sim0.9$；D_r为辐射流层的厚度，m；β为与辐射流水力特性有关的几何系数；当沟管位于上部土层时，$D_v=h$，$D_t=D_r+0.5h$，D_b为下部土层厚度，D_r为沟管位置距上部土层底部的距离；当沟管位于下部土层时，D_v为上部土层垂直水流运动层的厚度，m；$D_r=D_0$。各参数代表的几何意义详见图6.1，其中0—0为从零起计算水头的基准线。

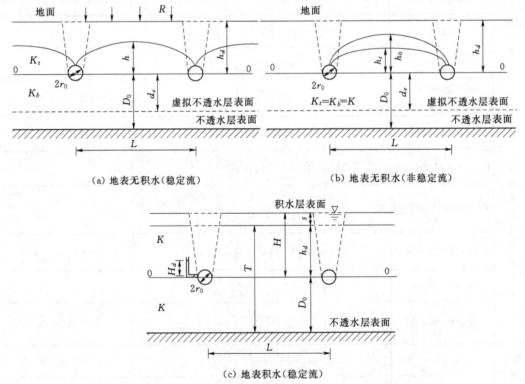

（a）地表无积水（稳定流）　　　　　　（b）地表无积水（非稳定流）

（c）地表积水（稳定流）

图6.1　沟管地下排水稳定流、非稳定流运动计算公式中的参数示意图

采用稳定流还是非稳定流排水公式计算沟管间距取决于掌握的数据情况，表6.2给出相关的数据要求。尽管非稳定流公式可较好反映实际水流状况，但推导中采用的各种假定和条件限制了其应用，如一般的非稳定流公式较适应于均质土壤条件，公式中含有难以准确测定的给水度，且其还具有空间变异性，故采用固定的给水度将会带来较大误差。在实践中，非稳定流公式可与稳定流公式配合使用。

表 6.2　　　　　　　稳定流和非稳定流沟管地下排水公式所需数据

数 据 要 求		稳定流公式中的符号	非稳定流公式中的符号
土壤和水文 地质数据	剖面特征	D_0，T	D_0，T
	水力传导度	K（或 K_t、K_b）	K
	给水度		μ
排水控制标准	q/h 比值	q/h	
	h_0/h_t比值	h_0、h_t	h_0、h_t
沟管技术参数	沟管埋深、管径等	h_d，r_0	r_0

6.2　无积水下沟管地下排水计算

当地下水补给率均匀稳定，且等于排水沟管的排水量，地下水位保持在一个稳定位置，可采用稳定流计算公式进行沟管地下排水计算。当补给量大于排水量时，地下水位上升，反之地下水位下降，如降雨或灌溉停止时，土体释水由沟管排除，地下水位自由回落，此时的地下水流呈非稳定流运动状态，采用非稳定流计算公式更为适用。

6.2.1　稳定流计算公式

6.2.1.1　Hooghoudt（胡浩特）公式

1936年，胡浩特基于 Dupuit - Forchheimer 假定，假定排水沟管位于不透水层之上，且沟管没有进口阻力，推导出稳定流沟管排水间距计算公式：

$$q = \frac{8KD_0h + 4Kh^2}{L^2} \tag{6.1}$$

式中：D_0 为沟管水面距不透水层表面的距离，m，当沟管水面距不透水层表面非常接近时，$D_0 \approx 0$，这相当于完整的沟管，此时只考虑沟管水位以上的水流运动，则式（6.1）可被简化为

$$q = \frac{4Kh^2}{L^2} \tag{6.2}$$

如果不透水层表面距沟管较远，则式（6.1）分子中的第二项数值相对很小，可以忽略，即只考虑沟管水位以下区域的水流运动，则式（6.1）变为

$$q = \frac{8KD_0h}{L^2} \tag{6.3}$$

沟管周边流束收缩产生了水流阻抗和局部水头损失，为了考虑流向沟管的辐射水流运动，减少 Dupuit - Forchheimer 假定带来的误差，胡浩特建议采用等效深度 d_e 代替 D_0，d_e 为沟管以下假想的不透水层表面深度，小于不透水层埋深 D_0，故式（6.1）可改写为

$$q = \frac{8Kd_e h + 4Kh^2}{L^2} \tag{6.4}$$

Moody（1966）给出 d_e 的简单计算公式：

$$d_e = \frac{D_0}{1 + \frac{8D_0}{\pi L} \ln \frac{D_0}{u}} \qquad \left(\frac{D_0}{L} < 0.25 \right) \tag{6.5}$$

$$d_e = \frac{\pi L}{8\ln \frac{L}{u}} \qquad \left(\frac{D_0}{L} > 0.25 \right) \tag{6.6}$$

如果土壤由透水性能不同的两个土层组成，且沟管位于两个土层交界面上，沟管上下排水地段的土壤渗透系数分别为 K_t 和 K_b，则式（6.4）变为表 6.1 中的表达式。胡浩特公式适用于旱田排水区，具有均匀入渗补给的恒定渗流条件，设计明沟或暗管系统时按稳定流计算间距，已在许多国家得到应用，并在 DRAINMOD、SWAP、AnnAGNPS、AN-SWERS、WAVE 等模型中用来计算沟管排水量。

6.2.1.2 Ernst（恩斯特）公式

胡浩特公式用于均质土壤或用于透水性不同的两层土质上，只要沟管位于交界面即可。与其不同的是，恩斯特公式也适用于有均匀入渗补给恒定渗流条件的旱田排水区，但其优越性在于两层土质的交界面可以位于沟管位置上部或下部，当上部土壤渗透性比下部小时，该式更具优势。

恩斯特将流向沟管的水流运动分解为垂直、水平和辐射流 3 部分，作用水头 h 由这 3 部分水流运动引起的水头损失 h_v、h_h 和 h_r 组成。假定垂直流发生在沟水面与管中心高程以上排水地段，水平和辐射流发生在沟管位置下部排水地段，h 的表达形式见表 6.1。恩斯特公式中的 β 为与辐射流水力特性有关的几何参数，对均质土壤，$\beta = 1$，对两层土壤，β 取决于沟管处于上层土壤还是下层土壤，若为后者，则假定辐射流仅发生在下层土壤，$\beta = 1$；若为前者，β 取决于下部土层渗透系数 K_b 与上部土层渗透系数 K_t 的比值，当 $K_b/K_t < 0.1$ 时，即下部土层渗透性能远小于上部土层，则下部土层可认为是不透水层，土壤层可简化为一层均质土，$\beta = 1$，当 $K_b/K_t > 50$ 时，$\beta = 4$，当 $0.1 < K_b/K_t < 50$ 时，β 取决于 K_b/K_t 的比值以及下部土层和上部土层厚度的比值。

6.2.1.3 其他公式

Dagan 和 Kirkham 公式均假定排水间距 L 是作用水头 h 和排水量 q 之比的线性函数（Djurović等，2003）：

Dagan：
$$h = \frac{qL}{K} F_D \tag{6.7}$$

Kirkham：
$$h = \frac{qL}{K} F_K \tag{6.8}$$

其中：
$$F_D = \frac{1}{4} \left[\frac{L}{2D_0} - \frac{2}{\pi} \ln \left(2\cosh \frac{\pi r_0}{D_0} - 2 \right) \right] \tag{6.9}$$

$$F_K = \frac{1}{\pi} \left[\ln \frac{L}{2\pi r_0} + \sum_{n=1}^{\infty} \frac{1}{n} \left(\cos \frac{2n\pi r_0}{L} - \cos n\pi \right) \left(\cosh \frac{2n\pi D_0}{L} - 1 \right) \right] \tag{6.10}$$

Kirkham 在后续研究中考虑了沟水面与管中心高程以上垂直流带来的水头损失，当沟管位于两土层界面上时，给出如下表达式：

$$h = \frac{qL}{K_b} \frac{1}{1 - \frac{q}{K_t}} F_K \tag{6.11}$$

6.2.2 非稳定流计算公式

6.2.2.1 Glover–Dumm（格罗佛–杜姆）公式

格罗佛–杜姆公式用于描述地下水位在灌溉或降雨短暂补给下急剧上升，到达或接近地表，作为初始条件随后因补给停止而缓慢下降的过程，适用于旱田排水区，按非稳定流状态地下水位降速要求计算沟管间距。当沟管地段的初始地下水面为水平直线形状时，t时间内的作用水头由h_0降到h_t，此时的非稳定流排水间距计算公式为

$$L = \pi \left[\frac{Kd_e t}{\mu \ln \frac{1.27 h_0}{h_t}} \right]^{\frac{1}{2}} \tag{6.12}$$

Dumm（1960）假定初始地下水面为四次方抛物线形状，则式（6.12）变为

$$L = \pi \left[\frac{Kd_e t}{\mu \ln \frac{1.16 h_0}{h_t}} \right]^{\frac{1}{2}} \tag{6.13}$$

式（6.12）和式（6.13）中，L与胡浩特公式中的等效深度d_e有关，而d_e又是与L有关的值，故L需通过试算求得。以式（6.12）为例，可改写为

$$\ln \frac{1.27 h_0}{h_t} = at \tag{6.14}$$

$$a = \frac{\pi^2 K d_e}{\mu L^2} \tag{6.15}$$

式（6.15）中，a为反应系数，表示排水量对补给变化的响应。由式（6.14）可得到沟管中部作用水头h_t的表达式：

$$h_t = 1.27 h_0 e^{-at} \tag{6.16}$$

基于达西公式和连续方程，格罗佛–杜姆给出任意时刻t的排水量q_t：

$$q_t = \frac{8Kd_e}{L^2} h_0 e^{-at} = \frac{2\pi K d_e}{L^2} h_t \tag{6.17}$$

式（6.17）类似于描述沟管以下区域水流运动的胡浩特公式，其初始地下水面为水平直线。如果初始地下水面为四次方抛物线，则式中的2π变为6.89。

6.2.2.2 De Zeeuw–Hellinga 公式

为了模拟某一时段内的非恒定排水量，可将该时段分为等时的多个阶段，De Zeeuw和Hellinga发现，若假定每个阶段内的补给恒定，则排水量变化与额外补给率$(R-q)$成正比（Ritzema，2006）：

$$\frac{\mathrm{d}q}{\mathrm{d}t} = a(R - q) \tag{6.18}$$

式中：R为地表水（降雨或灌溉）的补给率，m/d；其他符号意义同前。

从时刻$t-1$到t对式（6.18）进行积分：

$$q_t = q_{t-1} e^{-a\Delta t} + R(1 - e^{-a\Delta t}) \tag{6.19}$$

基于式（6.3），采用 d_e 代替 D_0，并在式（6.15）中采用 $\mu a/\pi^2$ 代替 Kd_e/L^2，可得到对应 q_t 的沟管中部作用水头 h_t：

$$h_t = h_{t-1}e^{a\Delta t} + \frac{R}{0.8\mu a}(1-e^{-a\Delta t}) \qquad (6.20)$$

6.2.2.3 Bouwer - Van Schilfgaarde - Hooghoudt（或 Integrated Hooghoudt）公式

Bouwer 和 Van Schilfgaarde（1963）采用稳定流理论，假定沟管中部瞬时排水率等于稳定排水率，并引入水位形状修正系数 C，计算沟管中部作用水头的下降速率：

$$q = -\mu C \frac{dh}{dt} \qquad (6.21)$$

在式（6.21）中，当 $0.02 < h_0/L < 0.08$ 时，$C=0.8$，当 $h_0/L > 0.15$ 时，$C=1.1$，其中 h_0 为排水地段中部初始地下水位高于沟中水位或暗管中心的作用水头。Bouwer 和 Van Schilfgaarde 将式（6.21）与胡浩特公式结合，在 $C=0.8$ 下从 $t=0$ 的 $h=h_0$ 到 $t=t$ 的 $h=h_t$ 积分获得表 6.1 中的公式，也称为胡浩特积分公式（Integrated Hooghoudt Equation）。

6.2.2.4 哈默德和瞿兴业公式

哈默德和瞿兴业（1962）根据水量平衡原理，假定初始地下水面线近似为二次方椭圆曲线，应用瞬间稳态法得到无蒸发消耗和无降雨补给非稳定流情况下田间末级固定排水沟管间距计算公式：

$$L = \frac{Kt}{\mu\Omega\Phi\ln\dfrac{h_0}{h_t}} \qquad (6.22)$$

当含水层厚度较薄时，即 $L \geqslant 2D_0$，渗流阻抗系数 Φ 可表示为

明沟：

$$\Phi = \frac{1}{\pi}\ln\frac{2D_0}{\pi B} + \frac{L}{8D_0} \qquad (6.23)$$

暗管：

$$\Phi = \frac{1}{\pi}\ln\frac{D_0}{\pi\sqrt{2\Omega\overline{h}r_0}} + \frac{L}{8D_0} \qquad (6.24)$$

当含水层厚度较大时，即 $L \leqslant 2D_0$，渗流阻抗系数 Φ 可表示为

明沟：

$$\Phi = \frac{1}{\pi}\ln\frac{2L}{\pi B} \qquad (6.25)$$

暗管：

$$\Phi = \frac{1}{\pi}\ln\frac{L}{\pi\sqrt{2\Omega\overline{h}r_0}} \qquad (6.26)$$

式中，B 为窄深沟中水面宽度或充水部分梯形断面的折算直径，m；$\overline{h}$ 为非稳定渗流下，按降落过程平均的作用水头，m，采用下式分别计算：

$$B = \frac{2}{\pi}(b+2\Delta h\sqrt{1+m^2}) \qquad (6.27)$$

$$\overline{h} = \frac{h_0-h_t}{\ln\dfrac{h_0}{h_t}} \qquad (6.28)$$

式中，b 为明沟底宽，m；Δh 为沟中水深，m；m 为明沟边坡系数；其他符号意义同前。

由于 L 在上述间距计算公式组合中呈现为隐函数形式，故需采用试算法或迭代法逐次逼近求值。同样的公式组合也可用于计算其他各级排水沟管间距。该公式适用于旱田排

水区，在我国排水工程设计中得到较好的应用。

6.2.2.5 其他公式

类似于 Bouwer 和 Van Schilfgaarde 处理方法，可对 Ernst、Dagan 等稳定流公式进行改进后用于非稳定流下沟管中部地下水位下降速率计算。当将式（6.7）中的 q 代入式（6.21）时，从 $t=0$ 的 $h=h_0$ 到 $t=t$ 的 $h=h_t$ 积分得

$$h_t = h_0 \exp\left(-\frac{Kt}{\mu LCF_D}\right) \tag{6.29}$$

6.3 积水下常规暗管排水计算

当地表积水时，暗管排水下的水流运动与 Dupuit - Forchheimer 假设有显著差别。水流运动在近地表处以垂向入渗为主，进入土壤一定距离后，逐渐由垂直方向变为朝向暗管的斜向运动，局部水平运动属于二维达西渗流。常用的积水条件下暗管稳定流排水公式包括 Kirkham 公式及前苏联经典的暗管排水计算公式。

6.3.1 Kirkham 公式

Kirkham（1949）提出了国外通用的地表积水有压运动下的暗管排水计算公式，已被众多学者所引用，DRAINMOD 模型也采用该式计算地表积水下的排水量。Kirkham 公式以拉普拉斯方程为基础推导得到，其假定土壤均质，且暗管平行铺设、不透水层与地面平行以及暗管处于满管流状态，不考虑管壁本身接收水流的进口阻力，但考虑暗管附近水流收缩影响。

Kirkham 公式被表示为

$$q = \frac{2\pi K(s+h_d-r_0)}{fL} \tag{6.30}$$

式中：f 可表示为如下两种形式：

$$f = \ln \frac{\tan \dfrac{\pi(2h_d-r_0)}{4T}}{\tan \dfrac{\pi r_0}{4T}}$$

$$+ \sum_{m=1}^{\infty} \ln \left[\frac{\cosh \dfrac{\pi mL}{2T} + \cos \dfrac{\pi r_0}{2T}}{\cosh \dfrac{\pi mL}{2T} - \cos \dfrac{\pi r_0}{2T}} \times \frac{\cosh \dfrac{\pi mL}{2T} - \cos \dfrac{\pi(2h_d-r_0)}{2T}}{\cosh \dfrac{\pi mL}{2T} + \cos \dfrac{\pi(2h_d-r_0)}{2T}}\right] \tag{6.31}$$

$$f = \ln \frac{\sinh \dfrac{\pi(2h_d-r_0)}{L}}{\sinh \dfrac{\pi r_0}{L}} - \sum_{m=1}^{\infty} (-1)^n \ln \left[\frac{\sinh^2 \dfrac{2\pi mT}{L} - \sinh^2 \dfrac{\pi r_0}{L}}{\sinh^2 \dfrac{2\pi mT}{L} - \sinh^2 \dfrac{\pi(2h_d-r_0)}{L}}\right] \tag{6.32}$$

当含水层平均厚度 T 较大时，可采用式（6.32）表示，并忽略式中的第二项求和数，而当暗管间距 L 较大时，可采用式（6.31）表示，并忽略式中的第二项求和数。

6.3.2 位吉尼可夫和努美罗夫公式

苏联渗流力学家位吉尼可夫（以下简称位氏）和努美罗夫（以下简称努氏）通过保角

变换严格求解，得出田面全部被积水层覆盖条件下暗管单位面积排水量的经典计算公式（瞿兴业，2011）：

$$q = \frac{K(H - H_d)}{\Phi L} \qquad (6.33)$$

式中：$H - H_d$ 为常规暗管的作用水头，即田面积水层表面高程 H 与暗管周边水头高程 H_d 之差，m。

当含水层较厚时，即 $L \leqslant 2T$，渗流阻抗系数 Φ 可表示为

位氏：
$$\Phi = \frac{1}{\pi} \text{arth} \left[\frac{\text{th} \dfrac{\pi(h_d - r_0)}{L}}{\text{th} \dfrac{\pi(h_d + r_0)}{L}} \right]^{\frac{1}{2}} \qquad (6.34)$$

努氏：
$$\Phi = \frac{1}{\pi} \text{arth} \frac{\text{th} \dfrac{\pi(h_d - r_0)}{L}}{\text{th} \dfrac{\pi h_d}{L}} \qquad (6.35)$$

当含水层较薄时，即 $L \geqslant 2T$，渗流阻抗系数 Φ 可表示为

位氏：
$$\Phi = \frac{1}{\pi} \text{arth} \left[\frac{\sin \dfrac{\pi(h_d - r_0)}{2T}}{\sin \dfrac{\pi(h_d + r_0)}{2T}} \right]^{\frac{1}{2}} \qquad (6.36)$$

努氏：
$$\Phi = \frac{1}{\pi} \text{arth} \frac{\sin \dfrac{\pi(h_d - r_0)}{2T}}{\sin \dfrac{\pi h_d}{2T}} \qquad (6.37)$$

当不计进口阻力即暗管出口处呈自由出流时，H_d 等于暗管中的水面高程，当呈淹没出流时，H_d 等于出口处集水沟管中的水位高程。该式适用于水田暗管排水，或大定额灌水、盐渍土地冲洗或强降雨地面积水等暗管排水条件。当田面全部被积水覆盖，在恒定渗流情况下计算单位面积暗排工程的排水量或地下排水模数，也可给出地下排水模数，求相应的暗排工程排水量和间距。

6.4 积水下改进暗管排水计算

改进暗排中增设了大容积反滤体，通过将其转化为类似常规暗排的计算结构形式，利用积水下的常规暗排排水量计算公式进行求解，为此，将改进暗排的矩形反滤体按相同的进水周边长度置换成等效的圆形排水通道，假定圆形排水通道底部与反滤体底部重合或圆形排水通道与反滤体中心重合，探讨基于位吉尼可夫公式、努美罗夫公式和 Kirkham 公式的改进暗排排水量计算方法。

6.4.1 基于位氏和努氏公式的计算方法

6.4.1.1 基于位氏和努氏公式的计算方法

在假定进水周边长度相等排水量相同的基础上，将改进暗排的矩形反滤体置换成等效

半径为 r 的圆形排水通道，假设圆形排水通道底部与反滤体底部相重合（图 6.2）。

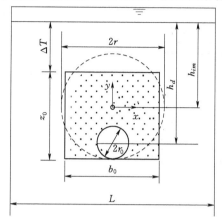

图 6.2　圆形排水通道与改进暗排反滤体
底部相重合示意图

一般情况下，反滤体内填充介质的渗透性能与周边土体相比大得多，此时可忽略水流通过反滤体的微小水头损失，而将改进暗排的作用水头近似用 $H-H_d$ 表示。仿照式（6.33）～式（6.37），可近似计算改进暗排的单位面积排水量：

$$q_{im}=\frac{K(H-H_d)}{\Phi_{im}L} \tag{6.38}$$

当含水层较厚时，即 $L/T\leqslant 2$，Φ_{im} 可表示为

基于位氏：$\Phi_{im}=\dfrac{1}{\pi}\mathrm{arth}\left[\dfrac{\mathrm{th}\dfrac{\pi(h_{im}-r)}{L}}{\mathrm{th}\dfrac{\pi(h_{im}+r)}{L}}\right]^{\frac{1}{2}}$

$$\tag{6.39}$$

基于努氏：
$$\Phi_{im}=\frac{1}{\pi}\mathrm{arth}\frac{\mathrm{th}\dfrac{\pi(h_{im}-r)}{L}}{\mathrm{th}\dfrac{\pi h_{im}}{L}} \tag{6.40}$$

当含水层较薄时，即 $L\geqslant 2T$，Φ_{im} 可表示为

基于位氏：
$$\Phi_{im}=\frac{1}{\pi}\mathrm{arth}\left[\frac{\sin\dfrac{\pi(h_{im}-r)}{2T}}{\sin\dfrac{\pi(h_{im}+r)}{2T}}\right]^{\frac{1}{2}} \tag{6.41}$$

基于努氏：
$$\Phi_{im}=\frac{1}{\pi}\mathrm{arth}\frac{\sin\dfrac{\pi(h_{im}-r)}{2T}}{\sin\dfrac{\pi h_{im}}{2T}} \tag{6.42}$$

式中，q_{im} 为改进暗排单位面积排水量，m/d；Φ_{im} 为改进暗排的渗流阻抗系数；b_0 为反滤体宽度，m；z_0 为反滤体高度，m；h_{im} 为圆形排水通道中心距地面的埋设深度，$h_{im}=h_d+r_0-r$，m；r 为圆形通道的等效半径，m，当暗管周围反滤体呈梯形时，$r=(b_0+z_0\sqrt{1+m^2})/\pi$，当暗管周围反滤体呈矩形时，$m=0$，$r=(b_0+z_0)/\pi$。

6.4.1.2　应用分段法求解的计算方法

应用渗流理论中常用于近似处理的"片段法"，对设置矩形反滤体的改进暗排求解，可获得计算暗管排水渗流量的公式。如图 6.3 所示，可将改进暗排下的地段进行切割，分片段单独求解，得到分片段的单位面积排水量 q_1 和 q_2，再相加后获得全部排水量 q_{im}。

（1）自顶部覆土层向下进入反滤体的单位面积流量采用 q_1 表示，将入渗水流近似看作是垂直向下的平行流，应用一维达西均匀流公式计算 q_1：

$$q_1=Kb_0\frac{H-H_d}{\Delta TL}=\frac{K(H-H_d)}{\dfrac{\Delta T}{b_0}L}=\frac{K(H-H_d)}{\Phi_1 L} \tag{6.43}$$

$$\Phi_1 = \frac{\Delta T}{b_0} \tag{6.44}$$

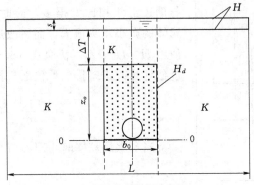

(a)反滤体的结构示意图

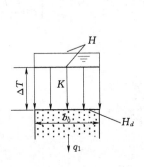

(b)反滤体以上部分的分片图

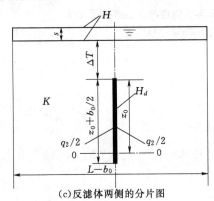

(c)反滤体两侧的分片图

图 6.3 改进暗排下地段的分割示意图

（2）自两侧进入反滤体的单位面积流量采用 q_2 表示，将切割出来的两侧地段拼接一起形成含直缝进水边界（z_0，H_d）的整体地段，其宽度缩小为 $L-b_0$，应用保角变换求解二维非均匀流问题，得出计算 q_2 的公式：

$$q_2 = \frac{K(H - H_d)}{\Phi_2 L} \tag{6.45}$$

其中，
$$\Phi_2 = \frac{1}{\pi} \text{arth} \left(\frac{1 + \text{th} \dfrac{\pi \Delta T}{L - b_0}}{1 + \text{th} \dfrac{\pi(z_0 + \Delta T)}{L - b_0}} \right)^{\frac{1}{2}} \tag{6.46}$$

为了避免繁琐和复杂化，自底部向上进入反滤体的部分渗流量不再单独推求，即认为从水平线段 b_0 向上进入的水量与自两侧进入长 $b_0/2$ 直缝的水量大体相当，只需将式（6.46）中 z_0 改写成 $z_0 + b_0/2$ 即可涵盖此部分的增量，从而完成简单的处理过程，此时式（6.45）中的 q_2 已含有从反滤体底部进入的部分水量。

（3）自四周进入反滤体的流量即是通过改进暗排排走的全部流量 q_{im}：

$$q_{im} = q_1 + q_2 = \frac{K(H - H_d)}{\Phi_1 L} + \frac{K(H - H_d)}{\Phi_2 L} = \frac{K(H - H_d)}{\Phi_{im} L} \tag{6.47}$$

154

$$\Phi_{im} = \cfrac{1}{\cfrac{1}{\Phi_1} + \cfrac{1}{\Phi_2}} \tag{6.48}$$

根据式（6.44）和式（6.46），并将式（6.46）中 z_0 改写成 $z_0 + b_0/2$，可得到 Φ_{im} 的最终表达式：

$$\Phi_{im} = \cfrac{1}{\cfrac{b_0}{\Delta T} + \pi\left[\mathrm{arth}\left(\cfrac{1 + \mathrm{th}\,\cfrac{\pi \Delta T}{L - b_0}}{1 + \mathrm{th}\,\cfrac{\pi\left(z_0 + \cfrac{b_0}{2} + \Delta T\right)}{L - b_0}}\right)^{\frac{1}{2}}\right]^{-1}} \tag{6.49}$$

式（6.38）～式（6.42）适用于设置不同形状反滤体的改进暗排的排水量计算，而式（6.47）～式（6.49）仅适用于设置矩形反滤体的改进暗排的排水量计算，有一定的局限性。

6.4.2　基于 Kirkham 公式的计算方法

（1）基于圆形排水通道底部与反滤体底部重合假定的 Kirkham 方法 1。对改进暗排按照圆形排水通道底部与反滤体底部重合的假定进行简化（图 6.2）。参考积水条件下 Kirkham 常规暗排排水公式推导过程的边界条件设置，简化后的改进暗排的边界条件为：

1）边界 1：地表 $y = h_{im}$ 的势能为

$$\phi = \frac{p_A}{\gamma g} + s + h_{im} \tag{6.50}$$

2）边界 2：当补给量很大、土壤持水性能差等导致反滤体处于近饱和状态时，取简化圆形排水通道顶部 $y = r$ 的势能为

$$\phi = \frac{p_A}{\gamma g} + 2r_0 - 2r + r = \frac{p_A}{\gamma g} + 2r_0 - r \tag{6.51}$$

当补给量小、反滤体处于非饱和状态时，取暗管上边界 $y = -r + 2r_0$ 为大气压 p_A，此处的势能为

$$\phi = \frac{p_A}{\gamma g} - r + 2r_0 \tag{6.52}$$

3）边界 3：不透水层 $y = -T + h_{im}$ 的势能为

$$\frac{\partial \phi}{\partial y} = 0 \tag{6.53}$$

根据式（6.51）可得到地表积水条件下的改进暗排排水量公式：

$$q_{im} = \cfrac{K(s + h_{im} + r - 2r_0)}{\cfrac{1}{2\pi}\left\{\ln\cfrac{\tan\cfrac{\pi(2h_{im} - r)}{4T}}{\tan\cfrac{\pi r}{4T}} + \sum_{m=1}^{\infty}\ln\left(\cfrac{\cosh\cfrac{\pi mL}{2T} + \cos\cfrac{\pi r}{2T}}{\cosh\cfrac{\pi mL}{2T} - \cos\cfrac{\pi r}{2T}} \times \cfrac{\cosh\cfrac{\pi mL}{2T} - \cos\cfrac{\pi(2h_{im} - r)}{2T}}{\cosh\cfrac{\pi mL}{2T} + \cos\cfrac{\pi(2h_{im} - r)}{2T}}\right)\right\}} \tag{6.54}$$

根据式（6.52）可得到地表积水条件下的改进暗排排水量公式：

$$q_{im} = \cfrac{K(s + h_{im} + r - 2r_0)}{\cfrac{1}{2\pi}\left\{\ln\cfrac{\tan\cfrac{\pi(2h_{im}+r-2r_0)}{4T}}{\tan\cfrac{\pi|r-2r_0|}{4T}} + \sum_{m=1}^{\infty}\ln\left(\cfrac{\cosh\cfrac{\pi mL}{2T}+\cos\cfrac{\pi(r-2r_0)}{2T}}{\cosh\cfrac{\pi mL}{2T}-\cos\cfrac{\pi(r-2r_0)}{2T}} \times \cfrac{\cosh\cfrac{\pi mL}{2T}-\cos\cfrac{\pi(2h_{im}+r-2r_0)}{2T}}{\cosh\cfrac{\pi mL}{2T}+\cos\cfrac{\pi(2h_{im}+r-2r_0)}{2T}}\right)\right\}}$$

$$(6.55)$$

引入反映反滤体饱和及非饱和状态的边界点坐标 y：

$$y = \begin{cases} r & （反滤体处于饱和或近饱和状态）\\ -r+2r_0 & （反滤体处于非饱和状态）\end{cases}$$

$$(6.56)$$

可将上述两个公式改写成统一的表达形式：

$$q_{im} = \cfrac{K(s+h_d-r_0)}{\cfrac{1}{2\pi}\left\{\ln\cfrac{\tan\cfrac{\pi(2h_{im}-y)}{4T}}{\tan\cfrac{\pi|y|}{4T}} + \sum_{m=1}^{\infty}\ln\left(\cfrac{\cosh\cfrac{\pi mL}{2T}+\cos\cfrac{\pi y}{2T}}{\cosh\cfrac{\pi mL}{2T}-\cos\cfrac{\pi y}{2T}} \times \cfrac{\cosh\cfrac{\pi mL}{2T}-\cos\cfrac{\pi(2h_{im}-y)}{2T}}{\cosh\cfrac{\pi mL}{2T}+\cos\cfrac{\pi(2h_{im}-y)}{2T}}\right)\right\}}$$

$$(6.57)$$

当含水层平均厚度 T 较大时，可将式（6.57）简化为

$$q_{im} = \cfrac{K(s+h_d-r_0)}{\cfrac{1}{2\pi}\ln\cfrac{\sinh\cfrac{\pi(2h_{im}-y)}{L}}{\sinh\cfrac{\pi|y|}{L}}}$$

$$(6.58)$$

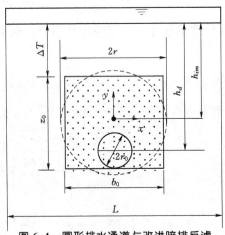

图 6.4　圆形排水通道与改进暗排反滤体中心重合示意图

当暗管间距 L 较大时，可将式（6.57）简化为

$$q_{im} = \cfrac{K(s+h_d-r_0)}{\cfrac{1}{2\pi}\ln\cfrac{\tan\cfrac{\pi(2h_{im}-y)}{4T}}{\tan\cfrac{\pi|y|}{4T}}}$$

$$(6.59)$$

可将式（6.58）和式（6.59）分子中的 $s+h_d-r_0$ 看作为暗管的作用水头，与 $H-H_d$ 含义相同，而分母也可被看作是基于 Kirkham 公式的改进暗排阻抗系数。

（2）基于圆形排水通道与反滤体中心重合假定的 Kirkham 方法 2。与基于圆形排水通道底部与反滤体底部重合假定相类似，可假定圆形排水通道中心与反滤体中心相重合

（图 6.4），此时改进暗排的排水量计算公式仍可用式（6.56）表示，但其中 y 值及 h_{im} 值的计算公式变为

$$y = \begin{cases} r & （反滤体处于饱和或近饱和状态）\\ -\cfrac{z_0}{2}+2r_0 & （反滤体处于非饱和状态）\end{cases}$$

$$(6.60)$$

$$h_{im} = h_d + r_0 - \cfrac{z_0}{2}$$

$$(6.61)$$

6.5　暗管排水理论公式计算结果对比与试验验证

以胡浩特稳定流公式和格罗佛-杜姆非稳定流公式为代表对暗管间距计算方法进行详细说明，并对比分析无积水条件下几种稳定流和非稳定流排水公式间距计算结果，同时以田间暗管试验区数据为依据，采用稳定流和非稳定流排水公式计算暗管间距，并与实际间距进行对比。基于室内积水条件下的排水量观测数据及安徽淮北平原固镇县新马桥农水综合试验站 2015 年积水条件下卵石、秸秆、分层砂石、混合砂石反滤体排水量观测数据，对比分析了不同改进暗排排水量理论公式计算结果。

6.5.1　常规暗管排水理论公式计算结果对比及试验验证

6.5.1.1　稳定流和非稳定流暗管排水计算结果对比

以暗管排水设计计算为例，当 $K=0.4\text{m/d}$、$h_0=1.0\text{m}$、$h_t=0.4\text{m}$、$t=3\text{d}$、$\mu=0.03$、$D_0=10\text{m}$ 和 $r_0=0.05\text{m}$ 时，对比分析稳定流和非稳定流排水公式间距的计算结果，以胡浩特稳定流公式和格罗佛-杜姆非稳定流公式为代表进行详细计算说明。

（1）胡浩特公式。

1）计算方法之一：除上述已知数据外，还需计算水位降落（或上升）过程中的平均排水量 $\bar{q}$ 和平均的作用水头 $\bar{h}$，平均排水量计算如下：

$$\bar{q}=\frac{\mu(h_0-h_t)}{t}=\frac{0.03\times(1.0-0.4)}{3}=0.006$$

平均作用水头 $\bar{h}$ 可采用以下 3 种方法计算：

算术平均：
$$\bar{h}=\frac{h_0+h_t}{2} \tag{6.62}$$

几何平均：
$$\bar{h}=\sqrt{h_0 h_t} \tag{6.63}$$

对数平均：
$$\bar{h}=\frac{h_0-h_t}{\ln\dfrac{h_0}{h_t}} \tag{6.64}$$

采用式（6.62）～式（6.64）计算的平均作用水头分别为 0.7m、0.632m 和 0.655m。根据式（6.4）和式（6.6）采用试算法的计算结果为：当平均水头为 0.7m 时，$d_e=2.35\text{m}$ 和 $L=31.7\text{m}$；当平均水头为 0.632m 时，$d_e=2.19\text{m}$ 和 $L=29.1\text{m}$；当平均水头为 0.655m 时，$d_e=2.24\text{m}$ 和 $L=30\text{m}$。计算结果满足 $D_0/L>0.25$ 的条件，故选择式（6.6）计算 d_e 是合理的。

采用算术平均计算平均作用水头简单直观，但仅适用于短历时内水头随时间变化近似为直线关系的条件，当历时较长时，曲线变化偏离直线较多，带来明显计算误差。利用几何平均和对数平均计算的平均作用水头较为接近，相差约 3%。对数平均值介于算术平均和几何平均值之间，接近两者的平均值。对绝大多数非稳定流公式，$q\sim t$ 和 $h\sim t$ 均呈对数或负指数曲线变化形式，采用水头的对数平均较为严谨合理，在后续计算中均采用对数平均值。

2）计算方法之二：已知 3d 地下水位降深值，将非稳定流状态排水标准 h_0/h_t 转化为稳定流状态排水标准 q/h，先根据式（6.16）计算反应系数：

$$a=-\frac{1}{t}\ln\frac{h_t}{1.16h_0}=-\frac{1}{3}\ln\frac{0.4}{1.16\times1.0}=0.355$$

仅考虑式（6.4）中沟管水位以下区域的水流运动，则类似于式（6.3）可得到

$$q=\frac{8Kd_eh}{L^2} \tag{6.65}$$

将式（6.65）与式（6.15）组合后可得到

$$\frac{h}{q}=\frac{\pi^2}{8\mu a}=\frac{\pi^2}{8\times0.04\times0.355}=115.8(\mathrm{d}^{-1})$$

采用式（6.65）计算间距：

$$L^2=8Kd_e\frac{h}{q}=8\times0.4d_e\times115.8=370.6d_e$$

由式（6.5）或式（6.6）可知，d_e 与 L 有关，L 需通过试算求得，采用式（6.6）计算得到 $d_e=2.12\mathrm{m}$ 和 $L=28\mathrm{m}$。该计算结果与计算方法之一的差别并不悬殊。取该方法的间距计算值与计算方法之一中采用对数平均水头所对应的间距值的平均值 29m 列入表6.3中。

（2）格罗佛-杜姆公式。采用式（6.13）和式（6.6）计算间距和等效深度：

$$L=\pi\left[\frac{0.4\times3d_e}{0.03\ln\left(\frac{1.16\times1.0}{0.4}\right)}\right]^{\frac{1}{2}}=19.3\sqrt{d_e}$$

$$d_e=\frac{\pi L}{8\ln\dfrac{L}{\pi0.05}}=\frac{0.393L}{\ln(6.37L)}$$

采用试算法求解以上两式得到 $d_e=2.13\mathrm{m}$ 和 $L=28.1\mathrm{m}$。

（3）暗管排水间距计算结果汇总。类似于 Hooghoudt 公式的计算方法之一和之二，采用 Dagan 公式应用两种方法计算的暗管间距分别为 27.8m 和 26.4m，其中平均作用水头取对数平均值。表6.3中 Kirkham 公式中 F_K 取式（6.10）的第一项，哈默德、瞿兴业公式中的 Ω 取值0.9。

表 6.3　　　　　　　　　　稳定流和非稳定流暗管间距计算结果对比

稳定流公式	暗管间距/m	非稳定流公式	暗管间距/m
Hooghoudt	29.0	Glover - Dumm	28.1
Kirkham	31.6	Integrated Hooghoudt	35.5
Dagan	27.1	De Zeeuw - Helllinga	31.8
Ernst	27.4	哈默德、瞿兴业	30.9
平均值	28.8	平均值	31.6

由于非稳定流过程是由多个瞬间连续稳定状态所构成，故非稳定流公式建立在每个瞬间稳定状态均符合达西定律的基础上，推导过程中，应用了微积分和偏微分方程进行数学处理。由于处理手段和采用的假定条件不同，得出的结果存在差异，但基本原理是一致的。因达西定律是在稳定流下得出的，因此，可以说所有的非稳定流均源于稳定流。在相

同运动前提下，以胡浩特稳定流公式和格罗佛-杜姆非稳定流公式为代表的暗管排水间距计算结果彼此间相当接近，特别是基于胡浩特公式的计算方法之二将非稳定流状态下的排水标准 h_0/h_t 转化为稳定流状态下的 q/h，并引入反应系数，变换后的暗管间距计算公式与格罗佛-杜姆公式相同。其中 $\bar{h}$ 只是沟管水面以上的平均含水层厚度，且由于 $\bar{h}$ 与本算例中水面下的不透水层埋深 D_0 相比较小，故对间距计算的影响较小。除胡浩特积分公式计算的间距稍大外，其他几个方法计算结果之间相差不大，非稳定流公式计算结果的平均值要比稳定流公式大一些，但差异并不十分明显。

6.5.1.2 稳定流和非稳定流暗管排水计算结果的田间试验验证

采用 Nwa 等（1969）获得的田间试验数据对稳定流和非稳定流暗管排水计算公式进行验证。田间小麦试验区位于英国剑桥郡，面积约 10.1hm²，埋设直径 7.62cm 的黏土管 9 根，长度均为 273.59m，暗管埋深和间距分别为 1.19m 和 40.23m，暗管比降 1‰。区内 0~1.5m 土层为砂壤土，1.5~1.62m 土层为泥炭层，1.62~9m 土层为粉质黏土，不透水层的深度为 9m。采用孔深 1.25m 的钻孔法测得土壤导水系数为 0.7m/d。

田间试验中，当一次降雨使地下水位上升到最高时，两暗管中部的初始地下水位高于暗管中心的作用水头 $h_0 = 51.69$cm，随后观测雨后两暗管中部的地下水位随时间的变化及流量变化，根据观测的排水量和地下水位降深的变化，计算得到的相应给水度见表 6.4，采用稳定流和非稳定流暗管排水公式计算的间距及与实际间距对比的结果见表 6.5。

表 6.4　　　　　　　　　相应于地下水位降深变化的给水度计算结果

地下水位降深/cm	7	12	13	17	22	27	29
给水度	0.03	0.037	0.039	0.071	0.071	0.071	0.071

表 6.5　　　　　　　稳定流和非稳定流暗管排水公式计算的间距结果对比　　　　　单位：m

时间 t /d	降深 (h_0-h_t) /cm	稳定流公式				非稳定流公式			
		Hooghoudt	Kirkham	Dagan	Ernst	Glover-Dumm	Integrated Hooghoudt	De Zeeuw-Helllinga	哈默德、瞿兴业
2	7	106.0	155.5	106.0	105.9	76.6	125.9	121.1	125.5
3	12	81.6	110.1	81.6	81.4	69.5	97.8	93.7	98.7
4	13	89.7	124.4	89.6	89.6	78.3	107.0	102.8	107.5
10	17	89.5	124.2	89.5	89.4	83.4	106.7	102.6	107.1
12	22	81.2	109.5	81.1	81.1	79.7	96.9	93.3	97.8
13	27	70.6	91.6	70.6	70.4	71.8	84.5	81.3	86.9
14	29	68.9	89.0	68.9	68.8	71	82.8	79.5	84.0
平均间距		83.9	114.9	83.9	83.8	75.8	100.2	96.3	100.9
与实际间距的比值		2.09	2.86	2.09	2.08	1.88	2.49	2.39	2.51

由表 6.5 可知，Glover-Dumm 非稳定流公式计算的间距最小，而 Kirkham 稳定流公式计算的间距最大。Hooghoudt、Dagan、Ernst 稳定流公式计算的间距相同，而 Integrated Hooghoudt、De Zeeuw-Helllinga、哈默德和瞿兴业非稳定流公式计算的间距相

近。当将土壤作为一层均质土考虑时，含水层厚度较薄下 Ernst 和 Hooghoudt 公式的计算结果等同。此外，基于 Hooghoudt 公式计算方法之一获得的结果要大于方法之二。

总体来说，除 Kirkham 公式外，稳定流公式的计算结果均小于非稳定流，这与表 6.3 中体现的规律相似，但不同的是表 6.3 中的算例是针对含水层较厚情况，而表 6.5 中的算例则是针对较薄含水层。此外，所有公式计算的间距均大于实际间距 40.23m，两者之间的比值为 2.08~2.86，造成差别的原因：一是不透水层以上排水地段的土质为非均质，计算采用的土层渗透系数只是地表以下 0~1.25m 土层的测试结果，与实际有一定差距，特别是 1.62~9.0m 土层为粉质黏土，渗透性应小于上层砂壤土，整个土层的渗透系数取为上层的测试结果可能偏大；二是给水度取值可能偏小，这直接影响间距的计算结果，而由于没有流量测试数据，故稳定流公式中的 q 值是采用给水度计算得到，这也影响到间距的计算结果。

6.5.2 改进暗管排水理论公式计算结果及室内试验验证

6.5.2.1 室内试验设计与参数选择

考虑到改进暗排室内试验中采用的细砂土介质与反滤体的渗透系数比值在 80 左右，基本符合田间野外条件，但粗砂土介质中两者渗透系数之差与公式推导中的假定相差较远，故选择细砂土介质下的暗管排水量作为验证数据。

改进暗排室内试验选用的参数分别为：暗管间距按等效作用折算的 $L=14.77cm$，暗管半径 $r_0=0.6cm$，暗管长度 $l=18.8cm$，暗管埋深 $h_d=14.4cm$，反滤体高度 $z_0=10cm$，反滤体宽度 b_0 为 2cm、4cm 和 6cm，折算成圆形排水通道的等效半径 r 为 3.82cm、4.46cm 和 5.09cm。假定当底部重合时，反滤体宽度 2cm、4cm 和 6cm 的改进暗排圆形排水通道中心的埋深 h_{im} 依次为 11.18cm、10.55cm 和 9.91cm，而当中心重合时，反滤体宽度 2cm、4cm 和 6cm 的改进暗排圆形排水通道中心的埋深 h_{im} 均为 10cm。考虑到暗管不透水层厚度远超过暗管间距且补给量很大，使得反滤体接近或达到饱和状态，故采用 Kirkham 等公式中含水层平均厚度较大且反滤体接近或达到饱和状态条件下的排水计算理论公式。此外，室内试验中还观测了暗管的作用水头，以积水层深 $s=7cm$ 的暗管自由出流为例，反滤体宽度为 0、2cm、4cm 和 6cm 对应的作用水头 $H-H_d$ 依次为 21.95cm、21.7cm、21.9cm 和 21.45cm，细砂土介质且积水层深 7cm 情况下实测的各项参数见表 6.6。

表 6.6　　　　　　积水层深 7cm 和暗管自由出流情况下实测的各项参数

暗排类型	反滤体宽度/cm	K/(m/d)	H/cm	H_d/cm
常规暗排	0	1.201	77.50	55.55
改进暗排	2	1.106	77.50	55.80
	4	1.244	77.50	55.60
	6	1.166	77.50	56.05

6.5.2.2 改进暗管排水计算结果的室内实验验证

表 6.7 给出改进暗排计算结果与室内排水试验观测值的对比。可以看到，采用位氏公

式、努氏公式以及 Kirkham 公式得到的常规暗排计算结果与实测值吻合很好，相对误差小于 5%。而基于位氏公式计算的改进暗排排水量与实测值却偏差较大，所有反滤体宽度下的相对误差均超过 15%，而其他方法的相对误差只个别超过 10%，总体上基本满足设计计算要求。同时还可看出，常规暗排下基于努氏简化公式和采用排水通道与反滤体底部重合假定的 Kirkham 公式推导出的改进暗排计算公式得到了相同排水量，尽管两式推导方法不同，公式结构也有差异，但其中的阻抗系数通过相互转换是完全相等的，不同之处是作用水头的表示方法，若统一采用 $H-H_d$ 表示作用水头，则实质上并无区别，可任取其一进行计算。

表 6.7　　　　　　　　　　　理论计算排水量与室内试验结果对比

暗 排 类 型		常规暗排	改 进 暗 排		
反滤体宽度/cm		0	2	4	6
排水量 /(m/d)	实测值	1.571	3.584	4.160	4.751
	位氏公式	1.500			
	努氏公式	1.525			
	Kirkham 公式	1.525			
	基于位氏公式		2.643	3.508	3.870
	基于努氏公式		3.047	4.213	4.910
	采用分段法的公式		3.273	4.151	4.169
	基于 Kirkham 公式（方法1）		3.049	4.216	4.916
	基于 Kirkham 公式（方法2）		3.588	4.602	4.823
相对误差 /%	位氏公式	−4.6			
	努氏公式	−3.0			
	Kirkham 公式	−3.0			
	基于位氏公式		−26.2	−15.6	18.5
	基于努氏公式		−15.0	1.2	3.4
	采用分段法的公式		−8.7	−0.2	−12.3
	基于 Kirkham 公式（方法1）		−14.9	1.3	3.5
	基于 Kirkham 公式（方法2）		0.1	10.6	1.5

6.5.3　改进暗管排水理论公式计算及田间验证

6.5.3.1　田间试验设计与参数选择

改进暗排田间排水试验在安徽淮北平原固镇县新马桥农水综合试验站开展。用于改进暗排理论公式中采用的参数值分别为：暗管间距 $L=6\text{m}$，暗管半径 $r_0=0.0375\text{m}$，暗管长度 $l=17\text{m}$，暗管埋深 $h_d=0.7625\text{m}$，不透水层深度 $T=10\text{m}$，反滤体高度 $z_0=0.5\text{m}$，反滤体宽度 $b_0=0.4\text{m}$，圆形排水通道等效半径 $r=0.287\text{m}$。假定当排水通道与反滤体底部重合时，圆形排水通道中心的埋深 $h_{im}=0.513\text{m}$，而当排水通道与反滤体中心重合时，圆形排水通道中心的埋深 $h_{im}=0.55$m。考虑到田间试验下的暗管不透水层厚度与暗管间距相差不大，且排水中反滤体基本处于非饱和状态，故采用完整形式的 Kirkham 排水计算理论公式及计算反滤体处于非饱和状态下的 y 值。

6.5.3.2 改进暗排计算结果的田间试验验证

以积水层深 $s=7$cm 时的田间排水实测数据为依据，选择 Kirkham 公式中作用水头 $s+h_d-r_0$ 作为暗管作用水头 $H-H_d$，表 6.8 给出相关理论公式的计算结果与田间实测值间的对比。可以看出，采用位氏公式和 Kirkham 公式计算的常规暗排排水量与田间实测值依然吻合很好，而基于位氏简化公式和努氏简化公式得到改进暗排排水量计算公式均出现较大相对误差，原因在于这两种方法均基于反滤体处于饱和状态假定，但当反滤体变化范围较大时则很难满足该条件。此外，由分段法推出的公式以及基于 Kirkham 理论公式计算的排水量均与实测数据吻合很好，前者除分层砂石小区的相对误差为 12.1% 外，其他小区均在 10% 以下，且在 $-3.5\% \sim 6\%$ 之间变动。

表 6.8 理论计算排水量与田间试验结果对比

暗 排 类 型		常规暗排	改 进 暗 排			
			卵石	秸秆	分层砂石	混合砂石
排水量 /(m/d)	实测值	0.191	0.412	0.408	0.344	0.366
	位氏公式	0.176				
	Kirkham 公式	0.177				
	基于位氏公式		0.483	0.483	0.425	0.425
	基于努氏公式		0.553	0.553	0.486	0.486
	采用分段法的公式		0.440	0.440	0.386	0.386
	Kirkham 方法 1		0.416	0.416	0.365	0.365
	Kirkham 方法 2		0.401	0.401	0.353	0.353
相对误差 /%	位氏公式	-7.8				
	Kirkham 公式	-7.0				
	基于位氏公式		17.2	18.4	23.3	16.1
	基于努氏公式		34.3	35.6	41.2	33.0
	采用分段法的公式		6.6	7.7	12.1	5.6
	Kirkham 方法 1		0.8	1.9	6.0	-0.1
	Kirkham 方法 2		-2.6	-1.6	2.4	-3.5

6.6 小结

本章概述了稳定和非稳定流状态下的地下排水计算理论，介绍了常用的无积水条件下稳定流和非稳定流沟管排水理论计算公式、积水条件下常规暗排排水理论计算公式及相关计算数据要求，推导获得积水条件下改进暗排排水理论计算方法。以暗管排水为例，对无积水条件下稳定流和非稳定流排水间距计算结果进行对比分析；基于室内外试验数据，对改进暗排理论计算排水量与田间试验结果进行对比，主要结论如下：

（1）非稳定流过程是由很多个瞬间稳定状态连续起来构成的，非稳定流公式都是建立在每一个瞬间稳定状态均符合达西定律这一基础上推导的。使用稳定状态理论，假定沟管中部瞬时排水率等于稳定的排水率，可以将稳定流公式进行改进，应用于非稳定流条件下沟管中部地下水位下降速率的计算。

（2）以暗管排水设计计算为例，给定设计参数条件下，Glover - Dumm、Integrated Hooghoudt、De Zeeuw - Helllinga、哈默德和瞿兴业 4 个非稳定流公式间距计算结果的平均值比 Hooghoudt、Kirkham、Dagan 和 Ernst 4 个稳定流公式平均值要大，其中 Integrated Hooghoudt 公式间距计算结果最大；基于田间暗管排水试验区数据，稳定流和非稳定流排水公式计算间距均大于实际间距，与实际间距的比值为 2.08～2.86，除 Kirkham 公式外，总体来说稳定流公式间距计算结果小于非稳定流，其中 Glover - Dumm 公式间距计算结果与稳定流公式较接近，暗管理论计算间距与实际间距产生差距的原因可能是水文地质参数的取值与实际情况存在差距。

（3）采用进水周边长度相等条件下排水量相同的假定，将改进暗排的矩形反滤体转换为等效的圆形排水通道，并假定圆形排水通道底部与反滤体底部重合，参照积水条件下努氏和位氏常规暗管排水量计算公式，得到近似计算改进暗排排水量公式。应用渗流理论中常用于近似处理的"片段法"，将改进暗排地段切割开来，分片段单独求解，推导出计算改进暗排排水量公式。基于 Kirkham 公式，假定圆形排水通道底部与反滤体底部重合及排水通道与反滤体中心重合，引入反映反滤体饱和及非饱和状态的边界点坐标作为中间参数，推导出改进暗排排水量计算公式。

（4）理论计算排水量与室内试验结果对比表明，采用位氏公式、努氏公式以及 Kirkham 公式计算得到的常规暗管排水量与实测值吻合很好，相对误差小于 5%，基于位氏公式的改进暗排公式计算得到的排水量与实测值偏差较大，其他几种方法得到的计算结果与观测值相比只有个别的误差超过 10%。

（5）理论计算排水量与田间试验结果对比表明，采用位氏公式、Kirkham 公式等计算常规暗管排水量与田间实测值依然吻合很好。基于位氏公式、努氏公式得到的改进暗排公式计算得到的排水量与实测值偏差较大，由分段法推出的公式以及基于 Kirkham 推出的公式计算的排水量均与实测值吻合很好，前者除分层砂石小区的相对误差为 12.1% 外，其他小区均在 10% 以下，且在 −3.5%～6% 范围内变动。

参 考 文 献

［1］ Bouwer H，Van Schilfgaarde J. Simplified method of predicting fall of water table in drained land. Trans. ASAE，1963（4）：208 - 291，296.

［2］ Djurović N，Stričević R. Some properties of kirkham's method for drain spacing determination in marshy‐gley soil [J]. Journal of Agricultural Sciences，2003，48（1）：59‐67.

[3] Djurović N，Stričević R. Some properties of Dagan's method for drain spacing determination in marshy‐gley soil [J]. Journal of Agricultural Sciences，2003，48（1）：69‐75.

[4] Darzi‐Naftchally A，Mirlatifi S M，Asgari A. Comparison of steady‐and unsteady‐state drainage equations for determination of subsurface drain spacing in paddy fields：a case study in Northern Iran [J]. Paddy and Water Environment，2014，12（1）：103‐111.

[5] Kirkham D. Flow of ponded water into drain tubes in soil overlying an impervious layer [J]. American Geophysical Union，1949，30（3）：369‐385.

[6] Nwa E W，Twocock J C. Drainage design theory and practice. Journal of Hydrology，1969，9（3）：259‐276.

[7] Ritzema H P. Drainage principles and applications [M]. Netherlands：International Institute for Land Reclamation and Improvement，2006.

[8] Ritzema H P. Subsurface flow to drains. In：Ritzema H P，（Ed.）. Drainage principles and applications，ILRI，Wageningen，The Netherlands，2006：283‐294.

[9] van der Ploeg R R，Kirkham M B，Marquardt M. The Colding equation for soil drainage：its origin，evolution，and use. Soil Science Society of Amercia Journal，1999（63）：33‐39.

[10] Wiskow E，van der Ploeg R R. Calculation of drain spacings for optimal rainstorm flood control [J]. Journal of Hydrology，2003，272（1）：163‐174.

[11] 瞿兴业. 均匀入渗情况下均质土层内地下水向排水沟流动的分析 [J]. 水利学报，1962（6）.

[12] 瞿兴业. 农田排灌渗流计算及其应用 [M]. 北京：中国水利水电出版社，2011.

[13] 张蔚榛. 在有蒸发情况下地下水排水沟的计算方法 [J]. 武汉水利电力学院学报，1963（1）：23‐42.

第7章 明暗组合排水工程设计与效益评估

暗管排水以其不占用耕地、便于机械化操作、降渍排盐效果好等优势，越来越受到国内外的广泛关注。我国南方降雨多且过于集中，地表径流仍需由明沟主导，随着农业现代化和机械化的发展，针对农田涝渍灾害相伴相随、耕地资源紧缺等问题，兼有明暗两种排水措施优势的明沟和暗管相结合的组合排水方式是未来除涝治渍排水技术的发展方向。

本章首先基于地表和地下排水模数分析及水量蓄排关系分析，提出明暗组合排水工程设计方法，揭示暗管在除涝排水中的重要作用，其次采用地表排涝系数间接反映暗排除涝作用的设计方法，基于按降渍要求确定的间距以及给定的地表排涝系数，采用经济净现值和经济效益费用比指标，分析田间末级排水方式分别为明沟排水、常规暗排以及改进暗排与明沟结合的组合排水工程的经济效益，最后，针对半机械化和机械化暗管施工方式，提出相应的施工质量保证技术方法。

7.1 明暗组合排水工程布设方式

通常所称的组合排水工程布设方式包括明沟与暗管组合、明沟与暗管和鼠洞组合、明沟与竖井组合、深浅明沟组合等，采取何种组合布设方式，要视具体情况而定。通常在农田涝渍严重的黏质土地区，土壤透水性能相对较差，布设暗管要求间距较密，导致投资较大，此时，若在田间采用深度适当、间距较大的暗管与较浅密的临时性明沟或鼠洞相组合的双层排水系统，可及时排除田面雨涝积水，加快地下水位下降。在利用浅层淡水灌溉的地区，则可采用井灌、井排与明沟相结合的排水系统。在组合排水工程布设中，明沟与暗管结合的明暗组合排水工程模式无疑具有适应性强、便于管理的突出特点。

7.1.1 明暗组合排水工程及其相互作用

明沟排水主要排除地表多余的径流量，也可排除土壤多余水分，进而降低地下水位。明沟排水工程通常由干、支、斗、农等各级排水沟道组成，包括田间排水沟网和骨干排水沟网两大部分。在多数灌区内，田间排水沟网由紧邻田块的斗沟和农沟以及田间的浅密排水沟组成，可直接汇集并排除地表水，起到控制田间地下水位的作用。骨干排水沟网则由斗沟以下的支沟和干沟等组成，输移由田间排水沟网汇集的地表径流及地下水至排水区外的容泄区。暗管排水工程包括田间排水管、集水管、检查井、集水井、出口建筑物和泵站等。田间排水管用来吸收并排除农田多余的地下水，又称为吸水管；集水管用于汇集田间排水管排出的水，并向下级排水沟（管）输送；检查井用来沉沙和检修排水管，多设在吸水管与集水管连接处、排水管中间部位、变管径处和地形高差变化较大位置，当管长超过200m时，应增设检查井；集水井用于汇集暗管排水，通过水泵将水抽排进入下级管道或排水沟道；出口建筑物一般设在暗管通入明沟部位，用于加固沟坡和便于测流。此外，若在低洼地区修建暗管排水系统，一般需在出口部位修建泵站，将水抽到区外。

从地表积水到逐渐消退过程中，一次降雨产生的沥涝水，一方面以地表径流方式通过明沟排走；另一方面经土壤下渗转化为地下水，并随地下渗流进入明沟。通常沟深不大的明沟排水只能降低沟道附近的地下水位，欲使排水地段的地下水位较为均匀地降至防渍深度以下，则需减小单条排水沟的控制面积，即缩小排水沟间距，这对于重质土地区，要占用更多的耕地（Madramootoo 等，2007；Herzon 等，2008），加大工程投资，而对于轻质土地区，还存在着明沟易塌坡和淤积等问题。如果加大排水沟深度，虽可增大明沟的控制面积，但更增加了明沟的养护难度。对明暗组合排水工程而言，地下水位降落是明沟和暗管综合作用的结果。由于暗管不占用耕地，布设间距要小于同级明沟，地下水可就近通过暗管排出，对地下水位的控制效果更好。

我国易涝易渍耕地上田间排水系统大多采用单一的明沟，施工简单，一次性投资少，排除地表水速度快，但占地多，不利于田间机械作业，且交叉建筑物多，边坡易冲蚀坍塌，维护工作量大，排渍效果不如暗管和竖井。暗管排水系统可大幅减少明沟占地，使农田整齐划一，便于农耕机械化作业等。单个暗管只有一个出水口，易于维护，但除涝效果不及明沟，工程投资较大，施工要求也较高。与之相比，明暗组合排水方式可以取长补短、相辅相成，在排水除涝降渍效应上更具优势。常规暗排的最大局限性是管径较小，难以迅速排除田间积水，效果上不如明沟显著，而采用增设反滤体的改进暗排代替或部分代替末级田间明沟，可在一定程度上起到排除涝水的作用，是一种有效的节地减灾方法。

7.1.2　明暗组合排水工程布设形式

暗管排水工程布设形式可分为单级暗管排水、两级或多级暗管排水等。当现有集水明沟具备一定深度且能顺利承泄暗管排水时，排水暗管可直接通入明沟，可建立单级自流排水暗管工程。当现有集水明沟较浅或不能承泄暗管排水时，应疏挖加深现有的明沟排水系统，使之满足建立一级暗排工程的需要。如需维持现有的集水明沟深度，则应建立两级或两级以上暗管排水工程，此时排水暗管不能直接连接明沟，而是通过集水管将水排入深度较大的明沟或下一级集水管。田间末级排水管一般为等距布设，对透水性较差的黏性土或上部土层有阻水层时，应加密暗管间距。为了增强田间排水效果，也可采用深浅暗管、深暗管与浅明沟（或鼠道、土暗沟等）相结合的双层排水布设形式，但工程造价和投资较高。

应结合灌溉渠系和田间地形布设排水明沟，在地形平坦地区，宜采用与灌溉渠道相间的双向排水形式，由于共用一条集水沟（管），扩大了排水控制面积，相对减少了集水沟（管）的条数。对地形倾斜地区，宜采用与灌溉渠道相邻的单向排水形式。就明暗组合排水工程而言，田间暗管与末级农沟通常有平行布设和垂直布设两种形式（温季等，2010），在垂直布设形式（图7.1）中，暗管的数量视其设计间距与农渠长度而定，若农渠间隔较大，可使暗管双向入农沟，若为单向排水时，可增设一级集水管；在平行布设形式（图7.2）中，暗管的数量应视其设计间距和农渠间隔而定，若采用自流排水方式，则集水斗沟深度需大于暗管埋深。

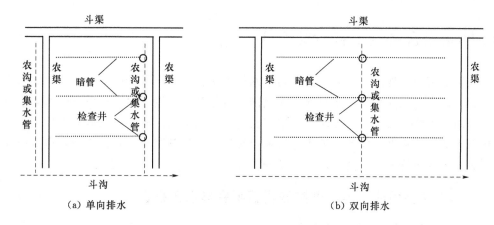

图 7.1 明暗组合排水的末级沟管垂直布设示意图

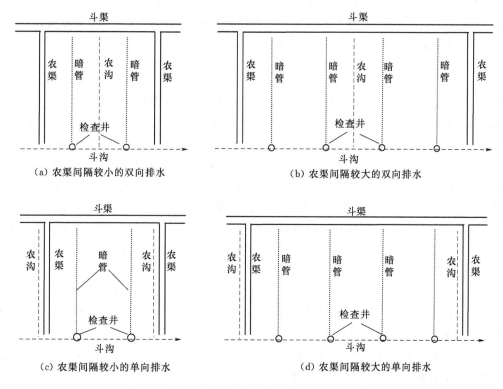

图 7.2 明暗组合排水的末级沟管平行布设示意图

　　排水暗管与集水沟呈直角正交连接是一种最为常见的布设形式，适用于地形平坦且形状规则的地块。若排水地段土壤大体均质，排水要求基本一致，则一般等距布置末级暗管。在沿冲谷两侧农田有比较一致自然坡降的山丘区，集水沟顺冲垄最大坡度方向布置，暗管与集水沟呈锐角斜交连接，可使暗管获得适宜的纵坡。若排水区域内的地面起伏不平，渍害面积孤立分布，可顺应地形实际条件和土质排水要求，采用不规则布局，进行局部地段的地下排水。对土质不良且明沟易塌坡地区，可采用两级或多级的暗管排水系统。

7.2 明暗组合排水工程设计方法

在农田涝灾易发地区，多数情况下地下水位埋深较浅，在强降雨作用下，地下水位迅速升高到达地表，致使地面积水成涝。在我国现行除涝工程设计中，只考虑由明沟单独负担排除降雨产生的地表径流，而暗管排水只在地表积水消退后起到控制地下水位作用。对于地形平坦的平原和低洼地区，地表径流相对缓慢，仅依靠明沟及时排除地表涝水较难实现，此时应考虑暗管排水所具有的除涝功能。

7.2.1 基于地表和地下排水模数的明暗组合排水工程设计

7.2.1.1 明暗组合排水工程设计方法之一

排涝流量（单位面积的排涝水量或排涝模数）是农田除涝排水工程规划设计中需考虑的主要控制指标，其决定了排水沟（管）工程规模。根据《农田排水工程技术规范》（SL 4—2013），单位面积的排涝流量即排涝模数 q_s 可采用平均排除法计算：

$$q_s = \frac{R}{1000t} \tag{7.1}$$

式中：t 为允许排涝时间，d；R 为一次降雨产生的设计地表径流深，mm，对旱作区，$R = aP$，对水稻区，$R = P - h_w - E - S$，其中 P 为设计降雨，a 为地表径流系数，h_w 为水田滞蓄水深，E 为排涝历时 t 内的水田腾发量，S 为排涝历时 t 内的水田渗漏量。

水稻区除涝排水工程设计所需的降雨量、水田滞蓄水深、排涝历时 t 内的水田腾发量和设计排涝历时 t，均可依据当地的气象、水文和田间试验等资料获取，而确定渗漏量（水田）或径流系数（旱田）则较为困难，这在规范中并未明确指出，多凭经验选取。通常这两个参数与当地自然条件和工程条件密切相关，选取的参数值往往与实际建造的工程条件下产生的渗漏量或径流系数有一定差异，造成设计排涝模数指标偏离实际，这在新建明暗组合排水工程时尤为突出。

在明暗组合排水工程中，水田渗漏量和径流系数均与暗管排水系统的结构和布局有极为密切关系。由于暗管布设一般较密，特别是为提高排水能力而在暗管周围增设强透水反滤体下，改进暗排对地表水入渗量的影响远超过布设较稀疏明沟和当地的天然地下径流量。当土体在积水淹没下达到饱和且形成稳定渗流时，排水地段范围内的单位面积渗漏量等于暗管的单位面积排水量即地下排涝模数，这可定义为暗排下的地下排水模数 q_d，采用积水下常规暗排 Kirkham 公式或位吉尼可夫和努美罗夫公式计算。对改进暗排而言，利用积水下改进暗排公式计算 q_d。此外，q_d 还取决于暗管工程的结构及布局、土壤渗透性能、地表积水深等因素。

以常规暗排和改进暗排计算实例为例。已知研究区内 10 年一遇的一日降雨量 $P = 160mm$，要求 $t = 3d$ 排除，假定暗管埋深 $h_d = 0.8m$，常规暗管（含外包料）半径 $r_0 = 0.05m$，改进暗排的反滤体宽度 $b_0 = 0.3m$ 和高度 $z_0 = 0.5m$，$D_0 = 10m$，含水层平均渗透系数 $K = 0.2m/d$，地面平均积水层厚度为 0.05m。表 7.1 给出采用 Kirkham 公式计算的常规暗排或改进暗排间距下的地下排水模数。可以看到，常规暗排间距分别为 10m、

20m、30m 和 40m，对应的地表径流系数依次为 0.46、0.73、0.82 和 0.86，而改进暗排间距对应的分别是 0.14、0.57、0.71 和 0.78。这表明暗管间距越小，q_d 越大，除涝能力愈强，排水除涝作用愈加显著，且地表径流系数越小，明沟承担的排水负担就越小。实践中应根据当地自然气象、作物类型、社会经济等条件，综合考虑除涝降渍排水效果、经济效益等因素，确定暗管排水布设形式和技术参数。

表 7.1　　　　　　　　　　不同暗管间距下计算的地表和地下排水模数

暗排类型	排水模数 /(m/d)	暗管间距/m			
		10	20	30	40
常规	q_d	0.0289	0.0146	0.0097	0.0073
	q_s	0.0244	0.0387	0.0436	0.0460
改进	q_d	0.0459	0.0232	0.0155	0.0116
	q_s	0.0075	0.0301	0.0379	0.0417

7.2.1.2　明暗组合排水工程设计方法之二

针对我国南方地下水浅埋旱作区，将地表产流概化为蓄满产流模式，引入地表排涝系数并采用 a' 表示，定义为扣除使地下水位上升至地表所蓄存于土壤的降水补给量后通过地表排除的涝水量占总排涝水量比值，当忽略腾发量影响时，末级排水形式为常规暗排、改进暗排或明沟时积水下的地表排水模数和地下排水模数，可参照 Kirkham 公式和式 (7.1) 计算获得：

$$q_s = \frac{a'(P-I)}{1000t} \tag{7.2}$$

$$q_d = \frac{K(H-H_d)}{\Phi L} \tag{7.3}$$

$$\Phi = \begin{cases} \dfrac{1}{2\pi}\ln\dfrac{\sinh\dfrac{\pi(2h_{im}-y)}{L}}{\sinh\dfrac{\pi|y|}{L}} & (L/T \leqslant 2,暗管) \\[4mm] \dfrac{1}{2\pi}\ln\dfrac{\tan\dfrac{\pi(2h_{im}-y)}{4T}}{\tan\dfrac{\pi|y|}{4T}} & (L/T > 2,暗管) \\[4mm] 0.5 + \dfrac{0.174h_p}{T} & (毛沟) \end{cases} \tag{7.4}$$

$$h_{im} = \begin{cases} h_d & (b_0 = 0) \\[2mm] h_d + r_0 - \dfrac{b_0 + z_0}{\pi} & (b_0 > 0) \end{cases} \tag{7.5}$$

$$y = \begin{cases} r_0 & (b_0 = 0) \\[2mm] \dfrac{b_0 + z_0}{\pi} & [b_0 > 0, h \leqslant 0.4(h_d + r_0)] \\[2mm] 2r_0 - \dfrac{b_0 + z_0}{\pi} & [b_0 > 0, h > 0.4(h_d + r_0)] \end{cases} \tag{7.6}$$

式中：I 为使地下水位上升到地表土壤所蓄存的水量，mm；h_p 为末级明沟沟深，m；q_s、q_d、t 的含义同前。

对承接暗管排水的集水明沟工程设计，应以地表排水模数、排水控制面积及承接的暗管出流量为依据，设计断面按照如下公式计算：

$$\frac{(q_d+q_s)F}{86400}=\frac{1}{n}R_h^{\frac{2}{3}}i^{\frac{1}{2}}A \tag{7.7}$$

$$R_h=\frac{(b+m\Delta h)\Delta h}{b+2\Delta h\sqrt{1+m^2}} \tag{7.8}$$

式中：q_s 为地表排水模数，m/d；F 为集水明沟的排水控制面积，m^2；i 为集水明沟纵比降；n 为集水明沟糙率；R_h 为水力半径；m 为边坡系数；b 为沟底宽度，m；Δh 为沟中水深，m；A 为明沟过流面积。

为了避免暗管出现淹没出流，集水明沟设计中的沟深可根据暗管埋深+max（过流水深 Δh，0.2m）（魏霄等，2007）获得，其他各级明沟设计参照农田排水规范。当涝水排除后，降渍成为排水工程的重要任务，此时暗排具有显著优势。常规/改进暗排或末级明沟排水满足降渍标准的间距（降渍间距）计算可参见式（6.22）～式（6.26）。

7.2.2 基于水量蓄排关系的涝渍兼治明暗组合排水工程设计

7.2.2.1 一次降雨排水过程的水平衡方程

在明暗组合排水工程作用下，一次降雨发生后，地下水位升至地表并产生积水，待积水消退后，地下水位通过暗管排水作用下降到作物耐渍深度。在地下水位上升、地表积水和地下水位下降这 3 个阶段内，暗管可以起到除涝治渍的排水作用。假定降雨前的初始地下水位略高于暗管埋设深度，降雨终止后在地表排水和入渗作用下，地表积水逐渐消退，地下水位在无入渗补给下自然降落（图 7.3）。

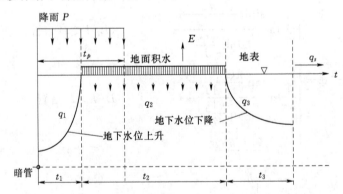

图 7.3 一次降雨排水下地面积水和地下水位升降过程示意图

当雨强低于土壤入渗能力时，降雨入渗进入土壤，实际入渗率等于雨强；当雨强大于土壤入渗能力时，多余降雨形成地面积水并产生地表径流，由地表排水系统排除。在这两种情况下，即使入渗量相同，但是否引起地下水位上升以及地下水位升至地表的时间不同。假定地面和地下排水工程健全并畅通，即在排水过程中无拥水、阻水现象，地下水仅受到两侧沟（管）影响，则水量平衡方程式为：

$$P = q_1 t_1 + q_2 t_2 + q_3 t_3 + q_s t_2 + \Delta W + E \tag{7.9}$$

式中：P 为降雨总量，m；t_1 为起始地下水位上升至地表的时间，d；t_2 为积水排除时间，d；t_3 为积水排除后作物不受渍害影响的排渍时间，d；q_1、q_2 和 q_3 分别为地下水位升至地表 t_1 时段内的地下排水模数、地面积水时段内的地下排水模数、积水排除后的平均地下排水模数，m/d；q_s 为平均地表排水模数，m/d；ΔW 为土壤蓄水量，m；E 为水面蒸发量，m。

7.2.2.2 各时段地下排水模数计算

（1）确定暗管间距：在计算各时段的地下排水模数之前，首先要确定暗管间距，常根据经验选取而后用理论公式校核或修订。当地表积水消退后，在暗管排水作用下，t_3 时段内排水地段中部暗管埋深以上的地下水位高度从 h_{03} 降到作物耐渍深度 h_{t3} 时，地下水运动为非稳定流运动（图 7.4），暗管间距可采用 Glover - Dumm 公式计算。

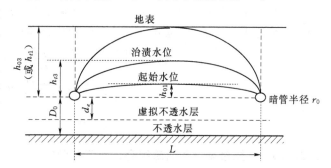

图 7.4　排水地段内地下水面形状变化示意图

（2）计算 q_3：运用非稳定渗流理论之一的瞬间法，根据胡浩特公式，t 时刻的排水模数 q_t 与排水地段中心处作用水头 h_t 的关系为

$$q_t = \frac{8 K d_e h_t + 4 K h_t^2}{L^2} \tag{7.10}$$

t_3 时段内随时间变化的水头 h_t 值可采用平均水头 $\overline{h}_3$ 代替，而平均水头可利用算术平均、几何平均、对数平均方法之一加以确定。假定非稳定流与瞬间稳定流下的总排水量相等，则式（7.10）被改写为

$$q_3 = \frac{8 K d_e \overline{h}_3 + 4 K \overline{h}_3^2}{L^2} \tag{7.11}$$

（3）计算 q_2：当地下水位升至地表、土壤处于稳定入渗强度并出现地面积水时，此时视为稳定入渗排水状况，可采用 Kirkham 公式计算。

（4）计算 q_1：假定降雨前的初始地下水位略高于暗管埋设深度，根据胡浩特公式，参照 q_3 计算方法获得 q_1：

$$q_1 = \frac{8 K d_e \overline{h}_1 + 4 K \overline{h}_1^2}{L^2} \tag{7.12}$$

式中：$\overline{h}_1$ 为 t_1 时段内排水地段中部暗管埋深以上的地下水位从初始高度 h_{01} 上升到地表最大高度 h_{t1} 的平均高度，其计算确定方法与 $\overline{h}_3$ 相同。

7.2.2.3 地表排水模数计算

根据除涝控制要求，时间 $t_1 + t_2$ 被认为是避免作物受淹减产所要求排除地面涝水的时间。在 t_1 时段内，一部分入渗水填充土壤孔隙，而另一部分则通过暗管排走，t_1 可表示为

$$t_1 = \frac{\mu(h_d - \Omega \Delta_0)}{\lambda - q_1} \tag{7.13}$$

式中：Δ_0 为两暗管中部初始的作用水头，即图 7.4 中的 h_{01}；λ 为入渗补给强度，假定地下水位上升到地表后产生积水；Ω 为地下水面线形状校正系数，对暗管取为 $0.8 \sim 0.9$。

根据给定的排水标准，时间 $t_1 + t_2$ 为一个已知值，故在得到 t_1 后，即可求出 t_2。

t_3 结束时实际土壤储水量可表示为

$$\Delta W = \mu(h_{03} - \Omega \Delta_0) - q_3 t_3 \tag{7.14}$$

t_2 时段内考虑和没有考虑 $q_1 t_1 + q_2 t_2$ 的地表排水模数分别采用 q_s 和 q_s' 表示，两者的差别用百分比表示为 ε，根据式（7.9），两种地表排水模数依次为

$$q_s = \frac{P - \Delta W - E - (q_1 t_1 + q_2 t_2 + q_3 t_3)}{t_2} \tag{7.15}$$

$$q_s' = \frac{P - \Delta W - E - q_3 t_3}{t_2} \tag{7.16}$$

$$\varepsilon = \left(\frac{q_s}{q_s'} - 1\right) \times 100\% \tag{7.17}$$

7.2.2.4 常规暗排下的明暗组合排水工程计算

假定 5 年一遇的一日降雨量 $P = 130\text{mm}$，$\lambda = 0.13\text{m/d}$，$\Delta H = 0.04\text{m}$，$h_d = 1.0\text{m}$，$h_{01} = \Delta_0 = 0.1\text{m}$，$h_{t1} = 1.0\text{m}$，$h_{03} = 1.0\text{m}$，$h_{t3} = 0.5\text{m}$，$t_1 + t_2 = 2\text{d}$，$t_3 = 3\text{d}$，$r_0 = 0.028\text{m}$，$K = 0.28\text{m/d}$，$\mu = 0.04$，$D_0 = 10\text{m}$，$E = 6\text{mm}$，采用式（6.13）和式（6.6）计算暗管间距和等效深度：

$$L = \pi \left(\frac{0.28 d_e \times 3}{0.04 \ln\left(1.16 \times \frac{1.0}{0.5}\right)}\right)^{\frac{1}{2}} = 15.69 \sqrt{d_e} \quad \text{和} \quad d_e = \frac{\pi L}{8 \ln \frac{L}{\pi 0.028}} = \frac{0.393 L}{\ln(11.37 L)}$$

采用试算法得到 $d_e = 1.34\text{m}$ 和 $L = 18.2\text{m}$。采用胡浩特公式计算获得 $q_1 = 0.00405\text{m/d}$ 和 $q_3 = 0.00828\text{m/d}$。当 Ω 取 0.9，采用式（7.13）计算得到 $t_1 = 0.29\text{d}$ 和 $t_2 = 1.71\text{d}$，采用 Kirkham 公式计算得到 $q_2 = 0.0229\text{m/d}$。不考虑衰减系数情况下，相关水平衡计算结果见表 7.2。

表 7.2　　　　　　　　　常规暗排下的明暗组合排水工程计算实例

暗管排水量/m			土壤储水量 ΔW/m	地表排水模数/（m/d）		ε/%
$q_1 t_1$	$q_2 t_2$	$q_3 t_3$		q_s	q_s'	
0.00117	0.0392	0.0248	0.0116	0.0276	0.0512	−46.1

可以看出 $q_1 t_1 + q_2 t_2$ 对于减少地表径流起着关键作用，与以往惯用的方法相比，计算得到的地表径流减少了 46.1%。由于地下水位上升到地表的时间很短暂，相对于地表积水下的暗管排水量来说，地下水位上升到地表期间的暗排作用较小，而地表积水期间的暗管排水量则占总地下排水量的 60% 左右，这表明暗管减少地表排水的作用不容忽视。如果采用改进暗排的明暗组合工程形式，则减轻明沟系统排涝负担的作用更强。虽然在 t_2 时段内改进暗排的作用可以通过前述方法计算评价，但在 t_3 时段中，水流运动由积水阶段的垂向入渗为主改变为朝向暗管的水平运动，此时的改进暗排理论计算公式还有待进一步探讨。

7.3　明暗组合排水工程经济效益评估

利用暗管排水理论计算公式以及现有的设计方法，分析末级排水方式分别为明沟排

水、常规暗管排水及改进暗管排水条件下与明沟相结合的组合排水工程经济效益，基于地表排涝系数间接反映暗排除涝作用的设计方法，在降渍要求确定的间距（降渍间距）以及给定地表排涝系数基础上，计算不同末级排水形式的工程布局参数及建设成本，采用经济净现值和经济效益费用比评价不同组合排水系统的经济效益。

7.3.1 工程效益构成及经济评价方法

排水工程效益主要包括经济、环境和社会效益，图7.5给出明沟与暗排（包括改进暗排）组合排水工程效益评价的主要构成要素，以及构成经济效益要素的详细分类。

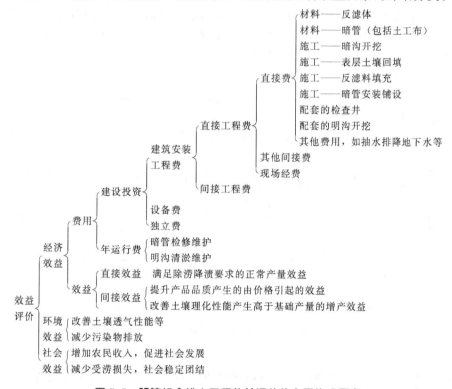

图 7.5 明暗组合排水工程效益评价的主要构成要素

最常用的动态经济评价方法主要包括：经济内部收益率 $EIRR$、经济净现值 $ENPV$、经济效益费用比 $EBCR$：

$$\sum_{t=1}^{n} (B-C)_t (1+EIRR)^{-1} = 0 \tag{7.18}$$

$$ENPV = \sum_{t=1}^{n} (B-C)_t (1+i_s)^{-1} \tag{7.19}$$

$$EBCR = \frac{\sum_{t=1}^{n} B_t (1+i_s)^{-1}}{\sum_{t=1}^{n} C_t (1+i_s)^{-1}} \tag{7.20}$$

式中：B 为年效益；C 为年费用；i_s 为社会折现率，取 8%（中华人民共和国水利部，

2010)。

在明暗组合排水工程经济效益评估中，采用经济净现值 $ENPV$ 和经济效益费用比 $EBCR$ 开展分析，假定所有满足排涝降渍标准的作物产量及作物价格均相同，从而评价改进暗排与明沟、常规暗排与明沟、明沟的排水系统经济效益。考虑到砂石反滤体价格相对较高而秸秆价格相对较低，为此评估了秸秆体积占反滤体体积的百分比分别为 10％、50％、70％和 100％下的暗排工程经济效益。

7.3.2 工程设计标准及参数确定

以开展田间排水试验的安徽淮北平原新马桥农水综合试验站所在蚌埠地区为例，选择明暗组合排水工程的末级沟管垂直布设双向排水布局形式［图 7.1（b）］，以斗沟控制范围为主要区域得到明暗组合排水工程的平面布局［图 7.6（a）］，明沟排水工程的平面布局如图 7.6（b）所示。

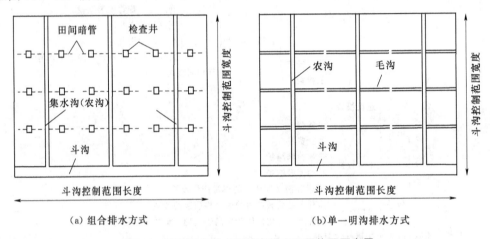

图 7.6　明暗组合排水和明沟排水工程的平面布局

7.3.2.1　工程设计标准

选取 10 年一遇暴雨为设计降雨，分析蚌埠地区 1984—2014 年降雨系列数据，采用年最大值法选样，得到设计暴雨为 141mm。由于该地区的降雨多发生在玉米生育期内，故选择玉米为研究作物。我国农田排水工程技术规范中规定旱作区的排涝标准采用 1～3 日暴雨 1～3 日排除，稻作区采用 1～3 日暴雨 3～5 日排至耐淹水深，设计暴雨重现期采用 5～10 年，经济发达的地区和高附加值作物可采用 10～20 年。此外，治渍排水工程以农作物全生育期要求的最大排渍深度为控制标准。旱作区渍害敏感期间采用 3～4 日内将地下水埋深降至田面下 0.4～0.6m；稻作区在晒田期 3～5 日内将地下水埋深降至田面下 0.4～0.6m。因此，选取排涝标准为 1 日暴雨 1 日排除，降渍标准为 3 日内将地下水位降至田面下 0.4m，并假定降雨前的地下水埋深为 0.5m。按照该地区典型的田间沟道布局形式，综合考虑斗沟规格及排水能力，选取斗沟间距 500m 和长度 800m。

7.3.2.2　参数确定

土壤渗透系数实测值 0.805m/d，给水度 0.04，不透水层深度 10m；暗管直径 0.11m；农沟纵比降 1/2000，糙率 0.03，边坡系数 1.0；斗沟纵比降 1/2500，糙率 0.03，边坡系数 1.25；毛沟底宽 0.5m，边坡系数 1.0，假定沟内无水。此外，对于地下水面形状校正系数，毛沟取 0.75，常规暗排取 0.85，改进暗排取 0.8。根据降渍计算得到使地下水位降低至田面下 40cm 时，常规暗排所需时间为改进暗排的 1.13 倍，与模拟得到的 1.15 倍相差不大，故认为改进暗排下的地下水面形状校正系数取 0.8 是合理有效的。

根据田间试验观测结果，满足排涝及降渍双重条件下的玉米正常产量为 9750kg/hm²，受涝渍影响严重时，无排水设施下约减产 50%（Nolte 和 Duvick，2010），考虑到年受灾程度有所差别，取 0.3 倍上述减产量作为年均减产量（温季等，2000），即认为无排水设施下的年均玉米产量为正常产量的 85%。斗沟、农沟、毛沟的年清淤量均假定为断面的 20%（涂文荣等，2014）。常规暗管的年运行费用取暗管及其安装投资的 2%（温季等，2000），改进暗排与常规暗排的土壤流失量相近，但其较大的流量更利于对暗管内部流失土壤的冲洗，年运行费用取暗排部分投资的 1.5%。蚌埠地区 2014 年玉米价格为 1684.8 元/t，玉米的影子价格为 1.71 元/kg。考虑到主要建材——砂石料及秸秆并非进出口材料，故采用市场价格，水利工程中一般项目的影子工资换算系数采用 1.0（张庆华等，2003），秸秆人工压实密度为 50kg/m³（毕冬梅等，2008），其他相关人工、材料等价格取值见表 7.3。此外，工程直接费外的其他直接费、现场经费、间接费、独立费的费率分别为 2.5%、4% 和 5%。假定排水工程建设期为 1 年，总运行期 20 年，建设期内即可产生效益。

表 7.3　　　　　　　　　　　人工、材料、作物及相关价格

分　项	单价/元	来　源
管道/m	7.00	排水厂调研及资料收集
管道安装/m	2.00	市场调研
机械开挖暗管沟槽/m³	8.27	建设工程工程量清单计价规范实施手册
人工回填碎石/m³	20.83	建设工程工程量清单计价规范实施手册
人工回填土壤/m³	12.87	建设工程工程量清单计价规范实施手册
人工回填秸秆/m³	2.30	建设工程工程量清单计价规范实施手册
砂石反滤料/m³	65.00	安徽省 2015 年 6 月公路材料价格信息
秸秆反滤料/t	200.00	http://ah.anhuinews.com/system/2015/05/20/006803021.shtml
机械挖沟/m³	8.27	建设工程工程量清单计价规范实施手册
明沟清淤/m³	8.27	建设工程工程量清单计价规范实施手册
玉米影子价格/kg	1.71	影子价格计算
玉米成本/hm²	9570.00	2015 全国农产品成本收益资料汇编
人工成本/d	74.40	2015 全国农产品成本收益资料汇编

7.3.3　工程方案设计计算

地表排涝系数受地表排水条件（地面坡度、地面覆盖情况、地表排水工程等）及地下排水条件影响。对地表排水条件较好地区，暗管排水的主要任务为降渍，兼顾排除部分涝水；对地表排水条件不好地区，地表排涝系数较小，暗管排水需将一部分涝水通过地下排除。针对以上两种情况，基于给定降渍间距和地表排涝系数两种状况，考虑末级排水形

式、地表排涝系数、沟深或暗管埋深、耕作层厚度、农沟间距等因素，对地表排涝系数和暗管设计间距进行分析（表7.4）。为了方便表达，用di表示末级排水形式为毛沟的方案，用p表示常规暗排方案，用p-0.2、p-0.3、p-0.4、p-0.5、p-0.6分别表示反滤体宽度分别为0.2m、0.3m、0.4m、0.5m和0.6m的改进暗排方案。

表7.4 工程布局参数设置

因　素	水　平						
	1	2	3	4	5	6	7
末级排水结构形式	di	p	p-0.2	p-0.3	p-0.4	p-0.5	p-0.6
地表排涝系数	0.8	0.6	0.4	0.2			
沟深/暗管埋深/m	0.8	0.9	1	1.1	1.2		
耕作层厚度/m	0.3	0.4					
农沟间距/m	400	200	100				

（1）给定降渍间距。通常暗管排水以降渍为主，其与明沟组合的排水形式也可承担降渍间距下的排涝任务，此时的降渍间距应与除涝间距相等，对应的地表排涝系数可在一定程度上反映地下排水对农田除涝的作用。

表7.5给出降渍间距下末级排水形式为常规暗排和改进暗排下的间距及地表排涝系数。可以看到，在相同暗管埋深下，反滤体宽度为0.2m、0.3m、0.4m、0.5m和0.6m的改进暗排降渍间距分别大于常规暗排8％、9％、10％、12％和13％。同时，改进暗排通过增大地下排水明显减小了明沟的地表排涝负担，当暗管埋深为0.8m时，反滤体宽度为0.2m、0.3m、0.4m、0.5m和0.6m的改进暗排可分别承担明沟排涝任务的19％、21％、23％、25％和28％，且比常规暗排分别增加了36％、50％、64％、78％和100％；当暗管埋深为1.2m时，反滤体宽度为0.2m、0.3m、0.4m、0.5m和0.6m的改进暗排可分别承担明沟排涝任务的23％、24％、26％、27％和29％，且比常规暗排分别增加了64％、71％、86％、93％和107％。随着暗管埋深增加，改进暗排所能承担的排涝任务比例增大。

表7.5 改进暗排和常规暗排的降渍间距及地表排涝系数

因素	暗管埋深/m	p	p-0.2	p-0.3	p-0.4	p-0.5	p-0.6
暗排降渍间距/m	0.8	58.4	63.1	64.3	65.2	66	66.7
	0.9	66.9	71.9	73.2	74.2	75.1	75.8
	1.0	74.6	80	81.4	82.4	83.3	84
	1.1	81.8	87.6	88.9	90	90.9	91.7
	1.2	88.6	94.6	96	97.1	98	98.8
地表排涝系数	0.8	0.86	0.81	0.79	0.77	0.75	0.72
	0.9	0.86	0.80	0.78	0.77	0.75	0.72
	1.0	0.86	0.79	0.78	0.76	0.74	0.72
	1.1	0.86	0.78	0.77	0.75	0.73	0.72
	1.2	0.86	0.77	0.76	0.74	0.73	0.71

（2）给定地表排涝系数。基于排涝及降渍双重标准计算得到的不同方案下的毛沟及暗管间距见表7.6。当其他条件相同时，毛沟设计间距比常规暗排大1%～10%，且随着地表排涝系数减少，毛沟、常规暗排、改进暗排的间距均呈减小趋势。当地表排涝系数为0.8～0.2时，由于毛沟及常规暗排通过地下排除涝水的能力较弱，计算的除涝间距（满足除涝要求的最大间距）均小于降渍间距（满足降渍要求的最大间距），此时的间距选择应以除涝标准为准，但地表排涝系数0.8、埋深1.2m的常规暗排除外。对改进暗排来说，由于地下排除涝水的能力较相同深度的毛沟及常规暗排更大，当地表排涝系数为0.8时，较宽反滤体或较大暗管埋深下的除涝间距大于降渍间距。当地表排涝系数进一步减小时，改进暗排的地下排涝任务加重，当地表排涝系数小于等于0.6时，改进暗排的设计间距也应采用除涝间距。以0.3m耕作层厚度为例，反滤体宽度0.2～0.6m的改进暗管间距应为常规暗排的1.35～2.33倍，且随着暗管埋深增加呈增大趋势，当暗管埋深由0.8m增到1.2m时，0.2m反滤体宽的改进暗管间距可由常规暗排的1.35倍增大到1.77倍左右。

表7.6　　　　　　　　　排涝及降渍双重标准下的毛沟及暗管间距　　　　　　　　　单位：m

地表排涝系数	毛沟深度/暗管埋深	毛沟	常规暗排	改进暗排－0.3m耕作层					改进暗排－0.4m耕作层				
		di	p－0	p－0.2	p－0.3	p－0.4	p－0.5	p－0.6	p－0.2	p－0.3	p－0.4	p－0.5	p－0.6
0.8	0.8	44.6	44.1	59.5	64.3	65.2	66.0	66.7	51.9	59.5	65.2	66.0	66.7
	0.9	50.9	48.5	71.7	73.2	74.2	75.1	75.8	64.2	71.7	74.2	75.1	75.8
	1.0	57.2	52.9	80.0	81.4	82.4	83.3	84.0	76.4	81.4	82.4	83.3	84.0
	1.1	63.4	57.1	87.6	88.9	90.0	90.9	91.7	87.6	88.9	90.0	90.9	91.7
	1.2	69.5	92.7	94.6	96.0	97.1	98.0	98.8	94.6	96.0	97.1	98.0	98.8
0.6	0.8	22.3	22.1	29.7	33.5	37.5	41.6	46.2	25.9	29.7	33.5	37.5	41.6
	0.9	25.5	24.3	35.9	39.7	43.7	47.9	52.4	32.1	35.9	39.7	43.7	47.9
	1.0	28.6	26.4	42.0	45.9	49.9	54.1	58.6	38.2	42.0	45.9	49.9	54.1
	1.1	31.7	28.6	48.1	52.0	56.1	60.3	64.8	44.3	48.1	52.0	56.1	60.3
	1.2	34.8	30.6	54.3	58.2	62.3	66.5	71.0	50.5	54.3	58.2	62.3	66.5
0.4	0.8	14.9	14.7	19.8	22.4	25.0	27.8	30.8	17.3	19.8	22.4	25.0	27.8
	0.9	17.0	16.1	23.9	26.5	29.1	31.9	34.9	21.4	23.9	26.5	29.1	31.9
	1.0	19.1	17.6	28.0	30.6	33.2	36.1	39.1	25.5	28.0	30.6	33.2	36.1
	1.1	21.1	19.0	32.1	34.7	37.4	40.3	43.2	29.6	32.1	34.7	37.4	40.2
	1.2	23.2	20.4	36.2	38.8	41.5	44.3	47.3	33.6	36.2	38.8	41.5	44.3
0.2	0.8	11.2	11.0	14.8	16.7	18.7	20.8	23.1	12.9	14.8	16.7	18.7	20.8
	0.9	12.7	12.1	17.9	19.8	21.8	23.9	26.2	16.0	17.9	19.8	21.8	23.9
	1.0	14.3	13.1	21.0	22.9	24.9	27.1	29.3	19.1	21.0	22.9	24.9	27.1
	1.1	15.8	14.2	24.1	26.0	28.0	30.2	32.4	22.2	24.1	26.0	28.0	30.2
	1.2	17.4	15.2	27.1	29.1	31.1	33.3	35.5	25.2	27.1	29.1	31.1	33.3

注　阴影部分为降渍间距，其他为除涝间距。

与 0.3m 耕作层厚度相比，当其他条件相同时，0.4m 耕作层厚度下的改进暗排间距有所减小，其与暗管埋深有关，而与地表排涝系数关系不大。当地表排涝系数小于等于 0.6 时，且暗管埋深由 0.8m 增大到 1.2m 时，0.2m 宽反滤体的改进暗管间距将减少 13％ 到 7％。此外，根据设计间距及相应的斗沟、农沟、毛沟的参数，可得到地表排涝系数分别为 0.8、0.6、0.4、0.2 时，末级暗管排水方案可比毛沟依次节省土地 5％、11％、17％ 和 24％。

7.3.4　工程建设成本分析

以给定的地表排涝系数方案为例，根据设计得到的排水沟管间距、农沟及斗沟尺寸以及相关的工程材料价格等，计算不同方案的一次性工程建设投资成本（建设成本）。

（1）砂石反滤体。图 7.7 给出集水沟或农沟间距 400m、耕作层厚度 0.3m 时各方案的建设成本，其中改进暗排采用完全砂石反滤体。

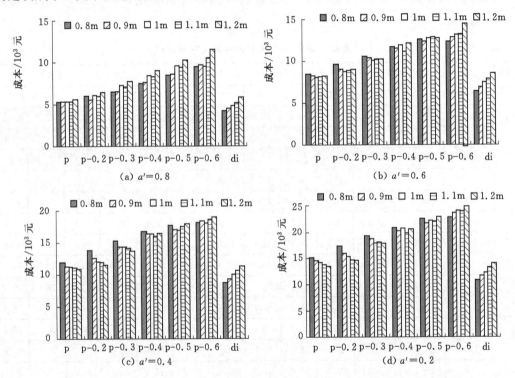

图 7.7　集水沟或农沟间距 400m、耕作层厚度 0.3m 时各方案每公顷建设成本

当地表排涝系数为 0.8m 时，常规暗排的排水间距为 45～60m，此时计算得到的每公顷平均成本为 5250～5550 元，略低于不计土地整平和整修排灌设施下土工布包裹的 60m 间距暗管工程成本 5625 元（彭成山等，2006）。目前大规模铺设相同管径打孔波纹塑料管的价格已降至 7 元/m 左右，综合考虑人工及材料价格的变化，可以认为计算的一次性投资成本具有参考价值，用于对比分析不同方案的经济效益具有可行性。

当地表排涝系数为 0.8m、沟管埋深为 0.8～1.2m 时，0.2m 宽完全砂石反滤体的改进暗排建设成本约比相同埋深的常规暗排增加 12％～15％，比相同沟深的毛沟增加 40％～

11%。此外，其他参数相同时，随着反滤体宽度增大，建设成本还会不断增长。地表排涝系数为0.8且暗管埋深为0.8m时，反滤体宽度0.3m以上每增加0.1m宽度，每公顷建设成本增加1000元左右，反滤体宽度0.6m时的建设成本约为0.2m宽的1.6倍，这表明采用砂石作为反滤体材料时，改进暗排的反滤体宽度应选择0.2m。另一方面，随着地表排涝系数减少，常规暗排、改进暗排以及毛沟对应的建设成本均显著增加，当地表排涝系数由0.8减少至0.6时，常规暗排及完全砂石反滤体的改进暗排所对应的建设成本每公顷将增大3000~4500元；当地表排涝系数0.8时，常规暗排及0.2m宽反滤体的改进暗排建设成本随暗管埋深变化呈现增大趋势，但地表排涝系数较小下的建设成本的增幅有所降低。末级毛沟方案中建设成本较小的沟深始终为0.8m。

不同地表排涝系数下常规暗排、0.2m宽完全砂石反滤体的改进暗排（0.3m和0.4m耕作层厚度）和毛沟相配套的400m、200m和100m间距农沟的最小建设成本列于表7.7。可以看到，相比于上述反滤体宽度对建设成本的影响，耕作层增加10cm即反滤体高度减少10cm对减少投资并没有显著作用，甚至一定程度上还增大了建设成本。若选择最小建设成本进行对比，当地表径流系数0.8时，0.2m宽砂石反滤体改进暗排的建设成本仅比常规暗排增加4%左右。

表7.7　不同地表排涝系数下的每公顷最小平均建设成本及对应的沟管深度

地表排涝系数	农沟间距	p		p－0.2 耕作层 0.3m		p－0.2 耕作层 0.4m		di	
		埋深/m	成本/元	埋深/m	成本/元	埋深/m	成本/元	沟深/m	成本/元
0.8	400	0.8	5295	0.9	5550	1.1	5790	0.8	4245
	200	1.1	5835	0.9	5910	0.9	6135	0.8	4530
	100	0.8	6330	0.9	6780	0.9	7020	0.8	5280
0.6	400	1.0	8085	1.0	8775	1.2	8670	0.8	6435
	200	1.0	8520	1.0	9210	1.2	9270	0.8	6735
	100	0.8	9540	1.0	10245	1.2	10605	0.8	7470
0.4	400	1.2	10860	1.2	11535	1.2	11670	0.8	8625
	200	1.2	11460	1.2	12135	1.2	12255	0.8	8925
	100	0.9	12795	1.2	13470	1.2	13605	0.8	9660
0.2	400	1.2	13485	1.2	14700	1.2	14655	0.8	10830
	200	1.2	14070	1.2	15285	1.2	15240	0.8	11130
	100	1.2	15420	1.2	16635	1.2	16590	0.8	11865

（2）混合及秸秆反滤体。当农沟间距400m、反滤体宽0.2m、耕作层厚度0.3m且地表排涝系数相同时，掺和秸秆的混合材料反滤体改进暗排与明沟组合排水工程的建设成本要比完全砂石反滤体有所降低，且秸秆含量越高，建设成本节约越大（表7.8）。当地表排涝系数为0.8、0.6、0.4和0.2时，对秸秆含量10%的混合反滤体改进暗排来说，每公顷平均建设成本较完全砂石反滤体分别减少585元、1710元、2280元和3270元，减少百分比依次为11%、19%、20%和22%；秸秆含量100%时，建设成本可分别减少1335

元、3090 元、4365 元和 6030 元，减少百分比依次为 24%、35%、38% 和 41%。此外，混合反滤体及秸秆反滤体改进暗排下的最小公顷平均建设成本所对应的暗管埋深均较大，原因在于掺和秸秆的反滤体价格低于完全砂石反滤料，在减少单一暗排反滤体投资同时，可通过加大暗管的埋深达到减少暗管埋设数量的目的。

表 7.8 不同秸秆含量下的每公顷最小平均建设成本及对应的沟管深度

地表排涝系数	秸秆含量 10%		秸秆含量 50%		秸秆含量 70%		秸秆含量 100%	
	埋深/m	成本/元	埋深/m	成本/元	埋深/m	成本/元	埋深/m	成本/元
0.8	1.1	4965	1.1	4635	1.1	4470	1.1	4215
0.6	1.2	7065	1.2	6450	1.2	6150	1.2	5685
0.4	1.2	9255	1.2	8325	1.2	7875	1.2	7170
0.2	1.2	11430	1.2	10200	1.2	9585	1.2	8670

7.3.5 工程经济效益及合理布局

基于不同末级排水形式、农沟间距、耕作层厚度、沟深或暗管埋深、地表排涝系数、改进暗排砂石反滤体宽度、反滤体中秸秆掺混量等方案下的工程建设成本计算结果，采用经济评价指标 $ENPV$ 和 $EBCR$ 分析对比不同末级排水方式与明沟结合的组合工程经济效益，提出改进暗排与明沟组合排水工程的合理布局参数。

7.3.5.1 给定降渍间距

（1）砂石反滤体。图 7.8 给出降渍间距下暗管埋深 0.8m 时不同砂石反滤体宽度的改进暗排与明沟组合排水工程的 $ENPV$ 和 $EBCR$ 结果。可以看到，随着反滤体宽度增加，砂石改进暗排组合排水工程的 $ENPV$ 和 $EBCR$ 值呈减小趋势。砂石反滤体宽度分别为 0.2m、0.3m、0.4m、0.5m 和 0.6m，改进暗排组合排水工程所对应的 $ENPV$ 值分别为 58.3 万元、54.6 万元、50.9 万元、47.3 万元和 43.6 万元，与常规暗排组合排水工程相比依次减少 5.6%、11.5%、17.4%、23.4% 和 29.4%；$EBCR$ 值分别为 2.6、2.4、2.2、2.0 和 1.9，与常规暗排组合排水工程相比依次减少 9.6%、18.1%、25%、30.9% 和 35.9%。从经济效益角度来看，应选择尽可能小的改进暗排反滤体宽度，即砂石反滤体宽度为 0.2m 的改进暗排组合排水工程形式。

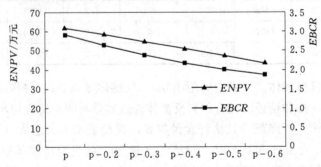

图 7.8 暗管埋深 0.8m 的改进暗排组合工程的 $ENPV$ 和 $EBCR$ 值

（2）混合及秸秆反滤体。图7.9给出降渍间距下常规暗排，0.2m宽砂石反滤体改进暗排，掺和10%、50%和70%秸秆的混合反滤体改进暗排以及秸秆反滤体改进暗排对应的组合排水工程的 $ENPV$ 和 $EBCR$ 结果。秸秆占反滤体体积分别为10%、50%、70%和100%，依次用p-0.2-0.1、p-0.2-0.5、p-0.2-0.7和p-0.2-1表示。随着暗管埋深增加，$ENPV$ 值和 $EBCR$ 值均呈减小趋势，最优埋深均为0.8m。暗管埋深0.8m下方案 p、p-0.2、p-0.2-0.1、p-0.2-0.5、p-0.2-0.7、p-0.2-1对应的组合排水工程的 $ENPV$ 值分别为61.7万元、58.3万元、58.8万元、60.8万元、61.8万元和63.3万元，$EBCR$ 值分别为2.9、2.6、2.7、2.8、2.9和3.1，与常规暗排组合排水工程相比，砂石反滤体、秸秆含量10%和50%的改进暗排组合排水工程的 $ENPV$ 值分别减少5.6%、4.8%和1.5%，$EBCR$ 值分别减少9.7%、8.4%和2.8%，秸秆含量70%和秸秆反滤体改进暗排工程的 $ENPV$ 值分别增加0.1%和2.5%，$EBCR$ 值分别增加0.2%和5.2%。暗管埋深1.2m下方案p-0.2、p-0.2-0.1、p-0.2-0.5、p-0.2-0.7对应的组合排水工程的 $ENPV$ 值与常规暗排相比分别减少12.1%、10.8%、5.8%和3.2%，$EBCR$ 值分别减少14.2%、12.9%、7.3%和4.2%，而秸秆反滤体改进暗排则增大0.5%，$EBCR$ 值增大0.8%。在降渍间距下，秸秆反滤体在承担更多排涝任务同时，并不减少排水工程的经济效益。

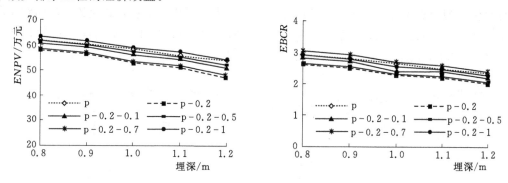

图7.9　不同暗管埋深下改进暗排及常规暗排组合工程的 $ENPV$ 及 $EBCR$ 值

7.3.5.2　给定地表排涝系数

根据以上建设成本分析可以发现，农沟间距400m时的建设成本显著小于100m和200m的相应值，$ENPV$ 值也较后两者明显增加。故以400m农沟间距为例，分析改进暗排与明沟组合排水工程的 $ENPV$ 和 $EBCR$ 结果。

（1）砂石反滤体。图7.10给出耕作层厚度0.3m、埋深0.8m时不同地表排涝系数下末级排水方式为改进暗排的 $ENPV$ 和 $EBCR$ 结果。在相同地表排涝系数下，随着反滤体宽度增加，改进暗排组合工程的 $ENPV$ 和 $EBCR$ 值呈减小趋势。当地表排涝系数为0.8时，砂石反滤体宽度分别为0、0.2m、0.3m、0.4m、0.5m和0.6m的改进暗排组合排水工程所对应的 $ENPV$ 值分别为58.1万元、56.5万元、54.6万元、50.9万元、47.3万元和43.6万元；当地表排涝系数为0.2时，0.4～0.6m宽砂石反滤体的改进暗排的 $ENPV$ 值为负值且 $EBCR$ 值小于1。从经济效益角度来看，在不同地表排涝系数下应选择尽可能小的改进暗排反滤体宽度，即砂石反滤体宽度为0.2m的改进暗排组合排水工程形式。

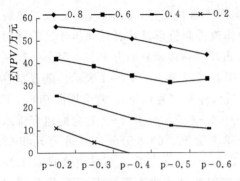
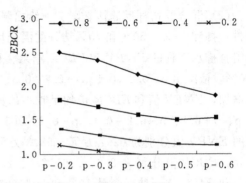

图 7.10 暗管埋深 0.8m 下的改进暗排组合工程 *ENPV* 及 *EBCR* 值

根据上述分析结果，以 0.2m 宽的砂石反滤体改进暗排、常规暗排所对应的组合排水工程以及毛沟排水工程为对象，基于耕作层厚度 0.3m，分析不同铺设条件下三种排水工程各方案的 *ENPV* 和 *EBCR* 结果（图 7.11）。可以发现，*EBCR* 值随地表排涝系数和末级沟管深度的变化趋势与 *ENPV* 值的变化基本一致。在相同沟管深度下，随着地表排涝系数减小，三种排水工程的 *ENPV* 和 *EBCR* 值呈减小趋势。当地表排涝系数为 0.8 时，与没有排水设施相比，三种排水工程的 *ENPV* 值均大于 0，*EBCR* 值均大于 1，均具有经济可行性。当地表排涝系数小于等于 0.6 时，需增大地下排涝水量，相应的毛沟间距有所减小，毛沟占地面积增大，作物效益减少。此外，加之后期的工程运行维护费用显著增加，使得 *ENPV* 值小于 0，*EBCR* 值小于 1，不具有经济可行性。

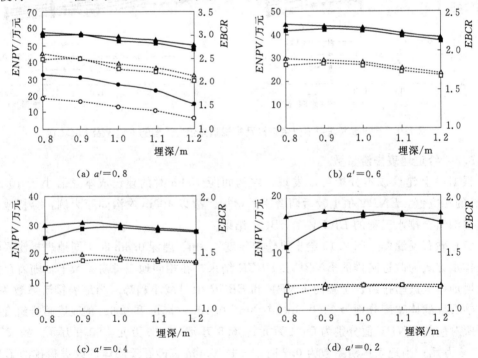

图 7.11 不同埋深和末级排水方式对应的组合工程的 *ENPV* 和 *EBCR* 值

从图 7.11 还可看出，不同地表排涝系数下 *ENPV* 和 *EBCR* 值与沟管埋深的关系曲线呈现出不同趋势。当地表排涝系数为 0.8 和 0.6 时，该曲线呈逐渐下降趋势，但后者的下降速率小于前者；当地表排涝系数为 0.4 和 0.2 时，该曲线呈中间高两端低态势，前者的曲线最高点靠前而后者则靠后，这表明最大 *ENPV* 和 *EBCR* 值对应的沟管埋深随地表排涝系数的减少呈现为增大趋势。当地表排涝系数分别为 0.8、0.6、0.4 和 0.2 时，常规暗排对应的组合排水工程的最大 *ENPV* 值分别为 58.1 万元、44.5 万元、31.1 万元和 17.2 万元，最优沟管埋深依次为 0.8m、0.8m、0.9m 和 0.9m，改进暗排对应的组合排水工程的最大 *ENPV* 值分别为 56.5 万元、42.6 万元、29.2 万元和 16.7 万元，最优沟管埋深依次为 0.8m、0.9m、1.0m 和 1.1m，改进暗排要比常规暗排的最大 *ENPV* 值分别减少 2.8%、4.3%、6.1% 和 2.9%。

当耕作层厚度为 0.4m 时，地表排涝系数分别为 0.8、0.6、0.4 和 0.2 时，0.2m 宽砂石反滤体改进暗排对应的组合排水工程的最大 *ENPV* 值分别为 55.9 万元、40.7 万元、21.4 万元和 15.4 万元，最优沟管埋深依次为 0.8m、0.9m、1.0m 和 1.2m，比耕作层厚度为 0.3m 时的相应最大 *ENPV* 值均有所减少。无论从建设成本还是从经济净现值和经济效益费用比来看，耕作层厚度为 0.3m 时的改进暗排具有更好的经济效益。

（2）混合及秸秆反滤体。仍以常规暗排和 0.2m 宽反滤体改进暗排对应的组合排水工程为研究对象，图 7.12 给出耕作层厚度 0.3m、暗管埋深 0.8m 下不同地表排涝系数所对应的组合排水工程的 *ENPV* 和 *EBCR* 结果。

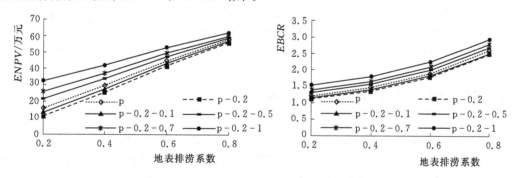

图 7.12　不同秸秆含量及地表排涝系数条件下组合工程的 *ENPV* 及 *EBCR* 值

从图 7.12 可以看到，常规暗排和 0.2m 宽反滤体改进暗排对应的组合排水工程的 *ENPV* 值均与地表排涝系数呈线性相关关系，且相关系数接近 1，而 *EBCR* 值则与地表排涝系数呈二次非线性关系，且相关系数也接近 1。随着地表排涝系数减小，改进暗排的间距趋于越小，反滤体的建设成本逐渐增加，致使秸秆含量对改进暗排工程 *ENPV* 值的影响逐渐增大。当地表排涝系数为 0.8 时，p-0.2-0.1、p-0.2-0.5、p-0.2-0.7 和 p-0.2-1 方案的 *ENPV* 值分别为常规暗排工程的 0.98 倍、1.02 倍、1.04 倍和 1.07 倍，比完全砂石反滤体改进暗排方案 p-0.2 分别增加了 0.9%、5%、7% 和 10.1%。当地表排涝系数为 0.2 时，p-0.2-0.1、p-0.2-0.5、p-0.2-0.7 和 p-0.2-1 方案的 *ENPV* 值分别为常规暗排工程的 0.81 倍、1.34 倍、1.60 倍和 2.00 倍，比完全砂石反滤体改进暗排方案 p-0.2 分别增加了 19.3%、96.6%、135.2% 和 139.2%。

表 7.9 给出不同地表排涝系数、不同秸秆含量下改进暗排对应的组合排水工程最大 $ENPV$ 值及相应的暗管埋深，$ENPV$ 最大值均发生在 0.2m 宽反滤体改进暗排方案中。不同秸秆含量反滤体的改进暗排最大 $ENPV$ 值所对应的暗管埋深（最优埋深）与完全砂石反滤体的改进暗排工程基本相同，地表排涝系数分别为 0.8、0.6、0.4 和 0.2 时对应的最优埋深依次为 0.8m、0.9m、1m 和 1.1m，秸秆含量每增加 10%，改进暗排工程的 $ENPV$ 最大值分别增加 0.5 万元、1 万元、1.6 万元和 2.1 万元，且 50% 秸秆含量的改进暗排工程的最大 $ENPV$ 值要比常规暗排分别增加 1 万元、3.4 万元、6.1 万元和 10.1 万元，增加的百分比依次为 1.7%、7.6%、19.6% 和 48.5%，而当秸秆含量为 100% 时，改进暗排工程的最大 $ENPV$ 值则要比常规暗排分别增加 4.1 万元、8.8 万元、14 万元和 20.7 万元，增加的百分比分别为 7.1%、19.8%、45% 和 83.1%。采用添加秸秆的方式可一定程度的提升改进暗排与明沟组合排水工程的经济效益。

表 7.9 不同秸秆含量和地表排涝系数下改进暗排对应的组合排水工程最大 $ENPV$ 值及暗管埋深

地表排涝系数	秸秆含量 10%		秸秆含量 50%		秸秆含量 70%		秸秆含量 100%	
	埋深 /m	$ENPV$ /万元	埋深 /m	$ENPV$ /万元	埋深 /m	$ENPV$ /万元	埋深 /m	$ENPV$ /万元
0.8	0.9	57.0	0.9	59.1	0.8	60.4	0.8	62.2
0.6	0.9	43.7	0.9	47.9	0.9	50.1	0.9	53.3
0.4	1.0	30.8	1.0	37.2	1.0	40.4	1.0	45.1
0.2	1.1	18.8	1.1	27.3	1.1	31.6	1.1	37.9

7.4 明暗组合排水工程施工技术

明沟施工技术已相对成熟，而暗管施工技术尚处在发展阶段。现有技术规范对排水工程的施工操作，已作出一些具体规定，但主要集中在明沟排水工程，故重点阐述暗管半机械化和机械化施工中的问题和注意事项。

7.4.1 施工准备

（1）现场调研与勘查。对施工区应作详细现场调查，具体收集地形、地物、地貌、气象、土壤、水文地质以及现有工程设施、作业机具及运输工具通行线路、土地利用及当地劳动力等基本资料。必要时应进行现场测量和专项测试，如管线所经沿线的局部地形大比例尺图幅、含水层的渗透系数、2m 土壤剖面质地等，作为编制施工方案和实施计划的依据。

（2）施工方案制定。按照工程规划设计要求，在大比例尺（如 1:1000 或 1:2000）地形图上绘制暗管排水工程系统的放样图，如为明暗组合排水系统，则必须在放样图上标出已有或拟建的明沟线路、各级明沟的水位衔接关系以及暗管进入明沟的出口位置和相应部位明沟的设计水位。根据现有机具状况，明确使用机械化或半机械化施工的方式。

考虑当地气象、水文地质和作物种植等条件，尽可能将工期安排在有利于施工的季节，避开雨季、汛期和作物生育期。若在地下水位较低时期施工，以在秋后或春播前安排为宜。如果选择施工时期确有困难，难以避开较高地下水位条件，则需采取预降水位的措施，严禁水下作业埋管，以免浑水泥浆进管造成淤堵。

根据明暗组合形式及工程现状，先建立和完善明沟排水系统及建筑物配套，包括对已有明沟系统的整治（疏通、清淤和加深等）、加固、整修断面和护坡等。在此基础上进行暗管排水管道的铺设和附属建筑物安装。鉴于施工过程中可能出现某些事先预料不到的问题或意外事故，故制订实施计划时，应准备应急措施和处理方案。

（3）施工机具和材料准备。首先确定所用主要机具的型号和规格，如开沟铺管机、无沟铺管机和挖沟机等，以及配合使用的机具设备，如填充砂砾滤料需用的运料车、回填土方使用的推土和刮土设备以及施工现场使用的其他设备等。其次对施工机具应作全面检查或检修，使其处于正常运行状态并备足易损耗配件。最后备齐用于现场施工定线放样和质检的测量仪器与设备，并按使用要求进行检验和校正。

购置符合设计要求的管材和滤料以及现场必需的建筑材料，并按施工进度调运到现场。除在工厂内已随管材加工好的外包料外，用于散铺的砂砾滤料一般宜就近取材，使其符合设计要求的规格性能。按照供料条件、施工进度及铺料要求，确定现场备料数量、运输机具及运送程序。施工用材料也按使用程序适时运送就位备用，避免使用中出现供应脱节、断档或不同材料混杂等现象。

（4）附属建筑物加工。检查井、集水井和出口建筑物以及小型控制设施等，宜事先在工厂加工作成预制构件，运到现场安装。对体积较大的附属建筑物可分段或分部加工成预制部件，现场拼接或拼装，尽量减少现场浇筑工作量。

（5）施工管理和安全生产制度制定。按照规划设计要求，明确施工过程中各工序必达的质量标准，制定竣工质量要求标准及其检验、验收方法。为了确保安全施工，应制定安全生产、安全操作使用机具和仪器等制度，并严格执行。定期进行安全生产检查，排除发生各种安全事故的隐患。针对可能出现的安全问题，事先作好应急处理方案备用，防患于未然，保证工程按预期进度实施。

7.4.2 半机械化施工程序

半机械化施工是指使用挖掘机械开挖用于埋设暗管的沟槽，利用人工铺放排水管道和铺填滤料，并用人工或简易机具将原土回填到沟槽。半机械作业施工方法虽在施工进度和质量上不如机械化开沟铺管，但由于工作量最大的开沟土方工程已由挖沟机械独立完成，在使用人力和简易机具配合完成其余工序下，与人力施工相比，半机械化施工速度明显加快，质量提高，优越性突出。由于受技术和经济条件限制，在我国多数地区实施暗管排水工程建设时，普遍使用开沟铺管机进行施工仍具有一定难度，而使用挖掘机械开沟并配合人力铺管填土等作业，实施起来容易得多，故有普遍适应性。

（1）施工线路详测和地面平整。首先按要求在大比例尺地形图上绘制出施工线路，并在沿线路两侧补测地形点。随后平整出机道，铲除地面明显的突起部位，消除局部地面坑洼，去除影响机械行进与操作的障碍物体。机道宽度视开沟机具作业要求而定，尽可能做到平直和地面坡度均匀。

（2）施工现场放样。现场定线和设置标桩，在各条管线两端钉上木桩，标志出管道中心线位置和机械运行的方向。采用人工控制管道纵坡时，每隔5～15m设一木桩，根据设计管道坡降，标出不同部位管沟的开挖深度，采用可调高度的丁字形视标杆控制纵坡。

（3）挖沟机作业。按照自下而上的施工程序，先在地面上使用挖掘机将暗管出口部位明沟一侧的弃土移到附近田头，随后挖掘机开挖地面，形成一定规模的土坑，容许在其中人工操作埋管作业，并能容纳管道排水入集水明沟，然后面朝前进方向，沿地面上设置的标志，自下而上用挖掘机继续开挖形成用于埋设暗管的沟槽。对于非稳定土，挖沟深度较浅时，沟槽做成单一式边坡的梯形断面，挖沟深度较大时，采用复式梯形断面；对于较为稳定的土，宜将沟槽做成矩形或边坡较陡的梯形，特别是对于增设反滤体的改进暗排结构，这样可减少开挖的土方量和回填的扰动土方量。由于开挖沟槽顺序是自下而上，汇集到沟槽中的渗出水，可沿槽底坡降自流排入明沟，避免槽底积水影响埋管。

（4）人工铺设排水管道。半机械化施工作业中，应特别注意保持设计管线的坡降，如管线出现倒坡或高低起伏，将严重影响暗管排水能力，甚至丧失排水功能。平面上铺设管线也要求顺直，故在机械开挖沟槽中，应参照地面标志每开挖5～10m即校核一次管线坡降，确认无误后采用人工铺放管道，对于预包裹合成滤料的波纹塑料管，铺放就位后应立即在管道上面铺一层松散干土，以避免管道移位。由于土方量少且较轻，对沟槽边坡稳定性不致产生影响。

（5）散铺滤料或反滤体作业。对于不带预包裹滤料的管道（含刚性管和柔性管）或增设反滤体的暗排结构，铺放暗管就位后，应按设计要求在管周围分层铺填相应的松散滤料。对于不稳定土壤，管底也需铺填滤料，埋管前应铺一层松散滤料，保持与沟底相同坡度，然后铺放暗管，再铺填上面的滤料。

（6）人工或机械回填沟槽作业。当管道和外包滤料铺设完成后，随即用机械或人工回填沟槽。可将开沟过程中堆放在旁边的原土推入沟槽中，直至高出地面至少10～20cm，碾压密实。对于常规暗管，如果挖出的原土含水量过高，呈糊状或呈块状，则不宜立即回填，可就近取少量松软干土撒入沟槽，使其覆盖在管道上面，起到固定位置作用，等候数日，待挖出的原土风干或将其粉碎后再回填沟槽，严禁使用稀泥或较大土块回填，以免出现淤堵暗管造成架空现象。回填时应先填入心土，最后填入耕层土，以保持土壤肥力。在灌溉农田埋设暗管时，特别是铺设完成后的初期阶段，管道附近地面两侧应筑土埂，使当中留出一定宽度的防护带，避免灌水直接从上方进入沟槽形成冲刷，挟带的泥土进入管道，造成淤积，甚至严重堵塞管道。

7.4.3 机械化施工程序

采用开沟（或无沟）铺管机并辅助使用激光设备控制纵坡进行机械化排水管道铺设是现代暗管排水施工的新技术方法。机械化开沟铺管机或无沟铺管机作业可一次性完成开沟、铺放砂石料和铺管三道工序，或一次性完成开沟和铺设预包裹织物滤料的波纹塑料管两道工序，具有施工进度快、质量高的特点。机械化施工放样作业和沟槽回填可参照半机械化施工方法。

（1）激光控制设备。使用激光设备控制纵坡时，应根据安装管线长度在田间适当位置安放调试好激光发射仪器，形成与设计坡度相一致的旋转激光束平面，通过固定在开沟铺管机管箱上的激光接收器和液压系统，自动提升或降低管箱以便保持正确的开沟埋管纵坡，激光束坡度方向与管线方向要一致。激光发射器与接收器之间的最大距离为 300m，对小于长 600m 的暗管，将发射器三脚架支在管长一半的位置；对大于长 600m 的暗管，首先将发射器安置在距暗管起始端 250m 远的位置，当开沟铺管机铺设管长约 500m 时，停止作业，将开沟铺管机上的自动控制转换成手动，以防发射器在转移过程中受到其他因素影响。然后将发射器移动到距暗管起始端 750m 位置，保持正确的方向和坡度，并调节发射器到一定高度，使激光束到达接收器所能及之处。激光发射器距管线的垂直距离以 30～50m 为宜。为了保证激光束面的稳定，激光发射器与铺管机的距离视天气情况而定，晴朗无风天可远些，大风、大雾天要近些。大风下还需尽可能降低三脚架高度，将重物安放到三脚架腿上；阳光和高温会引起激光仪器工作不正常，可采取缩小发射器与接收器间距离的保护措施。

（2）开沟（无沟）铺管机作业。铺设波纹塑料管时，通过机身上的滚轮，将盘绕在管架上的塑料管输入机身尾部的管箱，通过 V 型槽连续铺放到沟底。对于工厂化生产带外包滤料的波纹塑料管，开沟铺管过程可一次性完成。对于不带外包滤料的波纹塑料管或刚性排水管，在开沟铺管过程中还需增加填铺滤料的施工工序。为了防止管道淤堵，应在铺管之前在管底以下均匀填放一层散铺滤料。管道铺放就位并符合设计纵坡后，即将散铺的外包滤料按设计要求铺填到管道上部及两侧，同时起到固定管道、避免其移位的作用。

开始铺管时，管子需用手固定，使其保持在原位，然后将刚性管和与之连接在一起的波纹塑料暗管一端，放入沟槽中正确位置。当刚性管已放入正确位置后，可将管子松开立即回填固定，并仔细把刚性管以上的土夯实。当开沟铺管机前行时，应随时密切注意管子是否正常匀速地进入管箱，当入箱速度减缓或卷绕器上管子快用完时，应立即发出信号通知机手停机，及时采取措施排除管箱内故障或更换新的管卷，然后继续作业，否则会出现管子拉断或空段现象，造成损失。开沟铺管中为防止已铺好的管子位移，每隔一定距离应立即回填。

施工过程中保持管箱始终处于水平状态是提高管道铺设质量的关键，故遇到不同软硬度的土壤时需及时调整管箱。当自控系统出现故障或在某些特殊情况下，地下土壤软硬度的变化会导致管箱失去水平状态，此时可采用手动调节，关闭控制器的自控开关和提升液压缸的浮动开关，观察控制器上的深度指示灯，操纵提升液压缸开关控制管箱高低并操控深度调节液压缸开关控制管箱水平，调整铺设深度。驾驶员需随时注意机身运行方向、挖掘深度和行驶速度，以便保持沟线顺直，纵坡的斜度一致。

7.4.4 暗管工程附属建筑物

7.4.4.1 检查井和集水井安装

检查井一般设置在两级管道交接处、管路转角和比降改变处以及管道穿越沟、渠、路的两侧或下游一侧。当管道较长时，每隔 200～300m 需设置一个检查井。检查井为预制的钢筋混凝土井筒，直径约0.8~1m，底部由钢筋混凝土底盘封闭，底盘上部平面的高程应低于暗管底部0.2~0.3m。井筒制作过程中，在连接暗管的部位要预留出略大于暗管外径的圆孔，以便安装时使暗管伸入井筒内。检查井一种是明式，即井口高出地面0.8~1m，另一种是暗式，其顶部加盖密封，盖板上部应低于地面0.5~1m。

集水井用于连接田间排水管和集水管也可安装在集水管最下端。用于抽水排入明沟的集水坑，尺寸大小取决于排水流量和泵的规格，一般与检查井的结构形式基本相同，尺寸较检查井适当放大一些。

在管道施工全部完成后，采用机械或人工吊装的方式安装检查井和集水井。按照施工设计要求，在预定部位挖好圆形施工基坑，然后按自下而上的顺序逐件、逐节吊装。为了避免不均匀沉陷破坏管道系统，在松软地层内开挖基坑时，应将坑底基土夯实，或去除一层松软土，更换质地较好客土，将其夯实，以消除隐患。无论是开敞式还是封闭式检查井，都一律加盖板保护，防止泥土或杂物进入，淤塞管道。待安装完毕、确认工序无误后，可将井筒四周的基坑空隙用原土回填，分层夯实，也可在试水后再回填。对完全安装好的检查井和集水井，要进行充水试验，如发现漏水或渗水现象，应及时处理。

7.4.4.2 暗管出口建筑物安装

在暗管出口处设置建筑物对出口部位和明沟边坡都能起到保护作用，并为监测暗管排水量、评价排水作用等提供方便（图7.13）。通常暗管出口建筑物采用预制钢筋混凝土构件，多为装配式结构，由一面带圆孔的矩形直墙钢筋混凝土板和左右两面三角形斜墙钢筋混凝土板构成，或一面为水平梯形（或矩形）钢筋混凝土底板组合成簸箕形状并嵌入管道出口处的沟坡内。

图7.13　暗管出口建筑物

暗管穿过圆孔露出直墙的水平段长0.2~0.3m，高出沟中正常设计水位至少0.1~0.2m，以便保持自流排水入沟。在安装时，先在暗管出口处的沟坡上按建筑物外形尺寸开挖一个簸箕形豁口，随后将圆孔套上暗管裸露段，将直墙钢筋混凝土板向前推进直到根部。其后放置底部的水平钢筋混凝土板和两侧的斜墙钢筋混凝土板，使边缘对齐，形成簸箕状。随后用水泥砂浆沿接缝处内外涂抹，使其黏结成一个整体。最后用原土回填周围空隙，并捣压密实。如果沟内水位较高，边坡湿度较大，分片粘结有一定难度，可采用预先黏结好的或预制的簸箕形整体构件一次性安装。但建筑物预制件的重量较大，人力搬运不便，需用吊装设备，并有一部分水下作业，从而增加了难度和工作量。此外，对有控制功能的出口建筑物，在预制件中应包括控制设施（闸门等），在整体安装完毕后，应装上控制设施，并试其是否启闭灵活。

7.4.4.3 泵站建筑及安装程序

在机电抽排下，泵站建筑物的施工及机电设备安装，应执行泵站工程技术规范中有关规定。

7.4.5 施工质量检查考核与验收程序

7.4.5.1 测绘暗管工程竣工图

在暗管排水工程竣工后，应参照施工图纸测绘出工程竣工图，内容包括在地形图上绘制全部暗管排水工程系统及其附属建筑物的平面位置，并将施工检查中实测的地下管道及建筑物有关高程标注在图中相应位置处，如管口和管道末端高程、管道联结处和附属建筑物底板的高程等。工程竣工图应集中反映施工过程中的检查、测量、计算结果以及记录数据等，并作到符合实际，准确无误。

7.4.5.2 管道铺设质量检查和考核

（1）开沟线位与暗管间距检查：在开沟前后，测量沟底中心线位置，并在沟线两端打上标有管号的木桩，测定相邻两管的平均间距。

（2）暗管埋深与纵坡检查：在开沟前后，测量沟线两端沟底深度，以此推算埋管平均深度和纵坡，连同间距标在竣工图上。

（3）铺管质量检查：检查铺管质量常有两种方法，一是埋管后填土前，用目视法检查管道是否顺直，再将测尺置于管顶量测其高程，检查是否符合设计纵坡要求。当管顶已有少量填土，测尺放置到管顶有困难时，可在测尺底部增加一条已知长度的钝头铁杆，使其易于穿过覆土接触到管顶，完成高程测量；其二是在地下水位高于暗管的条件下，随自下而上埋管进程，管道出口处开始出现排水，且逐渐有所增大，这表明埋管有效，施工质量较好。相反，如果管道埋设完毕后，管口始终不出水或水流极小，而又不存在地下水位低于管道情况，则需另寻其原因，提出处理办法。

（4）铺填外包料质量检查：铺填外包滤料过程中检查铺填质量达到设计厚度要求，并保证铺填的均匀度。

（5）集水管（沟）线位与深度检查：开沟前中后，测量至少3处沟底中心线位置及沟底的高程，结果标注在竣工图上。

（6）回填土质量检查：主要查看开挖处是否全部按要求进行了回填，回填后的地面有无塌陷、积水或水流下窜等情况，并进行记载。

7.4.5.3 附属建筑物安装质量检查和考核

（1）排水出口建筑物检查：主要是测定出水口或建筑物底板的高程，检查管口附近回填土是否夯实，以及管口出水是否通畅等。对控制设施主要是检查配件连接处的密封牢固性和止水连接处的启闭灵活性等。

（2）检查井和集水井质量检查：主要是测定井底高程，检查分段（节）接合部位是否密封牢固，周围回填土是否夯实，有无跑水、沉陷等，并做好记录。

（3）抽排泵站检查：检查其设备和建筑物的规格、位置和砌筑、安装质量，以及抽排性能等是否符合规划设计要求和有关标准规定。

7.5 小结

基于地表和地下排水模数分析和水量蓄排关系分析，揭示了暗管排水在除涝中的作用，提出了具有涝渍兼治功能的明暗组合排水工程设计方法，评价了不同地表排水条件下改进暗排与明沟组合排水工程、常规暗排与明沟组合排水工程、单一明沟排水工程的经济效益，提出了暗管半机械化和机械化施工方法，取得的主要结论如下：

（1）暗排或改进暗排措施通过地下排水承担了部分排涝任务，地下排水模数取决于暗管工程结构及布局、土壤渗透性能、地表积水层深等，暗管埋深 0.8m 和反滤体宽 0.2～0.6m 的改进暗排形式可分担明沟排涝任务的 19%～28%，与常规暗排的除涝作用相比，增加了 36%～100%，且随着暗管埋深增加，改进暗排承受的排涝任务比例越大。

（2）当农田排涝降渍标准相同时，与单一明沟排水相比，改进暗排和常规暗排与明沟组合的排水工程均可获得更大经济效益，因减小占地面积产生的效益以及后期运行维护费用较小，地表排涝系数为 0.8～0.2 时，改进暗排和常规暗排与明沟组合的排水工程可减少占用耕地面积约 5%～24%。

（3）在按降渍要求确定的间距条件下，与常规暗排和明沟组合的排水工程及明沟排水工程效益相比，暗排埋深 0.8m 时，基于砂石反滤体的改进暗排与明沟组合的排水工程的经济效益减小 5.6%，基于秸秆反滤体的改进暗排与明沟组合的排水工程则有所增加。

（4）地表排涝系数为 0.8～0.2 时，与承担相同排涝任务的常规暗排相比，0.2m 宽砂石反滤体的改进暗排和明沟组合排水工程的经济效益减少 2%～6%，添加秸秆的反滤体改进暗排工程经济效益有明显增加，50% 秸秆含量下可增加 1%～49%，且随着地表排涝系数减小，工程经济效益呈增大趋势。

（5）改进暗排与明沟组合排水工程的合理布局参数应为：施工允许下反滤体的宽度要尽可能小，耕作层厚度 0.3m，集水沟或农沟间距 400m，采用降渍间距下的暗管埋深为 0.8m。

参 考 文 献

［1］ Herzon I, Helenius J. Agricultural drainage ditches, their biological importance and functioning [J]. Biological Conservation, 2008, 141 (5)：1171 - 1183.

［2］ Madramootoo C A, Johnston W R, Ayars J E, et al. Agricultural drainage management, quality and disposal issues in north america [J]. Irrigation and Drainage, 2007 (56)：S35 - S45.

［3］ Nolte B H, Duvick R D. National corn handbook - 23 Economic Factors of Drainage Related to Corn Production [M]. West Lafayette, 2010.

［4］ 毕冬梅，何芳，窦沙沙，等．堆积密度对燃料阴燃初始阶段失重速率的影响 [J]．可再生能源，2008，26 (2)：40 - 42.

［5］ 陈可欣．建设工程工程量清单计价规范实施手册 [M]．宁夏：宁夏大地音像出版社，2005.

［6］ 方锐．南方地区农田暗管排水工程建设模式与标准 [D]．扬州：扬州大学，2013.

［7］ 刘越越．阜阳临泉：乡村两级都有秸秆收购点 [EB/OL]．http：//ah. anhuinews. com/system/2015/05/20/006803021. shtml.

［8］ 彭成山，杨玉珍，郑存虎，等．黄河三角洲暗管改碱工程技术实验与研究 [M]．郑州：黄河水利出版社，2006.

［9］ 涂文荣，邢应太，吴年新，等．江苏农田水利建设经验对江西的启示［J］．中国农村水利水电，2014（3）：148－153.

［10］ 魏霄，马静．宁夏银南灌区暗管排水工程运行效果监测评价［J］．宁夏农林科技，2007（6）：18－19.

［11］ 温季，王少丽，王修贵，等．农业涝渍灾害防御技术［M］．北京：中国农业科技出版社，2000.

［12］ 张庆华，徐学东，李照．水利建设项目国民经济评价的投资调整方法［J］．中国农村水利水电，2003（4）：69－71.

［13］ 中华人民共和国水利部．SL 16—2010 小水电建设项目经济评价规程［S］．北京：中国水利水电出版社，2010.

［14］ 中华人民共和国水利部．SL 4—2013 农田排水工程技术规范［S］．北京：中国水利水电出版社，2013.

第8章 农田沟塘组合除涝排水工程技术与方法

极端降雨事件增加和流域下垫面改变显著提高了排涝模数，大幅度提高相同排涝标准下的排水流量和洪峰流量，对传统除涝工程形成严峻挑战，此外除涝工程的管理和维护不善造成排水不畅甚至阻碍涝水排放。即使排涝工程运行良好的地区也由于洪涝灾害的同时遭遇造成涝水排不出去或排除涝水增加下游防洪和农业面源污染压力的状况。故亟须提出一种能够及时排出田块涝水和滞缓涝水向下游排放的排水工程技术。

本章在分析考虑我国排涝工程需求现状基础上提出农田沟塘组合除涝排水工程技术。通过综述现有地表排水估算方法基础上，首先针对现有 SCS 模型预测排水量精度不足的缺陷，基于潜在初损和有效降雨影响系数形成有效影响雨量的递推关系，将前期产流条件概化成前期日降雨量与降雨初损的函数，对 SCS 模型改进完善，其次针对沟塘组合排水工程有别于传统技术的特点，提出适用农业小流域的农田沟塘组合除涝排水工程技术设计方法，最后对淮北平原低洼区沟塘组合工程除涝排水效果开展分析评价。

8.1 农田沟塘组合除涝排水工程技术构建

农田洪涝灾害是一种地域性广泛的自然灾害，对农业等行业影响巨大，而排水工程是减缓涝灾危害的重要基础设施（温季等，2009）。然而随着致灾因子和孕灾环境的变化，排水沟道等传统的除涝工程技术与设施已不能满足现代社会经济与生态环境发展对减灾的要求（郭旭宁等，2009）。随着全球气候变化与极端降水概率增强，中国东部与华北平原洪涝灾害发生频率和强度呈逐步上升趋势（陈莹等，2011），城市化、土地利用类型改变和承载体脆弱性增加等下垫面条件变化显著提高了一定设计标准下的除涝排水模数（罗文兵等，2014）。为此，有效提高农田沟道工程设计标准或建设规格，可以应对除涝需求大幅增长的挑战，但也可能存在既不经济又过度排水的问题，甚至引起水肥流失并加剧农业面源污染威胁（Skaggs 等，2005）。

鉴于农田塘堰具有滞涝排水的效用，若能将塘堰和排水沟联合运用或许能更好地应对洪涝灾害挑战。我国南方平原和浅丘陵地区，分布着大量塘堰、洼地和取土坑、荒沟等，对其加以充分利用，在结构上和联通形式上进行适应性改造完善，可形成农田除涝排水组合工程技术。研究证实零星分布的塘堰不仅能缓解干旱缺水，还能蓄滞部分汛期涝水、减轻沟道的除涝压力（郑祖金等，2005；蒋尚明等，2013），六岔河流域的监测结果表明，农田水塘系统截留了多数降雨径流，消减了径流峰值，可截留 144mm 日暴雨产流量的 90%，截留量可满足干旱期作物生长需求。

8.1.1　组合除涝排水工程布局形式

农田沟塘组合除涝排水工程是指通过将沟道的集水与输水功能与塘堰的蓄水与滞涝功能相结合的除涝联合工程，是保证作物生长要求下尽量消减洪峰流量和沟道建造规模的一种农业用水管理技术。与传统的沟道排水工程系统相比，农田沟塘组合除涝排水系统可减少投资和维护费用，消减洪峰流量，减少污染物和泥沙流失对下游水体的污染，提高水资源利用效率，还有利于生物多样性和美化环境等。

按照塘堰与沟道间的空间分布关系，可将塘堰分为在线式（塘堰与沟道位于同一个排水通道上）和离线式（塘堰位于排水沟一侧）；塘堰本身可分为常年有水的湿地型塘堰和仅在排涝过程中临时蓄水的干型塘堰。在线式塘堰使全部涝水通过，通过合理的塘堰规模与进出口堰设计即能实现蓄积涝水的作用，又能消减洪峰流量和延迟洪峰通过时间。离线式塘堰通常允许部分涝水通过，在排水流量较高时期采用分流的方式引导部分涝水蓄积在塘堰中，实现滞蓄洪涝的作用。

8.1.2　组合除涝排水工程设计方法

要实现农田塘堰滞蓄涝水和排水沟平顺排泄洪涝的组合效应，需要保障塘堰和排水沟之间的合理连通以及适宜的工程设计方法。现有除涝排水工程设计方法大都针对单个排水工程，并未涉及沟塘组合排水形式。沟塘组合除涝排水工程设计需要通过推求地表排水过程来反映塘堰的蓄涝与调峰作用，这是传统排水工程设计方法所未加考虑的（王国安等，2011；罗文兵等，2013）。尽管现有瞬时单位线法、等流时线法、综合单位线法等可用于推求地表排水过程线，但对数据资料和计算精度的要求较高，并不适用缺乏水文监测资料的农业小流域农田沟塘组合除涝排水工程设计（Singh等，2014；肖君健等，2014），亟待寻找适宜的地表排水估算方法。

为此，提出了一种沟塘组合除涝工程技术及其设计方法，其中设计方法由确定除涝设计标准、推求涝水流量过程线和确定塘堰工程规格3部分构成。使用长序列日降雨资料确定设计重现期下24h的设计雨量，并利用地方水文手册求得设计暴雨时程分布；涝水流量过程线通过把其离散成若干个三角形过程线的基础上逐个基于改进SCS模型的产流方程和小流域汇流方程推算；塘堰工程规格基于水位—容积关系和堰流公式的水量平衡演算推求。

8.2　地表排水估算方法

农田沟塘组合除涝工程条件下的农田地表排水量是沟塘滞蓄和排除的水量总和。正确地估算地表排水量是设计合理的农田沟塘组合除涝工程规模的关键，保障除涝工程有效减少洪涝灾害威胁。考虑到农田沟塘组合除涝工程涉及小流域的水文监测数据较少，因此应尽量选用简单有效且满足精度要求的地表径流估算方法。

8.2.1　基于 SCS 法的地表排水估算方法

地表排水量即为地表降雨径流量，在众多预测估算降雨径流的模型中，SCS（Soil

Conservation Service）模型得到了普遍认可和应用，主要因其计算过程简便、所需参数较少、资料易于获得，且考虑了土壤、植被、土地利用等下垫面对产流的影响，尤其适用于缺乏降雨过程等详细资料的农业小流域（陈正维等，2014），故已被 GWLF（Haith 和 Shoemaker，1987）、SWAT（Arnold 等，1998）、EPIC（Williams，1995）、SWMM（Krysanova 等，1998）等农业水循环或水质模型采用。然而 SCS 模型预测的是流域平均产流状况，不能充分反映产流前的流域水分状况以及降雨等条件变化对产流的影响，这极大制约了预测精度（Ponce and Hawkins，1996）。

产流前的流域水分和降雨等条件一般称为前期产流条件（ARC），常以前 5d 降雨总量为指标将 ARC 简化成干旱条件（ARC1）、平均条件（ARC2）和湿润条件（ARC3），这造成 SCS 模型径流预测精度不足（Mishra 等，2006；Brocca 等，2009）。此外，SCS 模型是针对美国地域条件开发的，当用于其他国家和地区时，仍需在该模型框架中重新率定判定针对 3 个 ARC 条件的雨量阈值，进而增加了应用模型的难度（Miliani 等，2011；符素华等，2013）。Sahu 等（2010）和 Huang 等（2007）指出 SCS 模型中对产流条件的概化隔断了前期产流条件与径流曲线数（CN）间的连续变化关系，致使径流预测值出现跳跃性变化，从而影响到地表径流预测精度。

为了改善 SCS 模型的径流预测精度，针对 ARC 条件已开展了大量研究。基于 ARC 的 3 个简化条件，建立了 CN 与前期降雨量或土壤含水量的线性或非线性关系，或在不同地区修正 3 个前期产流条件下的雨量阈值，这在一定程度上提高了 SCS 模型的径流预测精度（Haith 和 Andre，2000；夏立忠等，2010；Miliani 等，2011）。此外，使用基流（Shaw 和 Walter，2009）或土壤湿润状况（Brocca 等，2009；王敏等，2012；Tessema 等，2014）等流域指标与潜在滞蓄量之间建立的关联性，也可达到改善径流预测精度的目的，但却明显增加了参数的个数与数据监测工作量。以上这些改进方式要么对径流预测精度的提高仍不显著，要么增加了参数个数或资料获取的难度，使得 SCS 模型简便易用的优势不复存在。对 SCS 模型的改进完善，应在尽量保证其简便易用前提下，通过有效表征前期产流条件的途径，达到提高地表径流预报准确性的目的（Epps 等，2013）。鉴于农田沟塘组合除涝排水工程设计对径流预测的精度要求较高，以及农业小流域通常缺乏详细降雨径流数据的现状，在不增加监测数据需求前提下，对 SCS 模型的性能加以改进完善。

8.2.2　地表排水估算方法构建

（1）SCS 方法。SCS 模型是基于水量平衡原理以及两个基本假设前提下开发的，水量平衡如下：

$$P = I_a + F + Q \tag{8.1}$$

式中：P 为当日降雨量，mm；I_a 为降雨初损量，mm；F 为产流开始后的实际滞蓄量，mm；Q 为地表产流量，mm。

两个基本假设之一为比例相等假设：

$$\frac{Q}{P - I_a} = \frac{F}{S} \tag{8.2}$$

式中：S 为产流开始后的潜在滞蓄量，mm。

两个基本假设之二为降雨初损量与潜在滞蓄量之间存在线性关系：

$$I_a = \lambda S \qquad\qquad (8.3)$$

式中：λ 为初损系数。

由式（8.1）和式（8.2）可得到：

$$Q = \frac{(P-I_a)^2}{P-I_a+S} \qquad\qquad (8.4)$$

其中潜在滞蓄量 S 可表示为

$$S = \frac{25400}{CN} - 254 \qquad\qquad (8.5)$$

式中：CN 是反映流域下垫面特征的综合参数，与土壤类型、土地利用方式和水土保持措施等有关。

基于大量降雨径流试验数据，美国农业部水土保持局得出式（8.3）中的 $\lambda = 0.2$，再结合式（8.3）～式（8.5）即可得到 SCS 模型的另一种表达形式：

$$Q = \begin{cases} \dfrac{(P-I_a)^2}{(P+4I_a)} & (P > I_a) \\ 0 & (P \leqslant I_a) \end{cases} \qquad\qquad (8.6)$$

$$I_a = \frac{5080}{CN} - 50.8 \qquad\qquad (8.7)$$

在实际地表径流计算过程中，CN 为对应于平均条件（ARC2）的值（CN_2）。以前 5d 总降雨量为指标，判断干旱条件（ARC1）、平均条件（ARC2）和湿润条件（ARC3）3 个前期产流条件，且不同 ARC 条件下的相应 CN 取值可参照 NEH - Part 630（USDA - ARS，2004）。

（2）改进的 SCS 方法。前期产流条件（ARC）限制了 SCS 模型的径流预测精度（Ponce 和 Hawkins，1996；Huang 等，2007；Sahu 等，2010）。ARC 是前期降雨在植株截留、地表填注、蒸发蒸腾及入渗等水文过程驱动下形成的产流前流域水分状况，直接使用前期降雨总量不能精确描述 ARC 对产流量的影响，需要考量这些水文过程的影响（Boughton，1989；Mishra 等，2008）。在式（8.6）和式（8.7）中，受前期产流条件影响最为显著的参数为降雨初损 I_a，为此可通过建立 I_a 和前期降雨量的数学关系，达到概化 ARC 及其对产流量影响的目的。

对不同的 ARC 条件，I_a 在 0 和最大值间变化。土壤比较干燥或长期没有降雨下的降雨初损量为其最大值，反映了产流前由植株截留、地表填注和土壤滞蓄等过程形成的流域最大雨水蓄存能力，被定义为潜在初损 I_d。为此，当前期日降雨量若超过 I_d 后，必然形成径流或渗漏水损失，后续降雨将不会影响次日产流过程。因此，使用前期降雨量描述 ARC 对产流影响时，定义总量不超过 I_d 且可影响次日产流的部分实际降雨量为前期有效影响雨量。

前期某日降雨对当日产流的影响是该日有效影响雨量在蒸发蒸腾和入渗等作用下形

成的，受该日和产流当日间若干天的降雨、入渗和蒸发蒸腾等相互作用影响。为了概化这种影响过程，假设前（$i+1$）日有效影响降雨量对当日产流的影响是通过前 i 日的逐日传递实现的。前 1 日有效影响雨量对当日产流影响的传递比率被定义为 K，具体表示为前 1 日有效影响降雨量中通过入渗和蒸发蒸腾等消耗后剩余部分的占比。考虑到这种消耗量与降雨的有效蓄存量间存在近似线性关系，假定 K 值在特定土壤和作物生长条件下不随降雨日期的变化而改变，故前期若干天降雨条件下的有效影响雨量可用递推关系表示：

$$\overline{P_i} = \begin{cases} I_d & (P_i + K\overline{P_{i+1}} \geqslant I_d) \\ P_i + K\overline{P_{i+1}} & (P_i + K\overline{P_{i+1}} < I_d) \end{cases} \tag{8.8}$$

特别地

$$\overline{P_1} = \begin{cases} I_d & (P_1 + K\overline{P_2} \geqslant I_d) \\ P_1 + K\overline{P_2} & (P_1 + K\overline{P_2} < I_d) \end{cases} \tag{8.9}$$

式中：P_i 为自产流当日向前推算第 i 天的实际日降雨量，mm；$\overline{P_i}$ 为自产流当日向前推算第 i 天的有效影响雨量，mm。

由以上分析可知，前期降雨对产流的影响可归结为对初损值的改变上。考虑到前期逐日降雨对当日产流的影响作用后，I_a 可被表示为

$$I_a = I_d - K\overline{P_1} \tag{8.10}$$

式（8.6）～式（8.10）即构成了完整的改进型 SCS 模型，其中 K 和 I_d 均为待求参数。

为了进一步减少参数的个数和建立与 CN 的关系，定义 $\overline{P_1} = 0$ 时的潜在滞蓄量 S 和曲线数 CN 分别为 S_d 和 CN_d，且此时有

$$I_a = I_d = \lambda S_d = 0.2 S_d \tag{8.11}$$

结合式（8.5）可得到

$$I_d = \frac{5080}{CN_d} - 50.8 \tag{8.12}$$

利用式（8.6）、式（8.8）～式（8.10）、式（8.12）以及 K 和 CN_d 即可预测地表径流，其中 CN_d 或 K 可利用降雨径流监测数据反求方法获得。

8.2.3 数据获取与效果评价方法

（1）数据获取。安徽省蚌埠市新马桥农水综合试验站和五道沟水文水资源实验站位于淮北平原，两站相距 1.5km，地处 $117°21'E$，$33°09'N$，属暖温带半湿润季风气候区，年均降水量 911.3mm，其中 $60\%\sim70\%$ 的雨量集中在 6—9 月汛期，多为暴雨，年均气温和蒸发量分别为 $15℃$ 和 917mm。此外，试区内地面平缓，平均坡度小于 0.5%，土壤类型为砂姜黑土，质地以重壤土为主。

2007—2009 年在新马桥农水综合试验站开展玉米、黄豆和裸地不同试验处理下的降雨产流试验，试验小区长 5m 和宽 2m，每种处理 3 个重复。冬小麦收获后，于 7 月中旬穴播玉米，密度 42000 株/hm²，黄豆为条播，密度 150kg/hm²。采用自记雨量计监测降

雨，径流则采用安装在田块前端的集水桶计量（Jiao 等，2011）。

1997—2008 年，在五道沟水文水资源实验站开展不同空间尺度下的降雨产流试验，3 个封闭集水区的面积分别为 1600m²、0.06km² 和 1.36 km²。如图 8.1 所示，中尺度集水区嵌套在大尺度径流场内，小尺度集水区为正方形，以高 0.3m 畦埂作为边界形成封闭产流区，中尺度集水区为近似长方形，由部分边界和 1.3m 深农沟形成封闭产流区，来自不同田块的地表和浅层地下水被汇集到该区东侧农沟内，再流入大尺度径流场的 3m 深斗沟中，大尺度径流场以路边农沟为界形成封闭产流区。在中尺度和大尺度径流场内主要种植黄豆、棉花或玉米作物，降雨径流量分别由雨量站和出口流量监测设备获取（韩松俊等，2012）。

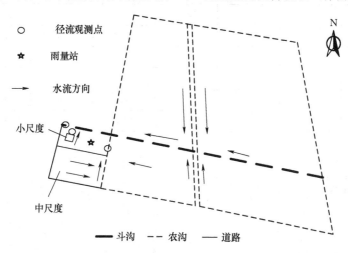

图 8.1   不同空间尺度下的降雨径流集水区域示意图

（2）效果评价方法。采用最小二乘法（Marquardt，1963）对改进的 SCS 模型中的参数 CN_2 进行率定，前期产流条件以前 5 日降雨总量为判断指标，小于 35.6mm、35.6mm 与 53.3mm 之间和大于 53.3mm 分别对应干旱条件（ARC1）、平均条件（ARC2）和湿润条件（ARC3），采用式（8.5）和式（8.6）进行径流计算。在率定改进的 SCS 模型中的参数 CN_d 和 K 时，前期降雨影响时段也取前 5 天，采用式（8.6）、式（8.8）、式（8.10）和式（8.12）进行径流计算。

采用统计参数指标评价 SCS 模型和改进的 SCS 模型的径流预测效果。利用模拟结果与观测值的百分比偏差系数 $PBLAS$ 评价模拟结果高于或低于观测值的平均趋势，以观测值和模拟值之间的偏差除以观测值表示，该值大于 0 表示低估产流量，小于 0 表示高估产流量（Gupta 等，1999）；使用确定系数 R^2 评价模型追踪观测值变化的准确程度，一般大于 0.5 认为可接受（Liew 等，2003）；采用模拟效率系数（纳什系数）NSE 表示模拟结果与观测值间的二维图与 1：1 线的契合程度，取值在 0 和 1 之间认为可接受（Moriasi 等，2007），R^2 和 NSE 的计算详见第 4 章。

8.2.4 排水估算结果评价

（1）不同作物种植下的排水计算。从表 8.1 给出的不同试验处理下的地表径流预测效果评价指标值可知，改进的 SCS 模型的预测结果明显好于现有 SCS 模型，均值和标准偏差值更为接近观测值，NSE 和 R^2 的改善达到 20％以上，按改善幅度大小依次为：黄豆＞玉米＞裸地，较小 $PBLAS$ 绝对值也说明改进的 SCS 模型预测值更为接近观测值。从图 8.2 可见，改进的 SCS 模型对不同次降雨产流的预测效果均有程度不一的改善，其中 2009 年 7 月 7 日的地表径流预测值更为接近观测值，改善效果最为明显。

表 8.1　　　　　　　　　　　不同试验处理下的地表径流预测效果评价指标值

试验处理	模　型	观测值/mm		预测值/mm		$PBLAS$ /％	NSE	R^2
		均值	标准差	均值	标准差			
裸地	SCS	54.6	27.9	58.3	25.8	−6.8	0.72	0.74
	改进 SCS			54.7	28.8	−0.2	0.98	0.89
玉米	SCS	44.8	25.9	45.5	22.1	−1.5	0.58	0.59
	改进 SCS			44.4	25.0	1.1	0.95	0.77
黄豆	SCS	23.0	22.7	28.3	17.9	−23.1	0.04	0.21
	改进 SCS			22.8	15.8	0.7	0.91	0.86

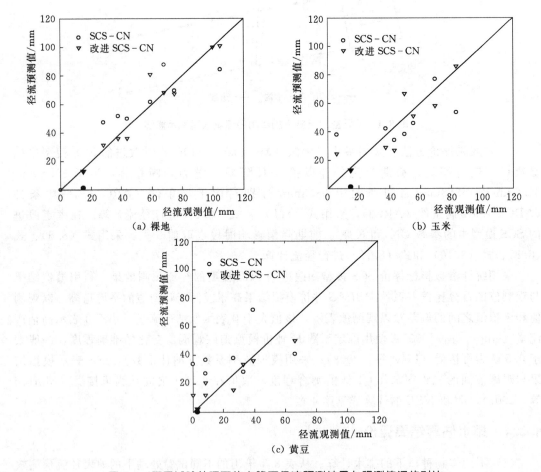

图 8.2　不同试验处理下的次降雨径流预测结果与观测值间的对比

降雨产流事件可看作为产流前和产流中两个水文过程，其中产流中过程已被式（8.5）很好描述，而产流前过程包括降雨植株截留、地表填洼、蒸发蒸腾、土壤剖面蓄存等间的转化（Boughton，1989；Mishra 等，2008），其中降雨植株截留、地表填洼和土壤剖面蓄存决定着潜在初损量 I_a，而通过蒸发蒸腾和渗漏损失消耗的前期有效降雨量之比，采用 $1.0 - K$ 表示，故改进的 SCS 模型能够更好地描述蒸发蒸腾量间的差异，更为有效地表述产流前的水文过程，从而准确预测不同试验处理下的地表径流量。焦平金等（2009）发现这不同试验处理下的叶面积指数和蒸发蒸腾量排序依次为：黄豆＞玉米＞裸地，这与前述径流预测结果的改善幅度次序相一致。

另一方面，不同试验处理下两个模型在次降雨产流预测精度上存在着差异，现有 SCS 模型是将前期产流条件简单划为 3 个孤立点，这不同程度地放大或降低了降雨初损值。以 2009 年 7 月 7 日的降雨产流为例，裸地、玉米和黄豆试验处理下由改进的 SCS 模型得到的 I_a 分别为 1.1mm、1.8mm 和 17.8mm，而现有 SCS 模型的相应值却分别为 11.9mm、19.8mm 和 38.3mm，致使径流预测结果分别低估了 66.6%、91.4% 和 92.8%。

（2）不同空间尺度下的排水计算。从表 8.2 给出的不同空间尺度下的地表径流预测效果评价指标值可知，改进的 SCS 模型提高了不同尺度下的地表径流预测精度，小、中和大 3 个尺度下现有 SCS 模型的 R^2 分别为 0.85、0.79 和 0.82，而改进的 SCS 模型的相应值分别为 0.93、0.91 和 0.91，提高了 9.4%、15.2% 和 10.9%，且改进的 SCS 模型的 NSE 较现有 SCS 模型分别提高了 8.3%、23.3% 和 15.2%。由图 8.3 可见，对于各空间尺度下的次降雨径流预测精度而言，改进的 SCS 模型较现有模型均有所提高，其中 2007 年 7 月 20 日的地表径流预测值更为接近观测值，改善效果最为明显。

表 8.2　　　　　　　　　　不同空间尺度下的地表径流预测效果评价指标值

空间尺度	模型	观测值/mm		预测值/mm		$PBLAS$ /%	NSE	R^2
		均值	标准差	均值	标准差			
小	SCS	52	48.9	55.9	44.6	-7.4	0.84	0.85
	改进 SCS			51.1	39.8	1.9	0.91	0.93
中	SCS	81.9	50.5	78.2	56.9	4.4	0.73	0.79
	改进 SCS			78.7	51.9	3.9	0.90	0.91
大	SCS	65.1	46.6	63.7	49.8	2.3	0.79	0.82
	改进 SCS			65.0	45.7	0.2	0.91	0.91

排水沟系分布状况和作物种植比例差异是造成不同空间尺度下前期降雨蓄存和消耗过程上存在差异的主要因素。尽管现有 SCS 模型和改进的 SCS 模型都反映了这两种因素对降雨蓄存的影响，但后者可以反映蒸发蒸腾和沟道侧渗损失的消耗过程，致使其更准确地预测不同尺度下的地表径流量。此外，在不同空间尺度次降雨产流下，径流预测改善程度上的差异也与现有 SCS 模型将连续的前期产流条件简单划为 3 个孤立点有关，致使不同前期降雨条件下现有 SCS 模型程度不同地放大或减少了降雨初损值。以 2007 年 7 月 20 日的产流事件为例，现有 SCS 模型判断为干旱条件（ARC1），小、中和大尺度下的 I_a 计算值较改进的 SCS 模型分别放大了 1.7 倍、2.3 倍和 1.8 倍，致使径流预测值较实测值分

别低估了 50.1%、19.2% 和 22.7%。

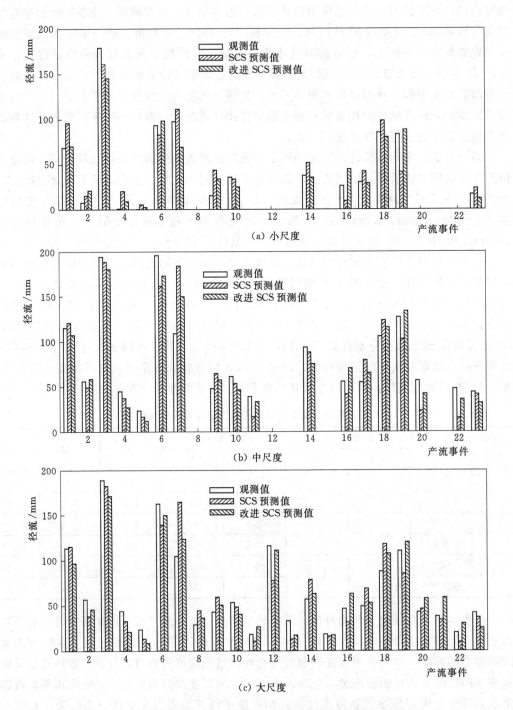

图 8.3　不同空间尺度下的次降雨径流预测结果与观测值间的对比

（3）参数分析。对比不同试验处理和空间尺度下改进的 SCS 模型参数率定结果可以发现，不同试验处理下的 K 值为 0.3，而不同空间尺度下却为 0.85，两者之间的差异可能是由于空间尺度增加后侧渗对消耗区域蓄存水量的影响有所减少。裸地、玉米和黄豆下的 CN_d 率定值分别为 87、81 和 64，而小、中和大尺度下的相应值分别为 77、92 和 88，这体现出不同作物地面覆盖和空间尺度间产流特性上的差异。

采用傅立叶幅度敏感性检验法（Saltelli 等，1999）分析改进的 SCS 模型径流预测结果后发现，CN_d 和 K 的一阶敏感指数分别为 0.77 和 0.19，总敏感指数分别为 0.79 和 0.21，这表明两个参数在径流预测值变化上的贡献都很大，且两者之间的相互耦合影响较小。故引入参数 K 概化前期产流条件的改进 SCS 模型，不仅显著提高了地表径流预测精度，且 K 对预测地表径流的变化也较为敏感。

8.3 农田沟塘组合除涝排水工程设计方法

农田沟塘组合除涝排水工程设计的核心是合理确定塘堰容积和出口断面尺寸，主要受排水区的涝水形成过程和下游沟道的流量要求控制。涝水形成过程受到一定设计标准的暴雨量及时程分布影响，下游流量限制与下游防洪和沟道保护等有关。故除涝排水工程设计标准确定、涝水流量过程线推算、塘堰规格确定是农田沟塘组合除涝排水工程设计方法的3 个组成部分。

8.3.1 设计标准的确定

设计暴雨是排涝设计标准的核心，其与设计排涝时间共同决定了除涝排水工程设计标准。设计排涝时间主要由作物允许淹水历时决定，也受到土壤类型和农田耕作管理要求的影响。设计暴雨是指在一定暴雨重现期和降雨历时下的最不利降雨，也既在小于该设计降雨量的暴雨发生时不会影响作物产量和妨碍农事活动。在实际排涝设计过程中，常利用一定历时的实测暴雨资料通过统计分析方法获得一定重现期的设计暴雨量。在不考虑环境和社会等其他因素影响下，设计暴雨重现期的获得主要与技术经济效益有关，即在设计暴雨下的工程投资与维护费用和作物因灾损失达到最小，或净收益（排水系统带来的收益和其施工与维护费用之差）最大化。一般条件下5～10 年暴雨设计重现期比较符合中国大部分地区的自然经济条件和生产力发展水平，对大田粮食作物，一般采用5～10 年一遇设计暴雨，对蔬菜等经济价值较高的作物，采用10～20 年一遇设计暴雨。对不同的排水工程，设计暴雨重现期也不一样，例如明沟等地表排水工程设计标准要高于暗管地下排水工程设计标准。设计暴雨历时的确定与洪峰形成时间有关，小流域下的历时一般要比大流域下短，明沟的设计暴雨历时一般也短于暗管。对于没有相应观测数据或经验的地区，可参考《灌溉与排水工程设计规范》（GB 50288—1999）或参照相似地区选取。

依靠单一沟道除涝时，暴雨形成的涝水流量峰值是工程设计的关键，在流量峰值不明显的平原区可采用平均除涝模数替代，通常无需暴雨历程或流量过程数据。对农田沟塘组合除涝排水工程设计则须给出流量过程信息，这不仅需要特定历时（如24h 或几天）的设计暴雨量，也要有雨量时程分布。对平原区涝水排泄过程来说，短时期的暴雨是造成涝灾危害最大的雨型，日雨量是不同历时降雨数据中最易获得的，故把 24h 作为设计暴雨历时。

设计暴雨的雨量及其时程分配的确定方法与常规的设计暴雨方法相似。首先利用年最大值法对设计区域的长序列日降雨进行频率计算，再利用皮尔逊Ⅲ型等线型配线以获得相应重现期的设计暴雨量。设计暴雨的时程分配则根据各省（区）水文手册中按地区综合概化的典型雨型，采用同倍比法计算，如安徽淮北地区最大 24h 暴雨时程分配如图 8.4 所示。

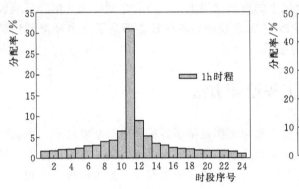 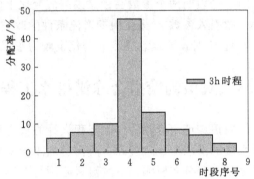

图 8.4　安徽淮北地区最大 24h 暴雨时程分配

8.3.2　涝水流量过程线推算

与单一沟道除涝设计不同，农田沟塘组合除涝排水工程设计涉及排水沟与塘堰间流量或水量的时空配置，故需推算排水区的涝水流量过程线。涝水流量过程线在暴雨属性和下垫面共同作用下形成，推算方法主要有推理公式法、瞬时单位线法、运动波法等，这些方法均需要较多的排水区监测数据。

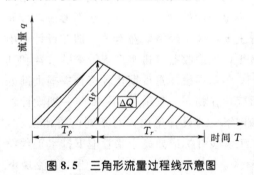

图 8.5　三角形流量过程线示意图

由于组合除涝排水工程设计本身涉及的区域面积相对较小且难以获得相关水文数据，故不能直接使用上述方法推求涝水流量过程线。为此，提出一种适宜于农业小流域的流量过程线推求方法，即先离散设计暴雨历时，随后概化离散时段内的流量过程线为三角形分布（图8.5），最后逐时段推求三角形过程线后以线性叠加方式合成涝水流量过程线。

三角形流量过程线的推求是在设计暴雨历时的离散时段内进行，故离散时段的长短将影响到涝水流量过程线的计算精度，离散时段越小，叠加后的涝水流量过程线就越接近实际。考虑到中国各地24h暴雨时程分配的最小时段为1h，计算时段宜取 $\Delta t = 1h$，这样设计日暴雨下的涝水流量过程线可被离散为 24 个三角形流量过程线。对于三角形流量过程线，离散时段 Δt 内的降雨产流量 ΔQ_t 等于过程线与 x 轴所围区域面积：

$$\Delta Q_t = \frac{1}{2} q_p (T_p + T_r) \tag{8.13}$$

式中：ΔQ_t 为离散时段内的降雨产流量，mm；q_p 为洪峰流量，mm/h；T_p 为洪峰滞时，h；T_r 为退水历时，h。

由单位线法（USDA‑ARS，2007）可知

$$T_r = 1.67 T_p \tag{8.14}$$

$$T_p = \frac{\Delta t}{2} + 0.6 T_c \tag{8.15}$$

式中：T_c 为汇流时间，h。

采用 Kirpich（1940）开发的适合于农业小流域的计算公式获得式（8.15）中的 T_c，即

$$T_c = \left(\frac{0.87 L^3}{H} \right)^{0.385} \tag{8.16}$$

式中：L 为流域最大汇流距离，km；H 为流域地面高程落差，m。

为了求出 q_p，还需确定式（8.13）中的 ΔQ_t，由累计流量（Q_t）差分计算可得

$$\Delta Q_t = Q_t - Q_{t-1} \tag{8.17}$$

式（8.17）中的 Q_t 可采用式（8.6）、式（8.8）、式（8.10）和式（8.12）计算得到。

在每个离散时段内，采用上述计算方法求得三角形流量过程线参数 q_p、T_p 和 T_r 后，可在同一坐标轴上分别绘出对应的流量过程线，再使用线性叠加方式合成出设计暴雨的涝水流量过程线，或者采用表格方式也可由时段流量过程线推求出暴雨过程的涝水流量过程线。

8.3.3 塘堰规格确定

在推算得到涝水流量过程线后，以下游过水能力为制约条件，基于质量平衡和水力计算进行涝水调蓄演算，进而确定塘堰工程规格。不同类型塘堰的计算方法虽有所差异，但均可采用对比塘堰入流和出流过程线差异的方式，确定塘堰的容积和出口尺寸（图 8.6）。

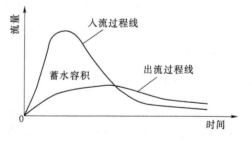

图 8.6　塘堰蓄水容积计算示意图

基于质量平衡原理，塘堰涝水蓄积量 S 的变化等于入流量 $I(t)$ 与出流量 $O(t)$ 之差：

$$\frac{\mathrm{d}S}{\mathrm{d}t} = I(t) - O(t) \tag{8.18}$$

离散式（8.18）并整理后得

$$\left(\frac{2S_{j+1}}{\Delta t} + O_{j+1} \right) = \left(\frac{2S_j}{\Delta t} + O_j \right) - 2O_j + (I_j + I_{j+1}) \tag{8.19}$$

式中：S_{j+1}、I_{j+1} 和 O_{j+1} 分别为时段末的塘堰蓄水量、入流量和出流量，m^3、m^3/s 和 m^3/s；S_j、I_j 和 O_j 分别为时段初的塘堰蓄水量、入流量和出流量，m^3、m^3/s 和 m^3/s。

式（8.19）中存在两个未知变量 S_{j+1} 和 O_{j+1}，若能找出两者间的关系，便可加以

求解。为此，从塘堰形状和水力计算角度出发，寻找两者的对应关系。考虑与当地生态景观相融合的需要，塘堰形状在不同地区的变化较大，常见的形状有近似圆形、方形或其他不规则形状，形状或坡度的改变影响到塘堰容积。不规则的塘堰水位与容积关系可表示为

$$S = A_s Z^b \tag{8.20}$$

式中：Z 为塘堰水深，m；A_s 为塘堰底部的单位深度面积，m²；b 为塘堰的坡度系数，当 $b=1$ 时，为垂直边坡。

出水口是塘堰的重要构成部分，将影响塘堰的水位和外排流量。塘堰出口多采用立管式、涵管式或溢流堰式，后者是广泛使用的形式。溢流堰的出水流量可采用基本堰流公式计算：

$$O = C_w L_w H_w^{3/2} \tag{8.21}$$

式中：L_w 为堰顶宽度，m；C_w 为堰流系数；H_w 为堰顶水头，m，其与堰高之和等于塘堰水深 Z。

塘堰调蓄演算多采用试错法。先根据经验选定水塘形状和出水口的形式与尺寸，然后基于塘堰水位与容积关系式 [式（8.20）] 和基本堰流公式 [式（8.21）]，以 Δt 为时间步长对式（8.19）进行演算，从而求出塘堰的出流过程线。若出流过程的流量峰值明显低于或高于下游排水沟的设计排涝流量，则需重新调整塘堰规格或出水口的尺寸循环计算直到两者接近时为止。

8.4 农田沟塘组合除涝排水工程效果评价

以安徽淮北平原地区为对象，开展农田沟塘组合除涝排水工程效果评价。如图 8.1 所示，农沟控制集水面积为 0.06km²，近似长方形，由道路和农沟封闭而成；斗沟控制集水面积为 1.36km²，主要由农沟作为边界汇集涝水到斗沟内排出区域；农沟控制区的最大汇流距离为 0.5km，高程落差为 0.504m，斗沟控制区的最大汇流距离为 2.15km，高程落差为 1.778m。

8.4.1 工程设计参数确定

当地的除涝标准为 3～5 年一遇，规划标准是 10 年一遇，针对农沟和斗沟控制区分别推求 3 年一遇、5 年一遇和 10 年一遇的设计暴雨涝水流量过程线。利用 1985—2009 年气象站监测数据，对 25 年的年最大日降雨量排频后采用皮尔逊Ⅲ型配线，得到 3 年一遇、5 年一遇和 10 年一遇 24h 暴雨量分别为 116mm、148mm 和 192mm。设计暴雨时程分布依据《安徽省水文手册》中最大 24h 暴雨时程分配分区综合成果表，基于同倍比法计算获得（图 8.7），同样，由该手册中最大 7d 暴雨日程分配分区综合成果表，获得设计暴雨的前 5d 雨量。再由参数 $K=0.3$、$CN=92$ 和 88（分别对应于农沟和斗沟控制区），分别求得设计暴雨下 24 个离散时段（时段长度为 1h）的涝水量，分别计算得到对应的 q_p、T_p 和 T_r，最后线性叠加 24 个三角形流量过程线获得涝水入流过程线。入流过程推求的关键设计参数值见表 8.3。

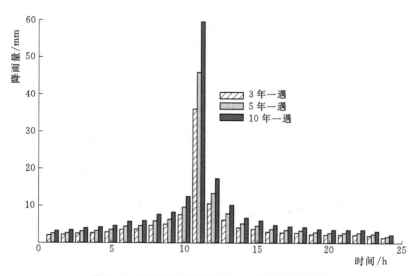

图8.7 不同重现期暴雨的24h雨量时程分布

表8.3   农田沟塘组合除涝排水工程的关键设计参数值

区 域	关键参数	暴雨重现期		
		3年一遇	5年一遇	10年一遇
农沟	曲线数 CN		92	
	出流洪峰水位/m	0.58	0.69	0.84
	水塘面积/m²		800	
	堰顶宽度/m		0.6	
斗沟	曲线数 CN		88	
	出流洪峰水位/m	1.41	1.77	2.22
	水塘面积/m²		26000	
	堰顶宽度/m		2.0	

在保持现有塘堰使用功能基础上，改善涝水蓄滞作用是组合除涝排水工程设计的主要目的。为此，结合淮北平原水塘结构与分布特点设计出适宜于当地的沟塘组合形式，该组合工程主要在汛期运行，兼顾灌溉或养殖功能，并考虑通过挖深或抬高堤防的方式改善水塘的滞涝作用。参照当地的塘堰规格形式，采用溢流堰泄水，堰高与现有塘深相等，堰流系数 $C_w=1.28$，农沟控制区水塘的 $A_s=800\text{m}^2$，斗沟控制区的 $A_s=26000\text{m}^2$，$b=1$。采用这些关键设计参数值与入流过程线，以1h为时间步长进行联合演算，求得出流过程线。

8.4.2 除涝排水效果评价

图8.8给出不同设计暴雨重现期下农沟控制区堰顶宽度0.6m的设计塘堰涝水入流和出流过程线。与无塘堰调蓄作用下的入流过程线相比，3年一遇、5年一遇和10年一遇暴雨重现期下沟塘组合的出流过程线涝水峰值均减少25%以上，滞后0.5h；5年一遇和10年一遇设计暴雨下的出流量峰值分别略低于3年一遇和5年一遇设计暴雨下的入流量峰值。由表8.3可知，3年一遇、5年一遇和10年一遇暴雨重现期下涝水峰值出现时的堰顶水头分别为0.58m、0.69m和0.84m，故堰高宜设定为0.6m、0.7m和0.85m。这表明对于能排泄3年

一遇或 5 年一遇暴雨径流的农沟而言，在水塘上修筑堤防形成高为 0.7m 或 0.85m 的宽顶堰（堰宽 0.6m），可达到将沟道除涝标准分别提高到 5 年一遇或 10 年一遇的目标。

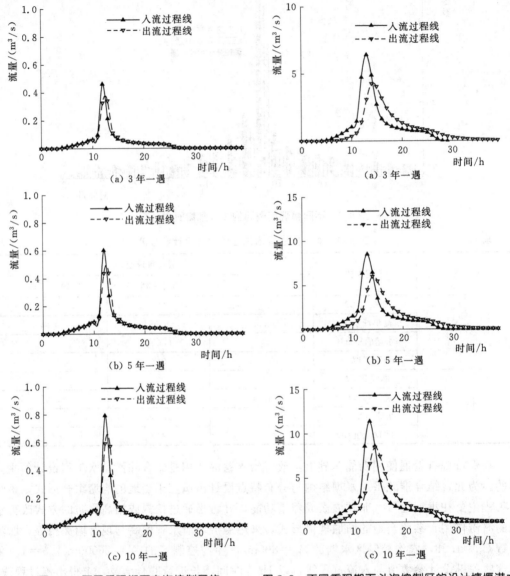

图 8.8　不同重现期下农沟控制区的
设计塘堰涝水入流和出流过程线

图 8.9　不同重现期下斗沟控制区的设计塘堰涝水
入流和出流过程线

图 8.9 给出不同设计暴雨重现期下斗沟控制区堰顶宽度 2m 的设计塘堰涝水入流和出流过程线。与无塘堰作用下的入流过程线相比，3 年一遇、5 年一遇和 10 年一遇暴雨重现期下沟塘组合的出流过程线涝水峰值均减少了 25％以上，滞后 1h；5 年一遇和 10 年一遇设计暴雨下的涝水经设计塘堰滞蓄后，出流量峰值分别略低于无塘堰下 3 年一遇和 5 年一遇设计暴雨的入流量峰值。由表 8.3 可见，3 年一遇、5 年一遇和 10 年一遇暴雨重现期下涝水峰值出现时的堰顶水头分别为 1.41m、1.77m 和 2.22m，故堰高宜设定为 1.5m、

1.8m 和 2.3m。这表明对于能排泄 3 年一遇或 5 年一遇暴雨径流的斗沟而言，在水塘上修筑堤防形成高为 1.8m 或 2.3m 宽顶堰（堰宽 2m），可达到将沟道除涝标准分别提高到 5 年一遇或 10 年一遇的目标。

对比农沟和斗沟控制区的塘堰工程设计结果可见，随着排水区面积的增加，滞蓄塘堰的面积和溢流堰的宽度与堰上水位均随之增大，单位水塘面积或滞蓄容积的除涝面积却随之减少（表 8.3）。以 10 年一遇设计暴雨为例，农沟和斗沟控制区单位面积水塘的除涝面积分别为 75.0m² 和 52.3m²，单位滞蓄容积水塘的除涝面积分别为 89.3m² 和 23.6m²。这说明在沟塘组合除涝排水工程中，涝水洪峰流量消减率相同状况下零星分布的小水塘总占地面积要小于集中分布的大水塘总面积，前者在减少占用土地面积上具有优势。

8.5 小结

考虑到现有 SCS 模型预测排水量精度不足，基于递推关系概化前期产流条件，改进了 SCS 模型，针对沟塘组合排水工程技术有别于传统排水技术的特点，提出了适用农业小流域的农田沟塘组合除涝排水工程技术设计方法，分析评价淮北平原低洼区沟塘组合工程除涝排水效果，取得的主要结论如下：

（1）基于潜在初损和有效降雨影响系数形成日有效影响雨量的递推关系，将前期产流条件概化成前期日降雨量与降雨初损的函数，从而构建了改进 SCS 模型。在不同作物种植和区域尺度下的模型应用结果表明，改进 SCS 模型能更准确地预测径流的变化，与现有 SCS 模型比，改进 SCS 模型提高 3 种作物种植下径流预测的 NSE 和 R^2 值达 20% 以上，提高 3 种区域尺度下相应统计参数达 8.3%~23.3%。故改进 SCS 模型能够用于小流域沟塘组合设计中的地表排水量估算。

（2）提出了由确定除涝设计标准、推求涝水流量过程线和确定塘堰工程规格 3 部分构成的沟塘组合除涝工程设计方法。使用长序列日降雨资料确定设计重现期下 24h 设计雨量，利用地方水文手册求得设计暴雨时程分布；涝水流量过程线通过把其离散成若干个三角形过程线的基础上逐个基于改进 SCS 模型的产流方程和小流域汇流方程推算；塘堰工程规格基于水位-容积关系和堰流公式的水量平衡演算推求。

（3）在淮北平原低洼区的农沟和斗沟尺度上组合堰宽分别为 0.6m 和 2m 的塘堰工程发现，3 年一遇、5 年一遇和 10 年一遇 24h 设计暴雨下涝水流量峰值减少了 25% 以上，延迟了 0.5~1h，3 年一遇或 5 年一遇设计暴雨除涝能力排水沟的除涝标准可分别提高到 5 年一遇或 10 年一遇。沟塘组合除涝工程为缓解排区和下游区域压力提供可选方案。

参 考 文 献

［1］ Arnold J G，Srinivasan R，Muttiah R S，et al. Large area hydrologic modeling and assessment -

Part 1: Model development [J]. Journal of the American Water Resources Association, 1998, 34: 73 – 89.

[2] Boughton W C. A review of the USDA SCS curve number method [J]. Australian Journal of Soil Research, 1989, 27: 511 – 523.

[3] Brocca L, Melone F, Moramarco T, et al. Assimilation of observed soil moisture data in storm rainfall – runoff modeling [J]. Journal of Hydrologic Engineering, 2009, 14: 153 – 165.

[4] Epps T H, Hitchcock D R, Jayakaran A D, et al. Curve Number derivation for watersheds draining two headwater streams in lower coastal plain South Carolina, USA [J]. Journal of the American Water Resources Association, 2013, 49: 1284 – 1295.

[5] Gupta H V, Sorooshian S, Yapo P O. Status of automatic calibration for hydrologic models: Comparison with multilevel expert calibration [J]. Journal of Hydrologic Engineering, 1999, 4: 135 – 143.

[6] Haith D A, Andre B. Curve number approach for estimating runoff from turf [J]. Journal of Environmental Quality, 2000, 29: 1548 – 1554.

[7] Haith D A, Shoemaker L L. Generalized watershed loading functions for stream flow nutrients [J]. Water Resources Bulletin, 1987, 23: 471 – 478.

[8] Huang M, Gallichand J, Dong C, et al. Use of soil moisture data and curve number method for estimating runoff in the Loess Plateau of China [J]. Hydrological Processes, 2007, 21: 1471 – 1481.

[9] Jiao P, Xu D, Wang S, et al. Phosphorus loss by surface runoff from agricultural field plots with different cropping systems [J]. Nutrient Cycling in Agroecosystems, 2011, 90: 23 – 32.

[10] Kirpich Z. Time of concentration of small agricultural watersheds [J]. Civil Engineering, 1940, 10: 362.

[11] Krysanova V, Müller – Wohlfeil D – I, Becker A. Development and test of a spatially distributed hydrological/water quality model for mesoscale watersheds [J]. Ecological Modelling, 1998, 106: 261 – 289.

[12] Liew M W V, Arnold J G, Garbrecht J D. Hydrologic simulation on agricultural watersheds: Choosing between two models [J]. Transactions of the American Society of Agricultural Engineers, 2003, 46: 1539 – 1551.

[13] Marquardt D W. An algorithm for least – squares estimation of nonlinear parameters [J]. Journal of the Society for Industrial &. Applied Mathematics, 1963, 11: 431 – 441.

[14] Miliani F, Ravazzani G, Mancini M. Adaptation of Precipitation Index for the Estimation of Antecedent Moisture Condition in Large Mountainous Basins [J]. Journal of Hydrologic Engineering, 2011, 16: 218 – 227.

[15] Mishra S K, Jain M K, Suresh Babu P, et al. Comparison of AMC – dependent CN – conversion formulae [J]. Water Resources Management, 2008, 22: 1409 – 1420.

[16] Mishra S K, Sahu R K, Eldho T I, et al. An improved Ia – S relation incorporating antecedent moisture in SCS – CN methodology [J]. Water Resources Management, 2006, 20: 643 – 660.

[17] Moriasi D N, Arnold J G, Van Liew M W, et al. Model evaluation guidelines for systematic quantification of accuracy in watershed simulations [J]. Transactions of the ASABE, 2007, 50: 885 – 900.

[18] Ponce V M, Hawkins R H. Runoff curve number: Has it reached maturity? [J]. Journal of Hydrologic Engineering, 1996, 1: 11 – 18.

[19] Sahu R K, Mishra S K, Eldho T I. An improved AMC – coupled runoff curve number model [J]. Hydrological Processes, 2010, 24: 2834 – 2839.

[20] Saltelli A, Tarantola S, Chan K P S. A quantitative model – independent method for global sensitivity analysis of model output [J]. Technometrics, 1999, 41 (1): 39 – 56.

[21] Shaw S B, Walter M T. Improving runoff risk estimates: Formulating runoff as a bivariate process using the scs curve number method [J]. Water Resources Research, 2009, 45 (3): 450 – 455.

[22] Singh P K, Mishra S K, Jain M K. A review of the synthetic unit hydrograph: from the empirical UH to advanced geomorphological methods [J]. Hydrological Sciences Journal – Journal Des Sciences Hydrologiques, 2014, 59: 239 – 261.

[23] Skaggs R W, Youssef M A, Chescheir G M, et al. Effect of drainage intensity on nitrogen losses from drained lands [J]. Transactions of the American Society of Agricultural Engineers, 2005, 48: 2169 –2177.

[24] Tessema S M, Lyon S W, Setegn S G, et al. Effects of Different Retention Parameter Estimation Methods on the Prediction of Surface Runoff Using the SCS Curve Number Method [J]. Water Resources Management, 2014, 28: 3241 – 3254.

[25] USDA– ARS. Estimation of direct runoff from storm rainfall [M] //SCS National Engineering Handbook, Part 630: Hydrology. Washington D C, 2004: 10 – 16.

[26] USDA– ARS. Hydrographs [M] //SCS National Engineering Handbook, Part 630: Hydrology. Washington D C, 2007: 16A – 11 – 13.

[27] Williams J R. The EPIC Model [M] //Singh V P (Ed.). Computer Models of Watershed Hydrology. Water Resources Publications: Highlands Ranch, 1995: 909 – 1000.

[28] 陈莹, 尹义星, 陈兴伟. 19 世纪以来中国洪涝灾害变化及影响因素研究 [J]. 自然资源学报, 2011, 26 (12): 2110 – 2119.

[29] 陈正维, 刘兴年, 朱波. 基于 SCS – CN 模型的紫色土坡地径流预测 [J]. 农业工程学报, 2014, 30 (7): 72 – 81.

[30] 符素华, 王红叶, 王向亮, 等. 北京地区径流曲线数模型中的径流曲线数 [J]. 地理研究, 2013, 32 (5): 797 – 807.

[31] 郭旭宁, 胡铁松, 谈广鸣. 基于多属性分析的农田排水标准 [J]. 农业工程学报, 2009, 25 (8): 64 – 70.

[32] 韩松俊, 王少丽, 许迪, 等. 淮北平原农田暴雨径流过程的尺度效应 [J]. 农业工程学报, 2012, 28 (8): 32 – 37.

[33] 蒋尚明, 金菊良, 许浒, 等. 基于径流曲线模型的江淮丘陵区塘坝复蓄次数计算模型 [J]. 农业工程学报, 2013, 29 (18): 117 – 124.

[34] 焦平金, 王少丽, 许迪, 等. 次暴雨下作物植被类型对农田氮磷径流流失的影响 [J]. 水利学报, 2009, 40 (3): 296 – 302.

[35] 罗文兵, 王修贵, 罗强. 农田排涝模数计算方法的比较 [J]. 农业工程学报, 2013, 29 (11): 85 – 91.

[36] 罗文兵, 王修贵, 罗强, 等. 四湖流域下垫面改变对排涝模数的影响 [J]. 水科学进展, 2014, 25 (2): 275 –281.

[37] 毛战坡, 尹澄清, 单宝庆, 等. 水塘系统对农业流域水资源调控的定量化研究 [J]. 水利学报, 2003 (12): 76 – 83.

[38] 中华人民共和国水利部. GB 50288—1999 灌溉与排水工程设计规范 [S]. 北京: 中国水利水电出版社, 1999.

[39] 王国安, 贺顺德, 崔鹏, 等. 排涝模数法的基本原理和适用条件 [J]. 人民黄河, 2011, 33 (2): 21 – 24.

[40] 王敏, 许彦刚, 房海军, 等. 基于改进的 SCS 模型的城市径流预测系统研究 [J]. 水电能源科学, 2012, 30 (3): 20 – 22.

[41] 温季, 王全九, 郭树龙, 等. 淮北平原涝渍兼治的组合排水形式与工程设计 [J]. 西安理工大学

学报，2009，25 (1)：110 - 114.

[42] 夏立忠，李运东，马力，等 . 基于 SCS 模型的浅层紫色土柑橘园坡面径流的计算参数确定 [J].
土壤，2010，42 (6)：1003 - 1008.

[43] 肖君健，罗强，王修贵，等 . 感潮河网地区城镇化对排涝模数的影响分析 [J]. 农业工程学报，
2014，30 (13)：247 - 255.

[44] 郑祖金，崔远来，董斌，等 . 灌区塘堰拦蓄地表径流能力的研究 [J]. 中国农村水利水电，2005
(1)：39 -40.

第9章 稻田滞涝减灾水量调控技术与方法

稻田蓄水滞涝是其重要的生态功能之一，主要体现在增加农田蓄水能力、消减洪峰流量、增加地下水补给等，已得到国内外诸多学者的试验验证。我国是世界第一产稻大国，南方是水稻主要产地，充分发挥稻田蓄水滞涝功能，实现滞涝减灾、水资源高效利用、节水减污等多重功效具有重要的意义。

本章以江苏省高邮灌区为典型研究区域，首先基于田间水平衡试验监测与数据收集，分析当地的降雨变化特征、水稻生育期的降雨和蒸腾量变化规律以及不同尺度排水量的变化特征，其次根据水量平衡原理构建稻田水量平衡模型，进行参数率定验证，最后应用该模型计算不同频率年、不同灌溉模式及不同土地利用下的稻田调蓄水量，分析不同灌水模式下的稻田雨水利用率及节水效果，给出不同频率年和节水模式下的灌排管理准则。

9.1 田间水量平衡试验与分析

稻田水量平衡要素包括降雨、蒸腾、灌水、渗漏和排水等，根据高邮站 1960—2015 年长期气象数据资料，分析水稻全生育期以及不同生育阶段内的降水量变化规律，采用彭曼公式计算相应时期内的作物腾发量，根据田间水平衡试验区内的排水监测数据，分析不同控制范围的排水沟道及河道内的水量变化规律，探讨降雨对河道水位变化及排水量的影响规律。

9.1.1 试验布置与监测

9.1.1.1 试验布置

田间水平衡试验区位于江苏省高邮灌区南部龙奔乡周邨墩村境内，该区属于北亚热带季风气候区，易涝易旱，年均降雨量 1030mm，年均气温 15℃，年均相对湿度 67%，无霜期 217 天。当地实行稻麦轮作，水稻品种为中稻，通常 6 月上旬泡田，6 月中旬插秧，10 月中旬收获，栽培方式有插秧和直播两种。耕层土壤质地为黏壤土，全年浅层地下水埋深为 0.5~1.2m。

试验于 2013—2015 年水稻生长季节内进行，田间试验区布置如图 9.1 所示，由 1 条斗渠（龚庄三斗）和 2 条斗沟控制区域组成，斗渠和斗沟灌排相间布置，两斗沟间距 200m，斗渠控制面积 18.67hm²，典型的田块规格 30m×90m。排水沟断面为梯形，北侧斗沟的上口宽约 2m，底宽 0.9m，沟深约 1m；南侧斗沟的上口宽约 2m，底宽 0.4m，沟深约 1m。

区域试验区示意如图 9.2 所示，由南关干渠引水进入三、四、五支渠，通过支渠控制各斗渠引水进入田间，排水则通过各斗沟进入中市河和蒋马河，最终汇入北澄子河。中市河和蒋马河控制区域面积约 1295.95hm²，其中中市河控制面积 828.73hm²，分别在中市河中部、中市河出口闸门上下游、蒋马河出口闸门上下游处设置自记水位计，观测记录水位变化。中市河和蒋马河均自南向北由南关干渠流至北澄子河，中市河的河道长度5.2km，典型断面的河底宽5m，河道坡比 1：2，排涝流量 15m³/s；蒋马河的河道长度4.2km，典型断面的河底宽8m，河道坡比 1：2，排涝流量 10m³/s。在中市河和蒋马河的排水出口处分别建有同型号的闸门及排涝泵站，闸门宽度均为 3m，闸底高程均为－0.5m，泵站装机功率 220kW，设计流量 4m³/s。正常情况下闸门打开，自流排水；汛期则统筹除涝防洪需求，当外河水位高于中市河或蒋马河水位时，关闭闸门防止外河倒灌，并经泵站抽排至北澄子河。

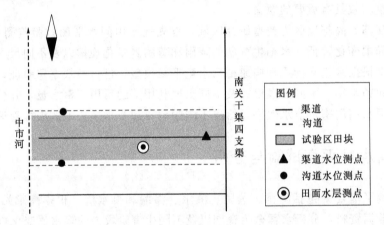

图 9.1　田间试验区布置图

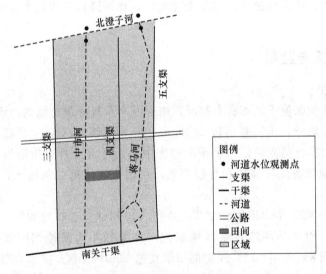

图 9.2　区域试验区示意图

9.1.1.2　田间试验监测

田间试验主要监测气象、田面水深、斗渠和斗沟的水位流速、地下水位等要素，采用

212

田间自计观测与人工观测相结合方法，根据观测的水位确定过流断面，采用流速面积法计算断面流量，建立水位流量关系，根据连续的自记水位数据获得流量变化过程：

1）气象数据：主要有逐时降雨量、逐日降雨量、逐日最高和最低气温、逐日湿度、大气压、辐射、风速、风向等。

2）田面水深：选取 3 块典型田块，安置测量水尺，每日定时记录一次水深变化，观测以人工为主。

3）沟渠水位：采用自记水位（美国生产的 HOBO U20）观测与人工观测相结合方法，在沟渠边坡边上打观测井，井下部与沟渠底部连通，用绳子将水位计固定在井口横梁上，将水位计探头放置水下，水位计每 1h 自动储存探头处的压强数据，利用探头压强和大气压强间的关系，计算探头以上的水深，再根据测定的绳长及井口横梁高程确定水面高程。自记水位计分别安设在斗渠的渠首、斗沟的末端出口处。人工测量主要观测斗渠渠首、斗沟末端出口断面处的水位变化，观测断面与自记水位计安设位置相同，监测期间每日上下午定时观测。

4）沟渠流速：主要采用人工观测，在灌水期间，每日上下午定时观测斗渠渠首的断面流速，选用一线一点法代表斗渠断面流速。斗沟末端出口处的断面水位和流速采用与斗渠相同的方法测量，在灌溉和降雨期间加密观测次数。

9.1.1.3 区域试验监测

区域试验主要监测中市河中部断面水位和流速，中市河和蒋马河出口闸门上下游水位：

1）河道水位：采用人工和自记水位计观测相结合方法，监测中市河中部断面处的水位变化。

2）河道流量：采用人工和自记相结合方法，观测中市河中部过流断面流速，根据河道断面大小，布设 7 条垂线，每条垂线采用 1 点法测量流速，每天上下午定时观测，雨后 3 天加密观测，采用流速面积法计算过水流量。为保证每次测量的断面为同一位置，在河道两岸打桩固定绳索，绳索上对每条垂线做上标记。

正常情况下，根据排水出口闸门处的上下游水位、闸门开启高度等，选用相应的流量系数及堰流或孔流公式计算过闸流量。当外河水位较高、排水出现雍水和倒灌时，关闭闸门后使用泵抽取排水，根据泵站排水能力与运行时间计算排水流量。

9.1.2 水量平衡要素分析

基于田间试验监测结果，分析降雨量、作物腾发量的变化特征，并分析沟道和河道的排水量变化特征。结合高邮灌区水稻生产实践，将 6 月 11 日至 10 月 15 日设定为水稻全生育期，并将全生育期划分为 7 个生育阶段：返青期、分蘖前期、分蘖后期、拔节孕穗期、抽穗开花期、乳熟期、黄熟期。

水稻返青期是从水稻移栽开始到水稻分蘖期为止，返青期内禾苗叶片颜色由黄转青，生出新根，田间一定的水分可以固定秧苗，减少田间蒸发，抑制杂草生长，加快秧苗长新叶，早生根。分蘖前期是指从原苗数 10% 分蘖以上到分蘖减退为止，又称有效分蘖期，该时期内水稻喜温好湿。分蘖后期是指由分蘖减退到幼穗形成之前的时期，又称无效分蘖期。拔节孕穗期是指幼穗形成时到抽穗期前一天为止，是水稻由营养生长到生殖生长的转变时期，水稻需水量较大，约占全生育期总需水量的 30%，故应充分满足水稻需水。抽穗开花期是指从 10% 的稻穗露出剑叶鞘开始到乳熟前一天为止，该时期内对水分比较敏感，田间保持一定的水层深度可以促进水肥吸收。乳熟期是指从 10% 的稻穗谷粒灌浆开始到黄熟期前为止，该时期内的需水下降但仍需保持一定水层深度，否则会造成减产。黄熟期是指从 80% 稻穗谷粒转黄直到收割之日，该时期内需要落干，只需保持土壤水分饱和状态即可。水稻各生育阶段所对应的起止时间以及常规灌溉水层深度控制指标见表 9.1（罗玉峰等，2009），表中 H_{min} 为水稻适宜水层下限，H_{max} 为水稻适宜水层上限，H_p 为水稻最大耐淹深度。

表 9.1 水稻各生育阶段的时间及其水层深度控制指标

生育阶段	返青期	分蘖前期	分蘖后期	拔节孕穗期	抽穗开花期	乳熟期	黄熟期
起止日期	6月11—23日	6月24日—7月12日	7月13日—8月5日	8月6—26日	8月27日—9月5日	9月6—25日	9月26日—10月15日
H_{min}/mm	10	20	30	30	10	10	落干
H_{max}/mm	30	50	60	60	30	20	落干
H_p/mm	50	80	90	120	100	60	落干

9.1.2.1 降雨量变化特征

（1）不同降雨量级及最大 1 日和 3 日降雨特征。降雨量是影响稻田水量平衡的重要组分，降雨过多易于引发洪涝灾害，而降雨过少则常导致旱灾发生，故降雨变化特征是研究稻田水量平衡的重点之一。以高邮站历史降雨量数据为代表，分析高邮地区不同降雨量级及最大 1 日和 3 日降雨变化规律，并分析水稻全生育期和不同生育阶段的降雨量变化特征。

根据国家防洪总指挥部编制的降雨强度等级划分标准，24h（20：00—20：00）降水总量在 0.1～9.9mm 时，为小雨；在 10～24.9mm 时，为中雨；在 25～49.9mm 时，为大雨；在 50～99.9mm 时，为暴雨；在 100～249.9mm 时，为大暴雨；在 250mm 及以上时，为特大暴雨。统计高邮站 1960—2012 年小雨、中雨、大雨、暴雨、大暴雨的雨日，由于特大暴雨发生频数较小，故将特大暴雨归入大暴雨序列。

高邮站多年平均雨日分别为小雨 83.5 天，中雨 18.9 天，大雨 7 天，暴雨 3.1 天，大暴雨（及以上）0.6 天。除某些年份的异常值外，高邮站的小雨雨日呈明显减少趋势，平均降幅 4.6d/10a；其他雨量级的降雨雨日变化微弱，中雨、大雨、大暴雨（及以上）日数均呈增加趋势，而暴雨日数呈减少趋势（图 9.3）。20 世纪 60—70 年代的中雨雨日波动较小，而 1980—2000 年先增后减，但 2000 年后又明显增加；20 世纪 70 年代的大雨雨日减少，1970—1990 年增加，1990—2005 年又减少，但 2005 年以后又增加；暴雨雨日和大暴雨雨日都呈规律性波动，无明显变化。

最大 1 日和最大 3 日雨量的变化趋势均呈增大趋势（图 9.4），多年平均值分别为 101mm 和 138mm，其中最大 3 日雨量的增大趋势较为明显，平均增幅 5.4mm/10a；最大 1 日雨量的增大趋势缓慢，平均增幅 1.3mm/10a。最大 1 日雨量的变化范围为 33.3～

211.6mm，最大值出现在 1969 年，而最小值出现在 1978 年；最大 3 日雨量的变化范围为
40.4～274.8mm，最大值出现在 2015 年，而最小值出现在 1978 年，极值降雨量的年际波
动幅度较大，存在明显的旱涝交替现象。

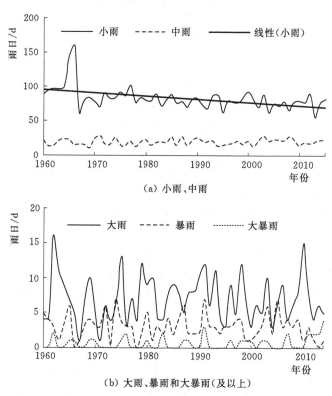

（a）小雨、中雨

（b）大雨、暴雨和大暴雨（及以上）

图 9.3　各雨量级雨日的年际变化

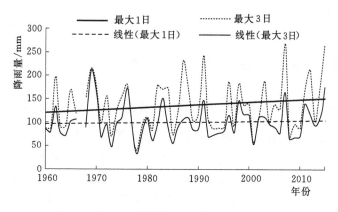

图 9.4　最大 1 日和最大 3 日降雨量年际变化

（2）水稻全生育期降雨特征。采用皮尔逊-Ⅲ型适线法对 1960—2015 年高邮站水稻全
生育期的降雨量进行频率分析。由于 1968 年降雨量缺测，1969 年日照时数缺测，故采用
1960—2015 年 54 年的数据。取频率值范围 $P < 37.5\%$、$37.5\% < P < 62.5\%$、$P > 62.5\%$ 分别为丰水年组、平水年组、枯水年组（石萍等，2016），其中丰水年组和枯水年

组均有 20 年, 平水年组有 14 年, 各水文年型所对应的年份见表 9.2, 丰水年组、平水年组、枯水年组全生育期内降雨量的均值分别为 836.4mm、590.5mm 和 440.5mm。

表 9.2   丰、平、枯各水文年型分组

水文年型	数 量	年 份
丰水年组	20	1962, 1965, 1969, 1970, 1974, 1975, 1979, 1980, 1983, 1984, 1986, 1987, 1991, 1998, 2003, 2005, 2007, 2008, 2011, 2015
平水年组	14	1961, 1964, 1972, 1976, 1977, 1985, 1990, 1992, 1995, 1996, 1999, 2006, 2012, 2014
枯水年组	20	1960, 1963, 1966, 1971, 1973, 1978, 1981, 1982, 1988, 1989, 1993, 1994, 1997, 2000, 2001, 2002, 2004, 2009, 2010, 2013

图 9.5 给出水稻全生育期降雨量距平及 5 年滑动平均变化过程。高邮地区 1960—2015 年水稻全生育期降雨量均值为 632.7mm, 最大值 1170.9mm, 最小值 232.4mm, 分别出现在 1991 年和 1973 年, 极值差距变幅较大。全生育期降雨量在 800mm 以上的年份为 1962 年、1965 年、1975 年、1980 年、1991 年、2003 年、2005 年、2007 年和 2011 年, 其中 2000 年以后的年份几乎占一半, 可见进入 21 世纪以后汛期出现较大降雨的频率在增大。从图 9.5 还可看出, 全生育期降雨量在 1960—1975 年间有明显减少趋势, 从 1975—1990 年间呈缓慢上升趋势, 而从 1991 年以后有明显的增大趋势。

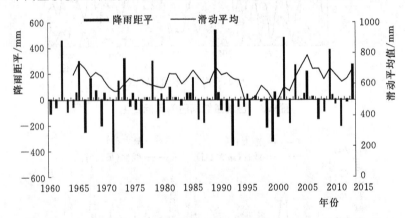

图 9.5 1960—2015 年水稻全生育期降雨量距平及 5 年滑动平均变化过程

将水稻 1960—2015 年全生育期降雨量和非生育期降雨量按不同时代分组, 分别计算相应的年均降雨量 (图 9.6)。可以看到, 56 年全生育期的年均降雨占全年年均降雨量的 60%, 其中 1990—1999 年、2000—2009 年、2010—2015 年的比例分别为 57%、61% 和 64%, 21 世纪以来的趋势逐渐增加。受全球气候变化影响, 水稻全生育期内的降雨量年际均值呈增大趋势, 2010—2015 年的均值最大, 1960—1969 年次之。近年来, 水稻全生育期内发生的短历时、强降雨事件有所增加, 如 2015 年 8 月 10—11 日发生的 13 号台风 "苏迪罗" 导致高邮地区发生暴雨, 48h 累计降雨达 274mm。

2013 年的水稻于 6 月 13 日插秧, 10 月 27 日收获, 生育期 137 天, 总降水量 428.5mm, 对应频率 77.2%, 属枯水年。全生育期内降雨天数为 33 天, 其中 20 天为小

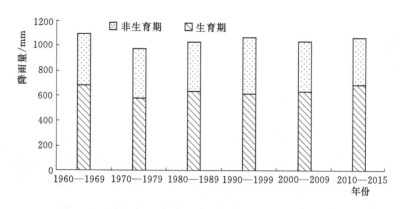

图 9.6 1960—2015 年水稻全生育期及非生育期降雨的年代际变化

雨，6 天为中雨，5 天为大雨，2 次暴雨发生在 6 月 25 日和 7 月 21 日，雨量分别为 93.5mm 和 56.5mm。2014 年 6 月 10 日水稻插秧，10 月 22 日收获，生育期 135 天，总降水量 615mm，对应频率 41.3%，属平水年。全生育期内降雨天数为 50 天，其中 35 天为小雨，7 天为中雨，4 天为大雨，4 天为暴雨，其中最大 1 天降雨 81.6mm，为 7 月 5 日。8 月 7—8 日的总降雨量为 63.4mm，12—16 日总降雨量达到 134mm，23—24 日降雨量为 38.4mm，31 日—9 月 3 日降雨量为 44mm。8 月降雨频繁且间隔较为均匀，该期内灌水较少。2015 年，水稻于 6 月 12 日插秧，10 月 26 日收获，生育期 137 天，总降水量 905.9mm，对应频率为 14.6%，属丰水年。全生育期内降雨的天数为 44 天，其中有 26 天小雨，8 天为中雨，4 天为大雨，5 天为暴雨，1 天为大暴雨，其中最大 1 天降雨 175.3mm，为 8 月 10 日。7 月、8 月降雨较为频繁，8 月 10 日和 11 日连续两日降雨量达 274.1mm。

（3）水稻各生育阶段降雨特征。丰水年、平水年、枯水年各水文年型组的降雨量按照水稻各生育阶段计算每组平均值（图 9.7）。从各生育阶段变化来看，降雨均值整体呈先增后减的趋势，基本仍然是各生育阶段丰水年的降雨量大于平水年，平水年的降雨量大于枯水年，其中返青期和分蘖后期例外，返青期平水年的降雨略大于丰水年，分蘖后期平水年的降雨少于枯水年。分蘖前后期不同水文年型降雨量差距最大，特别是丰水年降雨量远大于平水年和枯水年，其次为拔节孕穗期，其他时期不同水文年型降雨量的差距较小。分蘖期为各生育阶段中降雨量最大时期，而拔节孕穗期降雨量虽大于其他阶段，但其需水量在各生育阶段中也较大，抽穗开花期需水量仅次于拔节孕穗期，但该阶段各水文年型的降雨量均较小。因此，应实施合理的灌排、滞涝管理措施，减少受旱威胁，以满足水稻各生长发育阶段的需水要求。

9.1.2.2 腾发量变化特征

（1）水稻全生育期腾发量。腾发量是指水稻蒸腾量和株间蒸发量之和，又称水稻需水量，是水稻全生育期重要的水平衡要素之一。在充分供水条件下，腾发量受光照、温度、湿度和风等气象因素的影响而发生变化，此外，农业技术措施及田间水管理技术等也对腾发量产生影响。腾发量计算方法主要有直接试验法和间接公式法，采用彭曼公式计算参考作物腾发量。

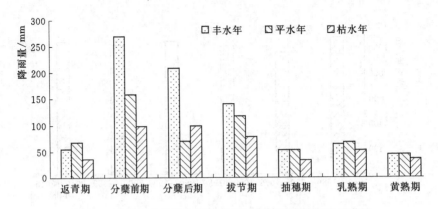

图 9.7　不同水文年型水稻各生育阶段的降雨量均值分布图

水稻逐日潜在腾发量采用单作物系数法计算：

$$ET_t = K_{ct}ET_{0t} \tag{9.1}$$

式中：ET_t 为第 t 天的水稻潜在腾发量，mm；K_{ct} 为第 t 天的水稻作物系数；ET_{0t} 为第 t 天的参考作物腾发量，mm。

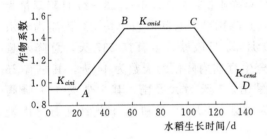

图 9.8　水稻作物系数变化曲线

FAO 对标准状态下的作物系数采用分段单值平均法表示，即把作物系数变化过程概化为初始期、快速发展期、中期和末期等 4 个阶段，分别采用作物系数 K_{cini}、K_{cmid}、K_{cend} 表示（图 9.8）。从播种到作物覆盖率接近 10% 为初始生长期，作物系数为 K_{cini}；从覆盖率 10% 到充分覆盖为快速发展期，作物系数从 K_{cini} 提高到 K_{cmid}；从充分覆盖到成熟期开始，叶片开始变黄为生育中期，作物系数为 K_{cmid}；从叶片开始变黄到生理成熟或收获，作物系数从 K_{cmid} 下降到 K_{cend}。参照罗玉峰等（2009）在高邮灌区的研究结果，水稻 4 个生育阶段的时间分别为 20 天、30 天、55 天和 30 天，对应的 K_{cini}、K_{cmid}、K_{cend} 分别为 0.942、1.488 和 0.94。

1960—2015 年水稻全生育期的腾发量变化规律如图 9.9 所示，年均腾发量 641.8mm，且腾发量随时间总体呈上升趋势。20 世纪 80 年代到 20 世纪 90 年代中期，腾发量低于年

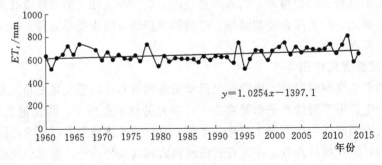

图 9.9　水稻全生育期 ET_t 多年变化

均值，变化较为稳定，自 20 世纪 90 年代后期，腾发量上升较为明显，腾发量增大表明水稻灌溉需水量将增大，即所需灌溉引水随时间增加。

（2）水稻各生育阶段腾发量。水稻各生育阶段的腾发量按丰、平、枯不同水文年型分组取均值后如图 9.10 所示。整体来看，各生育阶段的腾发量随时间呈先增后减再增的变化趋势，峰值变化的主要原因有两方面：一是随着生长发育水稻叶面积指数也呈现两头小、中间大的陡峰变化过程；二是 7—9 月光照时间增大且强度增强，使得腾发量增大。从各生育阶段来看，分蘖后期的腾发量最大，其次是拔节孕穗期，返青期的腾发量最小（彭世彰等，2014）。分蘖后期与拔节孕穗期的腾发量之和占总腾发量 45.43%，接近总腾发量的一半。拔节孕穗期为水稻需水的临界期，若出现水分亏缺，最先受影响的器官是最幼嫩的稻穗，造成穗小粒少，影响产量，故应充分满足该临界期的水分需求，保证水稻产量。

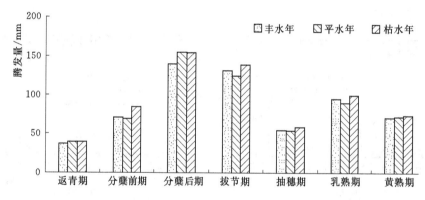

图 9.10　不同水文年型水稻各生育阶段的腾发量均值分布图

2013—2015 年水稻各生育阶段的腾发量日变化过程如图 9.11 所示。受光照、温度、湿度和风等气象因素影响，每年同期的日腾发量变化差别较大，2013 年生育期总腾发量最大，特别是需水旺盛期的拔节孕穗期日腾发量远大于 2014 年和 2015 年，按生育阶段降雨排频计算的 2013 年为枯水年，随着干旱程度加剧，水稻需水量越大，缺水量也越大。2014 年属平水年，8 月的拔节孕穗期腾发量在 3 年中最低，这与该阶段内的降雨日数多、降雨量多有关。2015 年属丰水年，虽然降雨量大，但总腾发量大于 2014 年，主要是 2015

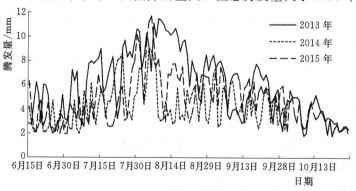

图 9.11　2013—2015 年水稻各生育阶段的腾发量日变化过程

年降雨发生日数小于 2014，发生大暴雨和暴雨的次数多，降雨发生集中、光照时间长、温度高等所致。

9.1.2.3 排水量变化特征

水稻是喜温好湿作物，在全生育期大部分时间，田间应保持一定的水层深度，当淹水超过某一深度或淹水时间超过某一历时，会抑制水稻的生长发育。稻田四周的田埂具有一定高度，能存蓄一定的雨水和灌溉用水，但发生大降雨时需要及时排出。为此，应按照水稻生理特性，及时调节水层深度，排出多余水分，在一定时期晒田落干，调节稻田的水、肥、气、热等状况。

（1）斗沟排水量变化。以 2014 年和 2015 年观测的斗沟排水量过程为例，绘制排水斗沟平均的日排水量变化过程，并与降雨量和灌水量的变化过程进行对比分析（图 9.12）。可以发现，田间排水量的波动较大，峰值反映了降雨或灌溉影响，强度大且集中的降雨所对应的排水量也大。

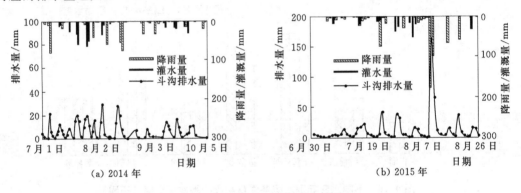

图 9.12 斗沟日排水量变化过程

（2）河道排水量变化。根据中市河、蒋马河出口控制闸上下游水位的观测数据，结合闸站规模、闸门开启高度等计算过闸排水流量，并转换为闸站控制排水面积上的排水量（图 9.13）。可以发现，过闸水量变化过程受降雨影响较大，当降雨量逐渐增大时，两河的排水量也逐渐增大，但时间上相对滞后，与田间排水过程相比，受沟道调蓄作用影响，较大尺度上的排水量变化平缓的多。在降雨径流形成过程中，排水往往受到下游出口水位顶托的影响，形成外河倒灌。当 8 月 10 日发生 175.3mm 大暴雨时，排水量出现负值，表示河道出现壅水现象，水流倒灌内河，8 月 11 日 5 时两河关闭闸门，开启水泵抽水外排。

两河的日均排水量约为 20mm，与田间的日均排水量 13.1mm 相比，整体偏大，该变化趋势与陈皓锐等（2013）关于排水量尺度效应的变化趋势一致，主要原因是河道排水中还包含渠道退水、城镇居民生活排水以及非耕地的降雨径流等。另外，与田间中斗沟的排水峰值出现的时间相比，区域河道排水峰值出现的时间具有滞后现象，主要是稻田具有一定的调蓄能力，当降雨较小时，蓄水量不超过稻田耐淹深度，雨水大部被储存在田间，只有少量通过渗漏排出；当降雨较大时，降雨超出稻田耐淹深度的部分排入排水沟，另一部分水临时贮存在田埂内，起到蓄雨削峰等作用。

（3）河道水深变化。中市河的历史最大水深 3.5m，枯水期平均水深 0.8m，水稻全生

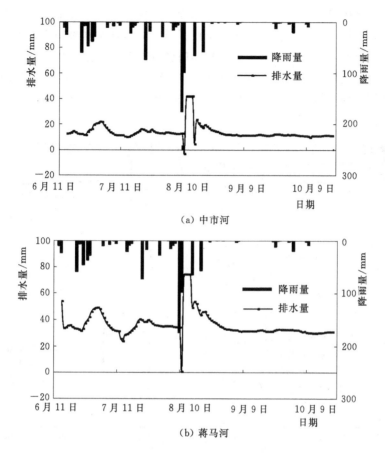

（a）中市河

（b）蒋马河

图 9.13　中市河、蒋马河过闸排水量变化过程

育期间的河道水深稳定在 1.5～2m 左右。2015 年水稻全生育期内的河道水深变化如图 9.14 所示，平均水深 1.93m，最低水深 1.63m，最高水深 3.30m。中市河的水深受降雨、灌水影响较大，其变化过程与排水量变化过程相一致，水深出现峰值的情况主要为降雨量较大时期，如 8 月 10 日和 11 日发生的台风型大暴雨，水深达到 3.3m。

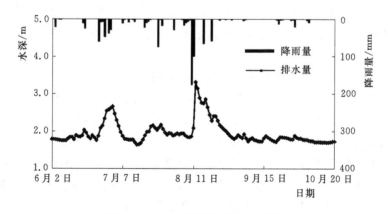

图 9.14　中市河河道水深变化过程

降雨的强度及历时是影响沟道、河道水深变化的主要因素，图 9.15 为 2014 年、2015 年 4 次典型降雨事件下的水深变化趋势。降雨量越大，沟河水深峰值则越大，降雨的强度及历时决定了沟河水深变化曲线的形状，短历时强降雨时，河道水深快速上升，曲线呈单峰变化；长历时强度较小降雨时，河道水深先缓慢增大后缓慢减小。时段降雨后 8～10h 左右的沟道水深达到峰值，在无外河顶托下一般 12～14h 左右可达到峰值，而河道水深峰值的出现时间相对滞后 4h 左右。

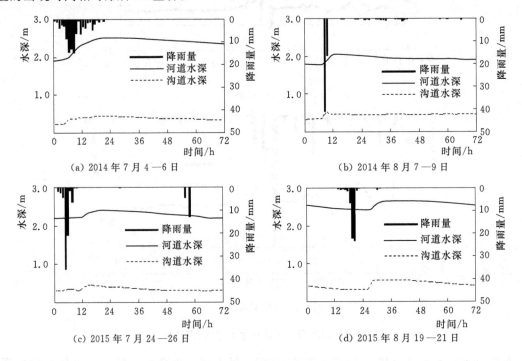

(a) 2014 年 7 月 4—6 日 (b) 2014 年 8 月 7—9 日 (c) 2015 年 7 月 24—26 日 (d) 2015 年 8 月 19—21 日

图 9.15 沟道、河道典型降雨事件下的排水过程

（4）排水对降雨的响应。降雨量是影响河道排水流量变化的主要因素。2015 年约有 4 次降雨量级在 50～99.9mm 之间的暴雨，分别为 6 月 29—30 日的 67mm、7 月 24 日的 72.9mm、8 月 16 日的 65.1mm 和 8 月 19 日的 57.7mm，分别对应降雨事件 1～4。当忽略降雨叠加过程时，分别对这 4 次降雨事件后的中市河断面排水流量取对数，拟合其与时间的关系曲线（图 9.16）。

根据 4 次降雨事件下拟合的公式，计算降雨后历时分别为 12h、24h、36h、48h、60h 和 72h 的断面累计排水量（表 9.3）。降雨后的河道断面过水量随时间逐渐累加，但降雨量并非过水断面总累积量的单一影响因素。如 7 月 24 日的降雨量最大，但其累积断面过水量并非最大，主要是 7 月的降雨量较小且降雨次数较少，一部分水量在形成径流过程中参与了渗漏蒸发等其他过程，而 8 月 16 日降雨量形成的累计排水量最大，主要是 2015 年 8 月 11 日发生了一场大暴雨，在一定程度上影响了产流过程，形成蓄满产流，使得再次降雨形成的径流量较大。因此，在考虑降雨量对排水量影响时，不仅应考虑降雨量大小，还需考虑当地的土质条件、前期降雨等的影响，这与水文上暴雨形成洪水过程相一致。

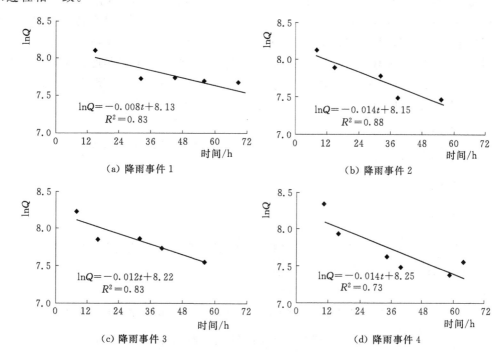

图 9.16　4 次降雨事件后的河道断面流量随时间变化关系

表 9.3　降雨后不同时间断面的累计排水量　单位/万 m³

降雨时间	降雨量/mm	12h	24h	36h	48h	60h	72h
6 月 30 日	67.0	3.91	7.46	10.68	13.61	16.27	18.69
7 月 24 日	73.6	3.88	7.17	9.98	12.36	14.39	16.11
8 月 16 日	65.1	4.17	7.79	10.95	13.69	16.08	18.16
8 月 19 日	57.7	4.27	7.88	10.94	13.52	15.70	17.54
平均值	65.5	4.06	7.58	10.64	13.29	15.61	17.62

9.1.3　水量平衡要素对比分析

图 9.17 给出各水文年型下水稻各生育阶段的降雨量与蒸腾量对比情况。从年型角度分析，丰水年下分蘖前期的降雨量远大于腾发量，需水量较大的分蘖后期、拔节孕穗期和抽穗开花期中，除分蘖后期的降雨量比腾发量大 70.4mm 外，其他两个阶段的降雨量和腾发量基本持平，但由于丰水年降雨一般较为集中，大部分降雨作为弃水而浪费掉；平水年下的水稻需水旺盛期与降雨丰沛期错位，需要灌水补充；枯水年下各生育阶段的降雨都无法满足水稻需水量。总体来说，灌溉需水旺盛期的拔节孕穗期、抽穗开花期所对应的降雨量较小，而水稻分蘖前期的降雨量较为丰沛，但该期内的腾发量较小，故可充分利用该期的降雨量，也可考虑将分蘖前期未利用的降雨存蓄起来，供需水量较大的分蘖后期及拔节孕穗期利用，此外，黄熟期要进行落干，根据需要及时排出降雨。

渗漏量是稻田需水量的一个组成部分，张玉屏等（2007）利用桶栽试验研究不同灌溉方式对水稻需水量的影响结果表明，水稻叶面蒸腾量、棵间蒸发量与田间渗漏量占总耗水量的百分比分别为 60.1%、16.4% 和 23.5%。蔡亮等（2012）在 $5m^2$ 有底的测坑内研究了水稻拔节孕穗期和抽穗开花期 70%～90% 土壤饱和含水率对灌溉制度、渗漏量和产量等的影响，结果表明渗漏量随灌水量的降低而下降，渗漏量为灌水量的 54.22%～64.25%，若考虑稻田渗漏量，则水稻关键需水期的降雨量远不能满足水稻耗水需求。

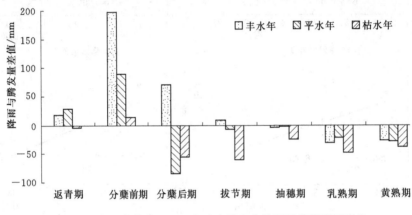

图 9.17　各水文年型下水稻各生育阶段的降雨量和蒸腾量对比

9.2　稻田水量平衡模型

稻田水量平衡是指满足稻田系统来去水保持动态平衡的过程，定量描述稻田水量平衡过程是研究水稻灌溉制度、稻田蓄水滞涝效果、节水潜力及效应等的关键所在。为此，依据田间试验结果，基于水量平衡原理，构建稻田水量平衡模型，并对其进行率定和验证。

9.2.1　模型构建

稻田水量平衡模型的组成要素包括降雨量、水稻腾发量、灌水量、田间渗漏量、排水量等，其中来水量包括降雨量和灌水量，水分消耗量包括腾发量、田间渗漏量和排水量。由于稻田水层深度的变幅较小，耗水速率较快，故以日为时间单位进行分析计算。

以稻田水层和根系层为研究对象，在任何时间段内，田间水分变化随着来水与耗水的消长，各要素之间的关系可被表示如下：

$$H_t = H_{t-1} + P_t + I_t - ET_t - D_t - S_t \tag{9.2}$$

式中：H_t 为第 t 天的稻田水层深度，mm；H_{t-1} 为第 $t-1$ 天的稻田水层深度，mm；P_t 为第 t 天的降雨量，mm；I_t 为第 t 天的灌水量，mm；ET_t 为第 t 天的水稻腾发量，mm；D_t 为第 t 天的排水量，mm；S_t 为稻田第 t 天的渗漏量，mm。

在稻田水量平衡计算过程中，根据选定的水稻灌水模式，确定各生育阶段的灌水上下限和耐淹深度，若时段初的稻田水分处于适宜水层的上限，则经过一段时间的作物蒸腾、渗漏等消耗，水层将下降到适宜水层的下限，此时若不发生降雨则需灌溉至水稻适宜水层的上限，如时段内有降雨但较小时，稻田可以存蓄降雨量，同时补充灌溉至水稻灌水上限，如降雨较大超过水稻耐淹深度，需将多余的水分排出。

在构成水量平衡关系的各要素中，降雨量、灌水量、时段始末的田面水层深度、排水量等可通过观测得到，并根据日最高最低气温、平均气温、相对湿度、风速、日照时数等，采用彭曼公式计算腾发量。渗漏量是田间耗水的主要组成部分，不同地区的稻田渗漏量变幅差异较大。当稻田存在水层时，选用下式计算田间渗漏量（石艳芬等，2013）：

$$S_t = aH_t + b \qquad (9.3)$$

式中：a、b 为参数；其他符号意义同上。

当稻田不存在水层时，选用根层土壤水下移渗漏量公式进行估算：

$$S_t = \frac{1000K}{1 + K\alpha\frac{t}{H}} \qquad (9.4)$$

式中：K 为饱和水力传导度，根据田间钻孔抽水试验结果取 0.2m/d；α 为经验常数，土壤越黏重，取值越大，一般为 50～250，根据研究区土质，取 180；t 为土壤含水率从饱和状态达到第 t 天水平时的时间，d；H 为水稻主根层的深度，取 0.3m；其他符号意义同上。

9.2.2 模型率定及验证

9.2.2.1 模型参数

式（9.2）中除渗漏量外，其他各要素均通过实测和计算获得，故需对渗漏量进行拟合。假定稻田渗漏量与田面水层深度呈线性相关关系，如式（9.3）所示，渗漏量取决于 a、b 参数值。考虑对特定的土质，积水下的稻田渗漏量达到一定值后将不会随着水头增大而无限增加，此时土壤达到饱和含水状态，渗漏强度减小，渗漏量趋于稳定，这与谢文艳等（2004）研究结果相符。参照农田排水工程技术规范及该地的土质条件，取土壤水饱和状态下的稳定入渗率为 5mm/d，据此基于实测的水量平衡要素率定得到参数 a 和 b 值。

9.2.2.2 评价指标

为了更好反应模型率定及验证结果的合理性，除直观的图形对比外，选择模拟效率系数 NSE、平均误差 Δ_{ME}、平均绝对误差 Δ_{MAE} 进行模拟效果评价，Δ_{ME} 反映模型是否低估或高估观测值，Δ_{MAE} 反映模拟值对观测值的偏离程度，NSE 计算见第 4 章：

$$\Delta_{ME} = \frac{1}{n}\sum_{i=1}^{n}(O_i - S_i) \qquad (9.5)$$

$$\Delta_{MAE} = \frac{1}{n}\sum_{i=1}^{n}|O_i - S_i| \qquad (9.6)$$

式中：S_i 为模拟值；O_i 为实测值。

9.2.2.3 模型率定

选用 2015 年 7 月的水量平衡要素实测值对模型进行率定。图 9.18 给出模拟的田面水层深度与实测值的对比情况，稻田渗漏量拟合参数 $a=0.3$ 和 $b=1$，对应的稻田日平均渗漏量 3.8mm，这与南方粘壤土地区单季中稻的平均渗漏量相符。从直观上看模拟值与实测值的变化趋势一致，偏离度不大。定量分析结果表明，该模拟时段对应的 NSE 为 0.84，Δ_{ME} 为 0.63mm，Δ_{MAE} 为 3.63mm，模型略微低估了观测值，总体来说，选用的参数值可较好反映当地实际情况。

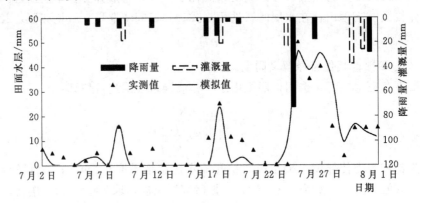

图 9.18　2015 年田面水层深度实测值与模拟值的对比

9.2.2.4　模型验证

采用 2014 年 7 月 10—19 日的观测值验证模型。图 9.19 为田面水层深度与实测值的对比情况，可以看出，模拟值与实测值间的偏差不大，NSE 为 0.88，Δ_{ME} 为 2.1mm，Δ_{MAE} 为 2.95mm，拟合效果较好，模型可较好适应于试验区当地条件。

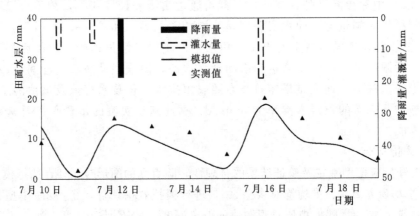

图 9.19　2014 年田面水层深度实测值与模拟值的对比

9.3　稻田水量调蓄能力

稻田水量调蓄能力受降雨量及降雨形式、灌溉方式、腾发量等影响。根据常规灌溉模式和节水灌溉模式下各生育阶段田面水层深度控制标准，应用构建的水量平衡模型模拟不同水文年型、不同节水灌溉模式下的稻田水量调蓄能力，分析不同节水灌溉模式下的稻田蓄雨效果和节水效果，讨论相应的灌排制度。

9.3.1　不同水文年型下的水量调蓄能力

在稻田调蓄过程中，田埂高度决定着潜在的可储存水量，水稻各生育阶段内需保持的田间水层深度各不相同，采用如下公式计算每日稻田蓄雨量和排水量，

蓄雨量：
$$ST_t=\begin{cases}H_p-H_{t-1}+ET_t+S_t & (P_t\geqslant H_p-H_{t-1}+ET_t+S_t)\\ P_t & (P_t<H_p-H_{t-1}+ET_t+S_t)\end{cases} \tag{9.7}$$

排水量：
$$D_t=\max\{P_t-(H_p-H_{t-1}+ET_t+S_t),0\} \tag{9.8}$$

式中：ST_t 为第 t 天的稻田蓄雨量，mm；H_p 为水稻的耐淹深度，mm；其他符号意义同上。

如表 9.2 所示，对每个水文年型下模拟计算的各水量平衡要素值取平均值，以便消除特殊情况下产生的差别，计算结果见表 9.4。从稻田蓄雨角度看，不同水文年型下的蓄雨量差别明显，降雨量较大年份下的蓄雨量也较大，年均蓄雨量要比平水年多 105mm，而平水年要比枯水年多 86mm。若定义稻田蓄雨量占降雨量的比例为稻田雨水利用率，则丰、平、枯不同水文年型下分别为 67.3%、77.6% 和 84.5%。枯水年由于降雨量较小，大多数雨量能存蓄田间得以利用，雨水利用效率相对较高。从稻田灌水角度分析，不同水文年型下的灌水量分别为 521.5mm、618.8mm 和 755.1mm，相邻年型间的差别 100mm 左右，降雨量较少年份下的田间水分无法得到雨水及时补充，灌水量增加。

表 9.4　　　　　　　　　　　不同水文年型下水量平衡要素计算结果

水文年型	年数	降雨量 /mm	腾发量 /mm	渗漏量 /mm	灌水量 /mm	排水量 /mm	蓄雨量 /mm	雨水利用率 /%
丰水年	20	836.4	626.2	521.8	521.5	284.1	563.0	67.3
平水年	14	590.5	627.4	525.5	618.8	139.7	458.5	77.6
枯水年	20	440.5	679.7	521.1	755.1	84.0	372.4	84.5

根据以上分析可知稻田调蓄水量受降雨等气象条件的影响较大，故选取各水文年型中的典型年份做进一步分析（表 9.5）。对相同年型，以丰水年份为例，1991 年和 2003 年的全生育期降雨量、腾发量、渗漏量相近，但其余要素差别明显。与 2003 年相比，1991 年的灌水量多出 158mm，排水量多出 285mm，蓄水量少了 188mm。1991 年 6 月 29 日—7 月 11 日 13 天内出现了持续降雨，其中 3 次降雨超出 100mm，由于此时水稻处于分蘖前期，需水量较小，且水稻耐淹能力也较弱，最大耐淹深度仅 80mm，故大多数雨量无法得到充分利用而排出。2003 年全生育期内的降雨频繁且均匀，能及时补充田间水层，有效减少灌水量。在不同水文年型中，丰水年的 1991 年降雨量是枯水年的 1994 年近 4 倍，而灌水量减少 37%、稻田蓄雨量高出 1 倍。另一方面，若出现高温干燥天气，作物腾发量增大，也同样影响调蓄水量的变化。以平水年为例，2014 年与 2012 年全生育期的降雨量、渗漏量虽然接近，但与前者相比，后者的蒸腾量多出 147mm，平均气温偏高，平均日照时数、平均风速均偏大，而相对湿度偏小，这使得 2012 年的腾发量较大，灌溉需水量增大，灌溉水量比 2014 年多出 210mm，差距较为明显。

表 9.5 典型年份下水量平衡要素计算结果

水文年型	典型年份	降水量/mm	腾发量/mm	渗漏量/mm	灌水量/mm	排水量/mm	蓄雨量/mm
丰水年	1991	1170.9	615.8	522.7	587.9	731.4	491.9
	2003	1111.3	634.6	522.7	429.8	446.0	679.6
平水年	2014	615.0	570.6	519.6	496.5	128.6	489.7
	2012	598.6	718.2	522.9	706.0	172.9	435.8
枯水年	1994	275.5	741.6	522.8	927.4	31.7	271.9
	1973	232.4	642.1	519.3	856.8	9.8	225.4

图 9.20 给出 54 年平均的稻田灌水量、蓄雨量和雨水利用率随降雨量变化的过程。可以看出，稻田蓄雨量与降雨量间呈较好的线性增长关系，随着降雨量增大，稻田蓄雨量呈增大趋势；稻田雨水利用率随降雨量增大呈下降趋势，且受降雨量级、降雨频次等影响，雨水利用率的波动幅度较大，如在雨水利用率高于 80% 的 20 年当中，平均降雨量 482mm，平均暴雨次数 1.9 次，而在雨水利用率小于 70% 的 15 年当中，平均降雨量 807mm，平均暴雨次数 4.5 次。由此可见，在出现暴雨次数多、历时较为集中的年份，虽然潜在的存蓄雨量多，但受稻田存蓄能力限制，过多的水量被及时排出，由此降低了雨水利用率。2010 年与 2015 年全生育期内的降雨量相近，但雨水利用率却分别为 85% 和 61%，其中 2010 年的暴雨次数为 1 次，2015 年却出现 3 次，降雨量级及出现的频次对雨水利用率的影响较大。

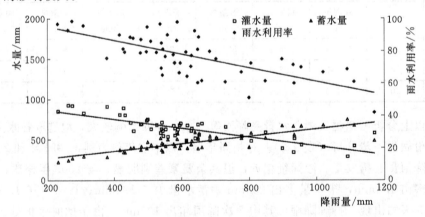

图 9.20 稻田的灌水量、蓄雨量和雨水利用率随降雨量的变化过程

9.3.2 不同节水灌溉模式下的水量调蓄能力

9.3.2.1 蓄雨效果

江苏省在生产实践中推广采用的水稻节水灌溉技术主要有水稻浅湿灌溉、浅湿调控灌溉、控制灌溉以及水稻旱作灌溉等（俞双恩等，2002）。针对高邮灌区特点，在水稻浅湿灌溉和浅湿调控节水灌溉模式下开展模拟分析，并与常规灌溉模式（表 9.1）相比较。不同节水灌溉模式下水稻各生育阶段内的水层深度控制指标见表 9.6 和表 9.7（黄俊友，

2005），据此模拟计算 1960—2015 年各丰、平、枯三组水文年型下不同节水灌溉模式的灌水量、排水量、腾发量、渗漏量、稻田蓄雨量、节水率等，其中节水率为节水灌溉模式的节水量与常规灌溉用水量的比值。

表 9.6　　　　　　　　　水稻浅湿灌溉模式下的水层深度控制指标

生育阶段	返青期	分蘗前期	分蘗后期	拔节孕穗期	抽穗开花期	乳熟期	黄熟期
起止日期	6月11—23日	6月24日—7月12日	7月13日—8月5日	8月6—26日	8月27日—9月5日	9月6—25日	9月26日—10月15日
H_{min}/mm	5	20	60%	80%	75%	75%	落干
H_{max}/mm	30	50	0	40	20	20	落干
H_p/mm	50	80	90	120	100	60	

注　　%为根层土壤含水量占饱和含水量的百分比。

表 9.7　　　　　　　　　水稻浅湿调控灌溉模式下的水层深度控制指标

生育阶段	返青期	分蘗前期	分蘗后期	拔节孕穗期	抽穗开花期	乳熟期	黄熟期
起止日期	6月11—23日	6月24日—7月12日	7月13日—8月5日	8月6—26日	8月27日—9月5日	9月6—25日	9月26日—10月15日
H_{min}/mm	5	85%	60%	70%	80%	80%	落干
H_{max}/mm	30	20	0	20	20	20	落干
H_p/mm	50	80	90	120	100	60	

注　　%为根层土壤含水量占饱和含水量的百分比。

表 9.8 给出 1960—2015 年各水文年型不同节水灌溉模式下稻田的雨水利用率和节水率。从稻田蓄雨角度分析，相同年型中的节水灌溉模式要比常规灌溉下的稻田蓄雨效果好，如平水年常规灌溉、浅湿灌溉、浅湿调控灌溉模式下相应的雨水利用率分别为 77.6%、81.9% 和 84.3%，浅湿调控灌溉下的雨水利用率最高。从 54 年的平均蓄雨效果看，常规灌水下的年均可蓄雨量为 464.6mm，节灌模式下的可存蓄雨量略高于常规灌水模式。在浅湿调控灌溉模式下，由于灌水的上限较低，每次所需灌水量相对较少，可存蓄的降雨量相对较大，雨水利用率相对较高。相同节水灌溉模式下的灌水量和稻田蓄雨量随水文年型的变化规律与常规灌溉模式一致，即丰水年的蓄雨量最大，枯水年的雨水利用率最高。以浅湿调控灌水模式为例，枯水年的雨水利用率高达 91.6%，丰水年为 76.3%；丰水年的蓄雨量为 638.4mm，枯水年为 403.7mm，减少 235mm。由此可见，与常规灌溉模式相比，采用节水灌溉模式能增加稻田蓄雨量，还可提高相同水文年型下的雨水利用率。

表 9.8　　　　　　　不同水文年型节水灌溉模式下稻田的雨水利用率和节水率

水文年型	灌溉模式	降雨量/mm	灌水量/mm	排水量/mm	蓄雨量/mm	雨水利用率/%	节水率/%
丰水年	常规	836.4	521.5	284.1	563.0	67.3	
	浅湿		325.7	221.4	620.6	74.2	37.6
	浅湿调控		273.2	201.0	638.4	76.3	47.6

水文年型	灌溉模式	降雨量 /mm	灌水量 /mm	排水量 /mm	蓄雨量 /mm	雨水利用率 /%	节水率 /%
平水年	常规	590.5	618.8	139.7	458.5	77.6	
	浅湿		416.7	109.4	483.8	81.9	32.7
	浅湿调控		353.4	94.5	497.6	84.3	42.8
枯水年	常规	440.5	755.1	84.0	372.4	84.5	
	浅湿		523.2	50.8	398.4	90.5	30.7
	浅湿调控		462.4	43.8	403.7	91.6	38.8
54a 平均	常规	622.5	631.8	169.3	464.6	76.5	
	浅湿		421.9	127.2	500.9	82.2	33.7
	浅湿调控		363.0	113.1	513.2	84.1	43.1

为了更为直观地对比不同节水灌溉模式下的稻田蓄雨量随降雨量而变的情况，图9.21给出不同节水灌溉模式下稻田蓄雨量的年际变化过程。可以看到，浅湿调控灌溉下的蓄雨效果略好于浅湿灌溉，而浅湿灌溉则略好于常规灌溉。总体来看，节水灌溉模式与常规灌溉模式在蓄雨效果上的差别并不明显的原因是，节水灌溉下水稻各生育阶段的灌水下限值较小，单次灌水量相对较大，若此后出现降雨则能被存蓄的雨水较少。

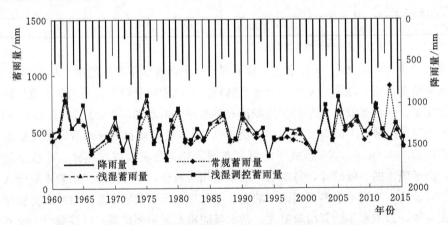

图 9.21　不同节水灌溉模式下稻田蓄雨量的年际变化过程

9.3.2.2　节水效果

由表 9.8 给出的结果可知，同一水文年型下的节水灌溉模式可以明显减少灌水量，浅湿调控灌溉所需灌水量最小，节水效果最好。以枯水年为例，常规灌水量为 755.1mm，浅湿调控灌溉水量仅为 462.4mm，节水率 38.8%，这比浅湿灌溉模式还多节水 8%，由于在一定程度上提高了雨水利用率，故减少了灌水量。从 54 年的平均灌水量来看，浅湿调控灌溉水量为 363.0mm，比浅湿灌溉少灌 60mm，比常规灌溉少灌 270mm，节水效果明显。如图 9.22 所示，两种节水灌溉模式与常规灌溉模式相比，具有明显的节水效果，且浅湿调控灌溉要比浅湿灌溉更为节水。综上所述，浅湿调控灌溉对减少灌溉用水、增大蓄雨更为有利。

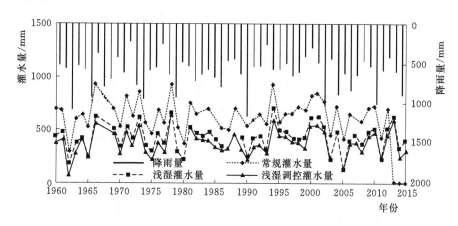

图 9.22 不同节水灌溉模式下稻田灌水量的年际变化过程

不同水稻节水灌溉模式下的节水机制主要在于减少了稻田耗水量，包括腾发和田间渗漏量，即水稻的生理需水量和生态需水量。水稻腾发量是保障水稻生长发育、进行正常生命活动所需水分，而田间渗漏量则是保证水稻生长发育、创造良好田间小气候所需水分。采用不同的节水灌溉模式可通过减小田间水层深度达到减少水量损失的目的，本质上就是减少不必要的田间渗漏量。与控制水稻腾发量相比，大多数地区的稻田水量损失主要表现为田间渗漏量（蔡守华等，2004），故常将控制深层渗漏量作为节水的主要目标。

采用节水灌溉模式可以减少田间渗漏量。2015 年常规灌溉、浅湿灌溉、浅湿调控灌溉下的田间渗漏量分别为 569.6mm、367.9mm 和 288.9mm，占总耗水量的 46.8%、36.0% 和 34.0%，且浅湿调控灌溉约为常规灌溉的 1/2。此外，2015 年常规灌溉、浅湿调控灌溉下的排灌比分别为 0.61 和 0.42，与常规灌溉相比，浅湿调控灌溉下全生育期内减少灌水量 173.4mm，相应减少排水量 163.5mm。按照高邮灌区现有灌溉面积 3.93 万 hm^2 计算，当浅湿调控灌溉下的节水率为 36.76% 时，可实现节水 6811 万 m^3，减少排水 6422 万 m^3，其占常规排水量一半以上。

采用节水灌溉模式还可减少作物腾发量。2015 年不同节水灌溉模式下水稻各生育阶段的腾发量如图 9.23 所示。与常规灌溉相比，浅湿调控灌溉下的腾发量在需水高峰的拔节孕穗期可减少 26.9%，相关研究也表明采用浅湿调控灌溉等措施，水稻腾发量较常规灌溉减少 24.9%（和玉璞等，2016）。

表 9.9 给出不同水文年型下各节水灌溉模式所对应的稻田耗水量对比结果。可以看出，水文年型对耗水量的影响较小，节水灌溉模式对耗水的影响较大，且浅湿调控灌溉与常规灌溉相比，丰、平、枯不同水文年型下可分别减少耗水 192mm、257mm 和 282mm，约占常规耗水的 16.7%、22.2% 和 23.6%，节水灌溉模式对减少耗水量具有明显效果，这主要是提高了降雨利用率，且灌水下限较低，落干时间较长，减少了水稻株间蒸发和水稻蒸腾。

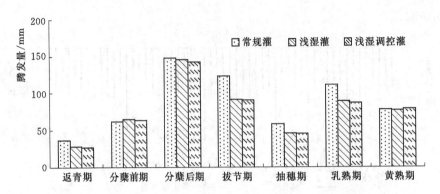

图 9.23   2015 年不同节水灌溉模式下水稻各生育阶段需水量的比较

表 9.9   不同水文年型和节水灌溉模式下的稻田耗水量   单位/mm

水文年型	常规灌溉	浅湿灌溉	浅湿调控灌溉
丰水年	1149	1004	957
平水年	1157	953	900
枯水年	1196	974	914

9.3.2.3   灌排制度

根据 54 年的水量平衡计算结果，将不同节水灌溉模式下的灌排水量及频次取均值后汇总于表 9.10。可以看出，节水灌溉模式下的总灌水量减少，灌水频次下降，单次平均灌水量增大，总排水量减少，排水频次也减少。常规灌溉模式下平均灌水为 25 次，比实际灌水次数要大，由于乳熟期的最大和最小水层深度相差仅为 10mm（表 9.1），造成频繁灌水。在浅湿调控灌溉模式下，若不计泡田灌水，则 54 年的平均灌溉定额为 3642m³/hm²，年均灌水次数为 8 次，灌水次数明显减少，省时省工，有效减轻农民劳动强度。与此同时，年均排水量为 1152m³/hm²，年均排水次数为 5 次，排水量的减少可减轻田间肥料流失。实际应用中应该优先考虑采用浅湿调控灌溉节水模式。

表 9.10   不同节水灌溉模式下的灌排水量及频次均值

水文年型	灌溉模式	灌水量/(m³/hm²)	灌水次数	单次平均灌水量/(m³/hm²)	排水量/(m³/hm²)	排水次数
丰水年	常规	5218.0	21	248.5	2842.1	10
	浅湿	3258.4	8	407.3	2215.4	8
	浅湿调控	2733.7	6	455.6	2010.7	7
平水年	常规	6191.0	24	258.0	1397.5	9
	浅湿	4169.5	9	463.3	1094.1	5
	浅湿调控	3535.4	8	441.9	945.2	4
枯水年	常规	7554.3	29	251.8	840.5	5
	浅湿	5234.7	12	436.2	508.4	2
	浅湿调控	4626.0	11	420.5	438.1	2

水文年型	灌溉模式	灌水量 /(m³/hm²)	灌水次数	单次平均灌水量 /(m³/hm²)	排水量 /(m³/hm²)	排水次数
54 年平均	常规	6335.5	25	253.4	3154.6	8
	浅湿	4226.6	10	422.7	1292.5	5
	浅湿调控	3642.4	8	455.3	1152.0	5

9.4 灌区水量调蓄能力

下垫面的特征对降雨再分配起到重要的作用,而土地利用/覆被变化是下垫面变化的主要方面,通过改变流域下垫面性质,如水域面积、稻田面积等的变化,使区域的蓄洪能力发生改变,进而对洪涝灾害产生影响。

9.4.1 土地利用状况变化

图 9.24 给出高邮灌区 1980 年和 2010 年的土地利用状况,其中的其他用地包括园地、林地、城镇工矿用地、交通运输用地、水利设施用地等。可以看出,从 1980—2010 年,水田、旱地、水域和其他用地面积的年变化率分别为 -1.4%、2.0%、0.5% 和 2.7%。该图中呈现的两个显著变化是水田面积减少 42.7%,且由于城镇化发展,居民用地、交通和工矿用地等显著增加。

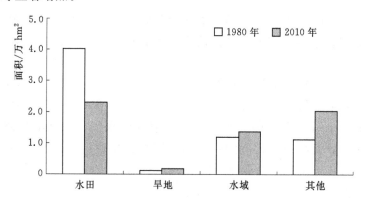

图 9.24 1980 年和 2010 年高邮灌区土地利用状况

综合土地利用动态度反映了区域土地利用状况变化的活跃程度,通常是指某一地区某一时段内综合的土地利用类型数量的变化情况,计算公式为

$$LC = \frac{\sum \Delta LU_{i-j}}{2T \sum LU_i} \times 100\%$$ (9.9)

式中:LU_i 为监测起始时第 i 类土地利用类型的面积;ΔLU_{i-j} 为监测时段内第 i 类土地利用类型转为 j 类土地利用类型面积的绝对值;T 为监测时段的长度。

根据式(9.9)计算得高邮灌区综合土地利用动态度为 0.75%,对江苏省 13 个地市 1997—2006 年的综合土地利用动态度进行测算的结果(张兴榆等,2008)表明,与高邮灌区紧邻的扬州市的综合土地利用动态度最大，为 1.52%，由此可以判断，预计高邮灌区 1980—2010 年后 10 年的土地利用状况变化要比前 20 年更为活跃。

如前所述，采用节水灌溉技术能在稻田中多积蓄雨水，蓄水量等于降雨量与地表排水量之差，越多的降雨被蓄存在田间，地表排水量则越少，河网径流量也就越小。由于旱地和水浇地等没有田埂，蓄满产流下土壤达到饱和时即产流，城区不透水地面则迅速产流和汇水，而稻田则延长了产汇流时间，可削减洪峰流量，减轻排涝压力，故当水田向其他土地利用类型转换时，无疑加大了洪涝灾害风险。由于未对高邮灌区受灾情况进行统计，故选取 20 世纪 80 年代初和 2010 年水稻全生育期降雨量相近年份，对比同样降雨条件下江苏省水灾面积和成灾面积见表 9.11。

表 9.11　　　　　　　　　　　　江苏省不同时期的受灾情况对比

年　份	降雨量/mm	受灾面积/(10^3 hm²)	成灾面积/(10^3 hm²)
1981	487.1	247.3	54.0
2009	478.2	165.6	42.1
1982	541.4	775.3	400.0
2010	531.2	527.8	140.0
1980	925.7	986.7	612.0
2011	995.2	290.4	58.3

从表 9.11 给出的结果中可以发现，在降雨量相近下，2010 年左右的受灾情况要比 1980 年左右轻，虽然洪涝灾害发生的风险在增大，但实际产生的灾害损失在减小，原因可能有以下几个方面：首先经历了 1991 年重大洪涝灾害后的江苏省加强了防洪除涝工程建设，圩区整治、河道清淤、排涝设施建设收到了较好效果，排涝能力比 30 年前大有提高，其次近年来的天气预报精度提高，雨情和水情预警手段更加先进，为防汛提供了更加及时、准确、全面的决策依据，汛前降低水位，为蓄滞洪水预留了空间，最后虽然灌区内的地面高程变化不大，但不同区域各田块的受涝程度有所不同，江苏省受灾情况可能与高邮灌区有所不同，比如 1998 年研究区内受涝严重，而江苏省的涝灾情况并不太严重。

9.4.2　水量调蓄能力

将上述年份的降雨、腾发量等数据代入模型计算灌溉量、排水量和稻田蓄水量。若仅考虑水田和水域面积蓄水能力，以计算的蓄水量乘以该时段的水田面积，即可得到高邮灌区的稻田储蓄水量，当不考虑水域漫溢情况，降雨均储存于水域之中，得到的结果见表 9.12。在降雨量相近情况下，稻田的蓄水深度相差不大，但由于水田面积大幅减小，水田蓄水总量也显著减小，水域面积略有增大，导致水域可蓄水量增加。2010 年与 20 世纪 80 年代初相比，总蓄水量最多减少 0.82 亿 m³，平均减少 0.58 亿 m³，灌区水量调蓄能力平均减小 21.3%，这意味着圩区排涝防洪压力的增大。

表 9.12 高邮灌区不同时期水量蓄水能力的对比

年份	水田蓄水量/mm	水田蓄水量/亿 m³	水域蓄水量/亿 m³	蓄水减少量/亿 m³
1980	668.2	2.69	1.11	0.82
2011	684.7	1.58	1.40	
1981	396.7	1.60	0.59	0.56
2009	420.1	0.97	0.66	
1982	377.2	1.52	0.65	0.36
2010	462.0	1.06	0.75	

9.5 小结

根据江苏省高邮站 54 年气象数据资料，分析不同雨量级及最大 1 日和 3 日降雨特征、水稻全生育期及不同生育阶段内降水量和腾发量的变化规律，基于水量平衡原理，构建了稻田水量平衡模型，据此模拟分析了不同水文年型、不同节水灌溉模式下的稻田水量调蓄能力，并对灌区水量调蓄能力进行了探讨，取得的主要结论如下：

（1）高邮灌区最大 1 日和最大 3 日雨量均呈增大趋势，水稻全生育期降雨量在 2000 年之后频繁出现较大值，其中有 4 年均在 800mm 以上，极端降雨事件趋于集中、强度增大，导致引发洪涝灾害的可能性随之增大。

（2）分蘖前期和后期为水稻各生育阶段中雨量最大的时期，对应的排水量也较大，且分蘖后期的腾发量最大；在水稻的拔节孕穗期和抽穗开花期，相应的降雨量较小，但灌溉需求强烈，应将前期降雨合理存蓄，供此时期使用。

（3）稻田水量调蓄能力受全生育期降雨量级、时间分布、气象因素等影响较大，丰、平、枯不同水文年型下的稻田蓄雨量依次减小，雨水利用率依次增大，稻田具有一定的滞涝减灾作用。

（4）与常规灌溉相比，节水灌溉模式具有较好的稻田蓄雨滞涝和节水生态效应，浅湿调控灌溉下的多年平均灌水量 363mm，雨水利用率 84%，节水率 43.1%，浅湿灌溉下分别为 422mm、82% 和 33.7%，排水量均有所下降，应在实践中大力推广应用。

（5）在水稻面积锐减、水域面积略增现状条件下，高邮灌区的水量调蓄能力比 30 年前下降 21.3%，蓄水量平均减少 0.58 亿 m³，农田受涝风险增大，故应采用科学合理的稻田水管理措施，充分发挥其蓄水滞涝功能与作用。

参 考 文 献

[1] 蔡亮，姜洋. 水稻不同需水关键期适宜灌水下限指标研究 [J]. 灌溉排水学报，2010，29 (6)：94-96.

[2] 蔡守华，赵明华. 稻田节水潜力与节水策略 [J]. 中国农村水利水电，2004（4）：7-9.

[3] 陈皓锐，伍靖伟，黄介生，等. 石津灌区冬小麦水分生产率的尺度效应 [J]. 水科学进展，2013，24（1）：49-55.

[4] 和玉璞，张建云，徐俊增，等. 灌溉排水耦合调控稻田水分转化关系 [J]. 农业工程学报，2016，32（11）：144-149.

[5] 黄俊友. 水稻节水灌溉与雨水利用 [J]. 中国农村水利水电，2005（7）：11-12.

[6] 解文艳，樊贵盛. 土壤质地对土壤入渗能力的影响 [J]. 太原理工大学学报，2004，35（5）：381-384.

[7] 罗玉峰，彭世彰，王卫光，等. 气候变化对水稻灌溉需水量的影响——以高邮灌区为例 [J]. 武汉大学学报，2009，42（5）：609-613.

[8] 彭世彰，艾丽坤，和玉璞，等. 稻田灌排耦合的水稻需水规律研究 [J]. 水利学报，2014，45（3）：320-325.

[9] 石萍，纪昌明，蒋志强. 基于调度特征的水电站水库丰平枯水年划分 [J]. 水利学报，2016，47（1）：119-124.

[10] 石艳芬，缪锡云，罗玉峰，等. 水稻作物系数与稻田渗漏模型参数的同步估算 [J]. 水利水电科技进展，2013，33（4）：27-30.

[11] 吴彩丽，黄斌，谢崇宝. 灌区引水口过闸流量计算方法比较研究 [J]. 中国农村水利水电，2008（5）：71-74.

[12] 俞双恩，张展羽. 江苏省水稻高产节水灌溉技术体系研究 [J]. 河海大学学报（自然科学版），2002，30（6）：30-34.

[13] 张兴榆，黄贤金，赵小凤，等. 快速城市化地区土地利用动态变化及结构效率分析——以江苏省为例 [J]. 中国土地科学，2008，22（10）：24-30.

[14] 中华人民共和国水利部. GB 50288—1999 灌溉与排水工程设计规范 [S]. 北京：中国水利水电出版社，1999.

第 10 章　农田排水灌溉再利用水土环境评价及工程模式

随着水资源供需矛盾的日益加剧,农田排水灌溉再利用作为一种缓解水资源短缺矛盾、提高灌溉用水利用率的重要途径,在国内外许多地区已有较广泛的应用实践,特别是干旱半干旱地区水资源匮乏,加之农业用水往往受到工业和生活用水挤占而显得更为紧张,科学合理的利用农田排水,可为作物提供良好的生长环境,并可减轻对下游环境的影响。

本章首先简述农田排水的特点及灌溉再利用现状,评价不同类型区排水水质变化特征及灌溉再利用风险,其次基于系统性、简洁性、可操作性等原则,从排水水质、作物特性、土壤特性、水文气象、灌排措施等五方面入手,构建农田排水灌溉再利用评价指标体系,基于模糊模式识别方法构建农田排水灌溉再利用适宜性评价模型并进行验证,最后依据宁夏银北灌区排水灌溉再利用调研成果和评价分析,对排水灌溉再利用适宜工程模式进行探讨和经济评价。

10.1　农田排水特点及灌溉再利用现状

我国地域辽阔、地形复杂、河湖众多、季风气候明显,降水量在时间和空间上的分布极为不均匀,从东南沿海向西北内陆区递减,形成东南雨多、西北干旱以及夏秋雨多、冬春缺雨的自然特点。在西北干旱半干旱地区,降雨量稀少,蒸发强烈,易受干旱盐碱灾害威胁,没有灌溉就没有农业,而没有排水就没有持续的作物高产;在中部半干旱半湿润地区,降雨量时空分布不均,不但需要补充灌溉,还需要开展除涝排水和盐渍化防治;在南方湿润地区,年降雨量大于 800mm,一些地区大于 2000mm,易受洪涝灾害影响,防洪、排涝、治渍是保证作物稳产高产的重要措施。

10.1.1　农田排水状况与特点

农田排水主要来自降雨或灌溉补给下从排水系统中流失的地表水和地下水,也包括部分排入排水沟的废污水和生活污水。农田排水中常含有一定数量的养分、盐分和其他化学物质,尽管养分和一些微量物质对作物生长发育有利,但含有过量的盐分和其他化学物质将对下游承泄区的水体产生潜在的污染威胁,成为农业面源污染的重要来源之一。

随着我国节水灌溉的大力发展,灌区排水量呈逐年减少趋势,特别是在北方灌区。我国西北宁夏引黄灌区下游的银北灌区,20 世纪 70 年代和 20 世纪 80 年代的引水量分别为 23.9 亿 m³ 和 25.4 亿 m³,排水量分别为 11.09 亿 m³ 和 11.39 亿 m³,排引比分别为 0.45 和 0.46。但近年来,随着对黄河取水量的限制以及各用水部门对水资源需求量的持续增加,银北灌区的水资源供求形势严峻,2004—2006 年的排引比分别减少到 0.30、0.25 和

0.28（王少丽等，2010）。内蒙古河套灌区解放闸灌域从 1989 年的引水量 14.56 亿 m^3 减少到 2005 年的 11.73 亿 m^3，排水量则从 2.64 亿 m^3 减少到 0.807 亿 m^3。在灌水量和排水量减少的同时，地下水位也从最初的逐年上升而趋于减缓或有所下降。

10.1.2 农田排水灌溉再利用现状

受全球气候变化影响，包括中国在内的世界上许多水资源短缺的国家既面临灌溉水源不足的问题，又承受着水体被排水污染的威胁，干旱频率和强度的增加，导致灌溉农业的经济损失。在许多干旱半干旱地区，水资源匮乏加之农业用水受到工业和生活用水挤占，致使农业用水更趋紧张，而农田排水灌溉再利用作为一种挖掘水资源潜力的有效措施，已被人们普遍重视并加以采用。1995 年在马来西亚召开的控制排水国际学术研讨会的主要议题，就是通过各种排水调控措施调节地下水位，达到排水灌溉再利用、渍害治理、减少因排放水对下游承泄区带来污染的目的。许多国家对农业排水均进行不同程度的重复利用（Ragab，1998；Sharma 等，2005）。埃及每年农业排水的 40%，即约 70 亿 m^3 的农业排水在与尼罗河水混合后被重复利用（Fleifle 等，2013）。美国德州、加州、科罗拉多州等地区，利用农业排水灌溉棉花、甜菜、苜蓿等作物，澳大利亚使用排水灌溉小麦和稻谷，也取得了成功（Hamdy，1998）。前苏联大约有 25% 的灌溉农田布设了水平排水暗管系统，由于排水能力过剩将近一半的灌溉水量被排出，造成一系列水环境问题，重复利用这些排水成为一种有效的解决方案（Tanwar，2003）。中国宁夏银北、甘肃景电、山东簸箕李等灌区，开展了排水灌溉再利用试验研究与生产应用，取得了较好效果（雍富强等，2004；许迪等，2004；徐存东等，2009），为进一步开展排水灌溉再利用研究和推广应用奠定了较好基础。

农田排水中含有满足作物生长发育所需氮磷养分，排水用于灌溉既可节省水量，实现排水中氮磷养分的高效重复利用，又可减少向下游排放的水量，减轻对下游环境的影响。农田排水灌溉再利用不仅在干旱半干旱灌区得到应用，在其他湿润半湿润地区也相继得到采用，黑龙江建三江地区为了缓解地下水灌溉带来的超采状态，在骨干沟或末级排水沟建闸拦蓄地表水及上游稻田的排放水开展重复利用，有效缓解了当地地下水资源不足的现状（孙东伟，2011）。安徽淮北地区 20 世纪 80 年代开始，开展以大沟为单元的除涝配套工程建设，基本解决了当地的涝渍灾害问题。由于排水沟过深，造成大量地表径流流失以及排水沟控制范围内的地下水过度排泄，为此，近年来开展了通过排水大沟控制蓄水对水资源进行调控的应用实践，这对解决当地水资源短缺和调控区域水资源时空分布起到积极作用（王友贞等，2008）。目前，中国大部分农田采用传统的地面灌溉方式，灌溉水利用系数处于较低水平，农业用水挖掘潜力巨大，排水已成为一些灌区宝贵的补充水源，利用排水资源对解决北方水资源日趋紧缺局面以及南方旱涝急转态势将起到积极作用。

10.2 农田排水水质特征及灌溉再利用水土环境效应

农田排水沟中的水体污染源主要来自降水灌溉过程中从农田排入的化肥农药等化学物质、村镇生活污水排放的污染物、小型加工企业生产废水排放的化学物质等。此外，排水沟中的水质也受到气候、土壤类型和土壤盐分、农业管理水平以及排水沟所处地理位置等影响，不同地区排水沟水中的化学物质含量各不相同。对南方和北方地区而言，受自然条件和气候条件差异影响，农田排水沟中的水质差异明显，北方灌区尤其是西北干旱半干旱内陆区，盐渍化危害是生态环境的主要问题，在地势低平、排水不畅地区，易引起土壤盐碱化，农田排水中除含有氮磷等养分外，还含有可溶性盐类。受当地经济发展水平和废污水排放处理水平制约，灌区排水干沟中的水质会不同程度受到中小企业、生活污水排放的影响，水体呈现不同程度的有机物污染，相比之下，支、斗、农沟中的水体直接来自农田排放水，水体中富含氮磷等养分，若当地土壤富集盐分，在灌溉淋洗作用下将被淋溶到地下水，并随之进入排水沟。

10.2.1 农田排水水质特征

以宁夏引黄灌区为代表的干旱半干旱盐渍化地区和黑龙江建三江为代表的湿润半湿润非盐渍化地区的排水水质为主要研究对象，基于排水沟历年水质监测数据收集、排水灌溉再利用地块的排水沟水质监测，评价两种类型区年内不同时期以及空间不同位置的排水中盐分、有机污染指标和重金属等的变化特征，对比不同级别排水沟水质状况，并对新疆和内蒙古河套的排水水质状况作了简单概述。

10.2.1.1 干旱半干旱盐渍化区——宁夏引黄灌区

宁夏引黄灌区地处西北内陆，干旱少雨、蒸发强烈，黄河过境水是主要水源。近年来，随着对黄河取水量限制和各用水部门对水资源需求持续增加，灌溉用水呈现紧张局面，特别是地处下游的银北灌区水资源供求形势严峻，缺水矛盾日益突出。由于该区地势平坦低洼，地下水流动缓慢，天然排水能力差，土壤盐渍化严重，一些地方灌溉期间淡水不足或没有淡水补给，利用排水沟水灌溉的需求日益增长。

（1）资料来源和评价方法。

1）排水干沟：收集宁夏引黄灌区三个排水干沟——第三排水沟、第五排水沟、银新沟 2000 年、2003 年和 2006—2013 年的水质监测资料，个别指标在个别年份内没有观测值，一些指标如镉、铬（六价）、铅、铜、硒基本未检出，而一些指标如苯、硼等均未监测。为使水质评价具有可比性，根据《农田灌溉水质标准》（GB 5084—2005）要求，从16 项基本控制项目标准和 11 项选择性控制项目标准中选择 pH 值、化学需氧量 COD_{Mn}、五日生化需氧量 BOD_5、全盐量（矿化度）、氯化物、总汞、总砷、锌、氟化物、氰化物、挥发酚等指标进行单项污染指数和综合污染指数的计算与分析，从灌溉用水角度对排水沟水的水质进行总体评价。另外，收集了第一排水沟、第二排水沟、第四排水沟 2007—2013 年水质监测资料，分析宁夏引黄灌区几大排水沟的水质状况。

考虑到第三排水沟和第五排水沟只在 3 月、5 月、7 月、9 月、11 月和 12 月有水质监测数据，故以这 6 个月的各项水质指标平均值作为相应的年平均值，其中以 5 月、7 月、11 月的平均值作为灌水期（包括冬灌期）平均值。在年和灌水期两个时段内，基于沟水的 pH 值、COD_{Mn}、BOD_5、矿化度、氯化物、总汞、总砷、锌、氟化物、氰化物、挥发酚等指标，分别计算各指标的年或灌水期污染指数 P_i 和相应的综合污染指数 P，其中 $P>1$ 表示水体中存在一种或多种污染物危害，P 值越大，污染危害越严重；$P=1$ 表示水体达到污染临界线；$P<1$ 表示污染物对水体不构成综合污染。计算综合污染指数 P 的公式如下：

$$P = \frac{1}{n}\sum_{i=1}^{n}P_i = \frac{1}{n}\sum_{i=1}^{n}\frac{C_i}{C_{oi}} \tag{10.1}$$

式中：n 为选择的水质污染指标数量；P_i 为第 i 种污染物的单项污染指数；C_i 为第 i 种污染物的实际年均值或灌水期均值；C_{oi} 为灌溉水质标准允许的第 i 种污染物上限值。

2) 排水灌溉再利用地块：在宁夏引黄灌区下游的银北灌区从上到下选择贺兰暖泉农场、平罗前进农场、大武口隆湖、惠农燕子墩、惠农第五排水沟等 5 个排水沟水再利用地块（图 10.1），于 2008 年和 2009 年灌溉期间 5 月、6 月、7 月分别采集沟水水样 3 次，对 pH 值、矿化度及 Na^+、K^+、Ca^{2+}、Mg^{2+}、CO_3^{2-}、HCO_3^-、SO_4^{2-}、Cl^- 等离子的理化性质进行分析。这 5 个地块中除第五排水沟为干沟外，其他均为支沟或斗沟。另据当地影响排水沟水环境的主要因素，对水样中的有机污染指标铵态氮、化学需氧量及重金属铅、砷、铬（六价）等进行分析。分析排水沟水的化学基本组成和变化，按阿列金分类方法，对排水沟水做出分类。

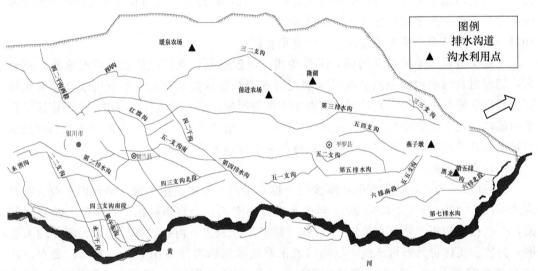

图 10.1　银北灌区 5 个排水沟水再利用及水质取样点

（2）排水干沟水质状况评价。根据《地表水环境质量标准》（GB 3838—2002），选择 COD_{Mn}、铵态氮、矿化度指标并给出其在第三排水沟和第五排水沟的年内和年际变化状况（图 10.2）。从年内变化状况来看，排水干沟中的污染类型主要为有机污染，第三排水沟的有机污染状况较第五排水沟重。第三排水沟在 2000 年、2003 年、2006 年内的 COD_{Mn} 指标基本超地表水 V 类水标准，虽近两年灌溉期内该指标有减小趋势，但多数处于 IV 类水标准，且铵态氮指标均超过地表水 V 类标准。第五排水沟除非灌溉期的 3 月 COD_{Mn} 指标偏大外，其他时期多数时间小于 6mg/L，处于 II 类和 III 类水标准之间，且铵态氮指标灌溉期多数时间为 0.5～1.0mg/L，也处于 II 类和 III 类水标准之间。另一方面，从年际变化状况来看，2003 年由于干旱缺水，灌溉引水量减少，特别是 7 月的排水沟流量比以往小得多，灌水期内第三排水沟的有机污染指标增大明显，近几年第三排水沟的COD_{Mn}指标有减小趋势，而铵态氮指标却变化不大。

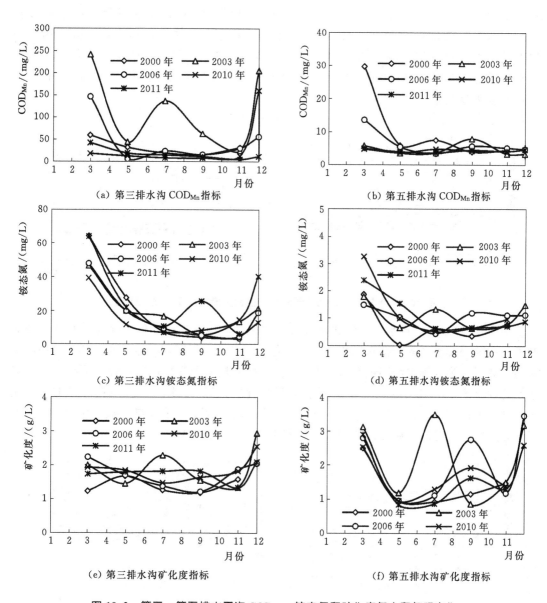

（a）第三排水沟COD_{Mn}指标　　　　　（b）第五排水沟COD_{Mn}指标

（c）第三排水沟铵态氮指标　　　　　（d）第五排水沟铵态氮指标

（e）第三排水沟矿化度指标　　　　　（f）第五排水沟矿化度指标

图 10.2　第三、第五排水干沟 COD_{Mn}、铵态氮和矿化度年内和年际变化

根据《农田灌溉水质标准》（GB 5084—2005）要求，非盐渍土地区的灌溉水矿化度应小于 1g/L，盐渍土地区应小于 2g/L。从矿化度的年内变化特点（图 10.2）看，第五排水沟非灌溉期矿化度大部分都高于第三排水沟，且灌水期的矿化度较小而非灌水期较大。除 2003 年 7 月和 2006 年 9 月，因排水沟流量小于往常，导致矿化度偏大外，其他时间灌水期内的矿化度基本都小于 2g/L。从矿化度的年际变化趋势看，灌水期和非灌水期的矿化度没有明显增大或减小趋势。沟水中不存在镉、铅、铜、硒、氰化物等有毒元素，且锌、汞、铬（六价）、砷等在年内多数时间也未检出，沟水的水质偏碱性，Na^+ 和 Cl^- 含量均较高，沟水以氯化物钠型水居多。

图 10.3 给出五大排水沟 2007—2013 年年内和灌溉期的综合污染指数年际变化状况，综合污染指数均小于 1，除银新沟远大于其他排水沟外，其他 4 个排水沟之间的差别不大，第五排水沟最大而第一排水沟最小，这表明银新沟的水质最差而第一排水沟最好。近几年来，银新沟的水质趋于好转，第五排水沟略微变差，其他几个排水沟较为稳定。

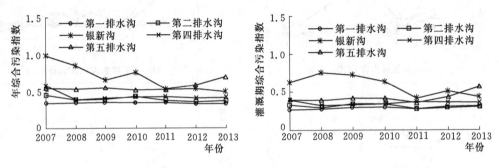

图 10.3 各排水沟年内和灌溉期的综合污染指数年际变化状况

图 10.4 给出五大排水沟年内和灌溉期全盐和氯化物污染指数的年际变化状况，灌溉期第一和第二排水沟的全盐和氯化物污染指数均小于 1，而第四排水沟则接近 1，均可直接用于灌溉，第五排水沟和银新沟均大于 1，超出非盐碱土标准，但符合盐渍土地区灌溉水矿化度小于 2g/L 的标准。从沟水的含盐量指标看，第一、第二、第四排水沟的水可用于灌溉，无盐渍化危害，第五排水沟和银新沟的水用灌溉具有潜在的盐渍化危害，采取科学合理的灌溉管理措施可以使沟水灌溉利用的风险降到最低。

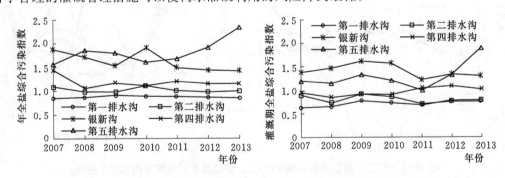

图 10.4 各排水沟年内和灌溉期的全盐和氯化物污染指数年际变化状况

（3）排水灌溉再利用地块水质状况评价。银北灌区 5 个排水再利用地块排水沟水的 pH 值一般为 7.22～8.45，水质偏碱性，但不超过灌溉水质允许的上限标准 8.5；pH 值年内变化幅度不大，较为稳定。灌溉初期的 pH 值较高，均大于 8，随着大面积的实施灌溉，灌溉退水进入排水沟，沟水相对淡化，pH 值有所减小。沟水中 CO_3^{2-} 含量极小或为零，除灌溉初期外，灌溉中后期均未检出，K^+ 含量远小于 Na^+ 含量，因此，仅将 2008 年灌溉期不同时间排水沟水 6 种主要离子 Na^+、Ca^{2+}、Mg^{2+}、HCO_3^-、SO_4^{2-}、Cl^- 的变化绘于图 10.5，其中 K^+ 合并于 Na^+。

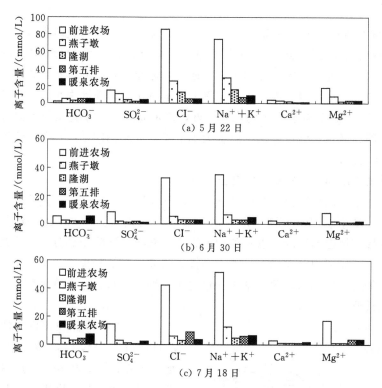

图 10.5 灌溉期不同时间排水沟水的离子组成和含量

图 10.5 可以看出，Na^+ 和 Cl^- 含量均较高，可能来源该区土壤富集的盐分。其中前进农场沟水中的 Na^+ 和 Cl^- 含量明显高于其他沟水，进行灌溉可能带入土壤较多的 NaCl，在灌溉中后期，各沟水中的 Na^+ 和 Cl^- 含量降低，较为明显的是前进农场、燕子墩和隆湖。隆湖沟水中的 Mg^{2+} 和 Ca^{2+} 相当，其他沟水通常 Mg^{2+} 含量大于 Ca^{2+}，前进农场沟水中的 Mg^{2+} 含量明显大于其他沟水。在阴离子含量中，暖泉农场以 HCO_3^- 为主，其他以 Cl^- 为主，前进农场和燕子墩以 SO_4^{2-} 次之，隆湖和第五排水沟水中的 HCO_3^- 和 SO_4^{2-} 含量在各时期不等。主要离子分析结果表明，除暖泉农场外，其他 4 个排水沟水中的优势阴离子为 Cl^-，优势阳离子为 Na^+；暖泉农场水稻区沟水的优势阴离子为 HCO_3^-，优势阳离子为 Na^+。在离子组成上，按阿列金分类方法，暖泉农场沟水为重碳酸盐钠型水（C^{Na}），其他为氯化物钠型水（Cl^{Na}）。其中暖泉农场为Ⅰ型低矿化度水（C_I^{Na}），燕子墩、隆湖和第五排水沟的沟水为Ⅰ、Ⅱ型水，前进农场沟水为Ⅱ型、Ⅲ型水，水质最差。

矿化度是沟水中各类可溶性盐类浓度的总指标，其变化反映出沟水化学离子浓度的变化及各离子总体的分布特征，可以通过监测矿化度指标判断各离子变化状况。对主要离子监测数据与矿化度关系的分析表明，矿化度与 Na^+、Ca^{2+}、Mg^{2+}、SO_4^{2-}、Cl^- 之间均有显著相关关系（$r = 0.937 \sim 0.997$，$P < 0.001$），与 HCO_3^- 关系不明显。随着矿化度增加，

Na^+、Ca^{2+}、Mg^{2+}、SO_4^{2-}、Cl^- 离子增加，Cl^- 增加趋势最明显，Na^+ 和 SO_4^{2-} 次之，Ca^{2+} 和 Mg^{2+} 不明显，Cl^- 和 Na^+ 离子增加可能增大土壤盐渍化风险，Cl^- 是影响矿化度的主要因素。

5 个排水灌溉再利用地块的有机污染指标 COD_{Mn} 处于 Ⅰ～Ⅴ 类地表水标准。除前进农场外，其他地块多数时期内处于 Ⅰ～Ⅲ 类地表水标准，铵态氮指标为 Ⅱ 类地表水标准，铅、砷、铬（六价）等重金属指标均为 Ⅰ 类地表水标准。除第五排水沟外，其他均是利用支沟水灌溉，与该区银新沟、第三排水沟等干沟水质相比，受到中小企业废污水排放影响较小，支沟水有机污染明显小于干沟水。此外，COD_{Mn} 远小于灌溉水质上限标准 300mg/L（旱作），铅、砷、铬（六价）等重金属也远小于灌溉水质标准，5 个排水灌溉再利用地块的排水属于无毒害型。

10.2.1.2 湿润半湿润区——黑龙江建三江地区

黑龙江农垦建三江地区位于寒温带湿润季风气候区，寒冷干燥，夏季受太平洋季风影响，温暖多雨，多年平均降水量 545.4mm，多年平均蒸发量 1203mm。研究区位于别拉洪河流域红卫橡胶坝控制区段，以水稻种植为主，灌溉水源除小部分来自沟道排水外，大部分采用地下水。该区地广人稀，人类活动排放的废弃物等较少，人类活动对环境影响较弱。与西北、华北等地不同，现有排水工程主要接纳过境水、区内降水和水田弃水，基本没有生活废水排放。

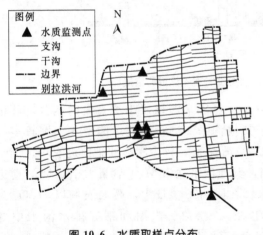

图 10.6　水质取样点分布

（1）资料来源和评价方法。在研究区内的别拉洪河段出口位置和中部节制闸处、节制闸下游 2km 处的五排干沟出口、400hm² 支沟控制尺度排水支沟中部和出口位置、面上两个支沟处等 7 处（图 10.6），设立排水水质监测取样点，在水稻生育期内的 2015 年和 2016 年 4—8 月期间，每月各取一次水样室内化验分析 TN、TP、铵氮、硝氮、As、矿化度等指标，分析排水水质年内不同时期以及空间不同位置处的变化，评价排水水质特征及可能对下游水体的威胁。

（2）排水水质状况评价。表 10.1 给出水稻生育期各排水沟的平均水质状况，时间和空间双因素方差分析表明，在空间分布上，除 2015 年的硝态氮外，不同位置处的 TN、TP、铵氮、硝氮、As 之间无显著性差异。别拉洪河作为研究区的末级承泄区，接纳各级农田排水，排水中的氮磷含量均处于较高水平，2015 年和 2016 年出口处作物不同生育时期的硝态氮平均值分别为 0.41mg/L 和 0.47mg/L，别拉洪河中部节制闸处分别为 0.3mg/L 和 0.36mg/L，干支沟平均硝态氮含量约 0.06～0.33mg/L，小于末级排水承泄区，除一个支沟水的平均含量较大外，也表现为别拉洪河大于其他干支沟。在时间分布上，除 TN 和 As 含量外，不同时期的 TP 和硝态氮之间均有显著性差异。各指标的年内和年际变化不同，最大值出现在 6—8 月。与 2015 年相比，2016 年的 TN 和 As 明显减小，硝态氮变化不大，除一个排水沟的 TP 明显减小外，其他略有增加。

表 10.1 水稻生育期各排水沟的平均水质状况 单位：mg/L

位　　置	2015 年					2016 年			
	TN	铵氮	硝氮	TP	As	TN	铵氮	硝氮	TP
支沟 1	4.51	1.84	0.06	0.027	0.011	2.87	1.02	0.06	0.032
支沟 2	4.28	2.24	0.22	0.051	0.010	2.39	1.44	0.21	0.050
400hm² 控制区排水沟出口	3.77	1.77	0.21	0.076	0.010	2.16	1.08	0.16	0.044
400hm² 控制区排水沟中部	3.69	1.71	0.09	0.031	0.010	2.79	1.18	0.10	0.037
五排干出口	3.86	1.82	0.23	0.043	0.010	3.22	1.13	0.33	0.047
别拉洪河中部	4.27	2.05	0.30	0.059	0.009	3.17	1.40	0.36	0.063
别拉洪河出口	4.66	1.91	0.41	0.051	0.010	2.70	1.54	0.47	0.054

研究区内一般施肥 4 次，即 4 月上中旬施底肥，5 月中下旬到 7 月上旬之间施第 2 次、3 次、4 次肥。2015 年 6 月底和 7 月中的水质取样时间大约在第 3 次和第 4 次施肥后，随着灌水和降雨淋洗，可溶性氮磷随地表排水逐级进入下一级沟道，由于空间上施肥时间和施肥量随农户种植习惯有所差别，不同级别排水沟水中的氮磷最大值出现的时间有所不同，此时的排水用于灌溉即可提供作物所需氮磷养分，又可减少对下游水体污染的潜在危害。此外，作物生育期内排水沟水中的矿化度远小于 0.5g/L，用于灌溉对作物和土壤不会带来盐害；在作物生育期内的排水中均未检出 Hg 和 Cd，不同位置不同时期的 As 变化较为稳定，多数时期为 0.008～0.012mg/L，不存在重金属污染。2015 年研究区不同位置不同时期的 TN 均超 V 类水限值，属劣 V 类水，2016 年个别时期的 TN 处于 III～V 类水标准；2015 年水稻生育期多数时期排水沟水达 V 类水标准，个别地方在 6 月底到 7 月中为超 V 类水标准，2016 年沟水含量明显减小，多数时期处于 II～IV 类水标准；总磷在不同位置多数时期为 I～II 类水标准，从两年的排水沟水质观测指标看，排水水质趋于好转，研究区地表水主要污染超标指标为总氮和铵态氮。由于研究区内的土地集中连片，田间各级排水沟水的污染物主要来自农田肥料流失，地表水环境已受到较重污染，但与盐渍化地区排水水质不同的是排水矿化度小，满足灌溉水质标准。

10.2.1.3 其他地区

2010 年冬灌期间在内蒙古河套灌区沙壕渠灌域二斗沟、三斗沟、四斗沟、西沙分干上游和中游、西沙二支沟上游、西沙二支沟等地取排水沟水样，化验分析总氮、总磷和硝态氮指标。化验分析结果表明，排出水的总氮值处于 0.3～3.8mg/L，总磷值处于 0.11～0.38mg/L，硝态氮处于 0.1～0.3mg/L，总氮指标偏高。西沙分干为劣 V 类水体，二斗、三斗、四斗处于 III～V 类水体，西沙二支沟水质较好，为 III 类水体。由于冬灌期间大量引黄淡水被直接退到排水沟，水量较大，稀释了灌溉淋洗进入排水沟的氮磷等化学物质，致使水质相对有所改善。根据排水量监测数据，年内其他时间的排水远小于冬灌期间，水质应比冬灌期间差。以内蒙古河套解放闸灌域几个排水干沟末端 2003—2009 年的矿化度监测资料分析表明，随着位置差异，排水沟排水的矿化度也不同，4 月的排水矿化度较大，灌溉期的排水矿化度小于非灌溉期，矿化度大于 1g/L，二排干尾排水的矿化度最小，灌溉期小于 2g/L，其他沟排水矿化度灌溉期部分时期大于 2g/L。

新疆的土壤母岩和母质含盐丰富，自然条件下的土壤脱盐淋溶过程十分微弱，土壤中的可溶性盐借助毛管水上升积聚于表层，导致土壤普遍积盐，形成大面积盐土，盐分组成多以硫酸盐为主。受大面积盐碱土影响，农田排水水质的突出特点是沟水矿化度高、分布差异大，排水矿化度主要取决于所处地区的土地盐碱化程度以及灌溉水矿化度。年内排水矿化度随不同灌溉时期而变，通常经过一个冬天返盐，土壤盐分和地下水矿化度相对较高，此时由冬天积雪融化水、上一年封冻在土壤中的冬灌水以及春灌补水产生的排水矿化度较高，随着大面积夏灌开始，排水矿化度逐渐减小。不同地区排水矿化度的差异较大，多变化为 10～20g/L，轻中度盐碱地区在 10g/L 以下，秋冬灌末期可减小到 2g/L 左右。

10.2.2 排水灌溉再利用水土环境效应

以宁夏引黄灌区和黑龙江建三江地区为代表，基于排水灌溉再利用地块的土壤环境质量监测，分析评价土壤中盐分、养分、重金属等指标变化特征、土壤环境各指标相关关系、排水灌溉再利用的盐渍化风险及对土壤环境和作物的影响。

10.2.2.1 干旱半干旱盐渍化区——宁夏引黄灌区

（1）排水灌溉再利用土壤环境特征。基于宁夏引黄灌区下游银北灌区从上游到下游的 5 个排水灌溉再利用地块 2007—2009 年夏季作物收获后表土 30cm 土壤质量监测数据，采用统计特征和主成分分析对排水灌溉再利用后的土壤环境作出评价（表 10.2）。土壤 pH 值的变差系数 C_v 最小，为 0.03，呈现出弱空间变异，除 Mg^{2+} 离子和硝态氮的 C_v 大于 1，为较强空间变异性外，其他指标均属中等程度空间变异性。盐分离子整体的空间变异系数大于养分指标。各盐分离子中，HCO_3^- 具有较低空间变异性，土壤阴离子含量依次表现为 $SO_4^{2-} > HCO_3^- > Cl^-$，$SO_4^{2-}$ 是土壤盐分主要阴离子，土壤阳离子含量依次表现为 $K^+ + Na^+ > Ca^{2+} > Mg^{2+}$，$K^+ + Na^+$ 是土壤盐分主要阳离子。在有机质、TN、TP、硝态氮养分指标中，有机质和 TN 具有较低空间变异性，硝态氮具有较强空间变异性，这说明土壤硝态氮分布分散，变化范围最大。此外，重金属指标中铅和铬的空间变异性要比砷弱。

表 10.2　　　　　　　　　　　土壤环境主要指标统计特征

统计值	pH值	全盐	Cl⁻	SO_4^{2-}	Ca^{2+}	Mg^{2+}	$K^+ + Na^+$	HCO_3^-	有机质	TN	TP	铅	砷	铬	硝态氮
最小	7.52	0.66	0.05	0.09	0.02	0.01	0.148	0.21	11.20	0.52	0.47	17.20	5.04	51.20	0.07
最大	8.29	3.65	0.85	1.94	0.28	0.19	0.77	0.34	32.30	1.40	2.50	33.70	54.90	88.10	23.52
均值	8.06	1.34	0.20	0.58	0.08	0.05	0.27	0.27	16.30	0.85	1.14	22.42	16.38	66.39	6.38
标准差	0.23	0.79	0.19	0.52	0.07	0.05	0.16	0.04	4.86	0.25	0.75	4.80	14.36	8.95	7.17
变差系数	0.03	0.59	0.94	0.90	0.80	1.01	0.53	0.14	0.39	0.30	0.67	0.21	0.88	0.13	1.12

土壤盐分含量影响作物生长及养分累积，从排水灌溉再利用下的土壤全盐统计特征（表 10.2）来看，最大值为 3.65g/kg，最小值为 0.66g/kg，平均 1.34g/kg，除一个地块为 3.65g/kg 外，其他均属轻度盐渍化范围。对燕子墩地块而言，盐渍化最重可能与该地排水利用年限长、排水矿化度在所有再利用地块中偏大所致。另外，土壤盐分与养分间存在显著正相关，除排水灌溉利用使土壤盐分累积外，施肥在提高土壤养分水平同时，也加大了土壤盐分离子含量，特别对盐渍化较轻土壤，施肥对土壤盐分影响较大。

土壤环境指标主成分分析表明，pH 值、全盐、Cl^-、SO_4^{2-}、Ca^{2+}、Mg^{2+}、K^+ + Na^+、有机质、TN、TP、硝态氮、铅、砷、铬等 14 个指标反映的信息由前 3 个主成分表征。在第一主成分中，盐分离子具有较大正向负荷，荷载系数大于等于 0.9，其次为土壤养分指标，荷载值依次为有机质＞TN＞TP，最后是重金属砷，荷载系数 0.644。这表明排水灌溉再利用各地块土壤盐分离子、养分离子、重金属砷与第一主成分之间的相关性高，显著影响土壤质量，特别是土壤盐分对排水灌溉再利用后的土壤质量影响最大，而 pH 值对第一主成分有抑制作用。重金属铅和铬、硝态氮在第二主成分上的荷载系数较大，而 TP 与第三主成分的相关性较高。综合得分表明，除 1 个地块的得分略低，土壤质量略差外，其他 4 个地块得分值间的差异并不明显。

（2）排水灌溉再利用盐渍化风险。

1）排水灌溉再利用盐化风险。排水用于灌溉引起盐化危害，主要起因灌溉输入土壤的 NaCl 和 Na_2SO_4 盐类所致，可从各类盐分离子的含量和盐度予以评价。由于灌溉排水中的 SO_4^{2-} 含量相对较小，故主要考虑 Cl^- 含量。以 2008 年获得的排水水质数据为例，前进农场沟水灌溉期内的 Cl^- 含量最高，是农田灌溉水质标准 Cl^- 含量上限标准 350mg/L 的 3.3～8.7 倍，形成原因可能是采集水样点的排水沟水多数时期均处于静止状态，水流交换流动少，污染物得到稀释与净化的能力减弱，因此，使用此种沟水灌溉易造成土壤盐化。在其他 4 个排水采样点处，除燕子墩和隆湖在灌溉初期的 5 月 22 日的 Cl^- 含量分别超标 2.6 倍和 1.3 倍外，其他时期一般为灌溉水质标准的 0.3～0.9 倍，灌溉盐化风险较小。盐度指标也反映出类似现象，即前进农场排水的盐度最高，为 34.6～74.1mmol/L，灌溉盐化风险高，其次为燕子墩和隆湖，灌溉初期的 5 月 22 日的盐度分别为 30mmol/L 和 16.2mmol/L，盐化危害程度较高，其他地块灌溉中后期的盐度均小于 10mmol/L，灌溉盐化风险较小。总体来说，灌溉中后期排水沟水的盐化指标明显小于灌溉初期，基于盐度和 Cl^- 含量对 5 个地块排水水质的盐化风险评价结果基本一致。

2）排水灌溉再利用碱化风险。灌溉水中 Na^+ 进入土壤，被胶体吸附后可能引起土壤次生碱化，造成土壤物理性质恶化，影响其通透性，对作物生长带来负面影响。除灌溉水中的化学基本成分表征盐碱成分特征外，各离子含量之间的组合比例也是表征灌溉水引起土壤碱化的主要指标，如钠吸附比 SAR、可溶性钠百分率 SSP、钠钙镁比 SDR 和残余碳酸钠 RSC 等。其中 SAR 是指灌溉水（或土壤溶液中）钠离子与钙镁离子的相对数量，是重要的评价指标；SSP 是可溶性钠含量占水中阳离子总浓度的百分比；SDR 是钠与钙、镁的比值，反映钠离子被强烈吸收的可能性；RSC 是灌溉水中 CO_3^{2-} 和 HCO_3^- 离子含量之和减去钙镁离子含量之和的余数，表示从重碳酸盐水中沉淀出碳酸钙的趋势和碳酸钠危害程度。

表 10.3 给出 5 个排水灌溉再利用地块排水水质的碱化指标。第五排和暖泉农场排水

沟水各时期的 $SAR<7$，属低钠水，且 $SSP<60\%$ 和 $SDR<1.5$，灌溉碱化风险较小；隆湖灌溉初期 $7<SAR<13$，属中钠水，且 $SSP>60\%$ 和 $1.5<SDR<2.5$，灌溉碱化风险中等，且在中后期的风险较小；前进农场灌溉中后期 $7<SAR<13$，属中钠水，但在灌溉初期为高钠水，灌溉碱化风险较大；燕子墩排水沟的水质仅好于前进农场，但总体比其他 3 个地点差，属中钠水，灌溉中期水质较好。由于各排水沟水中几乎均没有 CO_3^{2-}，且 HCO_3^- 相对较小，RSC 为负值。当 $RSC>2.5$ 时，不宜灌溉，而 $RSC<1.25$ 时无影响，故排水灌溉对土壤中碳酸钠的积累无影响。

表 10.3　　　　　　　　　5 个排水灌溉再利用地块排水水质的碱化指标

时间	位置	SAR			SSP/%			SDR			RSC/(mmol/L)		
		5月22日	6月30日	7月18日	5月22日	6月30日	7月18日	5月22日	6月30日	7月18日	5月22日	6月30日	7月18日
2008 年	第五排	3.5	1.9	−1.3	47.2	38.3	−40.1	0.89	0.62	−0.29	−2.5	−3.1	−6.8
	暖泉农场	3.8	2.8	−1.3	46.5	44.2	−36.6	0.87	0.79	−0.27	−3.8	−0.8	−4.1
	隆湖	8.2	1.9	−0.6	67.4	37.7	−24.6	2.06	0.61	−0.20	−4.0	−3.1	−1.5
	燕子墩	9.1	3.9	−0.7	58.0	53.4	−25.6	1.38	1.15	−0.20	−16.3	−3.0	−1.0
	前进农场	15.9	10.8	−3.0	63.0	62.8	−49.2	1.70	1.68	−0.33	−41.4	−15.2	−33.5
时间	位置	5月31日	7月1日	7月23日	5月31日	7月1日	7月23日	5月31日	7月1日	7月23日	5月31日	7月1日	7月23日
2009 年	第五排	4.5	4.7	4.5	53.3	53.8	51.8	1.14	1.16	1.08	−2.6	−2.1	−2.1
	暖泉农场	5.4	4.3	3.9	56.2	49.8	47.2	1.28	0.99	0.89	−2.6	−1.2	−1.9
	隆湖	7.7	5.0	4.2	61.7	55.9	52.4	1.61	1.27	1.10	−5.2	−4.5	−2.8
	燕子墩	4.3	4.8	6.8	53.4	50.5	53.6	1.14	1.02	1.15	−3.3	−6.6	−11.9
	前进农场	10.3	8.4	8.8	66.4	62.5	59.3	1.98	1.67	1.46	−7.1	−5.8	−11.0

　　3）排水灌溉再利用盐渍化综合危害。排水灌溉再利用对土壤和作物的综合危害主要取决于水中可溶性盐类总量，可以采用矿化度 M 和综合危害系数 $K=12.4M+SAR$ 进行判断（王少丽等，2011），表 10.4 为 5 个排水灌溉再利用地块排水的矿化度和综合危害系数指标。可以发现，排水沟水随所处位置、不同时期的排水流量、接纳上游退水及废弃水排放条件差异而有所不同，灌溉期的排水矿化度变化较大，灌溉初期的矿化度大于灌溉中后期。前进农场排水矿化度各时期均较大，2008 年大于 3g/L，2009 年略有降低；燕子墩排水矿化度不稳定，各时期大小不一；其他 3 个地块，在灌溉中后期的排水矿化度较低，而在灌溉初期除隆湖排水矿化度较大外，其他 3 个地点的排水适宜灌溉。从综合危害系数看，前进农场的 $K>44$，为咸水或微咸水，不宜灌溉；燕子墩除 2008 年灌溉初期 K 较大外，其他时期均小于 44，但多数时期接近 25，灌溉效果一般；其他 3 个地块除灌溉初期隆湖的 $K>25$，其他时期下 $K<25$，可用于灌溉。总体而言，在灌溉前期采用排水灌溉存在一定盐渍化风险，而在中后期的风险明显降低。

表 10.4 5个排水灌溉再利用地块排水的矿化度和综合危害系数指标

时间	位置	排水矿化度/（g/L）			综合危害系数 K		
		5月22日	6月30日	7月18日	5月22日	6月30日	7月18日
2008年	第五排	1.0	0.5	0.9	15.5	8.5	10.0
	暖泉农场	1.2	0.8	1.1	18.8	12.5	12.4
	隆湖	1.5	0.5	0.6	27.2	8.5	6.9
	燕子墩	3.2	0.8	1.2	49.3	13.9	13.8
	前进农场	6.9	3.4	5.1	101.9	53.4	59.8
时间	位置	5月31日	7月1日	7月23日	5月31日	7月1日	7月23日
2009年	第五排	1.1	1.2	1.3	17.8	20.0	20.1
	暖泉农场	1.3	1.2	1.2	21.4	19.4	19.0
	隆湖	1.8	1.3	1.1	29.8	21.3	18.5
	燕子墩	1.0	1.6	2.5	17.3	24.5	38.4
	前进农场	2.7	2.3	3.0	43.4	37.3	46.6

10.2.2.2 湿润半湿润区——黑龙江建三江地区

2015年井水灌溉和排水灌溉再利用地块的土壤环境质量监测结果表明，研究区为微酸到中性土壤，其中1个井水灌溉地块与2个排水灌溉再利用地块0～60cm土层的平均养分状况相比，总磷在播前和收获期基本没有变化，且总磷的差别不大；总氮在收获期有所增加，井水灌溉与1个排水灌溉再利用地块的总氮没有差异，而另1个排水灌溉再利用地块播前和收获期总氮略大；播前各地块的硝态氮没有差异，收获期排水灌溉再利用地块略小于井水灌溉地块；井水灌溉地块的铵态氮在播前和收获期都大于排水灌溉再利用地块，特别是收获期铵态氮含量高出1倍。总体上看，0～20cm表土的有机质、氮磷养分远大于20～60cm土层，排水灌溉再利用地块土壤的有机质大于井水灌溉地块，且20cm表土肥力处于高到极高等级，土壤养分状况良好。

2016年增加了碱解氮、有效磷、速效钾的观测，表10.5给出3个地块水稻播前和收获后的土壤剖面平均养分状况。其中播前和收获期0～40cm土层的平均有机质均处于高水平，40～60cm土层处于中等水平；0～40cm土层的碱解氮含量丰富，40～60cm土层为中等水平；土壤速效磷平均含量为中等偏上水平，其中一个地块0～40cm土层的速效磷丰富，而速效钾为高水平。此外，水稻播前和收获后的土壤养分级别没有变化，收获期的土壤养分总体上略低于播前。

表 10.5 水稻播前和收获后的土壤剖面平均养分状况

时间	土层深度/cm	TN/（g/kg）	碱解氮/（mg/kg）	有效磷/（mg/kg）	速效钾/（mg/kg）	有机质/%	pH值
播前	0～20	2.84	201.09	18.23	238.69	5.16	6.25
	20～40	2.18	150.28	19.72	232.92	3.96	6.38
	40～60	1.86	119.32	13.91	295.51	2.82	6.58

时间	土层深度/cm	TN/(g/kg)	碱解氮/(mg/kg)	有效磷/(mg/kg)	速效钾/(mg/kg)	有机质/%	pH 值
收获期	0～20	2.54	184.68	18.41	212.48	4.67	6.48
	20～40	2.23	161.83	14.79	205.87	3.27	6.50
	40～60	1.48	103.94	10.44	262.87	2.44	6.60

表 10.6 给出 2016 年水稻播前和收获期 3 个地块 9 个剖面 63 组土壤化学指标间的相关分析结果。可以看出，各指标间存在相互依赖、相互依存的关系，除速效钾和铵态氮外，有机质与碱解氮、有效磷、全氮、全磷、全钾、硝态氮和电导率都呈极显著相关，速效钾与各指标间的关系都不显著，铵态氮仅与全磷之间呈极显著负相关，碱解氮、有效磷、全氮、全磷、电导率之间也都呈极显著相关，故可将有机质作为该区土壤肥力评价的代表性指标。如前面水质特征的分析，与宁夏引黄灌区的排水水质特征不同，此地作物生育期内排水沟水的矿化度远小于 0.5g/L，排水灌溉再利用不会带来土壤盐渍化危害。

表 10.6　　　　　　　　　　　土壤化学指标相关系数矩阵

	有机质	碱解氮	有效磷	速效钾	全氮	全磷	全钾	硝态氮	铵态氮	电导率
有机质	1									
碱解氮	0.896**	1								
有效磷	0.533**	0.570**	1							
速效钾	0.004	−0.108	−0.188	1						
全氮	0.864**	0.745**	0.321*	−0.087	1					
全磷	0.709**	0.674**	0.474**	0.19	0.552**	1				
全钾	−0.495**	−0.421**	−0.552**	0.099	−0.396**	−0.245	1			
硝态氮	0.642**	0.538**	0.248	0.003	0.603**	0.340**	−0.316*	1		
铵态氮	−0.252	−0.223	−0.138	−0.119	−0.113	−0.335**	−0.007	−0.204	1	
电导率	0.683**	0.637**	0.416**	−0.104	0.581**	0.491**	−0.274*	0.654**	−0.232	1

* 表示相关性达显著水平（$P<0.05$）；** 表示相关性达极显著水平（$P<0.01$）。

10.3　农田排水灌溉再利用指标体系构建及评价方法

科学合理利用农田排水对充分挖掘水资源潜力、减缓农业水资源供需矛盾、保护水环境具有重要意义。农田排水水质随地域条件、作物种类、土壤类型、农事活动等而变，不同地域条件下排水灌溉再利用既有共性也存在差异，共性是提高水肥资源利用效率、保障农业生产和减少排水对下游环境的污染，差异则随着排水水质不同而有所不同。干旱半干旱地区应侧重排水盐分组成对其再利用后的作物和水土环境效应，而水资源较充足地区则应侧重排水中的养分和有毒元素，避其害而取其利，达到水肥高效利用和水土环境良性循环目的。影响排水灌溉再利用的因素很多，除水质是关键因素外，土壤质地、作物类型、灌水方法、排水措施等都对排水灌溉再利用效果有重要影响，成为一个多层次、多指标的复杂综合评价问题。

10.3.1 指标体系构建

综合考虑影响排水灌溉再利用适宜性的各种因素，根据系统性、简洁性、可操作性等原则，在排水水量满足一定灌溉用水量前提条件下，从排水水质、作物特性、土壤特性、水文气象、灌排措施等5个方面建立农田排水灌溉再利用评价指标体系，并对各指标含义及选择的依据进行了分析。

10.3.1.1 基本原则

（1）系统性原则：农田排水灌溉再利用评价指标体系是由不同层次和产生不同影响的要素所组成。所选指标应构成一个完整的评价体系，达到整体功能最优，能从各方面完整反映受评对象在各因素综合影响下产生的结果。

（2）简洁性原则：选取的指标要具有代表性，含义明确。应尽量避免各指标间内容的相互重复和交叉，同时在不影响指标系统性原则下，适当减少指标的数量，以免评价过程过于繁琐。

（3）可操作性原则：选取的指标既代表性强又便于计算，所需基础数据易于采集获取。

（4）动态性原则：农田排水灌溉再利用是一个动态发展过程，评价指标体系要能够反映该系统的发展状态和过程。

（5）实用性原则：指标体系要尽可能符合实际，指标选取与归类都要根据当地具体条件需求，尽可能反映现实中存在的问题。

10.3.1.2 指标体系

农田排水灌溉再利用的适宜性或可行性依赖于整个系统，非单一水质条件决定，还需考虑灌溉对象的特性，如作物特性、土壤特性等，还应考虑区域环境和人类活动的影响，如水文气象、灌排措施等。评价指标体系分为三个层次，即目标层、准则层和指标层。目标层为单一目标，在排水量满足一定灌溉用水量前提下，将影响排水的5个影响因素作为准则层，指标层的具体指标有若干。图10.7给出基于宁夏引黄灌区构建的农田排水灌溉再利用评价指标体系，并对其中各指标简述如下。

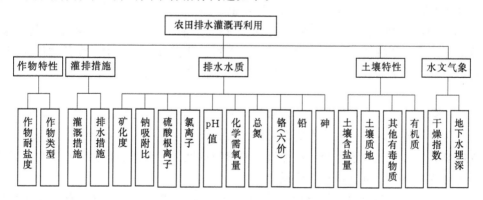

图10.7 农田排水灌溉再利用评价指标体系

（1）排水水质指标。水质是直接影响农田排水是否可用于灌溉的主要因素，水质好坏是水土环境和作物生长发生异常的主要根源，指标选择应参照农田灌溉水质标准要求，并考虑对排水灌溉再利用可能产生较大影响的关键指标，同时尽量减少相应指标数量。

1）全盐量：干旱半干旱地区排水中的含盐量往往较高，大多数作物对盐分十分敏感，故必须关注排水中的盐分含量，用全盐量表示。

2）钠吸附比：含盐量较高的灌溉水不仅对作物和土壤产生盐害，还往往伴随着碱害，常用钠吸附比 SAR 衡量排水灌溉再利用可能引发的碱害。

3）Cl^- 和 SO_4^{2-}：不仅盐分总量对作物和土壤有重要影响，且盐分的组成也至关重要，北方地区农田排水带入土壤的盐离子主要是 Cl^- 和 SO_4^{2-}，对作物生长造成不良影响，故将其作为水质指标。

4）pH 值：不同区域或同一区域不同时期的排水 pH 值变化范围可能很大，每种作物一般有最适宜自身生长的 pH 值范围。

5）化学需氧量：化学需氧量 COD 是反映水体被还原性物质污染的主要指标，包括大多数有机物和部分无机还原物质。我国农田施用的化肥种类较多，致使部分排水中的还原性物质（有机物、硫化物、亚硝酸盐等）含量过高，COD 会直接影响作物生长与结实。

6）总氮：排水水体中的氮元素总含量，包括氨氮、硝酸盐氮、亚硝酸盐氮和有机氮，是反映水体富营养化的指标之一。化肥流失导致排水中氮磷等含量较高，会对下游水环境带来污染，但排水灌溉再利用却具有积极作用，因此，将总氮含量纳入评价指标体系。

7）重金属［铅、砷、铬（六价）］：排水灌溉再利用水中的重金属等对土壤环境和作物产量及品质有明显影响，根据西北地区水质污染特点，筛选铅、砷、铬（六价）三种重金属作为指标，其他地区可根据当地的排水污染特征作出修正。

（2）作物特性指标。灌溉对象的特性对农田排水灌溉再利用效果有直接影响，尤其是作物类型决定了其耐盐性的不同，选择适宜的耐盐作物，对确保排水灌溉再利用下的作物正常生长具有重要作用。

1）耐盐度：耐盐度是指作物对盐分胁迫的适应能力和抵抗能力，作物耐盐度常用耐盐阈值表示，即不影响作物正常生长所允许的土壤最大含盐量。对不同的作物种类或品种，因生理特性差异，耐盐能力也不相同，且同一种作物在不同发育阶段的耐盐能力也不同，耐盐度不同的作物对相同含盐量水平下灌溉水的响应也有所不同。

2）作物类型：灌溉的作物类型可分为纤维作物、油料作物、水田谷物、露地蔬菜等，作物类型不同导致其特性有很大差别，如水田谷物往往需较多灌水量，而其他作物需水则相对较少，由此产生的效应也不一样。且不同类型作物对水质要求不一，这都会影响评价结果。

（3）土壤特性指标。土壤作为排水灌溉再利用的受纳体，其特性直接影响灌溉效应。土壤质地良好地区出现负面效应的概率和危害可能要比土壤质地较差地区小。良好的灌溉和农业技术措施可降低土壤含盐量和冲淡土壤溶液浓度，从而减少盐分对作物生长的不良影响，适时精耕细作，可以防止土壤返盐。

1）土壤含盐量：干旱半干旱地区的排水中含盐量一般较高，土壤本身盐渍化程度不同，排水灌溉再利用后的效应有明显差异，对于较高盐渍化程度的土壤，不宜采用含盐量较高的排水资源灌溉。

2）土壤质地：土壤质地对排水灌溉再利用后的效果有明显影响，黏性土壤或白浆土因透水性差，灌后地表积水时间较长，盐分易在表土积累，作物产量通常较低，土壤质地较轻时，如中壤或沙壤土条件下则不易积盐。

3）有机质：土壤有机质是指土壤中以各种形式存在的含碳有机化合物，对土壤形成、土壤肥力等都有重要作用。在盐渍化地区，如果土壤有机质含量较高，对土壤盐分会起到良好调节和改良作用，而对排水灌溉再利用下引起的不良效应也可起到一定缓冲作用。

4）其他有毒元素：一般指土壤中其余有毒有害物质，如重金属、硼、氟等。

（4）水文气象指标。干旱半干旱地区的蒸发和降雨对土壤水盐运动和积盐状况有一定影响，不良的灌溉效应形成与地下水位密切相关，地下水位超过一定高度会引起土壤表层积盐。

1）干燥指数：干燥指数是反映某地区气候干燥程度的指标，定义为年蒸发能力和年降水量的比值。灌溉与蒸发关系密切，在蒸发量较大地区，灌溉需水量较多，灌溉频率也相应较高，而在降雨量较高且年内分配均匀地区，灌溉需水量相应较少。此外，土壤水中盐分会伴随蒸发在表土累积，较大降雨可淋洗土壤，减轻土壤盐渍化风险，对农田排水灌溉再利用起到有益作用。为此，采用综合反映蒸发和降雨的干燥指数作为水文气象的重要指标。

2）地下水埋深：地下水埋深对排水灌溉利用的影响体现在两个方面：一是地下水埋深较大可减轻排水灌溉再利用对地下水环境的影响；二是地下水埋深较浅不宜采用含盐量较高的排水进行灌溉，这易造成土壤次生盐渍化。

（5）灌排措施指标。人类活动对农田排水灌溉再利用的影响体现在灌排措施上，不同水平的灌排措施对灌溉效果的影响有所不同。灌排措施相辅相成，共同构成完整的农田水利工程体系。施灌方法科学合理，排水设施较为畅通，则灌溉水中的有害物质不易在土壤中长期积累。

1）灌溉措施：适宜排水灌溉再利用的首要灌溉技术是滴灌，其次是地面灌溉，而喷灌会将水洒到作物枝叶上，排水中的有害物质可能通过根系和枝叶两种途径危害作物。灌溉频率对排水灌溉再利用效应也有影响，适当的高频灌溉，有利于保持根系良好的湿润环境。排水灌溉再利用方式一般有咸淡水轮灌和混灌，轮灌效果较好，混灌其次。

2）排水措施：良好的排水措施可调节农田水土环境、控制地下水位、防治土壤次生盐渍化危害。在作物非生育期，可采用淡水灌溉淋洗或冬灌淋洗措施，冲走土壤中积累的有害物质，这对可持续利用农田排水资源非常重要。

10.3.2　评价方法选择

对复杂的综合评价问题，一般偏向于应用多指标综合评价方法。评价结果的科学合理性与选择的评价方法有很大关系，合适方法的选用对评价农田排水灌溉再利用的适宜性非常重要。现有综合评价方法众多，较常见的方法有：可变模糊集理论、可拓学评价、投影寻踪评价法、灰色关联度分析、TOPSIS 法、层次分析法、主成分分析法、模糊综合评价法、属性识别模型、灰色聚类法、综合指数评价法等（表 10.7）。

表 10.7 常见的综合评价方法对比

方 法	方法描述	优 点	缺 点
可变模糊集	在对立模糊集定义基础上给出以相对隶属函数表示的模糊可变集合定义,是可变模糊聚类、识别、优选、评价相统一的理论模型集	理论较为成熟,在水利水电领域应用较为广泛	评价权重的确定和评价结果的判断有待进一步改进
模糊综合评价	确定各指标权重及隶属度向量,获得模糊评判综合矩阵,将模糊评判矩阵与因素权重集进行模糊运算	将一些边界不清、不易定量的因素定量化,应用范围广泛	原始数据信息部分丢失,信息利用率较低,受主观影响较大
层次分析法	用相对量的比较,确定多个判断矩阵,取其最大特征根所对应的特征向量作为权重,并且排序	可靠度比较高,误差较小	评价因素不能太多,容易出现不一致现象
灰色聚类方法	在聚类分析中引进灰色理论的白化函数,将聚类对象对不同聚类指标所拥有的白化值按几个灰类进行归纳	考虑了待评价系统的灰色性,是一种较客观的评价方法	权重的确定一般仅考虑评价标准级别值,反映评价对象的真实特性不全面
灰色关联度	利用各方案与最优方案之间的关联度大小对评价对象进行比较、排序	适用范围广,计算简便通俗易懂	影响关联度的因素确定带有主观任意性
神经网络法	能够"揣摩""提炼"评价对象的客观规律,并存储在神经元的权值中,通过联想把相关信息复现,进行评价	在计算机上实现智能化计算,评价结果客观,适合纯定量指标数据的计算	需要驱动数据进行训练,指标较多时,收敛速度较慢,权重值的含义不太清楚
主成分分析	保证数据信息损失最小前提下,经线性变换和舍弃一小部分信息,以少数的综合变量取代原始的多维变量	评价客观,可解决评价指标之间相关性问题,简化指标体系	对样本数据要求较高,计算也较为复杂,变换后的指标含义难以准确界定
属性识别模型	建立在属性集、属性测度空间和有序分割类的概念基础上,根据识别准则,判断事物的属性类别	解决有序分割类问题具有显著的优势	应用范围较窄,权重确定方法有待商榷
投影寻踪法	把高维数据投影到低维子空间上,采用投影目标函数来衡量投影,揭示数据某种结构的可能性大小	可直接由样本数据驱动来探索数据规律,不需要预先确定权重	计算复杂,样本较少时不够精确

各种评价方法对不同的领域有其不同的适用程度,常出现对同一问题采用不同评价方法而出现不同结论的现象,即评价结论的非一致性问题,故必须根据研究问题的特性选择合适的评价方法。农田排水灌溉再利用适宜性评价是一个多层次多指标综合评价问题,既含有定量指标又包含定性指标,故选择的评价方法需可以处理定性和定量信息。目前在农田排水领域多注重水量研究,对水质及其影响研究较少,积累的数据资料不多,故选择的评价方法应既能处理小样本信息又能达到一定精度要求。选择评价方法还需具备科学性,不违背自然事物的本质规律,具有较广适用领域,已被大量实践检验是行之有效的,且符合易操作性和可推广性,评价结果具有稳定性。综上所述,根据评价问题的特性和各种评价方法的优缺点,确定采用可变模糊集理论中的模糊模式识别模型进行农田排水灌溉再利用适宜性评价。

可变模糊集理论是根据自然辩证法关于中介、差异、共维、两级概念以及客观事物矛盾运动变化的自然辩证法原理，提出以对立模糊集概念为基础的模糊可变集合与可变模型集，是模糊聚类、优选决策、识别、评价相统一的理论模型集，形成了比较完整的可变模糊集理论体系，是对传统静态模糊集合的突破与发展（陈守煜，2008）。

由于可变模糊集的唯物辩证法三大基本规律的数学定理的普适性，据此提出的系统评价理论以及模型与方法可用于众多系统（如工程系统、社会系统、管理系统以及其他系统）的评价。可变模糊集的核心是可变模糊集的相对差异函数表达形式与可变模糊集模型，以相对差异函数表示的模糊可变集合定义能较完整描述系统质变的两种状态：渐变式质变和突变式质变，而可变模糊集模型中则根据指标重要性进行二元比较与量化，快速确定各指标的权重。总之，可变模糊集理论是一种较为科学合理的系统评价方法，可较好处理评价标准为定点值或区间值的综合评价问题，应用范围已经涉及水文水资源及防洪系统、水环境、水利水电工程、岩土工程、信息工程、数学等多个领域。

10.3.3 评价模型建立

基于构建的农田排水灌溉再利用评价指标体系，采用模糊模式识别方法建立农田排水灌溉再利用评价模型，综合分析相关文献和已有标准，将农田排水灌溉再利用适宜性划分为 5 个级别，制定出评价指标体系各项指标的分级标准值范围和标准值，采用层次分析法确定各评价指标的权重。

10.3.3.1 模糊模式识别模型

设待评价系统共有 l 个子系统，取 $l=5$，即排水水质子系统、作物特性子系统、土壤特性子系统、水文气象子系统和灌排措施子系统，且任意子系统 k 中含 m 个指标，则该子系统的指标特征向量：

$$_k\boldsymbol{X} = (_kx_1, {}_kx_2, \cdots, {}_kx_m) \tag{10.2}$$

式中：$_k\boldsymbol{X}$ 为子系统 k 中 m 个指标的特征值，$k=1, 2, \cdots, l$。

设子系统 k 中 m 个指标按 c 个级别的已知指标标准特征值进行识别，则 c 个级别的指标标准特征值矩阵为

$$_k\boldsymbol{Y} = \begin{vmatrix} _ky_{11} & _ky_{12} & \cdots & _ky_{1c} \\ _ky_{21} & _ky_{22} & \cdots & _ky_{2c} \\ \cdots & \cdots & \cdots & \cdots \\ _ky_{m1} & _ky_{m2} & \cdots & _ky_{mc} \end{vmatrix} = (_ky_{ih}) \tag{10.3}$$

式中：$_ky_{ih}$ 为子系统 k 中指标 i 级别 h 的标准特征值；$i=1, 2, \cdots, m$，$h=1, 2, \cdots, c$。

通常有两种不同的指标类型：①指标标准值 y_{ih} 随级别 h 增大而减小；②指标标准值 y_{ih} 随级别 h 增大而增加。对于第①类指标，确定小于、等于指标的 c 级标准值对适宜性的相对隶属度为 0，而等于、大于指标的 1 级标准值对适宜性的相对隶属度为 1；对于第②类指标，等于、大于指标的 c 级标准值对适宜性的相对隶属度为 0，而小于、等于指标的 1 级标准值对适宜性的相对隶属度为 1。两类指标与指标标准值的相对隶属度被表达如下：

$$_kr_i = \begin{cases} 0 & (_kx_i \leqslant _ky_{ic} \quad 或 \quad _kx_i \geqslant _ky_{ic}) \\ \dfrac{_kx_i - _ky_{ic}}{_ky_{i1} - _ky_{ic}} & (_ky_{i1} > _kx_i > _ky_{ic} \quad 或 \quad _ky_{i1} < _kx_i < _ky_{ic}) \\ 1 & (_kx_i \geqslant _ky_{i1} \quad 或 \quad _kx_i \leqslant _ky_{i1}) \end{cases} \tag{10.4}$$

$$_ks_{ih} = \begin{cases} 0 & (_ky_{ih} = _ky_{ic}) \\ \dfrac{_ky_{ih} - _ky_{ic}}{_ky_{i1} - _ky_{ic}} & (_ky_{i1} > _ky_{ih} > _ky_{ic} \quad 或 \quad _ky_{i1} < _ky_{ih} < _ky_{ic}) \\ 1 & (_ky_{ih} = _ky_{i1}) \end{cases} \tag{10.5}$$

式中：$_kr_i$ 为子系统 k 中指标 i 对适宜性的相对隶属度；$_kx_i$ 为子系统 k 中指标 i 的特征值；$_ks_{ih}$ 为子系统 k 中指标 i 级别 h 的标准值对适宜性的相对隶属度；$_ky_{ih}$ 为子系统 k 中指标 i 级别 h 的标准值；$_ky_{i1}$ 为子系统 k 中指标 i 级别 1 的标准值；$_ky_{ic}$ 为子系统 k 中指标 i 级别 c 的标准值。

应用式（10.4）和式（10.5），将矩阵 $_kX$ 和 $_kY$ 变换为相应的对适宜性的隶属度矩阵：

$$_kR = (_kr_1, _kr_2, \cdots, _kr_m) \tag{10.6}$$

$$_kS = \begin{vmatrix} _ks_{11} & _ks_{12} & \cdots & _ks_{1c} \\ _ks_{21} & _ks_{22} & \cdots & _ks_{2c} \\ \cdots & \cdots & \cdots & \cdots \\ _ks_{m1} & _ks_{m2} & \cdots & _ks_{mc} \end{vmatrix} = (_ks_{ih}) \tag{10.7}$$

将子系统 k 中 m 个指标对适宜性的相对隶属度 $_kr_1, _kr_2, \cdots, _kr_m$ 分别与矩阵 $_kS$ 的 1，2，$\cdots$，m 行的行向量逐一比较，可得到子系统 k 的级别上、下限值 $_kb$ 和 $_ka$，将各子系统间的 $_kb$ 和 $_ka$ 进行比较后，可得整个系统的级别上、下限值 b 和 a。

设农田排水灌溉再利用评价系统对适宜性级别 h 的相对隶属度向量为

$$u = (u_1, u_2, \cdots, u_c) = (u_h) \tag{10.8}$$

式中：u_h 为评价系统对适宜性级别 h 的相对隶属度。

式（10-8）满足如下归一化约束条件：

$$\sum_{h=a}^{b} u_h = 1; \sum_{h=1}^{c} u_h = 1$$

设评价系统共有 z 个指标，其权重向量为

$$w = (w_1, w_2, \cdots, w_z) \quad (其中 \sum_{j=1}^{z} w_j = 1) \tag{10.9}$$

则基于广义权距离平方和最小的模糊模式识别模型为

$$u_h = \begin{cases} 0 & (h < a \quad 或 \quad h > b) \\ \dfrac{1}{\sum\limits_{t=a}^{b} \left[\dfrac{\sum\limits_{j=1}^{z} [w_j(r_j - s_{jh})]^p}{\sum\limits_{j=1}^{z} [w_j(r_j - s_{jt})]^p} \right]^{2/p}} & (a < h < b, d_h \neq 0) \\ 1 & (d_h = 0) \end{cases} \tag{10.10}$$

式中：p 为距离参数，且 $p=1$ 为海明距离，$p=2$ 为欧氏距离。

式（10.10）中的 d_h 为级别 h 的 z 个指标值与其指标标准值间的差异，用广义权距离表示：

$$d_h = \left\{ \sum_{j=1}^{z} \left[w_j (r_j - s_{jh}) \right]^p \right\}^{1/p} \tag{10.11}$$

10.3.3.2 评价指标标准值确定

除了构建完整的评价指标体系和选择适合的评价方法与模型外，指标标准值确定的合理性对评价结果也有很大影响。根据构建的评价指标体系，通过查阅相关研究文献并参照现有国家标准，依次确定各子系统指标的分级标准值，将农田排水灌溉再利用划分为"很适宜""适宜""较适宜""不适宜""很不适宜"5 个级别，对应的级别分别为 1 级、2 级、3 级、4 级和 5 级，其中"很适宜"和"很不适宜"的相对隶属度分别规定为 1 与 0。

（1）排水水质指标标准值。参照《农田灌溉水质标准》（GB 5084—2005）、《地表水环境质量标准》（GB 3838—2002）、《城市污水再生利用农田灌溉用水水质》（GB 20922—2007）、《地下水环境质量标准》（GB/T 14848—93）等水质标准，结合长期试验监测研究和综合分析，最终确定排水灌溉再利用水质评价指标的标准值。

以 1 升水中含有各种盐分的总克数表示矿化度，GB 5084—2005 和 GB 20922—2007 规定，非盐碱土地区的灌溉水矿化度应不大于 1g/L，盐碱土地区的应不大于 2g/L。我国一些水资源紧缺地区普遍使用 2g/L 的微咸水进行灌溉。王毅平等（2009）分析表明 3g/L 微咸水可灌溉一般作物，3～5g/L 微咸水可灌溉部分作物，大于 5g/L 咸水则几乎不能用于灌溉作物。将矿化度标准值分为 5 个等级：小于 1g/L 为 1 级；1～2g/L 为 2 级；2～3g/L 为 3 级；3～5g/L 为 4 级；大于 5g/L 为 5 级。

化学需氧量 COD 用来表示水中还原性污染物质的含量，GB 5084—2005 规定：对生食类蔬菜、瓜类和草本水果等作物，灌溉水中 COD 不超过 60mg/L，对水田作物不超过 150mg/L，对旱作作物不超过 200mg/L，前苏联也提出灌溉旱作时的标准为 200～300mg/L。师荣光等（2006）提出小麦的株高、穗长、平均分蘖数均随水中 COD 升高而下降，且大于 300mg/L 时产量明显下降。将 COD 标准值分为 5 个等级：小于 60mg/L 为 1 级；60～150mg/L 为 2 级；150～200mg/L 为 3 级；200～300mg/L 为 4 级；大于 300mg/L 为 5 级。

总氮在水中的含量相差悬殊，清洁地表水中较低，受污染水体、农田排水及一些深层地下水中较高。对排水灌溉再利用时，氮素可为作物提供一定营养，但含量需在合理范围内。从生态环境保护角度考虑，为了避免氮素危害，将总氮作为越小越优型的指标。美国高尔夫球协会认为 $NO_3 - N$ 浓度在 5～50mg/L 时适宜作物生长，高于 50mg/L 会伤害作物，而加拿大有人给出灌溉绿地水中允许含量为 $NO_3 - N \leqslant 10mg/L$（崔超等，2004）。GB/T 14848—93 规定：Ⅴ类水中各种形态氮浓度之和 ≥30mg/L，Ⅳ类和Ⅴ类水质的地下水仍可用于灌溉。将总氮标准值分为 5 个等级：小于 5mg/L 为 1 级；5～10mg/L 为 2 级；10～30mg/L 为 3 级；30～50mg/L 为 4 级；大于 50mg/L 为 5 级。

pH 值是反映灌溉水中酸碱度的重要指标，在北方干旱半干旱地区灌溉水一般呈碱性，故主要考虑碱性范围内实际情况。GB 5084—2005 规定：灌溉水中 pH 值适宜范围为 5.5～8.5，对偏碱性地区 pH 值适宜范围为 7～8.5。实际上对灌溉水中不同 pH 值，作物生长情况存在差异，对绝大多数作物，还是比较偏向在中性水中生长，pH 值越接近 7 越适宜作物生长。将 pH 值标准值分为 5 个等级：小于 7.5 为 1 级；7.5～8.5 为 2 级；8.5～9 为 3 级；9～10 为 4 级；大于 10 为 5 级。

对排水灌溉再利用水质评价指标体系中的其余指标［硫酸根、氯化物、铅、砷、铬（六价）、钠吸附比］的标准值，可参照上述方法逐一确定，形成指标标准值范围（表10.8）。

表 10.8　　　　　　　　　　　农田排水灌溉再利用水质评价指标标准值范围

指　标	等　级　标　准				
	1 级 很适宜	2 级 适宜	3 级 较适宜	4 级 不适宜	5 级 很不适宜
pH 值	7～7.5	7.5～8.5	8.5～9	9～10	>10
矿化度/(g/L)	0～1	1～2	2～3	3～5	>5
硫酸根/(mg/L)	0～150	150～350	350～450	450～750	>750
氯化物/(mg/L)	0～70	70～350	350～450	450～700	>700
铅/(mg/L)	0～0.05	0.05～0.1	0.1～0.2	0.2～0.6	>0.6
砷/(mg/L)	0～0.05	0.05～0.09	0.09～0.11	0.11～0.2	>0.2
铬/(mg/L)	0～0.05	0.05～0.09	0.09～0.11	0.11～0.2	>0.2
化学需氧量/(mg/L)	0～60	60～150	150～200	200～300	>300
钠吸附比	0～3	3～6	6～10	10～18	>18
总氮/(mg/L)	0～5	5～10	10～30	30～50	>50

（2）土壤特性指标标准。土壤特性指标主要包括有机质、土壤含盐量、土壤质地和其他有毒元素。尽管土壤有机质含量只占土壤总量很小一部分，但能促使土壤结构形成，改善土壤理化及生物学过程，提高土壤吸收性能和缓冲性能，同时自身又含有植物所需各种养分。根据全国第二次土壤普查中使用的土壤养分评价标准，将土壤有机质标准值分为 5 个等级：大于 30g/kg 为 1 级；20～30g/kg 为 2 级；10～20g/kg 为 3 级；6～10g/kg 为 4 级；小于 6g/kg 为 5 级（表 10.9）。

表 10.9　　　　　　　　　　　　　土壤特性指标标准值

指　标	等　级　标　准				
	1 级 很适宜	2 级 适宜	3 级 较适宜	4 级 不适宜	5 级 很不适宜
土壤有机质/%	>3	2～3	1～2	0.6～1	0～0.6
土壤含盐量/%	0～0.2	0.2～0.3	0.3～0.6	0.6～1	>1
土壤质地	10～8	8～6	6～4	4～2	2～0
其他有毒元素	10～8	8～6	6～4	4～2	2～0

土壤质地是影响土壤理化性质和土壤肥力状况的主要因素,与植物生长发育有密切关系。土壤质地直接影响到土壤蓄水性、透气性和保肥性,土壤粒径较大的沙质土通透性较强,蓄水性和保肥力较差,土壤温度变幅也较大;黏性土虽通透性较差,但蓄水保肥能力较强,土壤温度变幅较小;壤土则介于两者之间。该指标标准值采取十分制打分法分为5个等级:大于8分为1级;6~8分为2级;4~6分为3级;2~4分为4级;小于2分为5级(表10.9)。

土壤含盐量等级划分需要首先确认土壤盐渍化类型,具体划分则依据表10.10和表10.11给出的标准(张蔚榛,2013)。宁夏引黄灌区的土壤盐渍化类型为氯化物-硫酸盐型,据此确定土壤含盐量指标的标准值,对其他土壤盐渍化类型,也可根据表10.11先确定具体的类型,再对照表10.10确定土壤含盐量指标的标准值(表10.9)。

表 10.10 土壤盐渍化性质与程度划分标准

盐渍化类型	Cl^-型	$Cl^- - SO_4^{2-}$型	$SO_4^{2-} - Cl^-$型	SO_4^{2-}型
盐渍化程度	0~100cm 土层含盐量/%			
非盐渍化土	<0.15	<0.2	<0.25	<0.3
轻盐渍化土	0.15~0.3	0.2~0.3	0.25~0.4	0.3~0.6
中盐渍化土	0.3~0.5	0.3~0.6	0.4~0.7	0.6~1.0
重盐渍化土	0.5~0.7	0.6~1.0	0.7~1.2	1.0~2.0
盐土	>0.7	>1.0	>1.2	>2.0

表 10.11 土壤盐渍化类型划分标准

盐渍化类型	Cl^-/SO_4^{2-}	盐渍化类型	Cl^-/SO_4^{2-}
硫酸盐型(SO_4^{2-})	<0.5	硫酸盐-氯化物型($SO_4^{2-} - Cl^-$)	1.0~4
氯化物-硫酸盐型($Cl^- - SO_4^{2-}$)	0.5~1	氯化物型(Cl^-)	>4

其他有毒元素是指土壤中其余的有害物质,如重金属、硼、氟等,其毒害作用均有比较明显的外在表现,根据作物生长情况、作物产量及品质、生态环境状况、人体健康状况等可以判别土壤有毒元素含量。同样,该指标标准值采取十分制打分法确定如下:大于8分为1级;6~8分为2级;4~6分为3级;2~4分为4级;小于2分为5级(表10.9)。

(3)作物特性指标标准值。作物特性指标有作物类型和耐盐度,按照不同的耐盐度可分为对盐分敏感作物和耐盐作物。较大耐盐度的作物一般可在北方干旱半干旱地区生长,可采用农田排水灌溉,根据联合国粮农组织FAO列举的不同作物耐盐度水平(Rhoades等,1992),将作物耐盐度标准值分为5个等级:大于8dS/m为1级;4~8dS/m为2级;2~4dS/m为3级;1~2dS/m为4级;小于1dS/m为5级。

在 GB 5084—2005 和 GB 20922—2007 标准中确定相关水质指标标准值时,把作物分类后再确定相应的水质标准。在前者标准中,把作物分为水作、旱作和蔬菜;在后者标准中把作物分为纤维作物、旱地作物(油料作物)、水田作物和露地蔬菜。作物生长环境不同,适宜的水质环境也不同,作物需水量也存在差异。一般蔬菜作物对水质要求较高,水作要求其次，旱作要求最低。采用十分制打分法将作物类型标准值分为 5 个等级：大于 8 分为 1 级；6～8 分为 2 级；4～6 分为 3 级；2～4 分为 4 级；小于 2 分为 5 级。

（4）水文气象指标标准值。水文气象指标有地下水埋深和干燥指数。在确定地下水埋深指标标准值时，认为其属于越大越优型指标，结合宁夏银北灌区地下水位实际情况和北方地区地下水埋深临界深度值，将地下水埋深标准值分为 5 个等级：大于 3m 为 1 级；2～3m 为 2 级；1～2m 为 3 级；0.6～1m 为 4 级；小于 0.6m 为 5 级。

干燥指数是反映某地区气候干燥程度的指标。较小干燥指数下的雨水较为充沛，可适当利用雨水进行盐分自然淋洗，且适宜采用排水进行灌溉。将干燥指数标准值分为 5 个等级：小于 3 为 1 级；3～7 为 2 级；7～10 为 3 级；10～12 为 4 级；大于 12 为 5 级。

（5）灌排措施指标标准值。灌溉措施与排水措施反映灌溉和排水技术体系的完善水平。灌溉措施科学合理，排水设施较为畅通时，水中有害物质不易在土壤中长期积累，适宜于农田排水资源灌溉。灌排措施指标内容丰富，尚无准确测度的量值和规范的评价标准，属定性指标，可以根据专家经验和当前灌排技术发展水平横向对比分析，两项指标都采取十分制的打分方法，指标标准值为：大于 8 分为 1 级；6～8 分为 2 级；4～6 分为 3 级；2～4 分为 4 级；小于 2 分为 5 级。

（6）评价指标标准值汇总。利用模糊模式识别模型开展评价计算过程中，要求评价指标标准值为具体的数据点值，而非区间范围值，可根据陈守煜等（2011）提出的转化方法进行变换，设待评价对象为 u，根据已知的多个级别 h，对多个指标 i 的指标标准区间矩阵进行评价：

$$
\begin{bmatrix}
<a_{12} & [a_{12}, b_{12}] & \cdots & [a_{1(c-1)}, b_{1(c-1)}] & \cdots & >b_{1(c-1)} \\
>a_{22} & [a_{22}, b_{22}] & \cdots & [a_{2(c-1)}, b_{2(c-1)}] & \cdots & <b_{2(c-1)} \\
\vdots & \vdots & \cdots & \vdots & \vdots & \vdots \\
<a_{m2} & [a_{m2}, b_{m2}] & \cdots & [a_{m(c-1)}, b_{m(c-1)}] & \cdots & >b_{m(c-1)}
\end{bmatrix}
\tag{10.12}
$$

式中：a_{ih} 和 b_{ih} 分别为级别 h 指标 i 的上、下限值。

若式（10.12）中既有越大越优型指标，又有越小越优型指标，则此时可将该式转化为如下指标标准值的矩阵类型：

$$
\begin{cases}
_k y_{i1} = a_{i2} \\
_k y_{ih} = \dfrac{a_{ih} + b_{ih}}{2} & h = 2, 3, \cdots, (c-1) \\
_k y_{ic} = b_{i(c-1)}
\end{cases}
\tag{10.13}
$$

对越大越优型指标 i，当 $_k x_i > b_{i(c-1)}$ 时，$_k r_i = 1$，当 $_k x_i < a_{i2}$ 时，$_k x_i = 0$；对越小越优型指标 i，当 $_k x_i < a_{i2}$ 时，$_k x_i = 1$，当 $_k x_i > b_{i(c-1)}$ 时，$_k r_i = 0$。然后，再基于式（10.4）和式（10.5）分别计算评价指标与其标准值对农田排水灌溉再利用适宜性的相对隶属度，最终得到各评价指标的等级标准值见表 10.12。

表 10.12　　　　　　　　　　　评价指标等级标准值

指　　标	等　级　标　准				
	1级 很适宜	2级 适宜	3级 较适宜	4级 不适宜	5级 很不适宜
pH 值	7.50	8.00	8.70	9.50	10.00
矿化度/(g/L)	1.00	2.00	2.50	4.00	5.00
硫酸根/(mg/L)	150.00	250.00	400.00	600.00	750.00
氯化物/(mg/L)	70.00	210.00	400.00	575.00	700.00
铅/(mg/L)	0.05	0.08	0.15	0.40	0.60
砷/(mg/L)	0.05	0.07	0.10	0.15	0.20
铬/(mg/L)	0.05	0.07	0.10	0.15	0.20
化学需氧量/(mg/L)	60.00	105.00	200.00	250.00	300.00
钠吸附比	3.00	4.50	8.00	14.00	18.00
总氮/(mg/L)	5.00	7.50	20.00	40.00	50.00
灌溉措施	8.00	7.00	5.00	3.00	2.00
排水措施	8.00	7.00	5.00	3.00	2.00
有机质/%	3.00	2.50	1.50	0.80	0.60
土壤含盐量/%	0.10	0.25	0.45	0.80	1.00
土壤质地	8.00	7.00	5.00	3.00	2.00
其他有毒元素	8.00	7.00	5.00	3.00	2.00
地下水埋深/m	3.00	2.50	1.50	0.80	0.60
干燥指数	3.00	5.00	8.50	11.00	12.00
耐盐度/(dS/m)	8.00	6.00	3.00	1.50	1.00
作物类型	8.00	7.00	5.00	3.00	2.00

10.3.3.3　评价指标权重确定

权重是指标类综合评价方法中的重要参数，决定某指标在整个指标体系中的重要程度，代表各因素对农田排水灌溉再利用适宜性的影响作用大小。多指标综合评价中各评价指标权重分配不同，会直接导致评价对象优劣顺序的改变，合理准确的指标权重直接影响评价结果的可靠性。

确定权重时要考虑 3 个因素：一是指标变异程度，即指标能分辨出被评价对象间差异的能力；二是指标独立性，即与其他指标重复信息的多少；三是对评价对象的认知程度，采用定性和定量结合的方法。可变模糊集理论中采用的权重确定方法为二元比对法，其操作简便，但分辨率不足，两指标间的相互对比只允许出现三种结果（1、0.5、0），且主观性、经验性、不确定性太强，不能满足精确严格的评价要求，有必要加以改进。按照赋权形式不同，可将权重分为主观权重和客观权重。对多目标决策而言，主观权重体现了面临决策时刻决策者的主观认知和意愿偏好，但因个人主观价值判断标准有差异，故构建的权数缺乏稳定性。客观赋权法是直接根据指标数据的原始信息，通过数学方法处理后获得权数的一种方法,受主观因素影响较小,缺陷在于权数的分配会受到样本数据随机性影响,不同的样本即使用同种方法也会得出不同的权重。

主观权重法是根据主观价值判断确定指标权重,包括德尔菲法、层次分析法(Analytic Hierarchy Process,简称 AHP 法)等。AHP 法是美国著名运筹学家 Saaty 教授于 20 世纪 70 年代中期创立,是一种用来处理复杂社会、政治、经济、科学等决策问题的新方法。它能把复杂的决策问题层次化,并引导决策者通过一系列对比评判得到各方案或措施在某准则下的相对重要程度,通过层次递进关系归结为最底层指标相对于最高层的相对重要性权值或相对优劣次序的总排序问题,进而开展评价、选择和决策等,该法对专家主观判断做进一步数学处理,是定性和定量结合的方法。

AHP 法的主要优点是:①提供了层次思维框架,做到结构严谨、思路清晰;②通过对比进行标度,增加了判断的客观性;③把定性判断与定量推断相结合,增强了科学性和实用性。应用 AHP 法确定评价指标权重的具体步骤:

(1)建立递阶层次结构。首先把问题条理化、层次化,构造一个层次分析结构模型。复杂问题被分解为元素组成部分,这些元素又按其属性分成若干组,形成 3 类层次:目标层只有一个元素,是分析问题的预定目标或理想目标,准则层包括为实现目标所涉及的中间环节,可由若干个层次组成,包括需考虑的准则、子准则等,方案层或指标层为实现目标可供选择的各种措施、决策方案等(图 10.8)。

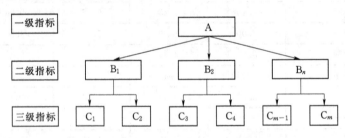

图 10.8 递阶层次结构示意图

(2)构造判断矩阵。假定以上一层元素 B 为准则,所支配的下一层次的元素为 u_1,u_2,$\cdots$,u_n,最终目的是按它们对于准则 B 的相对重要性赋予 u_1,u_2,$\cdots$,u_n 相对应的权重。当 u_1,u_2,$\cdots$,u_n 对于准则 B 的重要性可直接定量表示时,相应的权重可直接确定。当元素的权重不易直接获得时,需采用比较的方法。针对准则 B,两个元素 u_i 和 u_j 哪个更为重要,重要多少,并按 1~9 的比例标度对重要程度赋值,进而构成比较判断矩阵:

$$U=\begin{bmatrix} u_{11} & u_{12} & \cdots & u_{1n} \\ u_{21} & u_{22} & \cdots & u_{2n} \\ \cdots & \cdots & \cdots & \cdots \\ u_{n1} & u_{n2} & \cdots & u_{nn} \end{bmatrix} \tag{10.14}$$

为使 u_{ij} 定量化,AHP 法设计了 1~9 比较标度法,取相应元素的值,可得到判断矩阵,每个标度的具体含义见表 10.13。

表 10.13　　　　　　　　　　　AHP 法中比较标度及其含义

标　　度	含　　义
1	两个因素相比，两个因素同等重要
3	两个因素相比，一个比另一个稍微重要
5	两个因素相比，一个比另一个明显重要
7	两个因素相比，一个比另一个强烈重要
9	两个因素相比，一个比另一个极端重要
2，4，6，8	上述相邻判断的中值
以上数值的倒数	因素 i 与因素 j 比较，得到判断矩阵中的元素 u_{ij}，则因素 j 与因素 i 比较的判断值 $u_{ji}=1/u_{ij}$

（3）单一准则下元素相对权重。根据 n 个元素 u_1，u_2，…，u_n 对于准则 B 的判断矩阵 U，求出相应指标对于准则 B 的相对权重 w_1，w_2，…，w_n。权重计算方法有和法、根法、特征根法、最小二乘法和对数最小二乘法。常用方法为特征根法，即首先求出判断矩阵最大特征根对应的特征向量 w：

$$w=(w_1,w_2,w_n)^{\mathrm{T}} \tag{10.15}$$

其中
$$w_i = \sqrt[n]{\prod_{j=1}^{n} u_{ij}} \Big/ \sum_{i=1}^{n} \sqrt[n]{\prod_{j=1}^{n} u_{ij}} \tag{10.16}$$

（4）一致性检验。判断矩阵是计算指标权向量的根据，应该要求判断矩阵有大体上的一致性。排序向量的计算方法是一种近似算法，当判断矩阵偏离一致性过大时，这种近似估计的可靠程度就值得怀疑，因此需要对判断矩阵的一致性进行检验。一般用 CR 判定判断矩阵是否具有完全一致性：

$$CR=\frac{CI}{RI} \tag{10.17}$$

$$CI=\frac{\lambda_{\max}-n}{n-1} \tag{10.18}$$

式中：RI 为消除矩阵阶数影响所造成判断矩阵不一致的修正系数（表 10.14）；λ 为判断矩阵的特征值；n 为判断矩阵的阶数。

表 10.14　　　　　　　　　　　一致性检验修正系数

n	1	2	3	4	5	6	7	8	9
RI	0	0	0.58	0.90	1.12	1.24	1.32	1.41	1.45

当 $CR\leqslant 0.1$ 时，认为判断矩阵有满意的一致性，可进行层次单排序；当 $CR\geqslant 0.1$ 时，认为判断矩阵的一致性偏差太大，需对判断矩阵进行调整，直到满足 $CR\leqslant 0.1$ 为止。对于一阶、二阶矩阵总是一致的，此时 $CR=0$。

10.3.3.4　评价结果判别

在利用可变模糊集理论开展系统综合评价时，对评价结果的判断一般采用最大隶属度法或特征值法。最大隶属度法是根据得出的隶属度向量判断，最终等级确定为隶属度最大所对应的等级，但取最大值时舍弃了其他很多信息，得出的结果不太合理。如将某一待评事物分为 5 个等级，经过计算得出某一样本最终的隶属度向量为 $u=\{0.21,0.20,0.20,$ $0.20,0.19\}$，按最大隶属度原则确定该样本的最终等级为 1 级，这显然不合理，因属于 1 级的隶属度仅为 0.21，属于其余 4 个级别的隶属度之和达到 0.79，仅根据 0.21 就判断该样本属于 1 级，舍弃了其他绝大部分信息，故具有明显局限性。特征值法则是根据计算的特征值判断样本所属等级，待评样本的特征值一般按如下步骤计算：

若待评样本最终的隶属度向量为

$$u=\{u_1,u_2,\cdots,u_c\} \tag{10.19}$$

则该样本的特征值为

$$H=\{1,2,\cdots,c\}\{u_1,u_2,\cdots,u_c\}^{\mathrm{T}} \tag{10.20}$$

若 $0<H\leqslant1.5$，样本属于 1 级；若 $1.5<H\leqslant2.5$，样本属于 2 级；若 $2.5<H\leqslant3.5$，样本属于 3 级；若 $3.5<H\leqslant4.5$，样本属于 4 级；若 $H>4.5$，样本属于 5 级。假如某样本的最终隶属度向量为 $u=\{0.1,0.1,0.1,0.1,0.6\}$，则计算的特征值为 4.0。根据上述判断准则，该样本应属于 4 级，而属于 4 级的隶属度值仅为 0.1，这不仅与最大隶属度法相矛盾，且前面 4 个等级的隶属度值之和也才为 40%，此时判断为 4 级是偏乐观的。为此，在应用中需要结合实际问题，反复斟酌，最终合理确定评价结果的判断方法。

10.3.4 应用实例

10.3.4.1 基础数据与分析

以宁夏引黄灌区的银北灌区从上游到下游的五个排水沟水再利用地块为评价对象，采用 2008 年和 2009 年灌溉期间 5—7 月的水质监测数据，SAR 根据水样中 Na^+、Mg^{2+}、Ca^{2+} 离子浓度计算而得。各地块所在地主要种植的作物有小麦、玉米、水稻和油葵等，土质为砂壤土、中壤土，基本情况见表 10.15。

表 10.15　　　　　排水灌溉再利用地块所在地的基本情况

位　置	排水利用方式	灌溉作物	土壤质地	灌溉年限
第五排	纯干沟水灌溉	小麦、玉米和经济作物	中壤土	约 8 年
暖泉农场	纯支沟水灌溉	水稻、小麦、玉米	砂壤土	约 10 年
隆湖	纯支沟水灌溉	小麦、玉米	砂壤土	约 17 年
燕子墩	支沟水灌溉	小麦、玉米、油葵	砂性土	约 20 年
前进农场	支沟水补充灌溉	小麦、玉米、油葵、水稻	中壤土	约 10 年

土壤质地对灌后盐渍化影响显著，对透水性较弱的黏质土和黏壤土，不宜用纯排水进行灌溉，对矿化度较小的排水可作为补充水源。对透水性极差的白浆土，pH 值较大，不宜用排水进行灌溉，砂壤土地区采用排水灌溉，作物产量较为稳定。表 10.15 表明燕子墩地块为砂性土，暖泉农场和隆湖地块为砂壤土，但暖泉农场的土壤全盐量较高；第五排和前进农场地块为中壤土，确定土壤质地得分依次为：7.5、8、6(8.5)、7 和 7 分，其中隆湖两个地块分别打分为 6 和 8.5。现场监测表明，重金属等有害物质积累非常少，其中铅、铬、砷含量远小于土壤环境质量二级标准，故土壤其他有毒物质指标值均为 9 分。

5 个排水灌溉再利用地块均采用地面灌溉方法，暖泉农场、隆湖、燕子墩是采用纯支沟水灌溉，前进农场为支沟水补灌，第五排地块采用纯干沟水灌溉。由于第五排地块接近第五排水沟，虽受排水沟水位影响，但总体排水还较通畅；暖泉农场种植水稻面积较多，地下水位较高；前进农场的地下水位较高，排水措施仍需加强；隆湖的地下水位较深，排水较好；燕子墩的地下水位适宜，排水顺畅，土壤盐分积累速度较慢。综上所述，相应的灌溉措施和排水措施打分见表 10.16。

表 10.16 灌溉措施和排水措施打分

	燕子墩	隆湖	第五排	前进农场	暖泉农场
灌溉措施	6.5	6.5	6.0	7.5	6.5
排水措施	6.5	6.0/7.0	7.0	6.5	6.0

研究区的年均降水量 182mm，年均蒸发量 1250mm，故干燥指数为 6.8。根据种植作物的类型，确定小麦和水稻的耐盐度分别为 4dS/m 和 3dS/m，玉米为 2dS/m，油葵为 6dS/m。按作物抗逆性、需水量及对生长环境等要求，对作物类型打分为：油葵 7 分，小麦 5 分，玉米 4 分，水稻 4 分，西瓜 4 分。

基于 AHP 方法确定的各评价指标权重的方法，得到各评价指标权重见表 10.17。

表 10.17 基于 AHP 方法确定的各评价指标权重

准则层权重	指 标	对准则层的权重	对总目标的权重
水质指标 0.49	pH 值	0.05	0.02
	矿化度	0.23	0.11
	硫酸根	0.05	0.02
	氯化物	0.05	0.02
	铅	0.09	0.05
	砷	0.09	0.05
	铬	0.09	0.05
	化学需氧量	0.15	0.07
	钠吸附比	0.15	0.07
	总氮	0.05	0.02
灌排措施 0.22	灌溉措施	0.50	0.11
	排水措施	0.50	0.11
土壤特性 0.13	有机质	0.11	0.02
	土壤含盐量	0.35	0.05
	土壤质地	0.35	0.05
	其他有毒元素	0.19	0.02
气候水文 0.08	地下水埋深	0.67	0.05
	干燥指数	0.33	0.03
作物特性 0.08	耐盐度	0.67	0.05
	作物类型	0.33	0.03

10.3.4.2 排水灌溉再利用适宜性评价

根据上述方法计算 2008 年和 2009 年 5 个排水沟水再利用地块 5—7 月农田排水灌溉再利用适宜性评价的特征值如图 10.9 所示。可以看到，燕子墩两个地块的适宜性级别特征值接近重合，2008 年除第五排水沟的两个地块外，各沟水利用点的级别特征值呈现为 5 月起始值较大、6 月较小而 7 月又增大的变化趋势，其中前进两地块的特征值普遍高于其他地块，且 5 月和 7 月的特征值均大于 2.5，6 月则下降明显；燕子墩两地块中后期的特征值下降明显，而第五排水沟两地块的特征值尽管随时间逐渐增大，但增幅很小；隆湖 6 号地块各时期的特征值在所有地块中最小。总体上看，在各沟水利用点监测期内的农田排水资源灌溉利用适宜性变化规律为差—好—较好，且中后期的级别特征值一般低于前期。根据特征值判断法则，前进地块中期的特征值小于 2.5，其他地块各期的特征值均小于 2.5，评价等级在"适宜"范围，灌溉中后期的排水资源灌溉利用适宜性最佳，风险最小，该时期正是作物需水量较大的时期和灌区灌溉用水紧张期，利用农田排水资源替代部分引黄水具有现实可行性和充分依据。

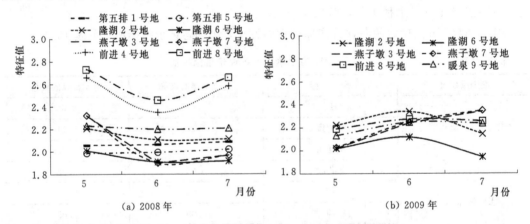

图 10.9 不同排水沟水再利用地块的适宜性级别特征值变化

图 10.9 还表明，2009 年除燕子墩两地块外，各沟水利用点的级别特征值呈现 5 月起始值较小、6 月较大而 7 月又减小的变化趋势，与 2008 年有所不同。2009 年 6 月各沟水利用点排水中的 COD 较其他时期高，在 $169 \sim 229 \text{mg/L}$ 之间变化，而 5 月和 7 月的变化范围则分别在 $8.2 \sim 15.5 \text{mg/L}$ 和 $4.15 \sim 41.4 \text{mg/L}$ 之间变化，小企业污水排放异常造成水质变化规律有所不同，这可能是导致两年期间特征值变化不同的主要原因。根据特征值判断法则，2009 年监测期内各区域的特征值均小于 2.5，评价等级在"适宜"范围内，在灌溉用水较紧张的中后期，适宜利用一定数量的农田排水资源是可行的，可在一定程度上缓解灌区用水紧张局面。

10.4 农田排水灌溉再利用工程运行模式

概述了常见的排水灌溉再利用模式，并给出其适用条件。根据灌溉用水方式、排水沟水循环方式、取水量、输水距离，以及排水沟排水流量大小和沟道规模等，对排水灌溉再利用工程泵站布局形式及适用条件进行阐述。

10.4.1　排水灌溉再利用模式

来自灌区不同类型的排水被汇集到排水沟后，如何对其加以再利用，涉及采取何种形式的再利用模式：

（1）田间排水湿地（或塘堰）系统，对排水进行处理后，可直接用于灌溉，或建立蓄水池进行调蓄灌溉［图10.10（a）］。

（2）排水沟下游修建泵站，通过联合调度利用排水［图10.10（b）］。

（3）直接利用排水进行灌溉，采用与淡水混合或交替利用的模式［图10.10（c）］。

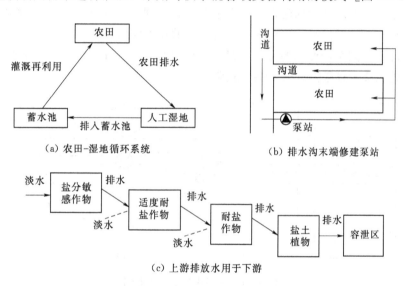

图 10.10　排水灌溉再利用模式示意图

排水灌溉再利用模式包括全部采用排水灌溉和沟渠水混合或交替进行灌溉。前者主要用于灌区内无渠水可用的农田或局部高地，一般要在支、斗沟修建小型扬水泵站，或设置抽水点利用潜水电泵、柴油离心泵或其他类型泵抽取沟水灌溉，后者多用于有一定渠水供应但不能充分保证的农田，当渠水供应量较小或中断时，可抽取沟水适时灌溉。从排水灌溉再利用循环方式上又可以分为小循环和大循环利用两类（雍富强等，2004）。前者将上游田间排水经斗、农级沟道汇流形成一定流量，通过在干、支沟或斗沟下游适当位置修建的小型提水工程抽取沟水就近灌溉沟道两侧的农田，后者是在排水流量较大沟道附近处修建扬水工程，将沟水注入干渠或支渠，以沟水补充渠水不足，使得排水通过渠系在灌区内整体调配并循环利用。

农田排水灌溉再利用模式的选取主要由当地条件决定，如排水设施、地形条件和排水量及水质等，需综合考虑经济效益和环境效益因地制宜加以选择。当排水水质相对较好时，无需进行湿地净化或与淡水混合处理即可直接利用，若地形满足要求，可采取上游排放、下游直接利用方式；当排水水质较差时，需先进行必要处理，如采取与淡水混合方式，可分为直接与渠水混合、与河水混合等方式。此外，灌溉-排水-湿地（或塘）综合管理系统是一种既可对排水做净化处理，又可调蓄排水量的优化再利用模式，具有排水灌溉再利用系统的生态特色。

10.4.2 排水灌溉再利用工程布局形式

排水灌溉再利用的水源来自从排水沟中抽取的排水，取水部位的水面高程普遍低于附近地面，故需在排水沟上建立抽水泵站。参照现有水利工程技术手册和相关规范，根据排水流量大小和沟道规模，可采用如下两种典型的泵站布局形式。

（1）跨沟式：在沟道上横向布设廊桥式建筑物，机泵位于沟道上方，进行跨沟取水（图 10.11）。此种形式适用于较小断面的沟道（斗、农沟或小规模的支沟）和沟水流量较小且不够稳定的条件。当沟水流量小、水位低时，可通过建筑物上的闸门控制上游水位，平时则开启闸门不影响排水。当建筑在已有桥闸的较大断面沟道上时，应不妨碍交通和排水的正常运行。此类布局形式的泵站工程，在小型沟道上也可不建泵房而建成带有固定泵位等简易设施的临时性泵点，其灵活性较强。

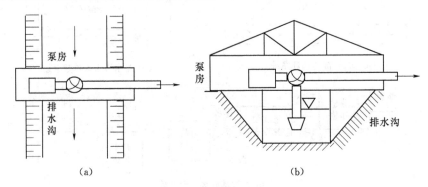

(a)   (b)

图 10.11 跨沟式泵站布局形式

（2）旁侧式：在沟道一侧布设取水建筑物，从沟中侧向取水，通过输水渠道送水到田间（图 10.12）。此种布局形式适用于沟水流量和水位都比较稳定且取水较有保证的条件，其不受流量大小和沟道规模限制，但不能对水量进行调节。由于排水流量和水位在不同季节仍有大小和高低之分，此种"无闸提水"形式机泵的效率受水位涨落影响显著。但其无需修建跨沟建筑物，工程费用相对节省。此种形式同样可建成固定式或活动式泵站工程，具体形式选择视当地经济条件和管理方式而定。

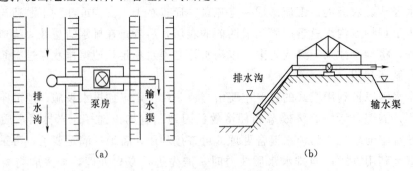

(a)   (b)

图 10.12 侧向取水式泵站布局形式

不同类型和使用方式的排水灌溉再利用工程可分为三种布局形式。

1）集中固定式：一种是当地取水后输送一段距离，然后进入骨干渠道灌溉下游土地，通常取水量和灌溉面积较大，但输水距离较长，工程费用较高，另一种是当地取水后就近入骨干渠道灌溉附近的土地，虽输水距离较短，但取水量和灌溉面积较大，成本也较高。

2）分散固定式：在当地取水后入斗、农渠道，灌溉附近土地，取水量和灌溉面积相对较小，输水距离短，其又可分为有泵房和无泵房两种形式，前者与集中固定式中的第二种情况基本相同，但规模要小，后者则建有固定泵位和简易附属设施，但机泵临时安装用完可以拆卸，节省建设费用。

3）分散活动式：在沟道中临时安装机泵就地取水灌溉附近土地，取水量和灌溉面积都很小，取水点不固定，该方式节省建设费用，灵活机动，单个农户即可使用。

综上所述，取水流量大、灌溉面积大的提水泵站，均为有泵房的固定式工程，并安排专人管理开展常规运行维护。对于取水流量小、灌溉面积不大或用于补灌且次数较少的泵站，机泵容量相对较小，可建成带简易泵房的小型固定泵站或临时性泵点。对纯排水灌溉，宜采用能调节控制水位的跨沟式泵站工程。

在排水灌溉再利用模式中，除利用地形条件浇灌下游土地外，也存在由低处向高处逆向输水的问题，为此，需要根据地形条件和渠系布局形式，修建输水工程和改建原有灌溉渠道。一是修建高填方输水渠道并防渗衬砌，采用旁侧取水集中输水方式。当渠系为相间布设时，引用沟水灌溉与泵站同侧的农田，常需建成一段高填方输水渠道，使其具备逆地面坡降反向输水到高处的灌渠功能。若引用沟水灌溉与泵站相对一侧的农田，则需修建跨沟输水工程，送水到对岸的灌溉渠道。当采用跨沟取水集中输水方式引沟水灌溉沟道两侧土地时，可省去跨沟输水工程费用，但仍需修建高填方衬砌渠道。当渠系为相邻布设时，可在渠道旁侧的泵站直接取水入渠，工程费用最省，但跨沟送水到沟对岸时仍需建设防渗衬砌的填方渠道。

由于修建高填方渠道的土方量大，防渗衬砌投资高，故在普遍建立固定式或活动式泵站且取水量和提水扬程不大情况下，可充分利用提水到地面后的剩余水头，实施低压管道输送沟水到田间，这即可适应地形条件，又防渗效果好且管理方便。若采用分散取水方式，由于输水距离短，还可使用活动式的低压输水软管，不用做田间工程，投资也较省。

10.5　农田排水灌溉再利用泵站工程经济评价

以宁夏引黄灌区下游的贺兰、平罗和惠农等县多处排水灌溉再利用泵站工程为评价对象，对泵站基本情况、泵站运行效果及经济效益等进行调研，基于经济评价指标方法，评价各排水灌溉再利用泵站工程的经济合理性，探讨符合当地条件的泵站工程结构模式。

10.5.1　泵站工程经济评价

10.5.1.1　基本情况

贺兰、平罗、惠农三县境内 12 个排水灌溉再利用泵站的建设年份为 1978—2006 年，装机容量从 30kW 到 400kW 不等，单站控制灌溉面积为 80～6533.3hm²。灌溉用水方式包括纯排水灌溉和排水作为补充灌溉两种，后者主要采用沟渠水交替灌溉的方式。各泵站工程的基本情况见表 10.18，其中惠农-1 和惠农-2 是银北灌区规模较大的沟渠结合利用泵站，分别是引五济惠补水泵站和官泗渠补水泵站。

表 10.18　　　　　　　　　　各泵站工程的基本情况

泵站编号	位　置	建设年份	装机容量/kW	建设投资/万元	灌溉面积/hm²	灌溉方式	灌溉作物
贺兰-1	暖泉农场	2006	140	79	163.3	纯排水	水稻
贺兰-2	暖泉农场	2005	85	47.8	80	纯排水	水稻
贺兰-3	暖泉农场	1978	115	67	120	纯排水	水稻
平罗-1	通伏乡	2006	220	105	666.7	纯排水	水稻
平罗-2	通伏乡	1997	—	236.8	666.7	纯排水	水稻
平罗-3	前进农场	2002	95	21	80	排水补充	水稻、小麦、玉米
平罗-4	前进农场	2005	110	25.3	273.3	排水补充	水稻
平罗-5	前进农场	2005	55	36.4	173.3	排水补充	水稻
平罗-6	前进农场	2007	30	28.2	86.7	排水补充	水稻
惠农-1	庙台乡	1997	400	250	6533.3	排水补充	小麦、玉米等
惠农-2	庙台乡	1992	310	91	1133.3	排水补充	小麦、玉米等
惠农-3	固艺镇乡	2005	82	105.68	86.7	纯排水	小麦、玉米等

10.5.1.2　经济评价方法

经济评价主要采用动态方法，包括经济内部收益率 $EIRR$、经济效益费用比 $EBCR$、经济净现值 $ENPV$ 和经济净现值率 $ENPVR$，主要参数为：社会折现率 8%，价格水平年 2008 年，泵站建设期 1 年，经济运行期 30 年。

考虑到目标的非营利性，以国民经济评价为主。鉴于投资规模相对较小，且无详细的投资分项资料数据，故在投资处理中，仅根据调查的投资数额按建设年份通过物价指数调整到 2008 年的投资价格水平，对计划利润等内部转移支付未作调整，其中 2000—2008 年的物价指数采用《灌区水利工程年运行费率标准》中宁夏价格指数。由于缺乏 1991 年之前的价格指数资料，对建设年限较早的泵站（1978 年建设），物价指数采用张军等（2004）计算出的 1978 和 2000 年宁夏固定资产投资价格指数和前述 2000—2008 年价格指数综合而得。各建设年份折算到 2008 年的价格指数见表 10.19。粮食价格采用 2008 年宁夏资料，水稻、小麦、玉米分别取 1.88 元/kg、1.9 元/kg 和 1.54 元/kg。

表 10.19　　　　　　　　　　各泵站的投资价格指数

建设年份	1978	1991	1997	2002	2005	2006	2007
价格指数	5.577	2.821	1.599	1.389	1.224	1.210	1.162

经济评价中进行了泵站年运行费用调查，由于资料系列短（一般为 2—3 年），难以覆盖不同水文年份情况，同时调查的运行费用中主要为电费，为覆盖经济评价的水资源占用

机会成本等社会支出，在年运行费用估算中，泵站使用10%，流动资金采用固定资产投资的20%估算。此外，灌溉效益按照作物产量扣除农业生产成本后增加部分，再乘以分摊系数确定，水稻、小麦、玉米的分摊系数分别取0.5、0.3和0.3。

10.5.1.3 经济评价结果

各排水灌溉再利用泵站的经济评价指标值列入表10.20，由于采用纯排水灌溉和排水作为补充水源灌溉两种方式的泵站工程运行模式不同，且相同灌溉面积下的装机规模和投资也不同，为得出合理评价结果，将其分为两种类型进行评价。

表 10.20　　　　　　　　　　各泵站的经济评价指标与评价结果

灌溉方式	泵　站	EIRR/%	EBCR	ENPV/万元	ENPVR	资金利用效率排序*
纯排水灌溉	平罗-1	417	21.49	5547	46.71	1
	平罗-2	128	7.25	5017	14.26	2
	贺兰-1	103	5.98	1013.7	11.35	3
	贺兰-2	85	5.04	503.7	9.21	4
	贺兰-3	11	1.14	112.9	0.32	5
	惠农-3	无意义	0.62	−104.4	−0.87	6
排水补充灌溉	平罗-4	607	31.36	1996.4	69.21	1
	惠农-1	451	25.31	20716.4	55.42	2
	平罗-5	280	15	1329.06	31.92	3
	平罗-6	176	9.75	610.1	19.96	4
	平罗-3	73	2.13	370	13.56	5
	惠农-2	87	5.11	2246.7	9.37	6

*　按照 ENPVR 的大小进行排序。

从表10.20可知，惠农-3泵站的经济评价指标不可行，原因是投资较大，灌溉面积只有86.7hm²，其他泵站的效益均是可行的。由于各泵站在经济上均为独立方案，难以按各项指标统一评价优选。但从经济评价指标可以分析投资利用效率，以便在建设资金紧缺情况下为优先安排资金利用效率高的投资项目提供依据。评价资金利用效率的经济指标应为相对指标，包括 EIRR、EBCR 和 ENPVR，其中 ENPVR 反映了单位投资净现值，多用于衡量投资利用效率，该值最高的泵站是平罗-1和平罗-4。

若不考虑泵站地理位置差异，同时假定土壤、农艺、管理等对排水灌溉作物增产没有显著性差别，根据单位面积平均建设投资（以2008年价格水平计）进行的分类排序见表10.21。可以看出，表10.20与表10.21的排序结果比较接近，纯排水灌溉前4个泵站的两种结果排序一样，排水补充灌溉仅前两个泵站的顺序交换，差别较大的是惠农-2从表10.20中的排序6变为表10.21中的排序3，净现值率强调单位投资现值的净效益，而单位面积投资的倒数则反映出单位投资所取得的灌溉面积。若单位面积的灌溉效益相同，则两者是等效的。

表 10.21 　　　　　　基于各泵站单位灌溉面积建设投资的分类排序结果

灌溉方式	泵 站	按 2008 年建设投资/万元	灌溉面积/hm²	按 2008 年公顷均投资/(元/hm²)	资金利用效率排序
纯排水灌溉	平罗-1	127.1	666.7	1906.5	1
	平罗-2	378.6	666.7	5679.0	2
	贺兰-1	95.6	163.3	5853.0	3
	贺兰-2	58.5	80.0	7312.5	4
	惠农-3	129.4	86.7	14931.0	5
	贺兰-3	373.7	120.0	31108.5	6
排水补充灌溉	惠农-1	400	6533.3	612.0	1
	平罗-4	30.9	273.3	1131.0	2
	惠农-2	256.6	1133.3	2263.5	3
	平罗-5	44.6	173.3	2572.5	4
	平罗-3	29.2	80.0	3649.5	5
	平罗-6	32.7	86.7	3772.5	6

从调查资料比较齐全的多数泵站抽水成本看，排水灌溉再利用成本价格为 $0.011\sim0.046$ 元/m^3，平均为 0.023 元/m^3，而当地引黄自流灌溉和提水灌溉的成本分别为 0.0197 元/m^3 和 $0.26\sim0.33$ 元/m^3（史彦文等，2004）。由于提水灌溉与自流引水灌溉方式和使用条件各不相同，抽取排水灌溉属于前者（低扬程），抽水成本略高于自流灌溉属正常情况，而远低于高扬程引黄提水灌溉成本也是合理的。

10.5.2 泵站工程适宜规模

纯排水灌溉再利用泵站工程在目前条件下应用较为广泛，结合表 10.20 和表 10.21 的结果可知，惠农-3 和贺兰-3 泵站的投资建设规模较大，但利用效率偏低，不宜推荐采用，而平罗-1 泵站的投资偏小，可能是调查数据不够确切。相比之下，平罗-2 和贺兰-1 泵站的投资比较适中，可作为推荐采用的一种类型。

对排水补充灌溉泵站工程，两种方法评价结果的前两位均为平罗-4 和惠农-1，其中惠农-1 泵站的取水量和灌溉面积都较大，但固定式泵站厂房和附属建筑物的成本较高，而平罗-4 泵站的取水量和灌溉面积较小，装机容量不大，投资较小，且比纯排水灌溉泵站造价低很多，可作为推荐采用的一种类型。

对当地排水灌溉再利用泵站而言，适宜的控制灌溉面积大致在 333.3 hm^2 以内，相应的装机容量约为 $30\sim140kW$，采取集资兴建或民办公助的办法易于实现。至于控制灌溉面积达 666.7 hm^2 及以上时，建设装机容量在 200kW 及其以上的较大泵站则需依靠政府投资兴建，限于目前条件难以推广应用，可作为远景目标考虑

排水灌溉再利用除受水源条件限制外，还受当地排水水质限制，排水矿化度不同，灌溉效益也不同。此外，排水灌溉再利用泵站的部位和工程规模等选择也应视水源条件、当地作物类型和排水水质而定，根据灌溉次数和灌溉用水量综合确定泵站的规模，包括装机

容量、水泵大小及配套数量、厂房及附属建筑物规格等。

10.6 小结

以宁夏引黄灌区为代表的干旱半干旱盐渍化地区和以黑龙江建三江为代表的湿润半湿润非盐渍化地区的排水灌溉再利用为研究对象，评价了不同类型区排水水质的变化特征及灌溉再利用风险，综合考虑影响排水灌溉再利用的多种因素，构建了排水灌溉再利用评价指标体系和评价模型，对排水灌溉再利用适宜工程模式进行了探讨和经济评价，取得的主要结论如下：

（1）制约干旱半干旱地区农田排水灌溉再利用的关键因素之一是排水矿化度相对较高，关注重点应是排水水质中盐分含量、排水灌溉再利用对土壤-水-作物系统可能带来的不利影响；湿润半湿润地区的排水矿化度较小，关注重点在于如何再利用排水，使之即能增加水肥利用率又可阻止氮磷等向地表水体排放。两类地区的排水均受到不同程度的有机污染，但不存在重金属污染，有机污染指标远小于灌溉水质上限标准，支沟水的有机污染明显小于干沟水。

（2）基于模糊模式识别方法构建了农田排水灌溉再利用适宜性评价模型，在制定评价指标体系各指标的分级标准值范围和标准值基础上，采用层次分析法确定各评价指标的权重，对宁夏银北灌区五个沟水利用地块进行排水灌溉再利用适宜性评价，除前进农场外，其他评价等级均在"适宜"灌溉范围内，在灌溉中后期利用排水灌溉的适宜性级别特征值低于前期，排水灌溉利用的适宜程度也好于前期，利用一定数量的农田排水资源是可行的。

（3）从经济可行、运用灵活的角度出发，易于推广采用的排水灌溉再利用模式是当地取水后入斗、农渠灌溉附近土地，取水量和灌溉面积相对较小，输水距离也短；对排水补灌的泵站工程，1500元/hm²的投资水平易于推广和应用，而对纯排水灌溉的泵站工程，6000元/hm²的投资水平可作为推荐的类型。对灌溉控制面积约在330hm²以内的泵站工程，装机容量为30～140kW易于实现。根据沟水流量大小和沟道规模，可采用跨沟式或旁侧式布局形式，对于纯排水进行灌溉的用水方式，为进行适时适量灌溉，以保证作物正常生长，宜采用能调控水位的跨沟式泵站工程。

参 考 文 献

［1］ Fleifle A E, Saavedra V O C, Nagy H M, et al. Simulation – optimization model for intermediate reuse of agriculture drainage water in Egypt [J]. Journal of Environmental Engineering, 2013, 139 (3): 391 – 401.

［2］ Hamdy A. Saline irrigation management for sustainable use: major issues [C]. Florence INTECOL Seminar, 1998.

［3］ Ragab R. Reuse of drainage water for irrigation: Possibilities and Constraints [C]. Proc. of the International Workshop on Drainage water reuse in Irrigation, Sharm El – Sheikh, Egypt, 1998.

［4］ Rhoades J D, Kandiah A, Mashali A M. The use of saline water for crop production [M]. FAO Irrigation and drainage paper 48，Rome，1992.

[5] Sharma B R，Minhas P S. Strategies for managing saline/alkali waters for sustainable agricultural production inSouth Asia [J]. Agricultural Water Management，2005，78：136-151.

[6] Takeda I，Fukushima A，Tanaka R. Non-point pollutant reduction in a paddy-field watershed using a circular irrigation system [J]. Water Research，1997，31：2685-2692.

[7] Tanwar B S. Saline Water Management for Irrigation [C]. Proc. Work Team on Use of Poor Quality Water for Irrigation. New Delhi，India，2003.

[8] 陈守煜. 可变模糊集合理论与可变模型集 [J]. 数学的实践与认识，2008，38 (18)：146-153.

[9] 陈守煜，王子茹. 基于对立统一与质量互变定理的水资源系统可变模糊评价新方法 [J]. 水利学报，2011，42 (3)：253-261，270.

[10] 崔超，韩烈保，苏德荣. 再生水绿地灌溉水质标准的比较研究 [J]. 再生资源研究，2004 (1)：28-31.

[11] 孟梦，倪健，张治国. 地理生态学的干燥度指数及其应用评述 [J]. 植物生态学报，2004，28 (6)：853-861.

[12] 师荣光，王德荣，赵玉杰. 城市再生水用于农田灌溉的水质控制指标 [J]. 中国给水排水，2006，22 (18)：100-104.

[13] 史彦文，方树星，刘海峰，等. 宁夏引黄灌区水资源利用研究 [J]. 人民黄河，2004，26 (7)：31-32.

[14] 孙东伟. 建三江管局将进一步推进排水主河道设置拦蓄设施 [J]. 黑龙江水利科技，2011，39 (6)：273-274.

[15] 王靖，张金锁. 综合评价中确定权重向量的几种方法比较 [J]. 河北工业大学学报，2001，30 (2)：52-57.

[16] 王毅平，周金龙，郭晓静. 我国咸水灌溉对作物生长及产量影响的研究进展与展望 [J]. 中国农村水利水电，2009 (9)：4-7.

[17] 王友贞，王修贵，汤广民. 大沟控制排水对地下水水位影响研究 [J]. 农业工程学报，2008，24 (6)：74-77.

[18] 王少丽，刘大刚，许迪，等. 基于模糊模式识别的农田排水再利用适宜性评价 [J]. 排灌机械工程学报，2015，33 (3)：239-245.

[19] 王少丽，王修贵，瞿兴业，等. 灌区沟水再利用泵站工程经济评价与结构模式探讨 [J]. 农业工程学报，2010，26 (7)：66-70.

[20] 王少丽，许迪，方树星，等. 宁夏银北灌区农田排水再利用水质风险评价 [J]. 干旱地区农业研究，2010，28 (3)：43-47.

[21] 徐存东，张鹏，刘春娟. 景电灌区利用回归水灌溉的潜力分析 [J]. 节水灌溉，2009 (6)：36-38.

[22] 许迪，丁昆仑，蔡林根，等. 黄河下游灌区农田排水再利用效应模拟评价 [J]. 灌溉排水学报，2004，23 (2)：42-45.

[23] 雍富强，刘学军. 宁夏引黄灌区沟水利用研究 [J]. 水资源保护，2004 (3)：17-19.

[24] 张蔚榛. 盐渍化土壤的冲洗改良与排水 [EB/OL]. (2013-01-26) http：//www.doc88.com/p-694135693829.html.

[25] 中华人民共和国国土资源部、水利部. GB/T 14848—2017 地下水质量标准 [S]. 北京：中国标准出版社，2017.

[26] 国家环境保护总局. GB 3838—2002 地表水环境质量标准 [S]. 北京：中国环境科学出版社，2003.

[27] 中华人民共和国农业部. GB 5084—2005 农田灌溉水质标准 [S]. 北京：中国标准出版社，2006.